普通高等教育材料成型及控制工程系列规划教材
编审委员会

普通高等教育材料成型及控制工程系列规划教材

焊接结构

王文先　王东坡　齐芳娟　主编
霍立兴　主审

化学工业出版社

·北京·

本书主要在介绍焊接结构的基本知识，焊接变形与应力的产生机理、影响因素和调控措施的基础上，对焊接接头及结构在各种类型载荷作用下的力学行为进行分析和讨论，进一步分析典型焊接结构的力学特征及设计要点，并对焊接结构可靠性分析方法进行了介绍。

全书共分8章，分别为焊接接头静载力学行为，焊接变形和应力，焊接结构断裂性能，焊接结构疲劳性能，焊接结构应力腐蚀破坏，焊接结构高温力学性能，焊接结构力学特征及结构设计，焊接结构可靠性分析。本书理论联系实际，突出焊接结构的基本特点和力学问题，并适当反映国内外的最新研究成果和发展趋势。针对焊接结构在腐蚀环境和高温环境应用增多的情况，增加了焊接结构应力腐蚀破坏、高温力学性能以及焊接结构可靠性分析方法等内容。

本书可作为材料成型及控制工程专业、焊接技术与工程专业及材料热加工专业的本科生或研究生教材，也可供从事焊接专业的工程技术人员参考。

图书在版编目（CIP）数据

焊接结构/王文先，王东坡，齐芳娟主编．—北京：化学工业出版社，2012.6（2023.1重印）
ISBN 978-7-122-14117-0

Ⅰ．焊…　Ⅱ．①王…②王…③齐…　Ⅲ．焊接结构
Ⅳ．TG404

中国版本图书馆CIP数据核字（2012）第078698号

责任编辑：彭喜英　陶艳玲　　　文字编辑：冯国庆
责任校对：蒋　宇　　　装帧设计：杨　北

出版发行：化学工业出版社（北京市东城区青年湖南街13号　邮政编码100011）
印　　装：北京虎彩文化传播有限公司
787mm×1092mm　1/16　印张15¾　字数390千字　2023年1月北京第1版第6次印刷

购书咨询：010-64518888　　　售后服务：010-64518899
网　　址：http://www.cip.com.cn
凡购买本书，如有缺损质量问题，本社销售中心负责调换。

定　　价：39.80元　

序

材料成型及控制工程专业是1997年国家教育部进行专业调整时，在原铸造专业、焊接专业、锻压专业及热处理专业基础上新设立的一个专业，其目的是为了改变原来老专业口径过窄、适应性不强的状况。新专业强调“厚基础、宽专业”，以拓宽专业面，加强学科基础，培养出适合经济快速发展需要的人才。

但是由于各字校原有的专业基础、专业定位、培养目标不同，也导致在人才培养模式上存在较大差异。例如，一些研究型大学担负着精英教育的责任，以培养科学研究和科学研究与工程技术复合型人才为主，学生毕业以后大部分攻读研究生，继续深造，因此大多是以通识教育为主。而大多数教学研究型和教学型大学担负着大众化教育的责任，以培养工程技术型、应用复合型人才为主，学生毕业以后大部分走向工作岗位，因此大多数是进行通识与专业并重的教育。而且目前我国社会和工厂企业的专业人才培训体系没有完全建立起来；从人才市场来看，许多工厂企业仍按照行业特征来招聘人才。如果学生在校期间的专业课学得过少，而毕业后又不能接受继续教育，就很难承担用人单位的工作。因此许多学校在拓宽了专业面的同时也设置了专业方向。

针对上术情况，教育部高等学校材料成型及控制工程专业教学指导分委员会于2008年制定了《材料成型及控制工程专业分类指导性培养计划》，共分四个大类。其中第三类为按照材料成型及控制工程专业分专业方向的培养计划，按这种人才培养模式培养学生的学校占被调查学校的大多数。其目标是培养掌握材料成形及控制工程领域的基础理论和专业基础知识，具备解决材料成形及控制工程问题的实践能力和一定的科学研究能力，具有创新精神，能在铸造、焊接、模具或塑性成形领域从事设计、制造、技术开发、科学研究和管理等工作，综合素质高的应用型高级工程技术人才。其突出特色是设置专业方向，强化专业基础，具有较鲜明的行业特色。

由化学工业出版社组织编写和出版的这套“材料成型及控制工程系列规划教材”，针对第三类培养方案，按照焊接、铸造、塑性成形、模具四个方向来组织教材内容和编写方向。教材内容与时俱进，在传统知识的基础上，注重新知识、新理论 、新技术、新工艺、新成果的补充。根据教学内容，学时，教学大纲的要求，突出重点、难点、力争在教材中体现工程实践思想。体现建设“立体化”精品教材的宗旨，提倡为主干课程配套电子教案、学习指导、习题解答的指导。

希望本套教材的出版能够为培养理论基础和专业知识扎实、工程实践能力和创新能力强、综合素质高的材料成形及加工的专业性人才提供重要的教学支持。

教育部高等学校材料成型及控制工程专业教学指导分委员会主任

李春峰

2010年4月

前　言

本教材内容作为焊接专业方向主干课程之一，是焊接理论教学课程体系的重要组成部分，是根据教育部材料成型及控制工程专业教学指导委员会的“材料成型及控制工程（焊接专业方向）培养方案”和“焊接技术与工程专业培养方案”，结合各类本科院校材料加工学科的课程设置要求以及“卓越工程师教育培养计划”的培养目标而编写的。

本书的编写力求简洁明了、通俗易懂，理论联系实际，强调焊接结构的基本概念和理论知识，突出焊接结构的基本力学问题，并适当反映国内外的最新研究成果和发展趋势，其中部分内容是编者在近年来科学研究工作中取得的研究成果。

全书共分8章。第1章介绍了焊接接头基本知识和静载力学性能，第2章介绍了焊接变形与焊接应力的产生原因、影响因素和调控措施，第3～6章介绍了焊接接头及结构在各种类型载荷作用下的力学性能，第7章介绍了典型焊接结构的力学特征和设计要点，第8章介绍了焊接结构可靠性分析方法。为便于对各章内容的理解、掌握、复习和巩固，每章正文之前设置本章学习要点，正文之后附有习题与思考题。同时为了便于读者查阅相关文献和拓展学习，书中最后附有参考文献。

第1章由太原科技大学葛亚琼编写，第2章由石家庄铁道大学齐芳娟和太原理工大学王文先编写，第3、5章由天津大学邓彩艳编写，第4章由天津大学王东坡编写，第6章由天津大学徐连勇编写，第7章由太原理工大学王文先编写，第8章由太原理工大学崔泽琴编写，由王文先负责本书的统稿工作。

全书由我国著名焊接结构力学专家、焊接教育专家、天津大学霍立兴教授审阅。霍立兴先生以其严谨的治学态度和博学的专业知识，为本书的编写提出了许多宝贵意见和建议，在此向霍先生表示深深的谢意。在编写过程中参阅了大量的国内外文献资料，在此向援引的参考文献作者表示衷心的感谢。

本书是各位编者在多年的教学经验和科学研究的基础上编写的，部分内容属于科学技术前沿发展和尚待深入探讨的技术问题。由于作者水平有限，书中的疏漏之处在所难免，恳请使用本教材的师生与读者批评指正。

编　者

2012年3月

目　录

第1章　焊接接头静载力学行为

本章学习要点

知识要点	掌握程度	相关内容
焊接接头基本概念	熟悉焊接接头的组成、特点，掌握焊缝形式和焊接接头形式，了解焊缝和焊接接头的表达方法	焊接接头的作用、组成、特点；对接焊缝、角焊缝；对接接头、搭接接头、T形接头、角接接头；焊缝符号
焊接接头不均匀性	了解焊接接头的不均匀性，熟悉焊接接头的力学行为	焊缝金属、热影响区和焊接接头的力学性能；低强组配焊接接头的力学行为
工作应力分布和工作性能	掌握和熟练绘制四种熔化焊焊接接头的工作应力分布，了解应力集中对工作性能的影响规律	应力集中；工作焊缝、联系焊缝；工作应力分布；应力集中与工作性能的关系
静载强度计算方法	掌握各种焊接接头静载强度的计算方法，焊缝许用应力的确定方法，能够灵活应用这些方法计算和校核实际焊接接头的静载强度	静载强度计算的作用、假设条件；许用应力；熔化焊、电阻焊接头静载强度计算方法和公式

在材料需要连接的部位，用焊接方法加工制造而成的接合部位称为焊接接头。在焊接结构中，焊接接头通常起两方面的作用：一是连接作用，即把被焊材料连接成一个整体，形成一个构件；二是传力作用，即传递被焊材料所承受的载荷，使构件能够应用。焊接接头是焊接结构中最薄弱的环节，一旦失效，就会使相互紧密联系成一体的构件局部分离、扩展和断裂，造成焊接结构的损坏。

1.1　焊接接头的基本概念

1.1.1　焊接接头的组成

一般所指的焊接接头区域包括焊缝金属、熔合区、热影响区和部分母材，熔化焊焊接接头的组成如图1-1所示。

焊缝金属是由焊接填充材料和局部母材共同熔化并凝固后而形成的铸造组织区域，焊缝金属的性能取决于这两部分材料熔化后的成分和组织。熔合区是焊缝金属边界上固、液两相交错共存并随后凝固的部分，是焊缝金属与热影响区相互过渡的区域。熔合区很窄，因此宏观上又称为熔合线，但它却是焊接接头中最薄弱的地带，经常出现由于该处的某些缺陷而引起焊接结构破坏的现象。热影响区是紧邻焊缝金属的母材受热作用影响而发生显微组织和力学性能变化的区域，其宽度与焊接方法及热输入量大小有关。热影响区组织和性能的变化又与母材的化学成分、焊前热处理状态及焊接热循环等因素有关。部分母材区主要是指受焊接

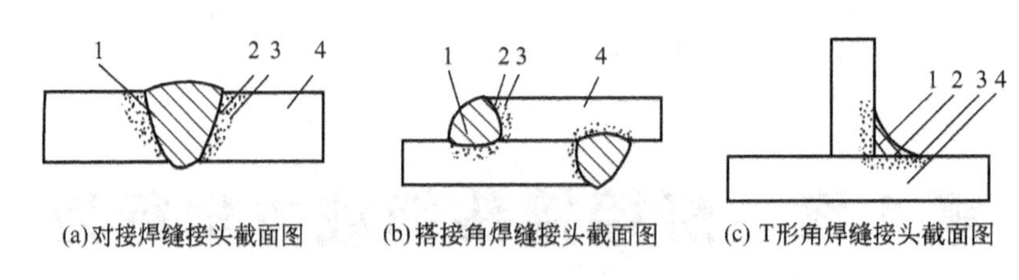

图 1-1 熔化焊焊接接头的组成

1—焊缝金属；2—熔合区；3—热影响区；4—部分母材

热循环和热塑性变形作用而具有较大残余应力的区域。有时将焊接热影响区和部分母材区统称为近缝区。

1.1.2 焊接接头的特点

与其他连接方法相比，焊接结构具有许多优势，但焊接接头却是焊接结构中最复杂的区域，既有许多优点，也存在较多的突出问题。

(1) 焊接接头的优点

① 承载的多向性 特别是焊透的熔化焊对接接头，能很好地承受各个方向的载荷。

② 结构的多样性 能很好地适应不同几何形状、结构尺寸、材料类型的连接要求，材料的利用率高，焊接接头所占空间小。

③ 连接的可靠性 现代焊接和检验技术可以保证获得高品质、高可靠性的焊接接头，是各种金属结构（特别是大型结构）理想的、甚至不可替代的连接方法。

④ 加工的经济性 施工难度较低，可实现自动化，检查维护简单，制造成本相对较低，成品率高。

(2) 焊接接头存在的问题

① 几何不连续性 由于焊缝余高的存在，焊接接头位于几何形状和尺寸发生变化的部位，同时焊接接头中可能存在着各种焊接缺陷，这就使焊接接头成为一个几何不连续体。工作时它传递着复杂的应力，引起应力集中，导致裂纹源的萌生。

② 性能不均匀性 焊接接头在成分、组织、性能上都是一个不均匀体。影响焊接接头性能的因素较多，如图 1-2 所示。这些影响因素可以归纳为两个方面：一个是材质方面的影

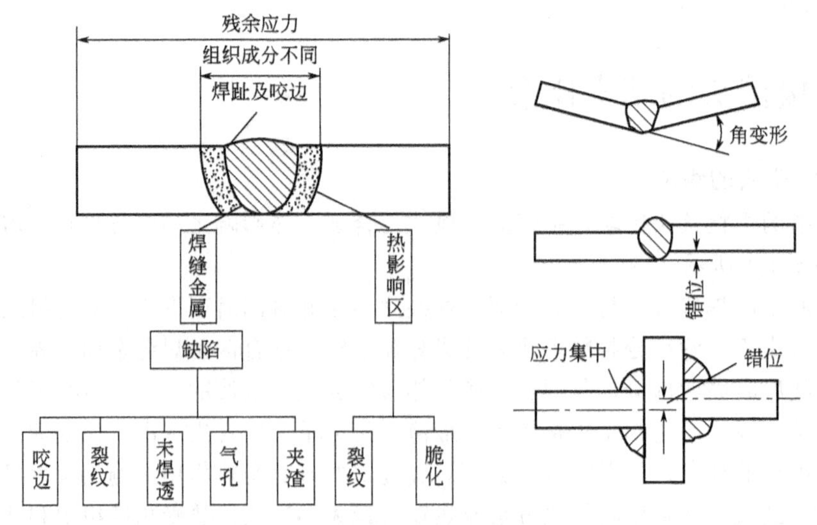

图 1-2 影响焊接接头性能的主要因素

响因素；另一个是力学方面的影响因素。

材质方面的影响因素主要有：焊接材料引起的焊缝金属化学成分的变化，焊接热循环引起的热影响区的组织变化，焊接过程中的热塑性变形循环所产生的材质变化，焊后热处理引起的组织变化以及矫正变形引起的加工硬化等，都会影响焊接接头的性能。

力学方面的影响因素主要有：焊接缺陷和外部形状的不连续性等。焊接缺陷包括裂纹、未熔合、未焊透、夹渣、气孔和咬边等，常常是接头的裂纹源；外部形状的不连续性包括焊缝的余高和错边等。

③ 焊接变形和残余应力　在焊接过程中，不均匀温度场会产生较大的焊接变形和较大的残余应力，使接头区域过早地达到屈服极限，同时也会影响结构的刚度、尺寸稳定性及结构的其他使用性能。

1.1.3　焊缝及焊接接头的基本形式

1.1.3.1　焊缝的基本形式

焊缝的基本形式有对接焊缝和角焊缝两种。

(1) 对接焊缝　对接焊缝是焊接结构中使用最为广泛的一种焊缝形式，如图 1-3 所示，焊缝宽度、余高、熔深和焊趾过渡半径是对接焊缝主要的几何形状参数。

为保证焊缝焊透，常将焊件的待焊部位加工成具有一定几何形状的沟槽，称为坡口。其尺寸及符号的表示如图 1-4 所示，坡口角度 α、根部间隙 b、钝边 p 称为“坡口三要素”。按照焊件的厚度、焊接方法、焊接工艺过程等，焊接坡口可分为多种形式，如图 1-5 所示。

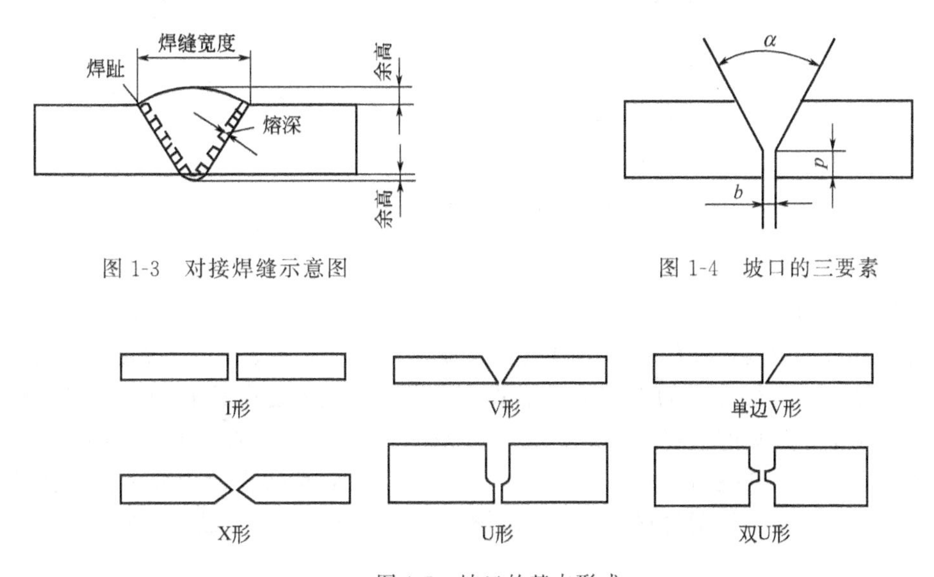

图 1-3　对接焊缝示意图

图 1-4　坡口的三要素

图 1-5　坡口的基本形式

各种坡口尺寸可根据国家标准 GB/T 985.1—2008《气焊、焊条电弧焊、气体保护焊和高能束焊的推荐坡口》或具体情况而确定。坡口的选择一般要考虑以下几个方面。

① 焊接材料的消耗　例如焊接同样厚度的板材，从消耗焊接材料的角度考虑，双 U 形＜单边 V 形＜X 形＜V 形。

② 可焊到性　焊接坡口形式常要根据构件是否翻转，翻转难易，或内外侧的焊接条件而定，一般尽可能采用双面坡口。但对于不能翻转的平板和内径较小的容器，为了避免大量

的仰焊或不便从内侧施焊，易采用单面施焊的V形或U形坡口。

③ 坡口加工成本　V形和X形坡口面为平面，可用气割或等离子弧切割加工，也可用机械切削加工，成本较低。而U形和双U形坡口面为曲面，一般要用刨边机加工，成本较高。

④ 焊接变形的调控　为了减小焊接变形，尽可能采用双面坡口，不合适的坡口形式很容易产生较大的焊接变形。

综上分析，这些坡口形式中，V形坡口加工方便，但焊件焊后焊接变形较大，焊接材料消耗较多；X形坡口焊缝对称，焊接变形小，焊接材料消耗少，是较好的坡口形式，但需两面焊接；U形与V形坡口相似，焊接材料消耗比后者小，但坡口加工较困难，成本较高；双U形坡口焊接材料消耗最少，焊接变形也最小，但由于U形坡口的加工比V形、X形坡口复杂得多，一般仅用于较重要、壁厚较大的构件。因此在选择坡口形式时，需要根据具体情况综合考虑。

（2）角焊缝　按照截面形状，角焊缝可分为平角焊缝、凹角焊缝、凸角焊缝和不等腰角焊缝四种类型，如图1-6所示。应用最多的是截面为等腰直角形的平角焊缝，一般用腰长K表示角焊缝的大小，称K为焊脚尺寸；a为角焊缝截面上的最小尺寸，称为计算厚度。焊脚尺寸和计算厚度是角焊缝的几何形状参数。

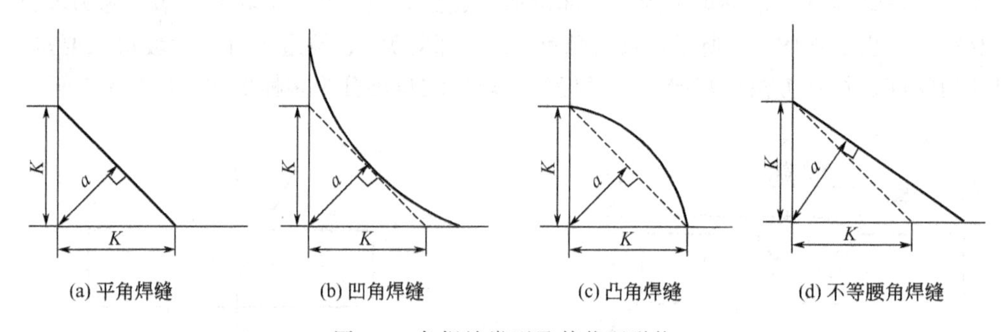

图1-6　角焊缝类型及其截面形状

1.1.3.2　焊接接头的基本形式

常用焊接接头的基本形式有对接接头、搭接接头、T形接头和角接接头四种。

（1）对接接头　由两板件相对端面焊接而成的接头称为对接接头，对接接头中的焊缝是对接焊缝。对接接头是最常用的焊接接头形式，从力学角度看也是比较理想的焊接接头形式。在焊接结构中，常见的对接接头是焊缝长度方向与载荷方向垂直［图1-7（a）］，也有与载荷方向成一定角度的斜缝对接接头［图1-7（b）］。斜缝对接接头的焊缝承受较低的正应力，安全性较高，但由于浪费材料和工时，除螺旋焊管焊缝外，一般已不再采用。

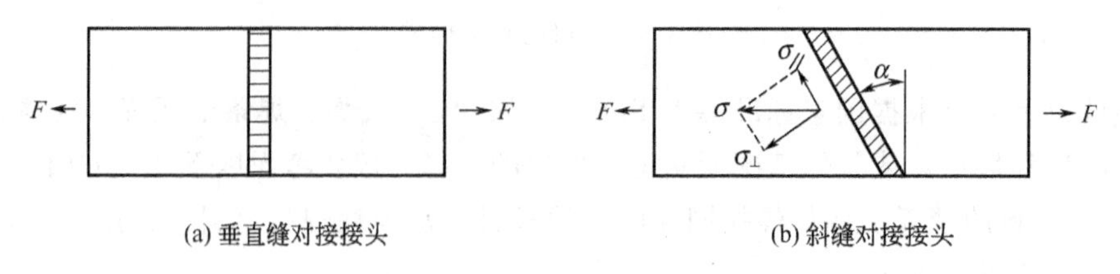

图1-7　对接接头形式

（2）搭接接头　两块板件重叠，在重叠部分板的顶端、侧边或中部用角焊缝连接的焊接接头称为搭接接头。根据结构形式和强度的要求不同，一般有如图 1-8 所示的几种搭接接头形式。

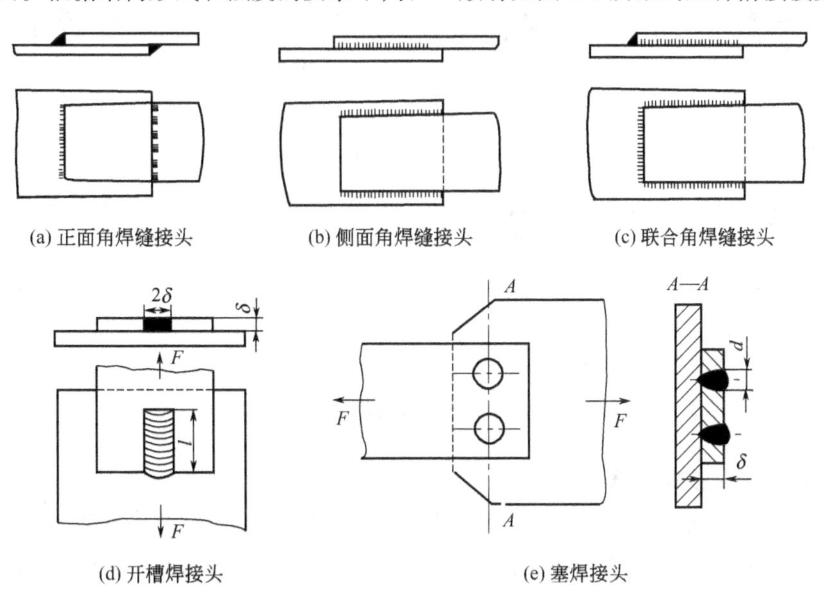

(a) 正面角焊缝接头　(b) 侧面角焊缝接头　(c) 联合角焊缝接头

(d) 开槽焊接头　(e) 塞焊接头

图 1-8　搭接接头形式

搭接接头的优点是焊前准备工作量较少，装配较容易，且横向收缩量也比对接接头小，故在焊接结构中仍得到广泛应用。缺点是母材和焊材消耗量较大，动载强度较低。为了提高搭接接头的性能，尽可能采用正反面都焊接的方法。

(3) T 形（十字）接头　将相互垂直的两块板件用角焊缝连接起来的接头，称为 T 形（十字）接头，如图 1-9 所示。为了加工方便，一般 T 形（十字）接头不开坡口，但为了提高接头性能、降低焊材消耗和减小焊接变形，可以开 K 形、单边 V 形、单 J 形和双 J 形坡口。T 形（十字）接头应避免采用不开坡口的单面焊，因为其根部相当于有较深的未焊透，会产生严重的应力集中，容易产生裂纹，引起结构破坏，如图 1-10 所示。

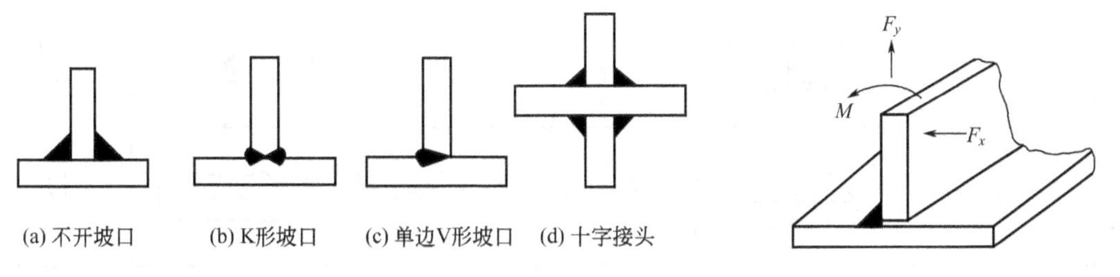

(a) 不开坡口　(b) K形坡口　(c) 单边V形坡口　(d) 十字接头

图 1-9　常见的 T 形（十字）接头

图 1-10　T 形接头不开坡口单面焊

(4) 角接接头　两板件端面构成直角的焊接接头称为角接接头，多用于箱形结构。常用的角接接头形式如图 1-11 所示。图 1-11（a）是最简单的角接接头，但其承载能力差；图 1-11（b）是采用两面焊缝从内部加强的角接接头，承载能力较大；图 1-11（c）和（d）开坡口易焊透，强度较高，但对于图 1-11（d）的接头形式应注意层状撕裂问题；图 1-11（e）和（f）易装配，省工时，是较经济的角接接头；图 1-11（g）是可以保证具有直角的角接接头，并且刚性大，但角钢厚度应大于板厚；图 1-11（h）是不合理的角接接头，焊缝多而且不易施焊，结构的总重量也较大。

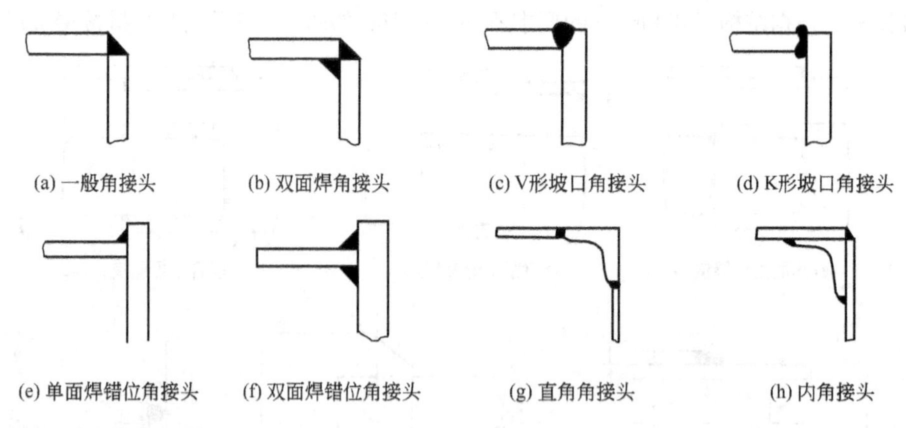

图 1-11　角接接头形式

1.1.4　焊缝及接头形式的表示方法

在工程图纸上，焊缝及接头形式通常是用焊缝符号来表示的，焊缝符号起着传递设计要求和工艺要求等焊接相关信息的作用。详细内容见 GB/T 324—2008《焊缝符号表示方法》。

1.1.4.1　焊缝符号组成

焊缝符号包括基本符号、补充符号、尺寸符号、焊接方法代号及指引线等。

(1) 基本符号　基本符号是表示焊缝截面基本形状或特征的符号，表 1-1 列出了焊缝的基本符号。

表 1-1　焊缝的基本符号

序号	焊缝名称	示意图	符号	序号	焊缝名称	示意图	符号
1	卷边焊缝（卷边完全熔化）			6	钝边单边 V 形焊缝		
2	I 形焊缝			7	钝边 U 形焊缝		
3	V 形焊缝			8	钝边 J 形焊缝		
4	单边 V 形焊缝			9	封底焊缝		
5	钝边 V 形焊缝			10	角焊缝		

(2) 补充符号　补充符号用来补充说明有关焊缝或接头的某些特征，如表面形状、衬垫、焊缝分布、施焊地点等，见表 1-2。

表 1-2　焊缝的补充符号

序号	名称	符号	说　　明	序号	名称	符号	说　　明
1	平面	 —	焊缝表面经过加工后平整	5	周围焊缝	○	表示环绕工件周围焊接
2	凹面	 ◡	焊缝表面凹陷				
3	凸面	 ◠	焊缝表面凸起	6	现场符号	 ⊳	表示在现场或工地上进行焊接
4	圆滑过渡	 ⅃	焊趾处过渡圆滑	7	尾部符号	 <	标注焊接工艺方法等内容

（3）尺寸符号　尺寸符号是表示焊缝相关尺寸的符号，见表 1-3。

表 1-3　焊缝的尺寸符号

序号	符号	名称	示意图	序号	符号	名称	示意图
1	δ	工件厚度	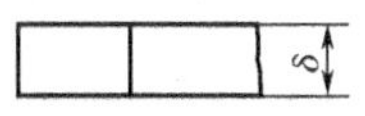 δ	9	n	焊缝段数	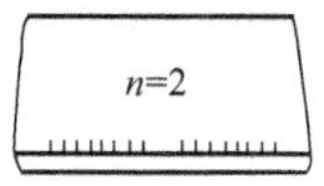 n=2
2	α	坡口角度	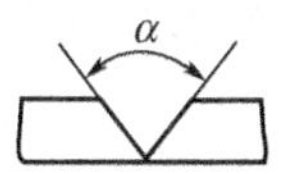 α	10	e	焊缝间距	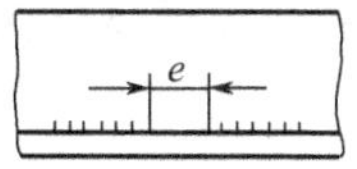 e
3	β	坡口面角度	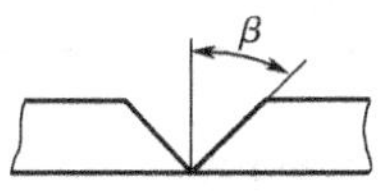 β	11	l	焊缝长度	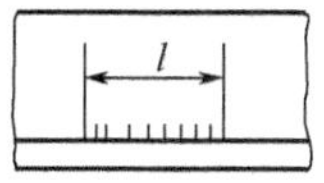 l
4	b	根部间隙	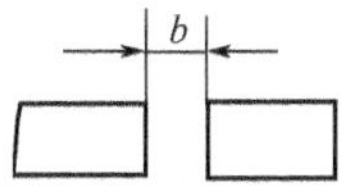 b	12	K	焊脚尺寸	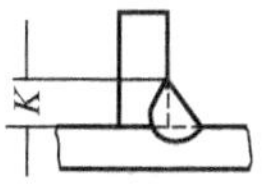 K
5	h	余高	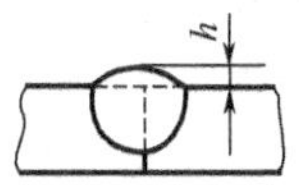 h	13	d	熔核直径	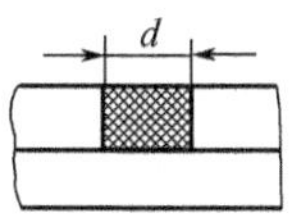 d
6	p	钝边	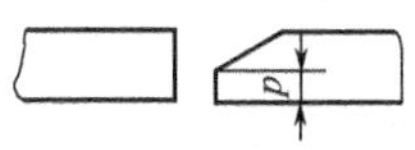 p	14	S	焊缝有效厚度	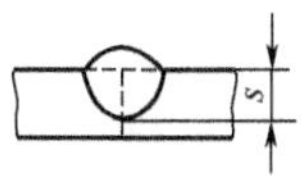 S
7	c	焊缝宽度	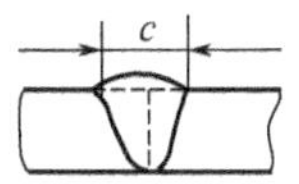 c	15	N	相同焊缝数量符号	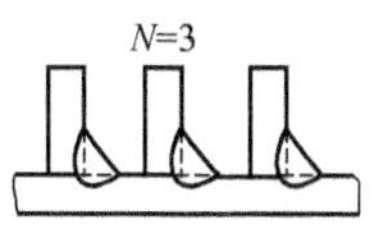 N=3
8	R	根部半径	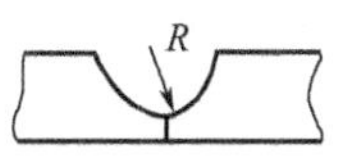 R	16	H	坡口深度	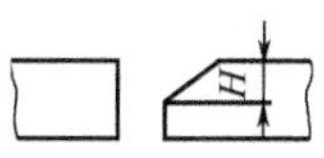 H

（4）焊接方法代号　焊接方法代号是为了简化焊接方法的标注和文字说明。焊接方法可用文字在技术要求中注明，也可用数字代号或英文缩写直接注写在指引线的尾部。常用焊接方法的代号见表 1-4。

表 1-4 常用焊接方法的代号

焊接方法名称	焊接方法代号		焊接方法名称	焊接方法代号	
	数字代号	英文简写		数字代号	英文简写
焊条电弧焊	111	SMAW	熔化极活性气体保护焊	135	MAG
埋弧焊	12	SAW	钨极惰性气体保护焊	141	TIG
熔化极惰性气体保护焊	131	MIG	等离子弧焊	15	PAW

1.1.4.2 焊缝的表示方法

焊缝尺寸符号及数据的标注原则如图 1-12 所示。在焊缝符号中，基本符号和指引线为基本要素，指引线由箭头线和基准线组成，基准线有一条实线和一条虚线，虚线可以画在实线上侧或下侧。如果焊缝和箭头线在接头的同一侧，则将焊缝基本符号标注在基准线的实线侧；相反，如果焊缝和箭头线不在接头的同一侧，则将焊缝基本符号标注在基准线的虚线侧；标对称焊缝及双面焊缝时，可不加虚线。需要时，可在横线的末端加一个尾部，作其他说明之用（如焊接方法或相同焊缝数目等）。

如图 1-13 所示是焊缝符号的标注实例。图 1-13（a）依次表示双面角焊缝，焊脚尺寸均为 5mm，焊缝段数为 35 段，每段焊缝长度为 50mm，交错断续焊，相邻焊缝的间距为 30 mm。图 1-13（b）依次表示周围施焊，由埋弧焊焊成的 V 形焊缝在箭头一侧，要求焊缝表面平齐，由焊条电弧焊焊成的封底焊缝在另一侧，也要求焊缝表面平齐。

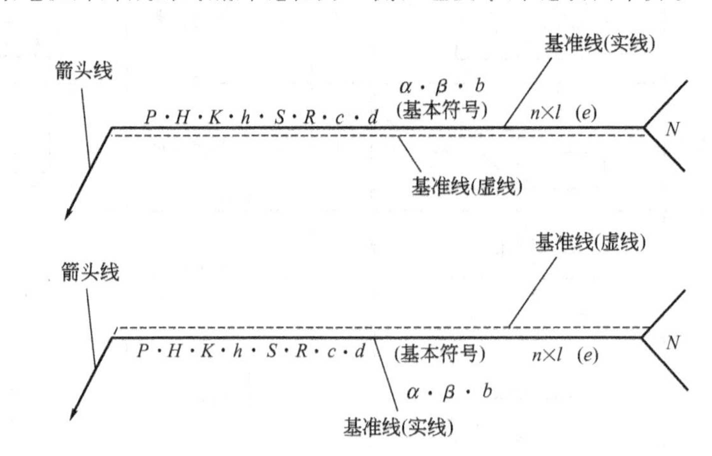

图 1-12 焊缝尺寸符号及数据的标注原则

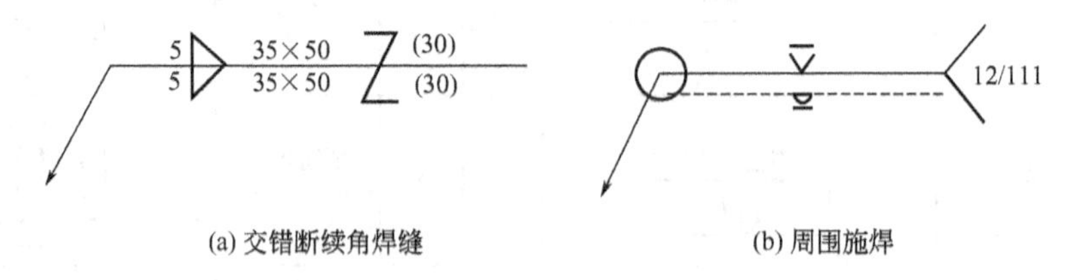

图 1-13 焊缝符号的标注实例

1.2 焊接接头的不均匀性及其力学行为

为了确保焊接结构的安全性，焊接接头应该具有足够的强度、塑性和韧性。但是，焊接接头的力学性能不均匀，特别是塑性和韧性的不均匀，会影响焊接结构的综合性能。

1.2.1　焊接接头宏观力学性能的一般特征

工程结构有塑性断裂和脆性断裂两种基本形式，均与承受的应力有关。达到屈服应力时的断裂为塑性断裂，低于屈服应力时的断裂为低应力脆性断裂，脆性断裂受材料韧性的影响。结构抵抗塑性断裂的承载能力正比于材料的屈服强度，而抵抗脆性断裂的承载能力正比于材料的韧性。保证结构安全运行的条件是实际结构的载荷应同时小于抵抗塑性断裂和抵抗脆性断裂的承载能力。因此，按比例增加材料的强度和韧性是提高结构承载能力并保证安全运行的最合理匹配。

如图 1-14 所示是材料的强度与韧性匹配关系图，保证结构运行的最低安全限度在该图中为带有一定斜率的直线 S。图 1-14 还归纳了钢材和不同焊接方法得到的焊缝金属实际的强度和韧性的匹配状况。由图 1-14 可见，材料和焊缝的韧性是随着强度的增加而不断下降，在较高强度的范围内几乎是直线下降，这就是实际存在的矛盾。正是这个矛盾限制了具有更高强度材料的实际工程应用，但近些年来，随着科学技术水平的提高，已研制出一些兼有高强度和高韧性的金属材料。图 1-14 还表明，实际焊缝金属的强度和韧性匹配，特别是在较高强度的情况下，还不能达到母材的水平。

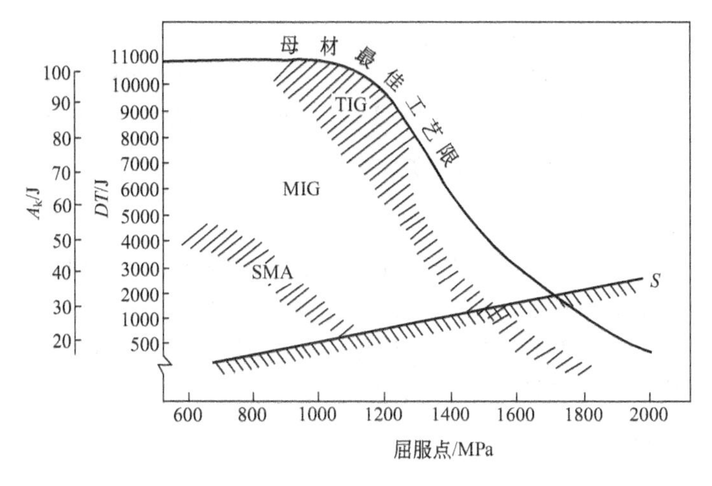

图 1-14　材料的强度与韧性匹配关系图

1.2.2　焊缝金属的力学性能

焊缝金属的力学性能首先取决于其化学成分和金相组织，这与母材成分、焊接填充材料成分和熔合比有直接的关系，焊接层数也是一个主要的影响因素。焊缝金属为典型的铸造柱状晶组织，柱状晶通常垂直于等温线方向长大，凝固初期高熔点金属结晶较多，低熔点物质存在于最后凝固的部分和柱状晶的晶间。同等厚度的板材，单层焊时这种粗大的柱状组织明显［图 1-15（a)］，其力学性能较差。多层焊时由于后续焊道对前一道焊缝的后热处理作用，使焊缝晶粒细化［图 1-15（b)］，因此多层焊焊缝金属的力学性能比单层焊的好。

焊缝金属的力学性能还受焊接热输入和预热温度的影响。增加焊接热输入或提高预热温度，则由于冷却速率降低，使焊缝金属强度和韧性下降。图 1-16 显示了以 80kg 级的焊条电弧焊接 80kg 级的高强钢，其焊缝金属力学性能与焊接热输入的关系。可以看出，焊缝金属的抗拉强度和屈服强度都随着焊接热输入的增加而降低［图 1-16（a)］，而脆性转变温度随

(a) 单层焊焊缝金属的凝固组织

(b) 多层焊焊缝金属的凝固组织

图 1-15 焊缝金属的凝固组织

焊接热输入的增加而上升［图 1-16（b）］。

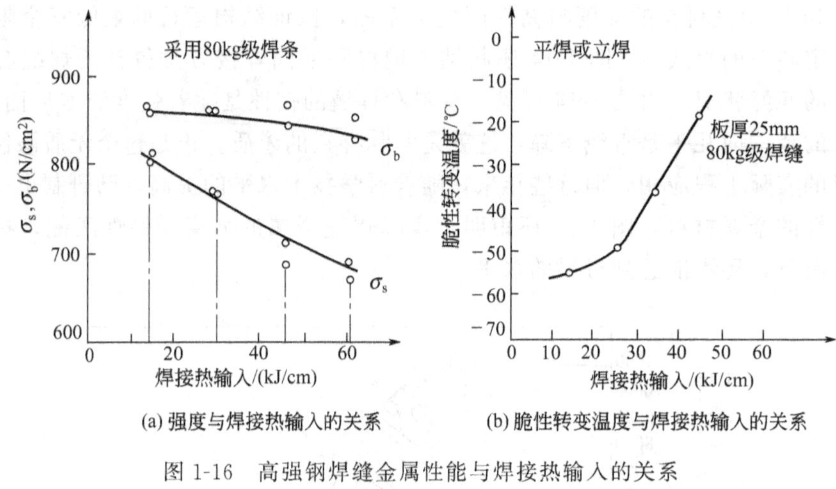

(a) 强度与焊接热输入的关系　(b) 脆性转变温度与焊接热输入的关系

图 1-16 高强钢焊缝金属性能与焊接热输入的关系

($1N/cm^2=0.98MPa$)

所以对于高强度钢而言，有必要限制焊接热输入和预热温度，即确定一个最低冷却速率，以确保焊缝金属的力学性能。但是为了防止焊接裂纹的产生，又必须要求较高的预热温度，在焊接过程中这往往是互相矛盾的。因此，为了保证焊缝金属的力学性能，应当协调好工件厚度、预热温度和焊接热输入等参数之间的关系。

1.2.3 热影响区金属的力学性能

一般焊接方法的焊接热影响区宽度比较窄，但由于焊接温度场的温度梯度很大，所以在这很窄的区域内各点的热循环有较大的不同，从而引起热影响区的力学性能不均匀。这一结论由热模拟试验得到证明。

（1）热影响区的强度和塑性　如图 1-17 所示的焊接接头，在 1200℃以上的粗晶区内，金属处于过热状态，奥氏体晶粒严重长大，冷却之后得到粗大的过热组织，其强度比母材高，但塑性比母材低。这一方面是受冷却速率的影响，冷却速率越快，这一趋向越明显；另一方面塑性的降低与钢材的含碳量和热循环时产生的马氏体多少有关。实验证明，当钢材含碳量大约在 0.15%以下时，即使急冷形成马氏体组织，其塑性降低程度也是较小的。在 1200℃～A_{c_3}的区域内，金属将会发生重结晶，然后在空气中冷却就会得到均匀而细小的珠光体和铁素体，该区域的综合力学性能良好，既具有较高的强度，又具有较高的塑性。在 900～700℃的区域，晶粒大小不一，组织不均匀，因此力学性能也不均匀，尤其是屈服强度比母材略低。这种倾向对于调质钢特别明显，这是因为调质钢经焊接加热后，原来的回火马氏体因重结晶而消失。最高温度低于 700℃的区域没有组织变化，因此其力学性能与母材无大的差异。

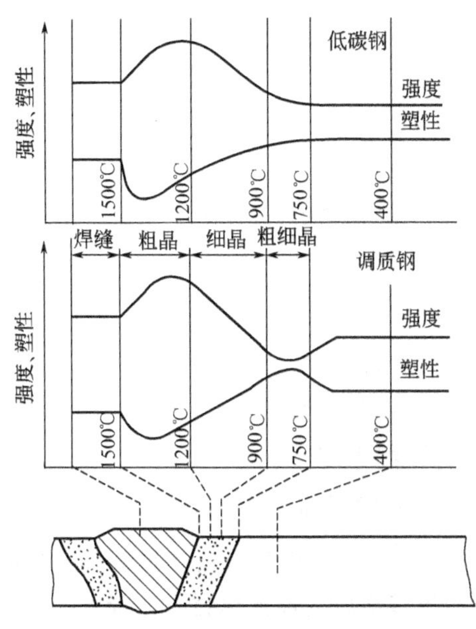

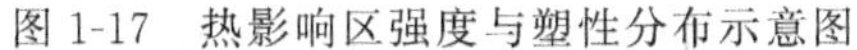

图 1-17　热影响区强度与塑性分布示意图

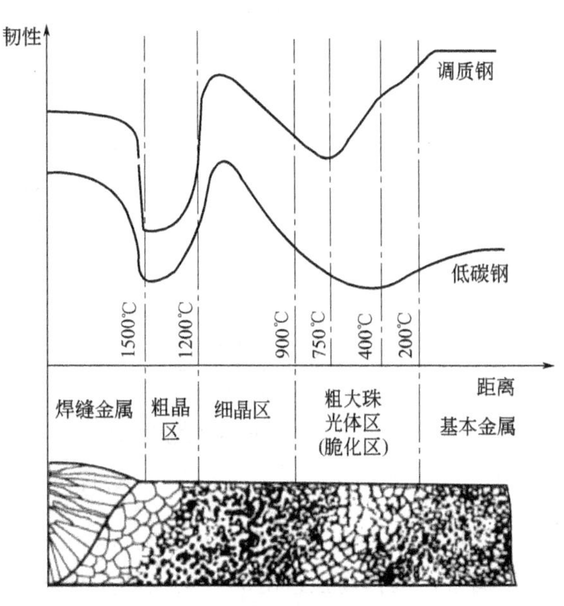

图 1-18　热影响区韧性分布示意图

(2) 热影响区的韧性　如图 1-18 所示，热影响区的韧性分布是不均匀的，有两个区域的韧性比较低：一个是在 1200℃以上的粗晶区，由于晶粒粗大，致使其韧性恶化，韧性最低区域是在熔合区。由于焊趾处存在应力集中，往往会成为焊接接头破坏的起始点。另一个是在 750℃及其以下，低碳钢的脆化区常在 400～200℃之间，高强度钢的脆化区往往在靠近 $A_{c_1}\sim A_{c_3}$ 的相变点之间。一般情况下，焊接热输入越大，高温时间越长，越容易因晶粒粗大而导致韧性下降。

(3) 热影响区的热塑性应变脆化　如图 1-17 和图 1-18 所示，加热到 200～400℃的金属，其强度升高，韧性下降，这种现象叫做热塑性应变脆化或蓝脆现象，这个温度区间叫做蓝脆温度。它与钢中碳、氮等溶质原子的活动状态有关，特别是自由氮原子较多的低碳钢最容易发生蓝脆现象。由于热循环的热应力作用在近缝区会产生热塑性变形，使其力学性能发生变化。通常经历一次热循环的焊接接头，其塑性变形量不大，大约仅为百分之几，韧性的下降并不明显。然而，多层焊或焊接带有刻槽的焊件时，缺口附近要经受相当大的塑性变形。如图 1-19 所示为经历热应变后缺口尖端的硬度分布。在焊接过程中，缺口顶端附近由于应力集中和应变集中而产生较大的塑性应变，称为应变时效现象。即使最高温度在 A_{c_3} 相变点以下，也会由于塑性应变而使材质产生硬化，如图 1-19 (b) 所示，这将使缺口尖端附近金属的断裂韧性下降，但这还依赖于材料的种类，对于沸腾钢的影响较大，对于镇静钢的影响不大。

1.2.4　焊接接头的力学性能

即使焊接填充材料与母材的成分完全一样，焊缝金属与母材的力学性能也是不一致的，追求焊缝金属与母材的强度相等即等强组配是非常困难的，只是名义上的。实际上，焊缝金属强度或者高于母材，称为高强组配，或者低于母材，称为低强组配。焊接接头的力学性能与母材和焊缝金属两者之间的强度组配有直接关系。

(1) 高强组配焊接接头的力学性能　实验证明，高强组配焊接接头的断裂多发生在母材

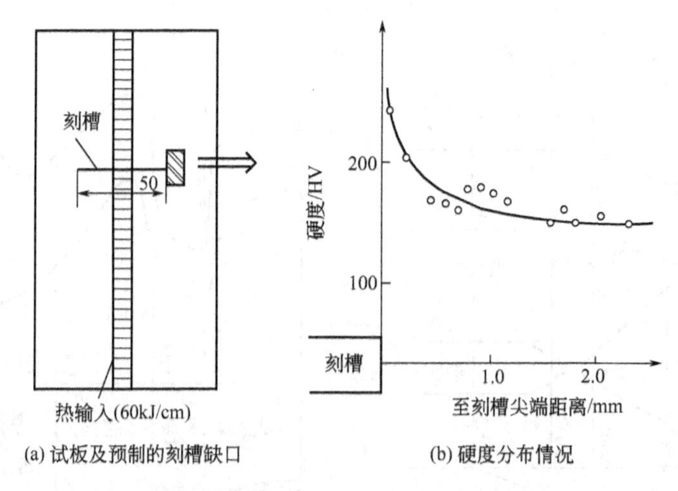

(a) 试板及预制的刻槽缺口　　(b) 硬度分布情况

图 1-19　经历热应变后缺口尖端的硬度分布

上，其应力-应变示意关系如图 1-20（a）所示。对于中低碳钢，由于母材和焊缝都有较高的韧性储备，选择高强组配的接头显然是合理的。即使焊缝金属韧性比母材有所降低，也不会影响整个结构的安全性。当横向载荷使结构发生弹性变形时，由于焊缝金属区比母材发生较小的应变，焊缝金属区相当于受到保护，因此高强组配焊接接头的抗脆断安全性更高。大型焊接结构如采油平台、船舶等均采用高强组配焊接接头。

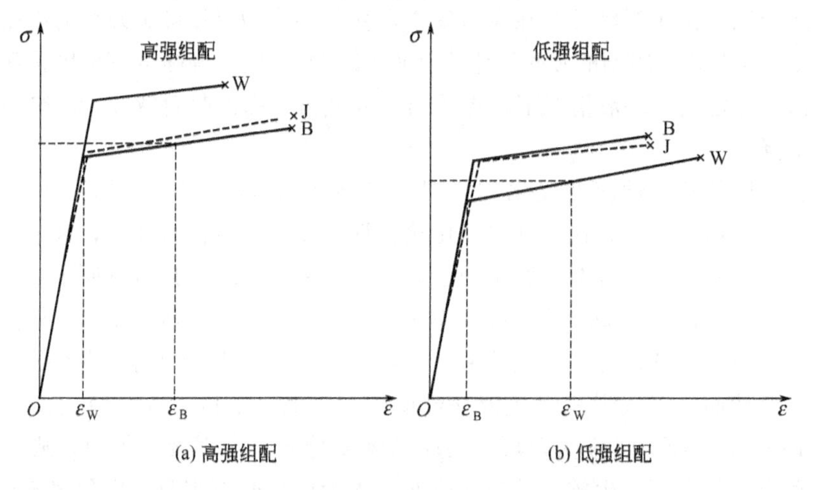

(a) 高强组配　　(b) 低强组配

图 1-20　对接接头不同强度组配的应力-应变关系

W—焊缝金属；B—母材；J—焊接接头

（2）低强组配焊接接头的力学性能　低强组配焊接接头的断裂多发生在焊缝金属上，但焊接接头强度并不等于焊缝金属本身的强度，其应力-应变示意关系如图 1-20（b）所示。

对于超高强度钢，由于韧性储备显著降低，如果仍然采用等强度原则，选用高强组配焊接接头，焊缝韧性进一步降低，可能处于安全极限以下，将可能导致由于焊缝韧性不足引起的低应力脆性破坏。所以在超高强度钢焊接时宜采用等韧性原则，选择焊缝韧性不低于母材金属的低强组配焊接接头才是合理的。对于高韧性的低强组配焊接接头，在弹性应力区焊缝抗脆断能力显然高于母材。对于高强度和大型厚板结构，焊接时易产生焊接裂纹，并由此引起脆性断裂。为避免焊接裂纹，有时采用低强组配焊接接头。

低强组配焊接接头的强度并不等于焊缝金属本身的强度的原因：研究发现，通常情况下认为焊缝金属强度比母材低，焊接接头的强度等于焊缝金属的强度。但是当把焊缝金属这个“软夹层”的宽度减小到一定程度，焊接接头的强度则随着“软夹层”宽度的降低而提高，逐渐接近于母材金属的强度，形成一个远超过焊缝金属强度的接头。这一结论由如图 1-21 所示的采用闪光对焊制成的低强组配对接接头的拉伸试验而获得，随着“软夹层”宽度与试件直径之比 H/D（相对厚度）的减小，焊接接头的强度在不断提高，直至达到高强度母材的强度。

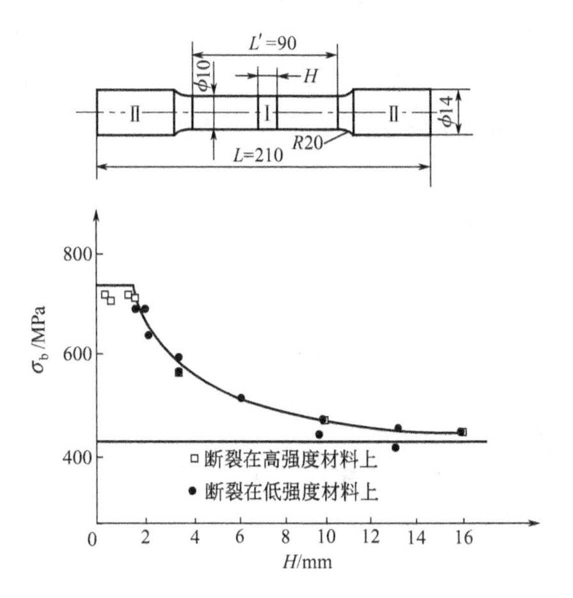

图 1-21　低强组配焊接接头强度试验结果

Ⅰ代表低强度材料：$\sigma_b=440\text{MPa}$，$\sigma_s=268\text{MPa}$

Ⅱ代表高强度材料：$\sigma_b=733\text{MPa}$，$\sigma_s=461\text{MPa}$

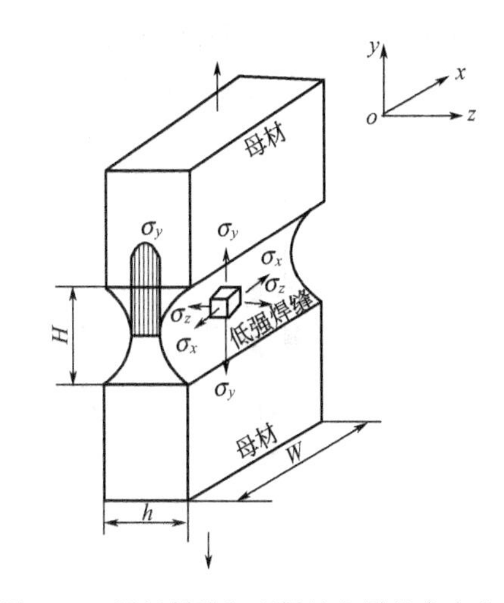

图 1-22　厚板低强组配焊缝金属的应力状态

对于板材形式的低强组配焊接接头的强度也是随着相对厚度降低而上升。如图 1-22 所示，低强度焊缝的塑性受到高强度母材的约束，使焊缝金属处于三向受拉状态而强化。当焊接接头受拉伸时，低强度焊缝进入塑性状态，高强度母材仍处于弹性状态时，母材对焊缝的塑性变形具有拘束作用，其拘束能力的大小随相对厚度而变化。相对厚度减小，径向应力就增大，焊缝塑性变形就更加困难，从而焊接接头强度上升。当相对厚度极薄时，焊缝金属的脆断转变温度会大大提高。即使在室温条件下，其断口也含有脆断破坏面，这说明焊缝金属是处在三向受拉状态，几乎达到了不可能产生塑性变形的程度，使接头强度上升而突然破断。

在焊接结构设计上，习惯采用焊缝金属与母材等强度的原则。但是，通过对低强组配焊接接头力学性能的研究与实际应用，发现焊接高强度钢或厚度大的构件时，可不用焊缝金属与母材等强度原则，而采用接头强度与母材等强度的原则，即采用比母材强度低的焊接材料，选定合适的相对厚度，获得与母材等强度的焊接接头。

采用低强组配的焊接接头，由于强度较低的焊缝金属一般都具有较高的抗焊接裂纹能力，所以可适当降低高强度钢焊接的预热温度，改善劳动条件，这是采用低强度焊缝的优点。但是，这种接头的焊缝受到三向拉应力，处于不利的应力状态，发生脆断的危险性也较大，因此要求焊缝金属必须具有比一般同级焊缝金属更高的韧性才能保证接头的安全可靠。

1.3 焊接接头的工作应力分布和工作性能

1.3.1 焊缝性质和应力集中概念

（1）工作焊缝和联系焊缝　焊接结构中的焊缝，按其所起的作用分为工作焊缝和联系焊缝。若焊缝与被连接构件是串联的，担负传递全部或绝大部分载荷的作用，一旦焊缝断裂，焊接接头即破坏，结构立即失效，称为工作焊缝或承载焊缝，如图 1-23（a）所示，其应力称为工作应力。若焊缝与被连接构件并联，只传递很少一部分载荷或不传递载荷，主要起联系被焊构件的作用，即便焊缝断裂，接头也不会破坏，称为联系焊缝或非承载焊缝，如图 1-23（b）所示，其应力称为联系应力。

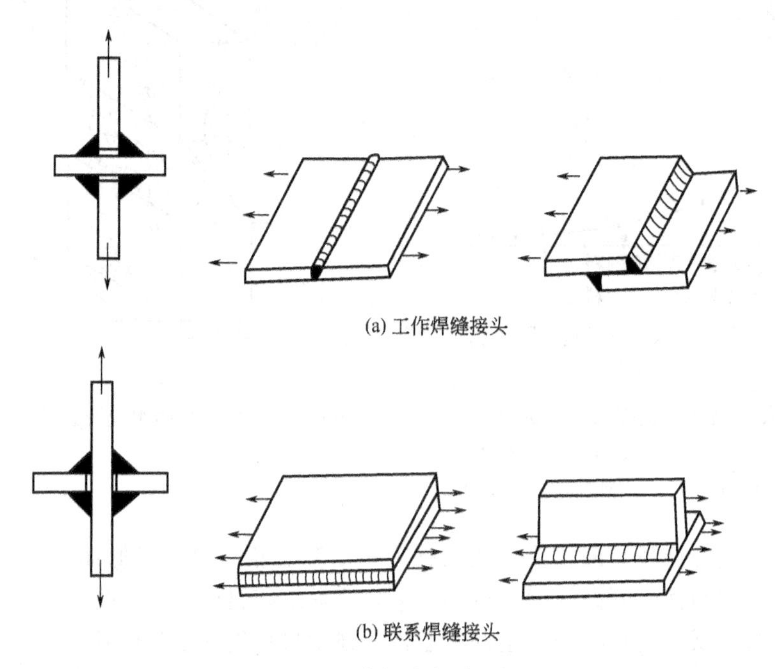

图 1-23　工作焊缝与联系焊缝

（2）应力集中的概念　当承受载荷时，焊接接头中的工作应力分布不均匀，使局部区域的最大应力值 σ_{max} 比平均应力值 σ_{av} 高，这种情况就是应力集中。为了描述应力集中的程度，常以应力集中系数 K_T 表示：

$$K_T = \frac{\sigma_{max}}{\sigma_{av}} \tag{1-1}$$

焊接接头上的平均应力 σ_{av} 容易求得，而局部最大应力 σ_{max} 却难以准确得出。一般可以用实验法、解析法、弹性力学法、有限元计算等方法确定 K_T。

（3）产生应力集中的原因　由于焊缝形状和焊缝布置的特点，焊接接头存在着几何形状不连续性，这是产生应力集中的主要原因，具体有如下三方面内容。

① 焊缝中的工艺缺陷　例如气孔、夹渣、裂纹、未熔合和未焊透等，其中由于焊接裂

纹和未焊透是面状缺陷，引起的应力集中最为严重。

② 不合理的焊缝外形　例如余高过大的对接焊缝、凸角焊缝等，都会在焊趾处产生较大的应力集中。

③ 不合理的接头设计　例如焊接接头截面有突变、采用加盖板的对接接头、只有单面焊缝的 T 形接头等都会造成严重的应力集中。

1.3.2　熔化焊接头的工作应力分布

1.3.2.1　对接接头

对接接头是熔化焊最常用的焊接接头形式之一，也是工作应力分布比较均匀的一种焊接接头形式。如图 1-24 所示，在焊缝正面与母材的过渡处（焊趾部位）产生应力集中，应力集中系数 K_T 为 1.6，在背面焊缝与母材的过渡处的 K_T 为 1.5。

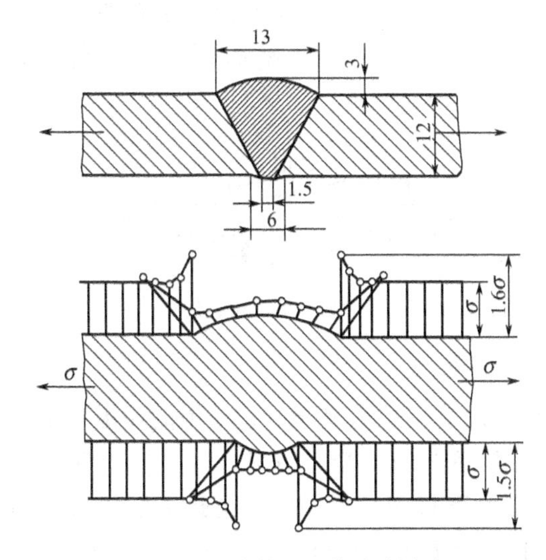

图 1-24　对接接头工作应力分布

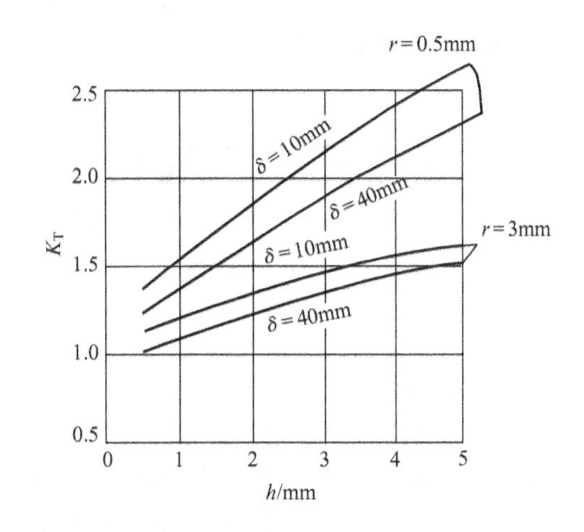

图 1-25　对接接头焊缝几何尺寸与 K_T 之间的关系

对接接头应力集中系数 K_T 的大小主要与焊缝余高 h 和焊趾过渡半径 r 有关。如图 1-25 所示，可以看出，随着 h 的增加，K_T 增加，随着 r 的增加，K_T 减小。余高 h 较大，应力集中程度严重，对焊接结构的疲劳强度是十分不利的，故要求 h 越小越好。对动载构件应将重要部位对接接头的余高去除，也可采取措施增大过渡区半径，从而减小应力集中。

相对于其他类型的接头，对接接头应力集中最小，而且易于降低和消除。因此，对接接头是最好的接头形式，不但静载性能可靠，而且疲劳强度也较高。

1.3.2.2　搭接接头

搭接接头是外形变化较大的一种焊接接头形式，应力集中现象比对接接头严重得多。根据受力方向，可将搭接接头角焊缝分为正面角焊缝（l_3）、侧面角焊缝（l_1 及 l_5）和斜向角焊缝（l_2 和 l_4），如图 1-26 所示。

（1）正面角焊缝的工作应力分布　正面角焊缝搭接接头的工作应力分布极不均匀（图 1-27），在焊脚根部 A 点和焊趾 B 点都有较严重的应力集中。一般以控制角焊缝的形状和尺寸来降低应力集中程度，例如减小焊趾角 θ 和增大焊接熔深，都会使应力集中系数减小。

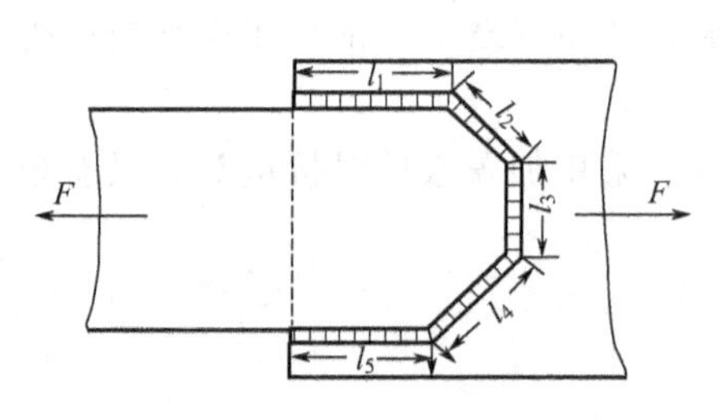

图 1-26 搭接接头角焊缝

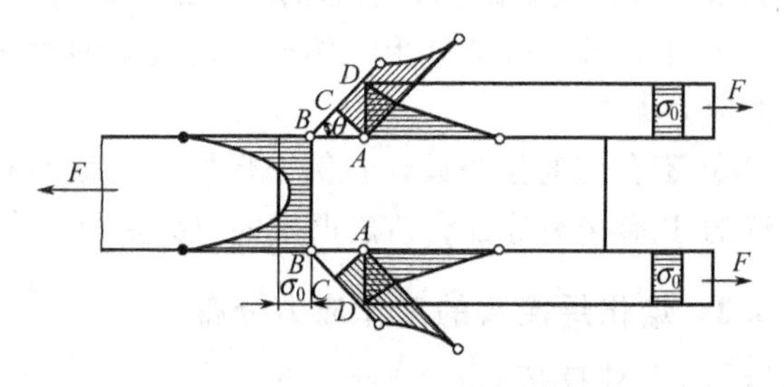

图 1-27 正面角焊缝搭接接头的应力分布

如图 1-27 所示的搭接接头只是为了能够很好地绘制出工作应力的分布，更常用的搭接接头是如图 1-28（a）所示的搭接接头。由于搭接接头的正面角焊缝与作用力偏心，承受外力时，会导致力线发生偏转，不仅构件出现严重变形，而且焊接接头上会产生附加弯曲应力，造成更复杂应力分布和更大的应力集中。为了减少弯曲应力，常规定两条正面角焊缝之间的距离应不小于其板厚的 4 倍，即 $l \geqslant 4\delta$，如图 1-28（b）所示。

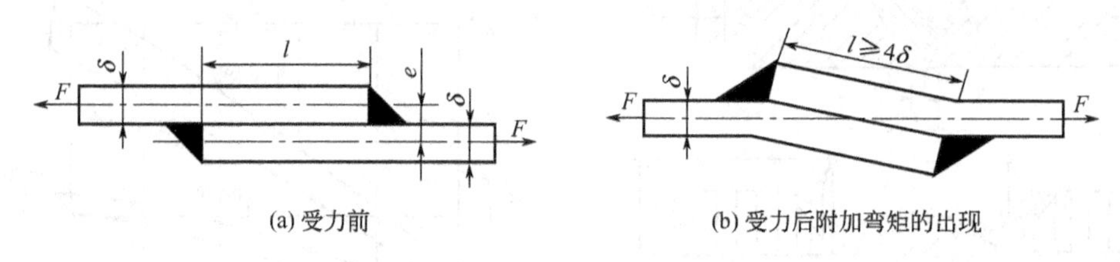

图 1-28 正面角焊缝搭接接头

（2）侧面角焊缝的工作应力分布　侧面角焊缝既承受正应力又承受切应力的作用，工作应力分布更复杂，应力集中更严重，如图 1-29 所示是最普通的受力情况。τ_x 表示沿侧面焊缝长度方向上的切应力分布，F'_x 和 F''_x 分别表示上板和下板中通过两板的搭接区段内所传递的外力，1′和 2′等表示在外力 F'_x 作用下上板某点的变形情况，1″和 2″等则表示在外力 F''_x 作用下下板某点的变形情况。由 τ_x 曲线可见，侧面角焊缝的切应力两端大，中间小。主要原因是搭接板不是绝对刚体，在受力时本身产生弹性变形。由图 1-29 可以看到，通过上板的外力 F'_x 从左到右由 F 逐渐降至零，通过下板的外力 F''_x 从左到右由零逐渐升至 F。从而使上

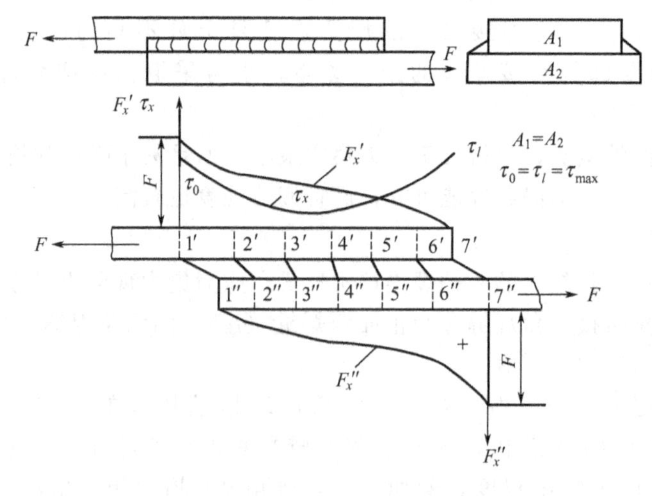

图 1-29 侧面搭接接头应力及变形分布示意图

板和下板搭接区段内的弹性变形也随之从左到右逐渐减小和增大，各对应点的相对位移从左到右也逐渐减小和增大，结果使两板之间的侧面焊缝中的切应力两端大，中间小。

假设上、下板的横截面积相等，即 $A_1=A_2$，侧面焊缝中的切应力 τ_x 可用下式表示。

$$\tau_x=0.7\sigma\frac{\delta}{K}\times\frac{\mathrm{ch}\,\frac{x}{B}+\mathrm{ch}\,\frac{l-x}{B}}{\mathrm{sh}\,\frac{l}{B}} \tag{1-2}$$

式中，τ_x 为距焊缝一端为 x 点的焊缝断面上的平均切应力；σ 为被连接件中的平均正应力，$\sigma=\frac{F}{B\delta}$；B 为被连接件的宽度；δ 为被连接件的厚度；K 为焊脚尺寸；l 为焊缝长度。

τ_x 的最大值在焊缝的两端，即当 $x=0$ 或 $x=l$ 时，其最大值可以用下式表示。

$$\tau_{\max}=0.7\sigma\frac{\delta}{K}\times\frac{\mathrm{ch}\,\frac{l}{B}+1}{sh\,\frac{l}{B}} \tag{1-3}$$

当按等强度设计计算侧面搭接接头时，假定被连接件中的平均正应力 σ 达到其许用值 $[\sigma]$，焊缝中的平均切应力 τ 也达到其许用值 $[\tau']$，则侧面角焊缝承受的力与板承受的力相等，即：

$$2l\times0.7K[\tau']=B\delta[\sigma]$$

式中，$2l$ 为 2 条焊缝的长度；$0.7K$ 为角焊缝的计算厚度 a，$a=K\sin45°=0.707K$，简写为 $0.7K$。得：

$$l=\frac{B\delta[\sigma]}{1.4K[\tau']}$$

假设取角焊缝焊脚尺寸 $K=\delta$ 和 $[\tau']=0.6[\sigma]$，则焊缝的最小长度 $l=1.2B$。当 $l=1.2B$ 时，侧面焊缝中的最大切应力 $\tau_{\max}=1.3[\sigma]$。此时角焊缝中的应力集中系数 K_T 为：

$$K_T=\frac{\tau_{\max}}{\tau_{av}}=\frac{1.3[\sigma]}{0.6[\sigma]}=2.2$$

由此可见由侧面角焊缝构成的搭接接头的应力集中是比较严重的。

如图 1-30 所示的是侧面角焊缝的长度对搭接接头应力集中程度的影响。有三条角焊缝

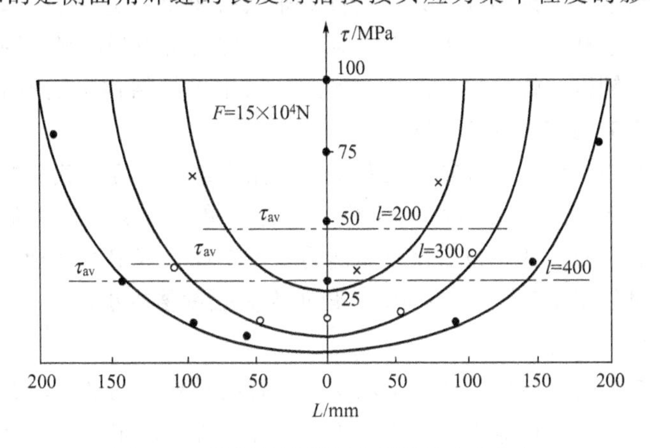

图 1-30　不同长度侧面角焊缝的应力分布

形状一样的侧面角焊缝搭接接头，长度分别为200mm、300mm和400mm，加载荷让其焊缝端部最大切应力均为100MPa，则其平均应力分别为48MPa、35MPa、27MPa，应力集中系数分别为2.08、2.86、3.70。显而易见，角焊缝长度越长，应力集中越大，中间部位的焊缝没有得到充分利用，而两端部位焊缝可能会因超载而破坏。

当搭接两板横截面积不相等时，切应力的分布不对称，靠近小断面板侧的切应力高于大断面的一侧，如图1-31所示，可见该类接头的应力集中程度比两板横截面积相同的接头要严重。同时，随角焊缝长度增大，平均切应力降低，切应力分布的不均匀程度就增大。因此，对于侧面角焊缝连接的搭接接头，若采用过长的侧面角焊缝将使应力集中现象变得更为严重，所以一般规定侧面角焊缝的长度一般不能超过焊脚尺寸的50倍。

(3) 联合角焊缝的工作应力分布　如图1-32所示是正面和侧面角焊缝同时使用的联合搭接接头，这种接头有助于改善焊接接头应力分布不均匀的现象。因为正面焊缝的刚度比侧面焊缝大，变形小，它分担大部分外力，由此可见在A—A截面上母材正应力分布比只有侧面角焊缝（图1-31）的均匀，焊缝最大切应力τ_{max}也降低。另外，采用联合接头增加了受力焊缝的总长度，这可以减小搭接部分的长度，也可减小母材的消耗。

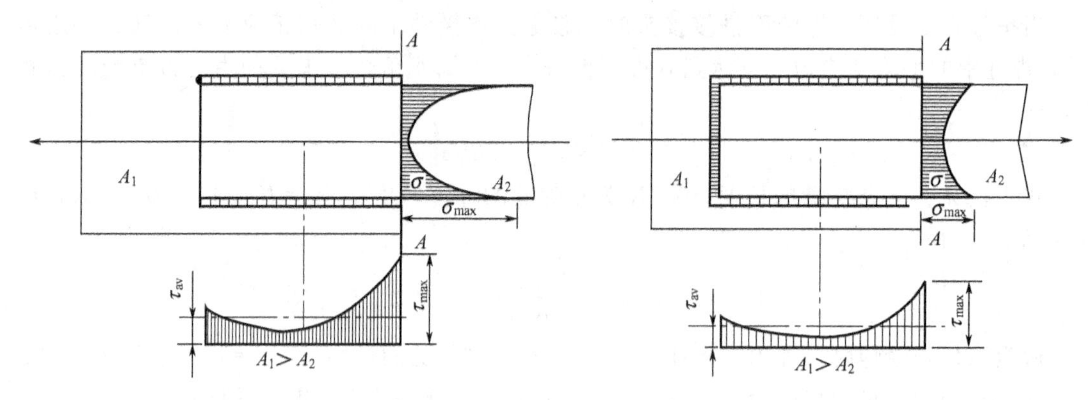

图1-31　不等截面侧面角焊缝搭接接头应力分布　　　图1-32　联合角焊缝搭接接头的应力分布

(4) 盖板接头中的工作应力分布　两平板通过与盖板搭接来实现对接的接头，称为盖板接头。由图1-33 (a) 可以看出，仅有侧面角焊缝的盖板接头的应力分布极不均匀，靠近侧面角焊缝的部位应力最大，远离焊缝并在构件的轴线位置上应力最小。图1-33 (b) 中由于增加了正面角焊缝，各截面上的应力分布得到改善，应力集中程度显著降低。

盖板接头是模仿铆钉和螺栓连接的接头形式，对于焊接结构来说不推荐采用这种接头，尤其在动载结构中疲劳强度极低的情况下。

(5) 斜向角焊缝的工作应力分布　实验证明，角焊缝的强度与载荷的方向有关。当焊脚尺寸K相同时，单位长度正面角焊缝的承载能力高于单位长度侧面角焊缝的承载能力，而斜向角焊缝［图1-34 (a)］的单位长度承载能力介于正面角焊缝与侧面角焊缝之间，且随α角变化，其变化规律如图1-34 (b) 所示，α角越大其强度值越小。

1.3.2.3　T形（十字）接头

T形（十字）接头的几何形状特点是从焊缝金属向母材急剧过渡，焊接接头在外力作用下力线扭曲很大，所以其工作应力分布极不均匀，在角焊缝的根部和过渡处都有严重的应力集中现象，如图1-35所示。

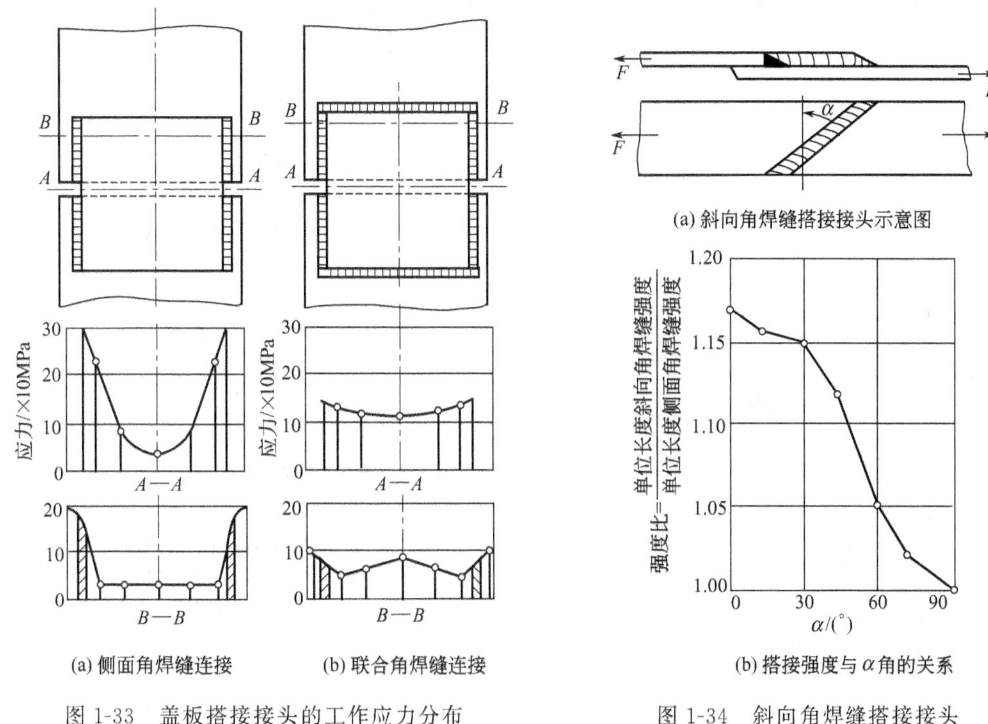

(a) 侧面角焊缝连接　　(b) 联合角焊缝连接

(a) 斜向角焊缝搭接接头示意图

(b) 搭接强度与 α 角的关系

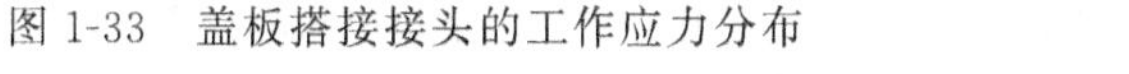
图 1-33　盖板搭接接头的工作应力分布

图 1-34　斜向角焊缝搭接接头

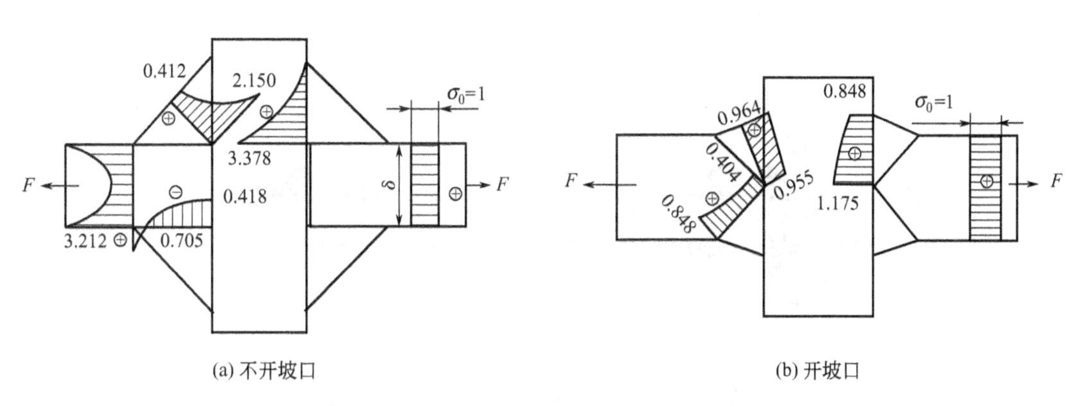

(a) 不开坡口　　(b) 开坡口

图 1-35　T 形（十字）接头的工作应力分布

如图 1-35（a）所示是不开坡口的十字接头的工作应力分布情况。由于未焊透，水平板和垂直板之间存在间隙，所以焊缝根部的应力集中现象最为严重，在焊趾处也存在较严重的应力集中，其应力集中系数 K_T 随角焊缝的形状不同而改变，变化规律如图 1-36 和图 1-37 所示。K_T 随焊趾角度 θ 减小而减小，随焊脚尺寸 K 的增大而减小。

如图 1-35（b）所示是开坡口并焊透的十字接头的工作应力分布，由于开坡口并焊透，以及焊趾角度 θ 大幅度降低，消除了焊缝根部的应力集中，应力集中系数 K_T 大大减小。所以开坡口并保证焊透是降低十字接头应力集中的重要措施之一，对重要的十字接头必须开坡口或采用深熔焊方法进行焊接。

当十字接头焊缝不承受工作应力时，在其角焊缝根部的 A 点和焊趾 B 点处也有应力集中，如图 1-38（a）所示。T 形接头由于偏心的影响，A 点和 B 点的应力集中系数 K_T 都比十字接头的低，如图 1-38（b）所示。十字接头在尺寸和外形相同的情况下，联系焊缝中也有应力集中，但是工作焊缝的应力集中大于联系焊缝的应力集中。联系焊缝的应力集中系数 K_T 随焊脚尺寸 K 值的增大而增大（图 1-36），随角焊缝的 θ 角增大而增大（图 1-37）。

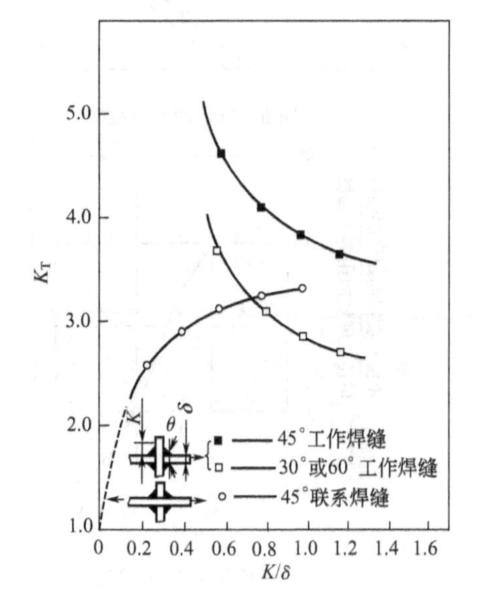

图 1-36　焊脚尺寸对焊趾应力集中的影响

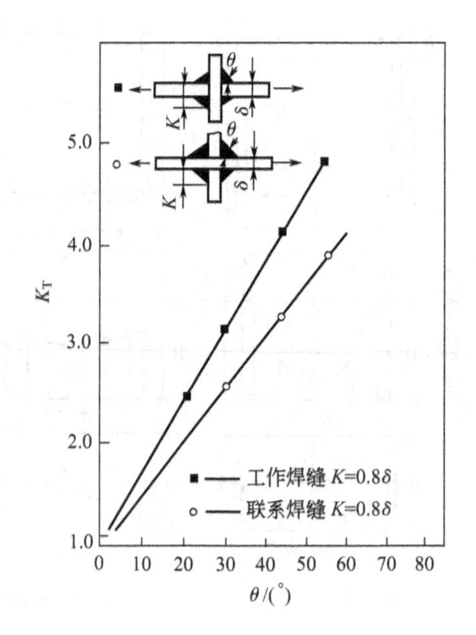

图 1-37　焊趾角度与应力集中的关系

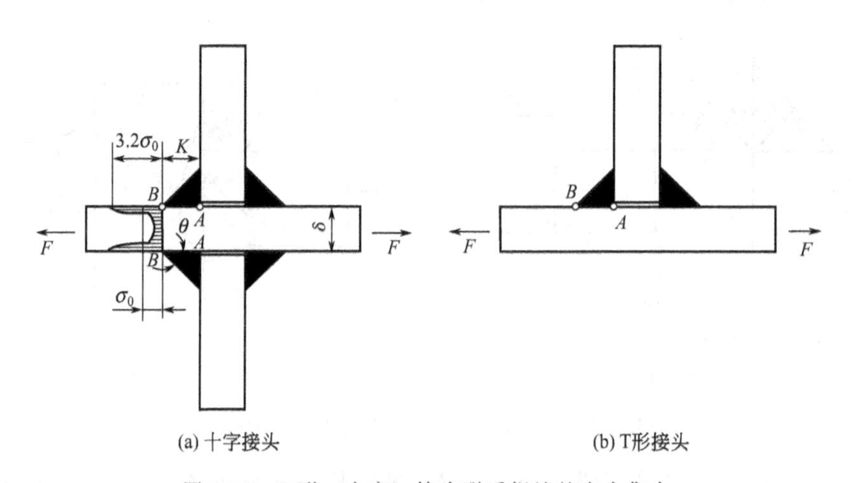

图 1-38　T 形（十字）接头联系焊缝的应力集中

1.3.2.4　角接接头

角接接头的几何形状特点是焊缝金属处于严重的母材形状过渡部位，焊接接头在外力作用下力线扭曲最大，所以其工作应力分布极不均匀。在角焊缝同一个截面上既承受较大的拉应力，又承受较大的压应力，理论上压应力可以大至无穷，如图 1-39 所示。角接接头应力集中最严重，因此实际中要从结构设计方面保证角焊缝不能承受过大的载荷。

1.3.3　电阻焊接头的工作应力分布

（1）点焊接头　常用的电阻点焊接头都是搭接接头，如图 1-40 所示，搭接接头上的焊点主要承受切应力。在单排点焊接头中，除承受切应力外，还承受由于偏心引起的正应力，

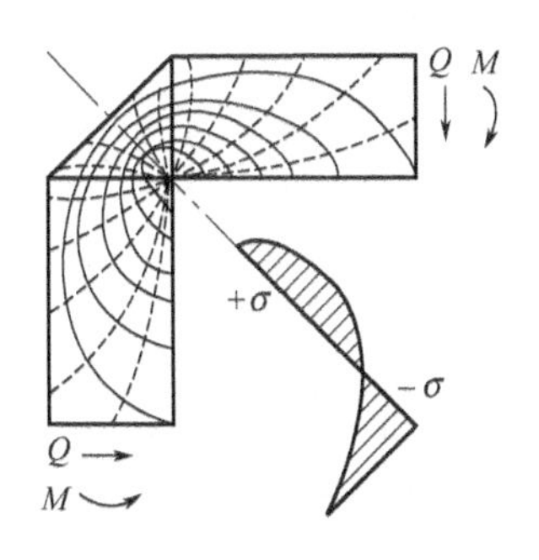

图 1-39　角接接头的应力分布

如图 1-41 所示。采用多排点焊时，这种正应力较小。

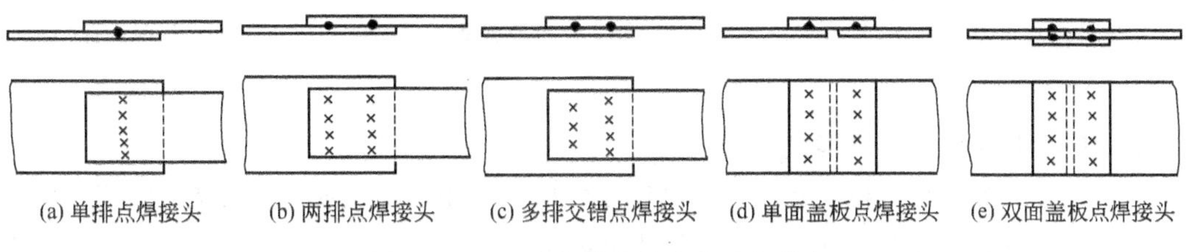

图 1-40　电阻点焊搭接接头的基本形式

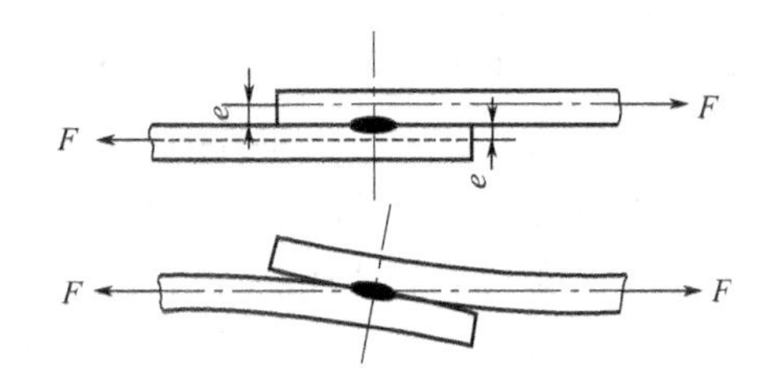

图 1-41　单排点焊接头的偏心弯曲

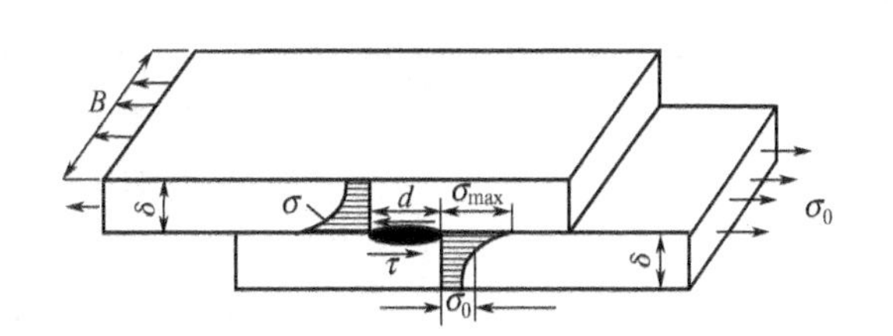

图 1-42　点焊接头的工作应力分布

电阻点焊接头中，焊点附近的母材沿板厚方向的正应力分布和焊点上的切应力分布都不均匀，存在着严重的应力集中，如图 1-42 所示。应力集中程度与间距 t 和焊点直径 d 的比值有关，该值越大，应力分布越不均匀。因此，缩短间距 t 有利于降低点焊接头应力集中程度。采用多排点焊接头可将应力集中程度降低，如能采用交错排列焊点的方式［图 1-40 (c)］，情况会更好一些。

焊点排数也不宜过多，焊点排数越多，接头的应力分布越不均匀。如图 1-43 所示，当点焊接头由多排焊点组成时，各焊点承受的载荷是不同的，两端焊点受力最大，中间焊点受力最小，这与侧面角焊缝搭接接头的应力分布相类似。点焊接头的承载能力与焊点排数的关系如图 1-44 所示。焊点排数多于 3 排是不合理的，因为多于三排后，再增加焊点排数并不能明显增加承载能力。

如果点焊接头承受如图 1-45 所示的拉应力时，焊点周围将产生极为严重的应力集中，接头的抗拉强度很低。所以设计点焊接头时，应避免这样的承载形式。

（2）缝焊接头　缝焊接头的焊缝实质上是由点焊的许多焊点局部重叠构成的。缝焊多用于薄板容器的焊接中，当材料的焊接性好时，其接头静载强度可达到母材金属的强度。缝焊接头的工作应力分布比点焊均匀，静载强度和动载强度都明显高于点焊接头。

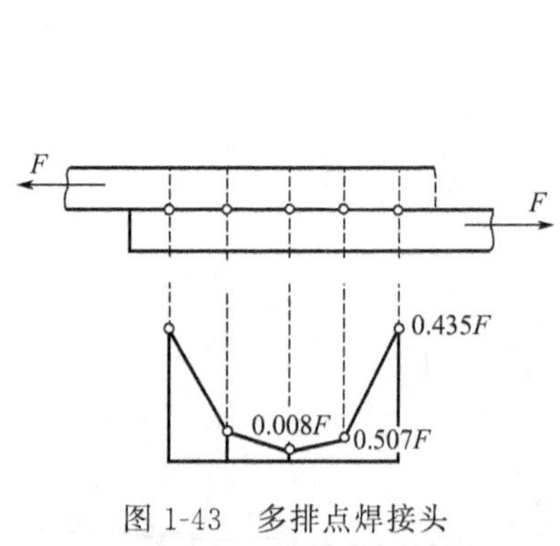

图 1-43　多排点焊接头中各焊点的载荷分布

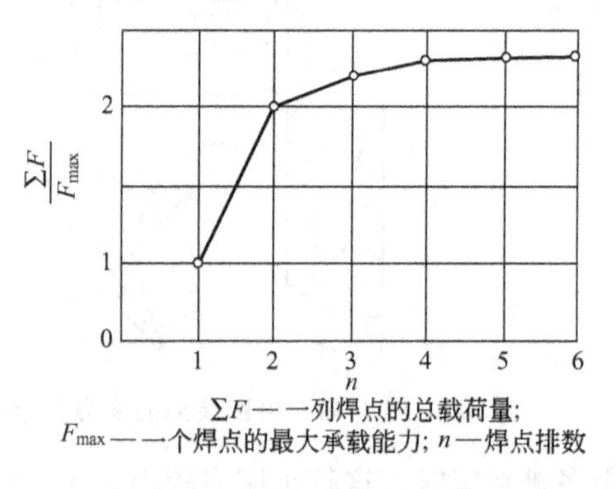

图 1-44　点焊接头的承载能力与焊点排数关系

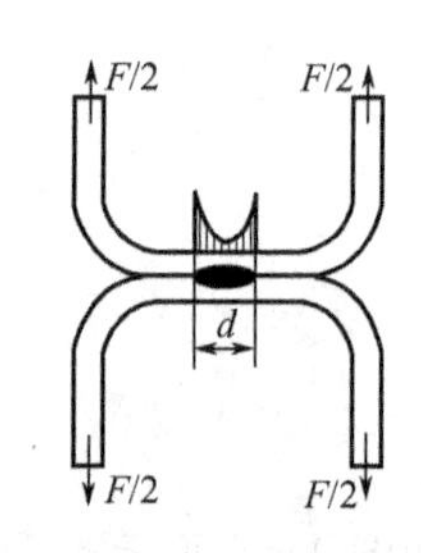

图 1-45　点焊焊点受拉时的应力分布

1.3.4　应力集中对工作性能的影响

由上所述，各种焊接接头都存在不同程度的应力集中，对接头的强度都有一定的影响，应力集中系数 K_T 值越大，应力集中就越严重，应力分布越不均匀。这就使得应力集中处容易较早达到材料的屈服强度或抗拉强度，产生开裂现象，也就使得焊接接头承受载荷的能力下降。所以说应力集中系数 K_T 值越大，焊接接头的工作性能越差。

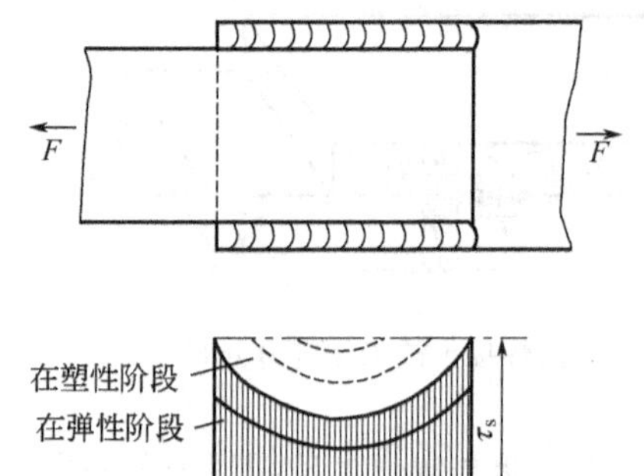

图 1-46　搭接接头的应力均匀化分布

但并不是所有情况下的应力集中都对强度产生明显的影响，这与材料的塑性状态有关系。如果接头材料的塑性良好，则在接头破坏前就有明显的塑性变形，那么应力集中对接头的静载强度基本上没有影响。如图 1-46 所示的侧面搭接接头，如果母材和焊缝金属都有良好的塑性，那么在静载拉伸的开始阶段，焊缝工作在弹性极限范围内，切应力分布不均匀，呈现两端大中间小的状态。继续加载，焊缝两端处的切应力首先达到屈服极限 τ_s，该处切应力停止上升，焊缝中间各点的应力未达到 τ_s。随着载荷的继续增加，屈服区域逐渐扩大，沿焊缝长度方向切应力分布趋于平缓，直至各点的切应力均达到 τ_s 为止。如果再继续加载，将会因整条焊缝同时达到材料的强度极限而破坏。这说明，只要接头材料具有足够的塑性，在加载过程中就能发生应力均匀化，应力集中对接头的静载强度不会有影响。

电阻点焊接头中的工作应力分布很不均匀，应力集中程度较高。但是，如果材料塑性较好，接头设计合理，电阻点焊接头仍有较高的静载强度。

1.4　焊接接头静载强度计算

1.4.1　静载强度计算的方法和假设条件

（1）静载强度计算的目的　焊接接头的静载强度计算有以下三个目的：

① 在已知母材和焊接材料力学性能的情况下，计算焊缝的形状尺寸和长度；

② 在已知焊缝形状尺寸和长度的情况下，选择母材或焊接材料的强度级别；

③ 在已知母材和焊接填充材料力学性能、焊缝形状尺寸和长度的情况下，校核焊缝的安全性。

（2）静载强度计算的方法

① 计算判据　焊接接头的静载强度计算方法从根本上说与材料力学中结构计算方法相同，只是其计算对象为焊缝金属。目前焊接接头静载强度计算方法仍然是以许用应力法为基础，其基本计算公式为：

$$\sigma \leqslant [\sigma'] \text{或} \tau \leqslant [\tau'] \tag{1-4}$$

式中，σ、τ 为焊缝金属中最大工作应力；$[\sigma']$、$[\tau']$为焊缝金属的拉伸许用应力和剪切许用应力，统称为焊缝许用应力。

② 最大工作应力　焊缝金属的最大工作应力是按照焊接结构的受力分析、结构形状和焊缝计算断面等数据计算而得，这是此处主要讨论的内容。

③ 焊缝许用应力　确定焊缝许用应力的常用方法有两种。一是折减系数法，即按照焊缝金属与母材等强度原则，按母材许用应力乘以一个折减系数，作为焊缝许用应力，即$[\sigma']=\alpha[\sigma]$和$[\tau']=\alpha[\sigma]$。这个折减系数 α 考虑了母材种类、尺寸、焊接方法、焊接材料、焊接工艺、无损检测以及计算简化假设条件，一般取 $\alpha=0.5\sim1.0$。对于熔透的对接焊缝，经质量检验符合设计要求，系数可取 1。这意味着焊缝的许用应力与母材相同，该焊缝可不进行强度验算。一般焊接结构的焊缝许用应力可按表 1-5 选用。二是数值法，即采用各行业针对不同焊接结构已经规定的具体数值。焊缝许用应力可以参考有关的焊接手册和行业标准。

表 1-5　一般焊接结构的焊缝许用应力

焊缝种类	应力状态	焊缝许用应力	
		一般 E43 及 E50 系列焊条电弧焊	低氢型焊条电弧焊，自动焊和半自动焊
对接焊缝	拉应力	$0.9[\sigma]$	$[\sigma]$
	压应力	$[\sigma]$	$[\sigma]$
	切应力	$0.6[\sigma]$	$0.65[\sigma]$
角焊缝	切应力	$0.6[\sigma]$	$0.65[\sigma]$

注：1. 本表适用于低碳钢及普通低合金结构钢的焊接结构。

2. $[\sigma]$ 是母材的许用应力。

（3）静载强度计算中的简化假设条件　应力集中的存在给焊接接头强度计算带来很大困难，故在计算中不考虑应力集中等的影响，所以，在工程结构静载强度计算中，常根据理论研究的结果和实际使用经验，采用一些简化的假设。这些简化假设条件如下：

① 焊趾处和余高过渡区产生的应力集中对于接头静载强度没有影响；

② 焊接接头的工作应力分布均匀，以平均应力计算；

③ 正面角焊缝和侧面角焊缝的强度和刚度没有差别；

④ 焊脚尺寸的大小对角焊缝强度没有影响；

⑤ 角焊缝都是在切应力作用下破坏，对于等腰直角角焊缝，焊缝计算厚度 $a=0.7K$；

⑥ 忽略焊缝的余高和少量熔深，以焊缝中最小的断面 a 为计算断面。

各种焊接接头的焊缝计算断面如图 1-47 所示。

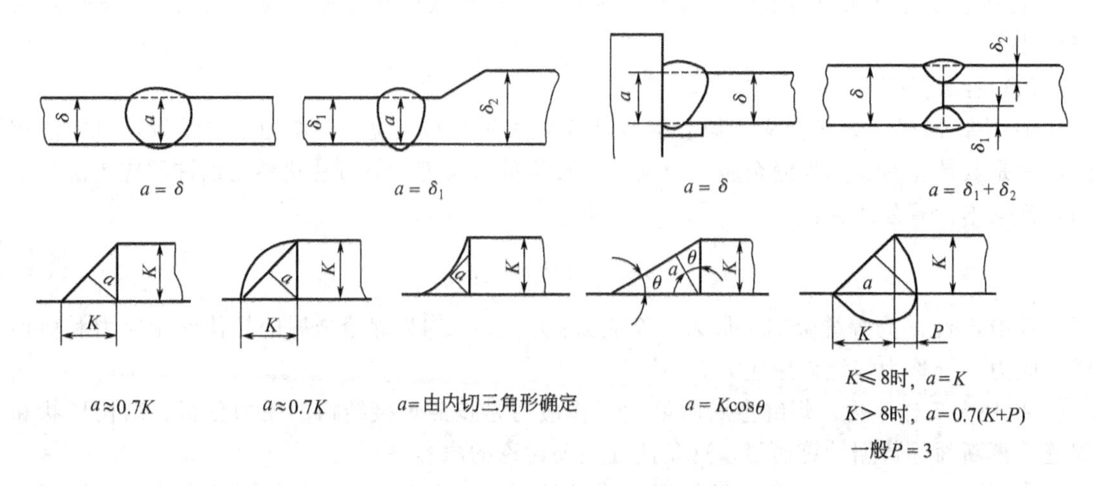

图 1-47　各种焊接接头的焊缝计算断面

此外，一般在焊接结构设计时，对工作焊缝必须进行强度计算，对联系焊缝不必计算。而对于既有工作应力又有联系应力的焊缝，在计算中可以忽略联系应力。

1.4.2　熔化焊接头的静载强度计算

1.4.2.1　对接接头的静载强度计算

在计算对接接头静载强度时，首先要确定载荷，找到承受最大载荷作用的焊缝位置，其次是分析焊缝所承受载荷的大小和方向，并求出合力，然后是确定焊缝横截面的最小高度和有效长度，得出焊缝有效工作截面。焊接接头的计算高度 a 按图 1-47 取，一般不考虑余高，焊缝的计算长度一般取焊缝实际长度。

对接接头的静载强度计算公式见表 1-6。

表 1-6　对接接头的静载强度计算公式

形式	简图	受力条件	计算公式	公式序号
对接接头	$\delta_1<\delta_2$ 图 1-48　对接接头受力图	受拉	$\sigma=\dfrac{F}{l\delta_1}\leqslant[\sigma_l']$	式（1-5）
		受压	$\sigma=\dfrac{F}{l\delta_1}\leqslant[\sigma_a']$	式（1-6）
		受剪	$\tau=\dfrac{Q}{l\delta_1}\leqslant[\tau']$	式（1-7）
		受垂直板面弯矩（M_1）	$\sigma=\dfrac{6M_1}{\delta_1^{\ 2}l}\leqslant[\sigma_l']$	式（1-8）
		受板平面内弯矩（M_2）	$\sigma=\dfrac{6M_2}{\delta_1 l^2}\leqslant[\sigma_l']$	式（1-9）

注：$[\sigma_l']$为焊缝的许用拉应力；$[\sigma_a']$为焊缝的许用压应力；$[\tau']$为焊缝的许用切应力。

1.4.2.2　搭接接头的静载强度计算

（1）一般搭接接头的静载强度计算　搭接接头的静载强度计算是以角焊缝的 a 为计算厚度，对于等腰直角角焊缝 $a=K\sin45°\approx0.7K$。搭接接头无论受何种力，焊缝均按切应力进行计算，公式见表 1-7。

表 1-7　搭接接头的静载强度计算公式

形式	简图	受力条件	计算公式	序号
搭接接头	图 1-49　搭接接头受拉压力	受拉 受压	$\tau=\dfrac{F}{0.7K\Sigma l}\leqslant[\tau']$	式 (1-10)
	图 1-50　分段计算法	受平面内弯矩	分段计算法 $\tau=\dfrac{M}{0.7Kl(h+K)+\dfrac{0.7Kh^2}{6}}\leqslant[\tau']$	式 (1-11)
	图 1-51　轴惯性矩计算法		轴惯性矩计算法 $\tau_{max}=\dfrac{M}{I_x}y_{max}\leqslant[\tau']$	式 (1-12)
	图 1-52　极惯性矩计算法		极惯性矩计算法 $\tau_{max}=\dfrac{M}{I_p}r_{max}\leqslant[\tau']$	式 (1-13)

注：$[\tau']$为焊缝的许用切应力；I_x 为焊缝计算截面对 x 轴的惯性矩；I_y 为焊缝计算截面对 y 轴的惯性矩；I_p 为焊缝的计算截面对 O 点的极惯性矩；$I_p=I_x+I_y$；y_{max}为焊缝计算截面距 x 轴的最大距离；r_{max}为焊缝计算截面距 O 点的最大距离。

联合搭接接头在搭接平面内受弯曲力矩时，搭接接头的静载强度有三种方法，即分段计算法、轴惯性矩计算法和极惯性矩计算法。

① 分段计算法　如图 1-50 所示搭接接头承受力矩 M，根据平衡条件，外力矩 M 必须与水平焊缝产生的内力矩 $M_{/\!/}$ 和垂直焊缝产生的内力矩 $M_{\perp}$ 之和相平衡，即：

$$M=M_{/\!/}+M_{\perp}$$

其中

$$M_{/\!/}=F_x(h+K)=0.7Kl\tau(h+K)$$

$$M_{\perp}=\tau W=\tau\frac{ah^2}{6}=\tau\frac{0.7Kh^2}{6}$$

式中，W 为焊缝有效截面系数；a 为焊缝有效厚度；τ 为水平焊缝中的平均切应力和垂直焊缝中的最大切应力。

所以 $$M=\tau\left[0.7Kl(h+K)+\frac{0.7Kh^2}{6}\right]$$

则得到公式（1-11）。

$$\tau=\frac{M}{0.7lK(h+K)+\frac{0.7Kh^2}{6}}\leqslant[\tau']$$

② 轴惯性矩计算法　如图 1-51 所示搭接接头承受力矩 M，在弹性范围内焊缝金属中的应力与变形成比例，而变形又与距中性轴（$x—x$ 轴）的距离成正比，所以焊缝金属中任意点切应力的大小也与距中性轴的距离 y 成正比，即 $\tau=\tau_1 y$，其中 τ_1 为与中性轴相距单位长度上的切应力值，为未知的比例常数。

在角焊缝有效截面中任取一单元面积 dA，其距 $x—x$ 中性轴的距离为 y，则其反作用力为 $dF=\tau dA=\tau_1 y dA$，反作用力矩为 $dM=dFy=\tau_1 y^2 dA$。若角焊缝有效截面的总面积为 A，则与外力矩平衡的焊缝金属内合力矩为：

$$M=\int_A \tau_1 y^2 dA=\tau_1\int_A y^2 dA=\tau_1 I_x$$

所以 $$\tau_1=\frac{M}{I_x}$$

则得到公式（1-12）。

$$\tau_{max}=\tau_1 y_{max}=\frac{M}{I_x}y_{max}\leqslant[\tau']$$

式中，I_x 为焊缝有效截面对 $x—x$ 中性轴的惯性矩；y_{max} 为焊缝有效截面距离 $x—x$ 中性轴的最大距离。

③ 极惯性矩计算法　如图 1-52 所示的搭接接头承受力矩 M，搭接板将以 O 点为中心回转。在弹性范围内，由于切应力 τ 与材料的变形成正比，而变形又与回转半径 r 成正比，所以 $\tau=\tau_1 r$，τ_1 是与中心 O 点相距为单位长度处的应力值，为未知的比例常数。

在角焊缝有效截面中任取一单元面积 dA，其距 O 点的距离即回转半径为 r，则其反作用力为 $dF=\tau dA=\tau_1 r dA$，反作用力矩则为 $dM=dFy=\tau_1 r^2 dA$。若角焊缝有效截面的总面积为 A，则与外力矩平衡的焊缝金属内合力矩为：

$$M=\int_A \tau_1 r^2 dA=\tau_1\int_A r^2 dA=\tau_1 I_p$$

所以 $$\tau_1=\frac{M}{I_p}$$

则得到公式（1-13）。

$$\tau_{max}=\tau_1 r_{max}=\frac{M}{I_p}r_{max}\leqslant[\tau']$$

式中，I_p 为焊缝有效截面对 O 点的极惯性矩；r_{max} 为焊缝有效截面对 O 点的最大回转半径。

当焊缝布局较规则时，用分段计算法更为方便。当焊缝布局较为复杂时，采用轴惯性矩法和极惯性矩计算法比较方便。在这三种方法中，极惯性矩计算法计算精度为最高。

（2）双缝搭接接头的静载强度计算　在实际的结构中，有些搭接接头只用两条角焊缝焊制而成，采用上述方法显得有些复杂，可以采取如下方法进行简单计算。

① 长焊缝小间距搭接接头的强度计算　如图 1-53 所示，这种情况可以忽略焊缝间距的影响。

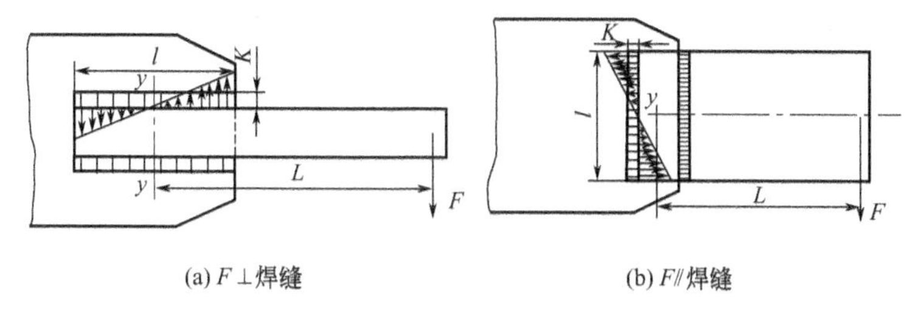

图 1-53　长焊缝小间距搭接接头

进行受力分析可知，在焊缝上存在由偏心力造成的弯曲力矩 $M=FL$ 产生的切应力 τ_M 和剪切力 $Q=F$ 产生的切应力 τ_Q，分别按下式计算。

$$\tau_M=\frac{M}{W}=\frac{3FL}{0.7Kl^2}$$

$$\tau_Q=\frac{F}{A}=\frac{F}{1.4Kl}$$

则

$$\vec{\tau}_{合}=\vec{\tau}_M+\vec{\tau}_Q$$

式中，W 为焊缝有效截面系数，$W=2\times\frac{0.7Kl^3/12}{l/2}=\frac{0.7Kl^2}{3}$；$A$ 为焊缝有效截面面积，$A=2\times0.7Kl=1.4Kl$。

τ_Q 始终与偏心力方向平行，而 τ_M 则有两种情况。

第一种情况，如图 1-53（a）所示，τ_M 与偏心力方向平行，即与 τ_Q 方向平行，则合成切应力为：

$$\tau_{合}=\tau_M+\tau_Q=\left(\frac{3FL}{0.7Kl^2}+\frac{F}{1.4Kl}\right)\leqslant[\tau']$$

第二种情况，如图 1-53（b）所示，τ_M 与偏心力方向垂直，即与 τ_Q 方向垂直，则合成切应力为：

$$\tau_{合}=\sqrt{\tau_M^2+\tau_Q^2}+\sqrt{\left(\frac{3FL}{0.7Kl^2}\right)^2+\left(\frac{F}{1.4Kl}\right)^2}\leqslant[\tau']$$

② 短焊缝大间距搭接接头的强度计算　如图 1-54 所示，这种情况可以认为焊缝上的应力均匀分布，作用力集中在焊缝中心点上。

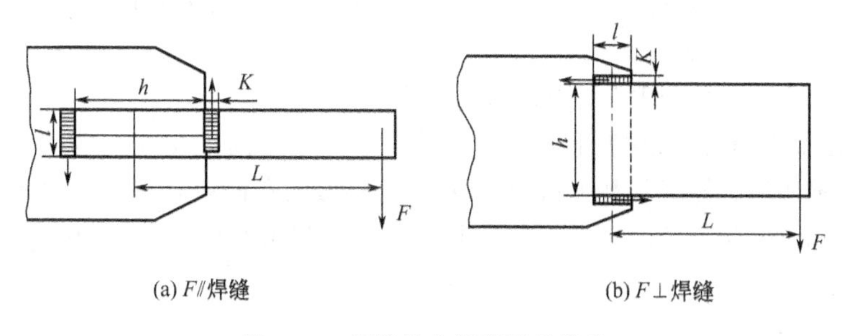

图 1-54　短焊缝大间距搭接接头

进行受力分析可知，在焊缝上存在由偏心力造成的弯曲力矩 $M=FL$ 产生的切应力 τ_M 和剪切力 $Q=F$ 产生的切应力 τ_Q，分别按下式计算：

$$\tau_M=\frac{M}{A\ \dfrac{(h+K)}{2}}=\frac{FL}{0.7Kl(h+K)}$$

$$\tau_Q=\frac{F}{A}=\frac{F}{1.4Kl}$$

则

$$\vec{\tau}_{合}=\vec{\tau}_M+\vec{\tau}_Q$$

τ_Q 始终与偏心力方向平行，而 τ_M 则有两种情况。

第一种情况，如图 1-54（a）所示，τ_M 与偏心力方向平行，即与 τ_Q 方向平行，则合成切应力为：

$$\tau_{合}=\tau_M+\tau_Q=\frac{FL}{0.7Kl(h+K)}+\frac{F}{1.4Kl}\leqslant[\tau']$$

第二种情况，如图 1-54（b）所示，τ_M 与偏心力方向垂直，即与 τ_Q 方向垂直，则合成切应力为：

$$\tau_{合}=\sqrt{\tau_M^2+\tau_Q^2}=\sqrt{\left[\frac{FL}{0.7Kl(h+K)}\right]^2+\left(\frac{F}{1.4Kl}\right)^2}\leqslant[\tau']$$

（3）开槽焊及塞焊接头的静载强度计算　对于开槽焊接头和塞焊接头而言，焊接接头的强度只与焊缝金属及母材接触面积有关。开槽焊的接触面积为 $A_{槽}=l\times 2\delta$（槽长×槽宽），塞焊的接触面积 $A_{塞}=\frac{\pi}{4}d^2$，如图 1-8（d）和（e）所示。

开槽焊接头强度计算式为：
$$\tau=\frac{F}{A_{槽}}=\frac{F}{2mn\delta l}\leqslant[\tau'] \qquad (1\text{-}14)$$

塞焊接头强度计算公式为：
$$\tau=\frac{F}{A_{塞}}=\frac{F}{mn\ \dfrac{\pi}{4}d^2}\leqslant[\tau'] \qquad (1\text{-}15)$$

式中，n 为开槽和塞焊点个数；m 为可焊到性系数，$0.7\leqslant m\leqslant 1.0$，可焊到性较差时一般取 $m=0.7$；当槽或孔的可焊到性较好或采用熔深较大的埋弧焊焊接时取 $m=1.0$。

1.4.2.3　T 形（十字）接头的静载强度计算

① 对于开坡口并熔透的 T 形（十字）接头，可按对接接头的计算方法进行强度校核，焊缝有效截面等于母材截面。

② 如果不开坡口，则按表 1-8 中的公式计算。

当载荷平行于焊缝时，这种情况下不考虑两条焊缝之间的距离，两条焊缝有效面积按 $A=2ah=1.4Kh$ 计算。焊缝的最上端是产生最大应力的危险点，该点同时有两个切应力起作用，一个是由 $M=FL$ 引起的 τ_M，另一个是由 $Q=F$ 引起的 τ_Q，τ_M 和 τ_Q 是互相垂直的，所以该点的合成切应力按 $\tau_{合}=\sqrt{\tau_M^2+\tau_Q^2}$ 计算。

当载荷垂直于焊缝（板面）时，焊缝之间距离是不能忽视的，按表 1-8 中（1-17）式计算。

表 1-8　T 形（十字）接头的焊缝静载强度计算公式

接头形式	简图	受力情况	计算公式	公式序号
不开坡口T形接头	图 1-55　T 形接头受偏心力	$F_{/\!/}$ 焊缝	$\tau_{合}=\sqrt{\tau_M^2+\tau_Q^2}\leqslant[\tau']$ $\tau_M=\dfrac{3FL}{0.7Kh^2}$ $\tau_Q=\dfrac{F}{1.4Kh}$	式（1-16）
	图 1-56　T 形接头受垂直弯力	$M_{\perp}$ 板面	$\tau=\dfrac{M}{W}\leqslant[\tau']$ $W=\dfrac{l[(\delta+1.4K)^3-\delta^3]}{6(\delta+1.4K)}$	式（1-17）

注：$[\tau']$ 为焊缝的许用切应力。

1.4.2.4　复杂截面构件接头的静载强度计算

复杂截面构件接头的焊缝应当处于同一个受力平面内，在这个平面内焊缝的走向和受力比较复杂，把这个受力平面称为焊缝组平面。按照下面步骤进行计算，还需考虑计算过程中的特殊假定。

（1）焊缝受力分析　将任意方向空间载荷 F 分解为平行于焊缝组平面的剪切力 Q、垂直于焊缝组平面的轴向力 N 和平行于焊缝组平面的偏心力所造成的弯矩 M。分别计算这三种力引起的最大应力 σ_Q、σ_N、σ_M、τ_Q、τ_N、τ_M。

（2）危险点的确定　对于各载荷引起的应力，应确定其方向、性质和位置。当可确定危险点位置时要确定此危险点上的最高合成应力；当危险点位置难以确定时，应选几个高应力点计算合成应力，其中合成应力最高的为危险点。

（3）基于安全的应力合成原则　在计算合成应力时，最大正应力和最大切应力可能不在同一点上，但常以最大正应力和平均切应力计算其合成应力，这样更安全。在粗略计算时，有时把正应力当切应力考虑，这也是偏向安全的简化计算方法。

复杂截面的连接多承受弯矩，此时按表 1-9 中的式（1-18）计算其静载强度，用轴惯性矩或极惯性矩的计算方法。受扭矩的复杂截面，可按表 1-9 中的式（1-19）～式（1-21）进行强度校核。

进行复杂构件的接头静载强度计算时，需求得接头上的各焊缝对 O—O 轴的计算惯性矩 I_F，常见截面的计算惯性矩 I_F 和 y_{max} 的近似公式见表 1-10。

表 1-9 复杂截面的接头静载强度计算公式

接头形式	简图	受力情况	计算公式	公式序号
复杂截面构件接头	图 1-57 工字形截面受弯	受弯	$\tau_{max}=\frac{M}{I_F}y_{max}\leqslant[\tau']$	式 (1-18)
	图 1-58 环形截面受扭	受扭	$\tau_{max}=\frac{M}{W_n}\leqslant[\tau']$ $W_n=\frac{\pi[(D+1.4K)^4-D^4]}{16(D+1.4K)}$	式 (1-19)
	图 1-59 矩形截面受扭（开坡口）	受扭	$\tau_{max}=\frac{M}{2z(h-z)(B-z)}\leqslant[\tau']$	式 (1-20)
	图 1-60 矩形截面受扭（不开坡口）	受扭	$\tau_{max}=\frac{M}{2\times0.7K(h+0.7K)(B+0.7K)}\leqslant[\tau']$	式 (1-21)

注：$[\tau']$为焊缝的许用切应力；I_F 为焊缝计算截面对 O—O 轴的惯性矩；W_n 为接头的抗扭断面系数。

表 1-10 常见截面的计算惯性矩 I_F 和 y_{max} 的近似公式

截面形式	I_F 计算公式	y_{max} 计算公式	公式序号
图 1-61 矩形截面	$I_F=\frac{0.7K}{6}[(h+K)^3+3Bh^2]$	$y_{max}=\frac{h}{2}+K$	式 (1-22)
图 1-62 环形截面	$I_F=\frac{\pi}{64}[(D+1.4K)^4-D^4]$	$y_{max}=\frac{D}{2}+K$	式 (1-23)
图 1-63 工字形截面	$I_F=\frac{0.7K}{6}[h^3+3(B-\delta-2K)h^2+3BH^2]$	$y_{max}=\frac{H}{2}+K$	式 (1-24)

1.4.2.5 角焊缝静载强度计算方法

在以上角焊缝的计算中，无论焊缝有效截面与载荷方向如何，均以切应力计算，这是比较粗略的方法，多年来许多研究者为改进角焊缝的计算方法做了大量的研究工作。

国际焊接学会 IIW 关于正面角焊缝在各个方向的承载能力的研究成果如图 1-64 所示，它说明：

① 角焊缝的承载能力与外载荷的作用方向有关；

② 角焊缝承受压力的能力比承受拉力的能力大很多，约为 1.7 倍；

③ 角焊缝承受切力的能力最小，它仅为承受拉力的 75%左右；

④ 角焊缝的强度计算按切力虽然比较简捷也比较安全，但是不够精确。

为此，国际焊接学会 IIW 明确提出在任意外力 F 的作用下，在角焊缝的计算断面上只考虑 $\sigma_{\perp}$、$\tau_{\perp}$、$\tau_{//}$ 三种应力，如图 1-65 所示。折合应力计算公式为：

$$\sigma_{折}=\beta\sqrt{\sigma_{\perp}^{2}+3(\tau_{\perp}^{2}+\tau_{/\!/}^{2})}\leqslant[\sigma_{1}']\tag{1-25}$$

式中，β为因母材屈服强度σ_s而变的系数，例如：$\sigma_s=240\text{MPa}$，$\beta=0.7$；$\sigma_s=360\text{MPa}$，$\beta=0.85$。其他的钢种可按其屈服强度σ_s的值，用插入法确定β值。

也可以用如图1-66所示的受力进行分析。对于给定的直角焊缝计算断面，承受空间任意载荷力$F_{任意}$，可以分解为垂直于焊缝的力$F_{\perp}$和平行于焊缝的力$F_{/\!/}$，而$F_{\perp}$又可以分解为平行于计算断面的力$F_{\perp/\!/}$和垂直于计算断面的力$F_{\perp\perp}$。则$F_{\perp\perp}$产生垂直焊缝的正应力$\sigma_{\perp}$，$F_{\perp/\!/}$产生垂直焊缝的切应力$\tau_{\perp}$，$F_{/\!/}$产生平行焊缝的切应力$\tau_{/\!/}$。

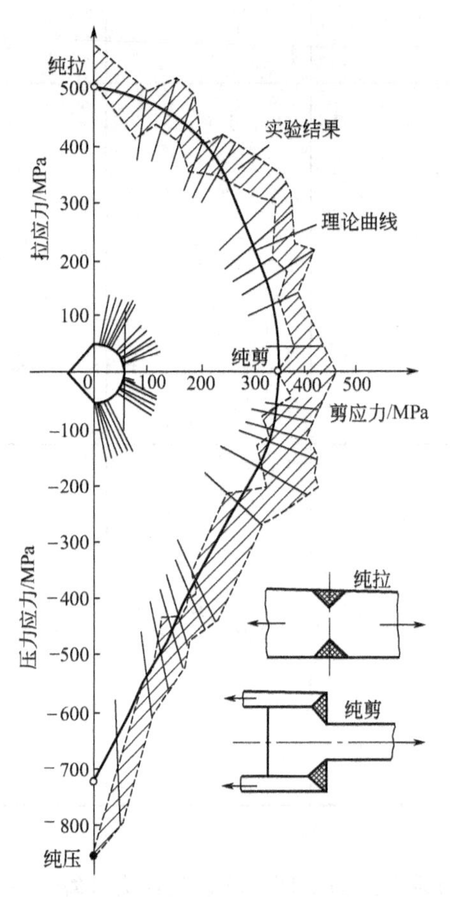

图1-64 正面角焊缝强度试验结果

影线区是实验结果；实线是理论曲线

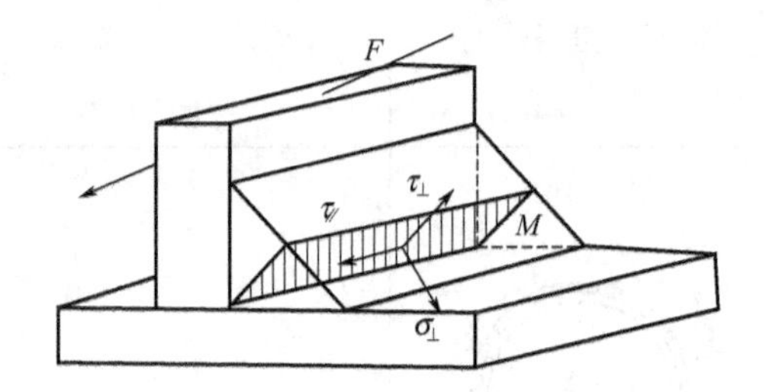

图1-65 角焊缝计算断面上的应力分析

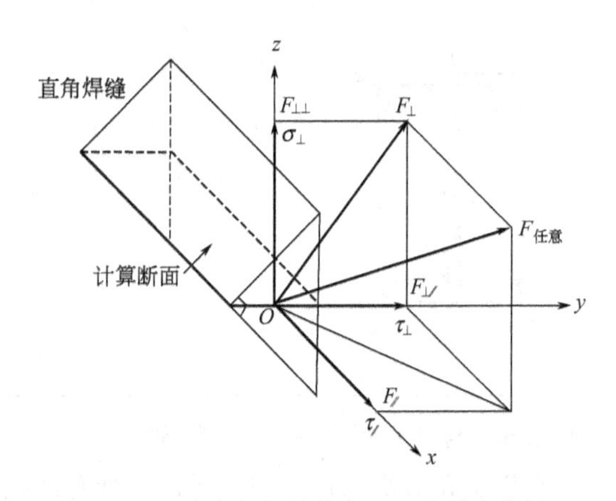

图1-66 直角焊缝计算断面上的受力分析

1.4.3 电阻焊接头的静载强度计算

点焊结构的接头强度多数是按切应力计算的，并且假定各点承受的外力相同。点焊接头的焊点应力计算可按表1-11进行。

缝焊（滚焊）接头可以认为是很多焊点按规律重叠形成的轨迹。如果材料的可焊性好，厚度适当，焊接工艺参数合理，它的静载强度可与母材相等。焊缝接头的静载拉伸强度计算可以按表1-11进行。

表 1-11　点焊接头的应力计算公式

接头形式	简图	受力情况	计算公式	公式序号
点焊接头	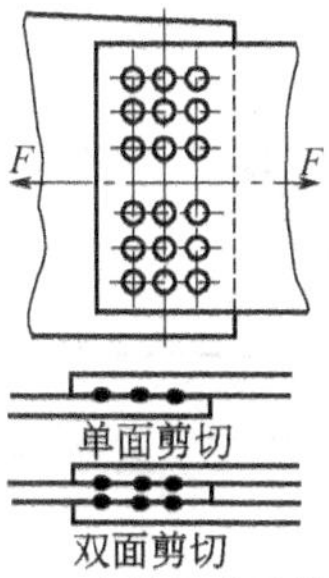 图 1-67　点焊接头受拉压力	拉力或压力平行于板面	$\tau=\dfrac{4F}{inm\pi d^2}\leqslant[\tau']$ 单面剪切时，$i=1$ 双面剪切时，$i=2$	式（1-26）
	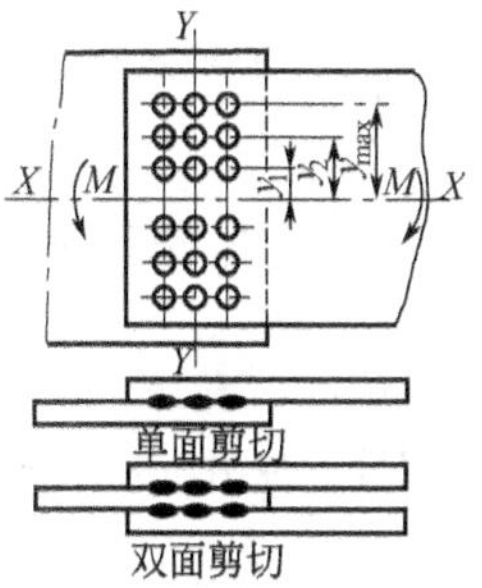 图 1-68　点焊接头受弯矩力	受板的平面内弯矩	$\tau_M=\dfrac{4My_{max}}{im\pi d^2\sum\limits_{j=1}^{n}y_j^2}\leqslant[\tau']$ 单面剪切时，$i=1$ 双面剪切时，$i=2$	式（1-27）
缝焊接头	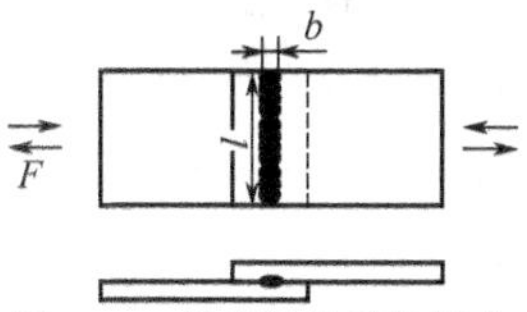 图 1-69　缝焊接头受拉压力	拉力或压力平行于板面	$\tau=\dfrac{F}{bl}\leqslant[\tau']$	式（1-28）
	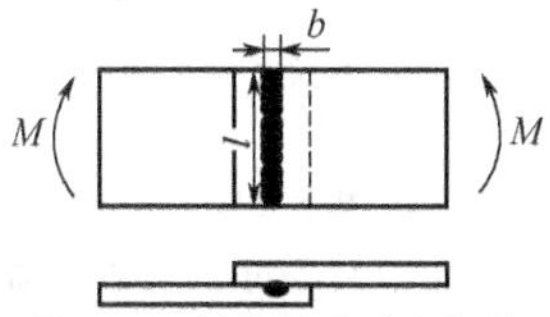 图 1-70　缝焊接头受弯矩力	受板的平面内弯矩	$\tau=\dfrac{M}{W_f}\leqslant[\tau']$ $W_f=\dfrac{bl^2}{6}$	式（1-29）

注：1. $[\tau']$为焊点抗剪切许用切应力；n 为每排焊点数目；m 为焊点排数；d 为焊点直径；y_{max}为焊点距 x 轴的最大距离；$\sum y_i=2(y_1^2+y_2^2+\cdots+y_{max}^2)$。

2. l 为焊缝长度；b 为焊缝宽度；W_f为缝焊接头的计算断面系数。

习题与思考题

1. 常用的焊接接头有哪几种？
2. 焊缝符号由哪几部分构成？如何标注焊缝？
3. 分析焊接接头的力学不均匀性。
4. 应力集中系数受哪些因素的影响？

5. 电阻点焊接头上的焊点排数是否越多越好？为什么？

6. 两块板厚为5mm、宽为500mm的钢板对接，两端受284000N的拉力，$[\sigma]=142\text{MPa}$，试校核其焊缝强度。

7. 试校核习题1-7图所示钢板的对接焊缝的强度，计算参数如图所示。

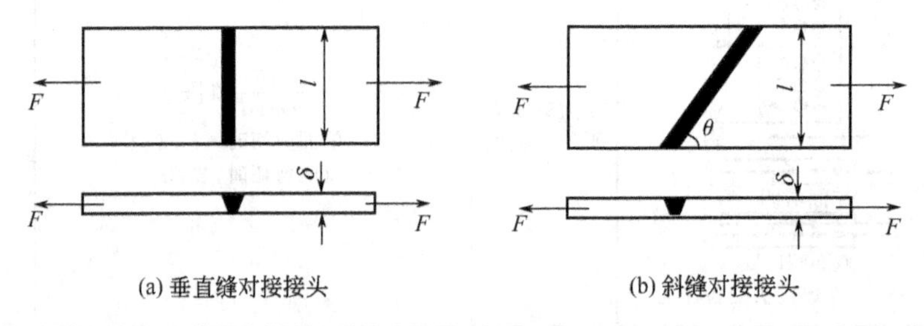

习题1-7图　对接接头

8. 两块板厚为10mm的钢板对接，焊缝受板平面内的弯矩$M=30\text{N}\cdot\text{m}$，$[\sigma]=142\text{MPa}$，试设计焊缝的长度。

9. 将100mm×100mm×10mm的角钢用角焊缝搭接在一块钢板上，见习题1-9图。受拉伸时要求与角钢等强度，试计算接头的合理尺寸K和l应该是多少？

10. 一个偏心受载的搭接接头，如习题1-10图。已知焊缝长度$h=400\text{mm}$，$l_0=100\text{mm}$，焊脚尺寸$K=10\text{mm}$。外加载荷$F=30000\text{N}$，梁长$L=100\text{cm}$，试校核焊缝强度。焊缝的许用切应力$[\tau']=100\text{MPa}$。

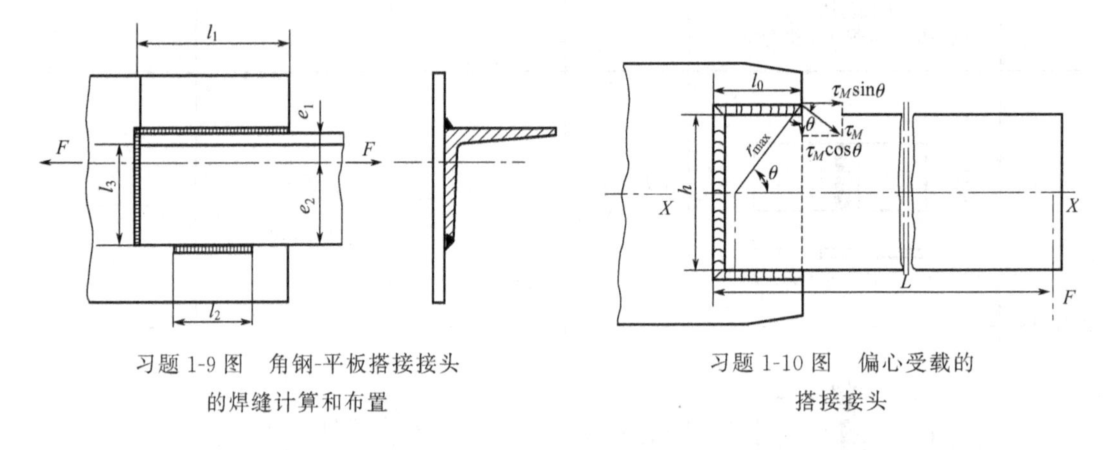

习题1-9图　角钢-平板搭接接头的焊缝计算和布置

习题1-10图　偏心受载的搭接接头

11. 设有一个由开槽焊及侧面角焊缝组成的搭接接头，如习题1-11图，计算参数如图所示。焊缝的许用切应力$[\tau']=100\text{MPa}$，母材的许用拉应力$[\sigma]=160$ MPa。要求接头与母材等强度，试求合理的焊脚尺寸K值。

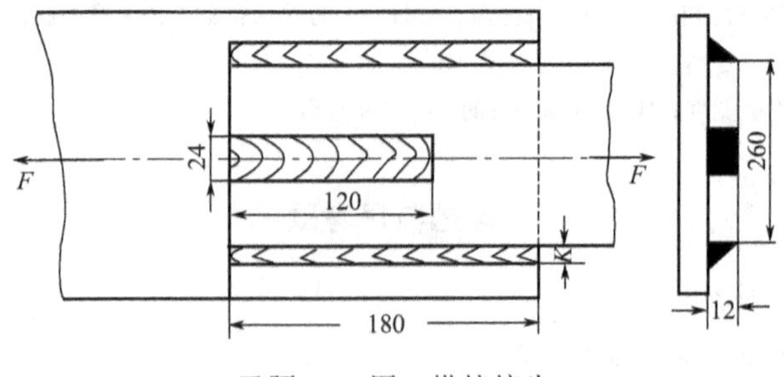

习题1-11图　搭接接头

12. 一个T形接头如习题1-12图所示。已知焊缝的许用切应力$[\tau']=100\text{MPa}$，试计算焊脚尺寸K。

13. 习题1-13图所示为焊缝受弯、受扭和受剪切的T形焊接接头。已知外力 F 作用方向和位置如图所示，试计算该焊缝静载强度。

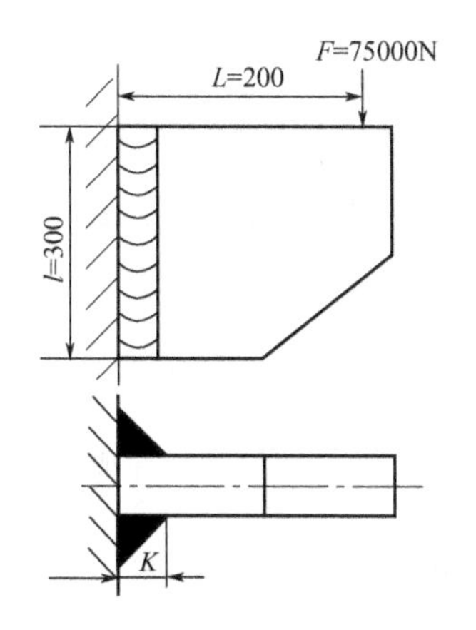

习题1-12图 T形接头的焊脚尺寸设计

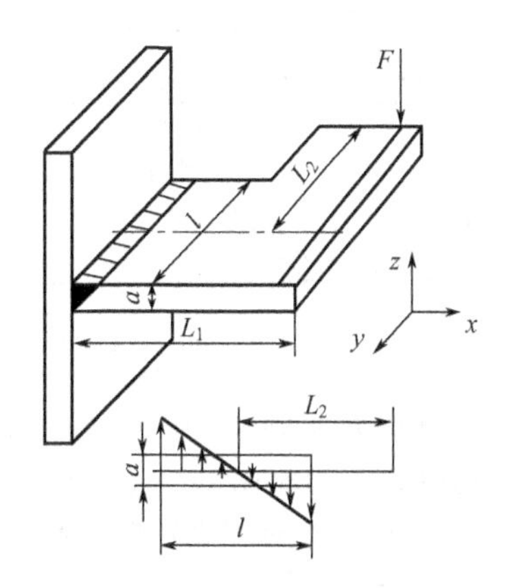

习题1-13图 受弯曲、扭曲及剪切的T形接头

14. 校核习题1-14图中桁架结构中与节点板连接的焊缝 A 的强度，焊缝截面积为450mm×10mm，计算参数如图所示。母材的许用拉应力$[\sigma]=142$MPa。

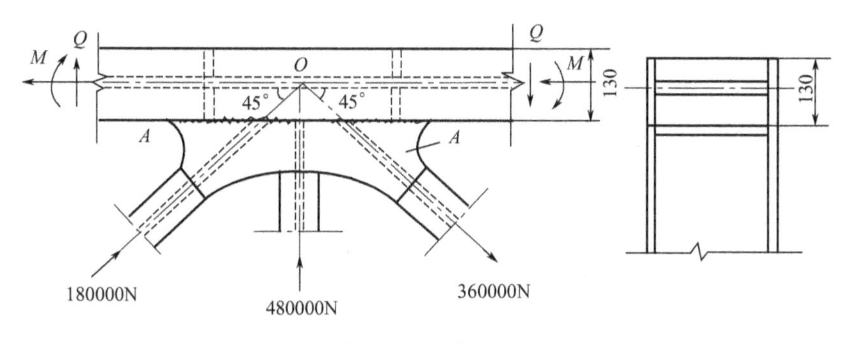

习题1-14图 桁架结构

15. 一个悬臂梁，其截面形状和尺寸、载荷以及连接的焊缝尺寸如习题1-15图所示，焊缝的许用切应力$[\tau']=100$MPa，试计算接头的焊缝强度。

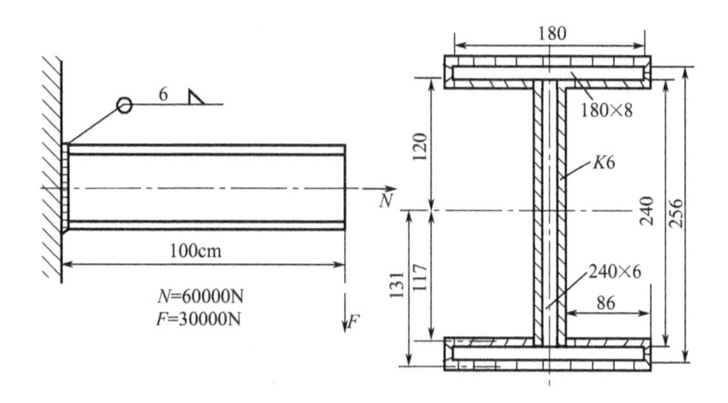

习题1-15图 工字截面连接

16. 用角焊缝静载强度新计算方法计算习题1-16图中的斜向角焊缝搭接接头的静载强度。

17. 用角焊缝静载强度新计算方法计算习题1-17图的T形接头沿角焊缝方向作用偏心力的静载强度。

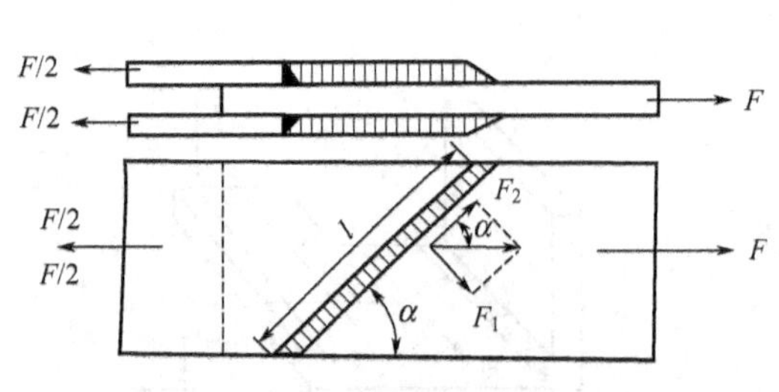

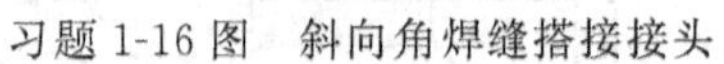
习题 1-16 图　斜向角焊缝搭接接头

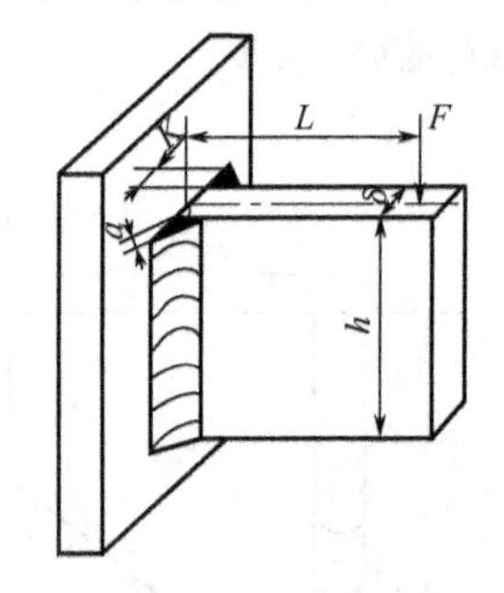

习题 1-17 图　受偏心力的 T 形接头

18. 设计一个等强度的承受拉力的点焊接头，焊件截面积为 300mm×4mm，母材的许用应力为[σ]，焊点的许用拉应力[σ′]=160MPa，焊点的许用切应力[τ′]=100MPa。
19. 设计一个等强度的承受静载弯矩的点焊接头。焊件截面积为 400mm×3mm，许用应力为[σ]，焊点的许用切应力为[τ′]=0.5[σ]。

第2章　焊接变形和应力

本章学习要点

知识要点	掌握程度	相关内容
焊接变形和应力产生机理	熟悉塑性变形与自由变形、外观变形和内部变形的关系。掌握焊接内应力的种类和产生机理。掌握板条中心加热的变形与应力变化过程。了解焊接变形和应力演变过程。掌握焊接热应变的规律	自由变形、外观变形、内部变形、塑性变形；温度应力、残余应力、相变应力；长板条中心加热，长板条边缘加热；焊接过程的特殊性及其假定，焊接变形和应力演变过程；焊接热应变循环
焊接残余变形	掌握焊接残余变形的类型、产生原因、影响因素	纵向收缩变形、横向收缩变形、角变形、弯曲变形、波浪变形、错边变形和扭曲变形
焊接残余应力	掌握焊接残余应力的类型及其在各种截面上的应力分布状态。掌握焊接残余应力对焊接结构力学行为的影响规律	纵向残余应力、横向残余应力以及厚度方向残余应力沿焊缝长度、宽度和厚度方向上的基本分布规律
焊接变形和应力调控措施	掌握焊接变形与焊接残余应力调控的基本措施以及两者之间的关系	控制焊接变形和应力的焊前措施，在焊接过程中控制焊接变形和应力的焊中措施，以及焊后调节焊接变形和应力的焊后措施
焊接变形和应力测量方法	熟悉焊接残余应力和焊接残余变形的测量方法	焊接残余应力测量方法的分类，小孔法和X射线衍射法测量焊接残余应力的原理及过程
焊接变形和应力数值模拟计算	了解焊接变形和应力的数值计算方法以及基本过程与思路	数值计算方法的基本方法、基本过程、基本思路

由于材料的热胀冷缩和弹塑性变形的特性，在焊接热循环不均匀加热的作用下，焊接接头各部位均引发一定程度的不协调形变，从而使得焊接接头产生了内部应力，即焊接应力，显现出外观变形，即焊接变形。由此而产生的焊接残余变形和焊接残余应力对焊接结构的力学行为将会产生较大的影响。

2.1　焊接变形与应力的产生机理

为了清楚地讨论变形和应力的产生机理，先复习三个基本概念。

（1）材料的热胀冷缩　热胀冷缩是物质的一种基本属性，绝大多数材料都随着温度的升高其体积增大，随着温度的降低其体积缩小。以长度的概念表示热胀冷缩现象，设有一个长度为 L_0 的杆件，当温度从 T_0 升高到 T 时，其长度增加到 L，长度增加量为：

$$\Delta L=L-L_0=\alpha L_0(T-T_0)=\alpha L_0\Delta T \tag{2-1}$$

式中，L_0 为温度为 T_0 时的杆件长度；ΔT 为温度变化差值；α 为材料的热膨胀系数。

(2) 材料的应力-应变曲线　对一个单位长度的低碳钢材料杆件进行拉伸或压缩试验，会得出如图 2-1 所示的应力-应变曲线。

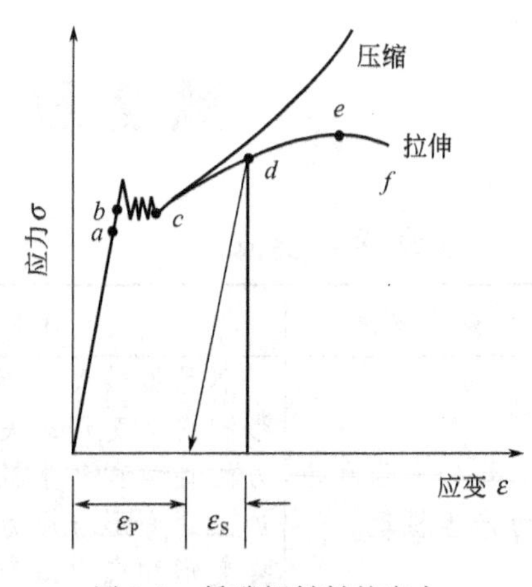

图 2-1　低碳钢材料的应力-应变曲线

曲线上 a、b、c 和 e 点分别对应材料的比例极限 σ_p、弹性极限 σ_e、屈服强度 σ_s 和拉伸强度 σ_b。当外加应力在弹性范围内变化，杆件只有弹性应力和弹性应变，且符合 $\sigma=E\varepsilon$ 规律，去掉外加应力后，杆件恢复到原来长度。当外加应力超过屈服强度 σ_s 以后，如达到 d 点的位置，杆件不仅有弹性应变 ε_s，而且还有塑性应变 ε_p，去掉外加应力后，杆件内的弹性应变 ε_s 得到恢复，而塑性应变 ε_p 保留下来。对于拉伸试验，杆件伸长了 ε_p，对于压缩试验，杆件缩短了 ε_p。

(3) 系统平衡条件　对于任何一个独立的力学系统，如果这个系统处于静止平衡状态，则必须满足力学平衡条件：合力等于零，即 $\sum F=0$；合力矩等于零，即 $\sum M=0$。

2.1.1　自由变形、外观变形和内部变形

以图 2-2 中的单位长度金属杆件为例，金属杆件横置，左边刚性固定，不考虑重力的影响。下面分两种情况讨论由于加热而产生的变形和应力的变化。

2.1.1.1　第一种情况（$T_0\rightarrow T_1$）

当温度为 T_0 时，金属杆件长度为 L_0 [图 2-2 (a)]，当温度由 T_0 升至 T_1 时，如不受阻碍，其长度将由 L_0 增长至 L_1 [图 2-2 (b)]，这段长度增加量 ΔL_{T_1} 称为自由变形量，其大小可用下列公式来表示：

$$\Delta L_{T_1}=\alpha L_0(T_1-T_0) \tag{2-2}$$

而自由变形率，即单位长度上的自由变形量，用 ε_{T_1} 来表示：

$$\varepsilon_{T_1}=\frac{\Delta L_{T_1}}{L_0}=\alpha(T_1-T_0) \tag{2-3}$$

当杆件在温度变化过程中受到阻碍时，使它不能完全自由地变形，只能够部分地表现出来 [图 2-2 (c)]。把能够表现出来的这部分变形称为外观变形量，用 ΔL_e 表示，其大小依赖于阻碍物的位置。外观变形率用 ε_e 来表示：

$$\varepsilon_e=\frac{\Delta L_e}{L_0} \tag{2-4}$$

而未表现出来的那部分变形，称为内部变形量 ΔL_1。其数值是自由变形量和外观变形量的差值，因为是受压，故为负值，可用下式表示：

$$\Delta L_1=-(\Delta L_{T_1}-\Delta L_e) \tag{2-5}$$

由于内部变形率 ε_1 是在应力作用下产生的，故可以称其为应变。可表示为：

$$\varepsilon_1=\frac{\Delta L_1}{L_0}=\frac{-(\Delta L_{T_1}-\Delta L_e)}{L_0}=-(\varepsilon_{T_1}-\varepsilon_e) \tag{2-6}$$

在弹性范围以内时，有阻碍时杆件内将产生压应力，可以用虎克定律来表示：

$$\sigma_1 = E\varepsilon_1 = -E(\varepsilon_{T_1} - \varepsilon_e) \quad (2\text{-}7)$$

这说明当杆件在加热过程中受到阻碍，其长度不能自由增长，则将在杆件中产生内部变形，如果内部变形率的绝对值小于金属屈服时的变形率，即 $|\varepsilon_1| < \varepsilon_s$ 或 $\Delta L_1 < \Delta L_s$，则杆件中的压应力 $\sigma_1 < \sigma_s$。当杆件温度从 T_1 恢复到 T_0 时，杆件将恢复到原来长度 L_0，也不存在任何形式的应力。

2.1.1.2 第二种情况（$T_0 \to T_2$）

如果使杆件温度在 T_1 基础上继续升高，达到 T_2 温度，在没有阻碍的情况下，自由变形量为 $\Delta L_{T_2} = \alpha L_0 (T_2 - T_0)$［图 2-2（d）］。

在有阻碍的情况下，如果杆件中由于阻碍而产生的内部变形量大于金属屈服时的变形量，即 $\Delta L_2 = \Delta L_{T_2} - \Delta L_e > \Delta L_s$［图 2-2（e）］，则在这种情况下，杆件中不但产生达到屈服极限的压应力，同时还产生了压缩塑性变形量 ΔL_p，其数值为：

$$|\Delta L_p| = |\Delta L_e - \Delta L_{T_2}| - \Delta L_s \quad (2\text{-}8)$$

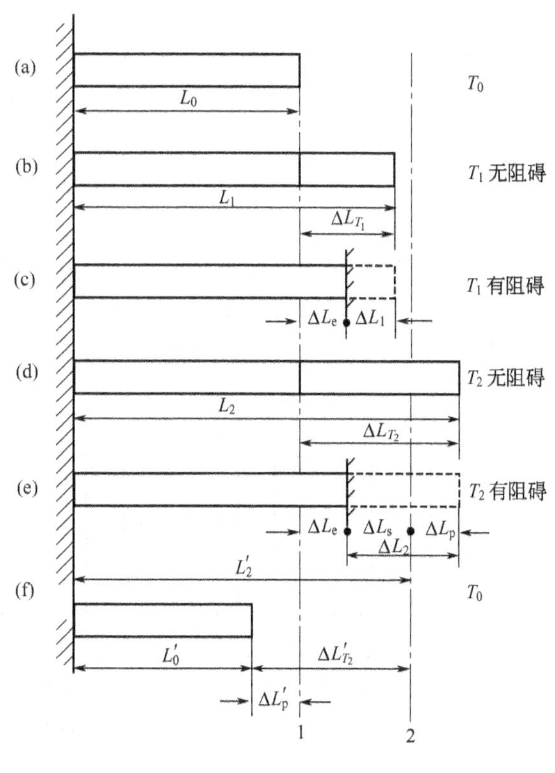

图 2-2 金属杆的变形

在这个时刻如果把阻碍物去掉，因为 ΔL_p 为压缩塑性变形而不能恢复，杆件的长度则只有 L_2'。当杆件温度由 T_2 恢复到 T_0 的过程中，杆件将以 2 线的位置起始收缩［图 2-2（f）］，收缩量为：

$$\Delta L_{T_2}' = -\alpha L_0 (T_0 - T_2) = \alpha L_0 (T_2 - T_0) = \Delta L_{T_2} \quad (2\text{-}9)$$

若允许其自由收缩，杆件的最后长度为 L_0'，比原始长度 L_0 缩短 $\Delta L_p' = \Delta L_p$。$\Delta L_p' = \Delta L_p$ 是在认为热膨胀系数 α 不随温度变化的情况下得出来的，而实际上不同温度下 α 值是变化的，所以 $\Delta L_p' \approx \Delta L_p$。

如果用变形率或应变的概念表示，由公式（2-8）可知，温度由 T_2 恢复到 T_0 后，杆件的收缩应变 ε_p' 数值等于高温 T_2 下（可以扩展到任意高温 T）的压缩塑性应变 ε_p 数值，即：

$$|\varepsilon_p'| \approx |\varepsilon_p| = |\varepsilon_e - \varepsilon_T| - \varepsilon_s \quad (2\text{-}10)$$

综上可知，压缩塑性变形会使得金属材料在环境载荷消失后收缩变短，收缩变形量约等于压缩而产生的压缩塑性变形量。同理可知，拉伸塑性变形也将会使得金属材料在环境载荷消失后延伸变长，伸长变形量约等于已产生的拉伸塑性变形量。

2.1.2 焊接内应力的种类和产生

内应力是在没有外力的条件下平衡于物体内部的应力，是一个系统内部自身平衡的应力。它满足系统平衡条件，即合力等于零（$\sum F = 0$），合力矩等于零（$\sum M = 0$）。焊接结构中的内应力按其产生原因可分为温度应力、残余应力和相变应力等。

（1）温度应力　温度应力是由于构件受热不均匀引起的。以如图 2-3 所示的金属框架为例说明，金属框架由中心杆和两侧杆组成，上下为刚性平行梁。如果只让框架的中心杆受热，而两侧杆的温度保持不变，则中心杆由于温度升高而伸长。但是这种伸长的趋势受到两侧杆件的阻碍，不能自由地进行，因此中心杆件就受到压缩，产生压应力；两侧杆在阻碍中心杆膨胀伸长的同时受到中心杆的反作用而产生拉应力，如图 2-3（a）所示。对于金属框架这个系统，这种应力是在没有外力作用下出现的，且拉应力与压应力在框架中互相平衡，就构成了内应力。这是由于不均匀温度造成的，所以称为温度应力或热应力，满足$\sum F=0$及$\sum M=0$的平衡条件。

如果中心杆与两侧杆的温差不大，温度应力低于材料的屈服极限，在框架内只有弹性变形，不产生任何形式的塑性变形［如同图 2-2（c）的情况］，那么，当框架的温度均匀化以后，温度应力也随之消失，所以温度应力是瞬时的。

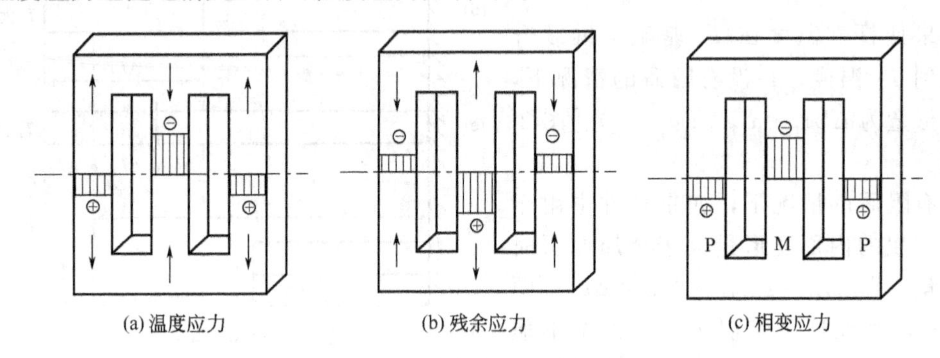

图 2-3　内应力产生示意图

（2）残余应力　如果加热温度较高，中心杆产生的压缩变形超过了材料的屈服极限，将出现压缩塑性变形［如同图 2-2（e）的情况］。当中心杆温度恢复到原始状态时，也即框架的温度均匀化以后，若任其自由收缩，中心杆的长度必然要比原来的缩短。实际上框架两侧杆阻碍着中心杆自由收缩，所以中心杆将受到拉应力，而两侧杆本身由于中心杆的反作用而产生压应力。这样，就在框架中形成了一个内应力体系，这种内应力是温度均匀后残存在物体中的，故称为残余应力，满足 $\sum F=0$ 及$\sum M=0$ 的平衡条件，如图 2-3（b）所示。如果再没有环境载荷的作用，残余应力将长期存在于框架系统内，是永久性应力。

（3）相变应力　钢铁材料在从高温到低温的冷却过程中，伴随有不同的固态组织转变（相变）。组织不同其比容也不相同，各种组织的比容由小到大的顺序为奥氏体 A、铁素体 F、珠光体 P、贝氏体 B、马氏体 M。同样以图 2-3（b）的金属框架为例，金属框架同时被加热到高温，如果让两侧杆缓慢冷却生成珠光体 P，而让中心杆急速冷却形成马氏体 M，由于组织比容不同，造成中心杆与两侧杆的长度不同，则中心杆件受到压应力，而两侧杆受到拉应力。如果再没有环境载荷的作用或温度变化造成的组织转变，相变应力将长期存在于框架系统内，也属于残余应力的范畴。

2.1.3　不均匀温度场作用下的变形和应力

现在分析一个金属长板条受不均匀温度场作用时的变形和应力。

2.1.3.1　*在长板条中心对称加热*

如图 2-4（a）所示是宽度为 B、厚度为 δ 的长板条。在其中间沿长度方向上用电阻丝进行加热，在板条横截面上将出现一个中间高两边低的不均匀温度场，而沿板条长度方向的温度分布可视为均匀的。现从长板条中部任意取出一个单位长度的板条，即 $L_0=1$，则在下面的讨论中，变形率与变形量的数值是一致的。分两种情况进行分析。

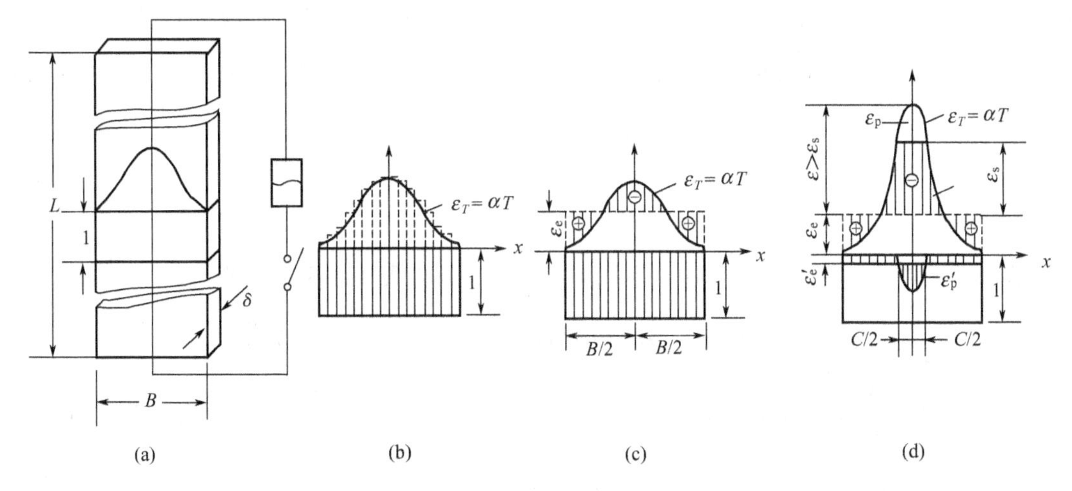

图 2-4　长板条中心加热的变形与应力

(1) 第一种情况 ($\varepsilon_{max}<\varepsilon_s$)

① 温度应力和变形　假设这个金属板条是由若干互不相连的小窄条组成，同时每根小窄条都可以按着自己被加热到的温度自由变形，其结果会使单位长度板条上端面出现如图 2-4 (b) 所示的自由变形曲线。如果把原始温度看作是零，温度分布是位置 x 的函数，即 $T=f(x)$，自由变形曲线可用 $\varepsilon_T=\alpha f(x)$表示，如果长板条材料和热参数已定，则 $\varepsilon_T=\alpha f(x)$ 是已知的函数。但是，实际上组成板条的小窄条之间是互相牵连和约束的整体，上端面必须保持平面且同时移动。由于温度场在板条上的分布是对称的，故上端面只作平移［图 2-4 (c)］，移动距离即为外观变形 ε_e，是一个未知的常数。曲线 ε_T 与 ε_e 之间的差距则为内部变形，即 $\varepsilon=\varepsilon_e-\varepsilon_T$。上端面平行线以上的为负值，产生压应力［单个小窄条类似图 2-2 (c) 的情况］，下端面平行线以下的为正值，产生拉应力。在这种情况下，板条中间受压，两侧受拉，应力分布为：

$$\sigma=E(\varepsilon_e-\varepsilon_T)=E[\varepsilon_e-\alpha f(x)] \tag{2-11}$$

这三个区域的力相互平衡，即平行线以上和以下的面积相等，则这个系统的力平衡条件可以用下式来表达。

$$\sum F=\int_{-\frac{B}{2}}^{\frac{B}{2}}\sigma\delta\mathrm{d}x=\int_{-\frac{B}{2}}^{\frac{B}{2}}E[\varepsilon_e-\alpha f(x)]\delta\mathrm{d}x=E\delta\int_{-\frac{B}{2}}^{\frac{B}{2}}[\varepsilon_e-\alpha f(x)]\mathrm{d}x=0 \tag{2-12}$$

在这个等式中，只有外观变形 ε_e 是一个未知的常数，所以可以求出 ε_e。将 ε_e 代入式 (2-11) 中则可求出板条截面各点的温度应力数值。

② 残余应力和变形　如果上述不均匀温度场在金属板条中所引起的最大内部变形 $\varepsilon_{max}<\varepsilon_s$，即 $\sigma_{max}<\sigma_s$，当加热电源断开以后，板条逐渐冷却恢复到原来的温度，金属板条也将恢复到原来的长度，没有残余变形，温度应力也随之消失。

(2) 第二种情况 ($\varepsilon_{max}>\varepsilon_s$)

① 温度应力和变形　如果加在金属板条上的不均匀温度场使板条中心部分受热较高，由于两边金属的约束，则在板条中心区 $\left[-\frac{C}{2},\frac{C}{2}\right]$ 内产生较大的内部变形，使“C 区”中的内部变形率 ε 大于金属屈服极限时的变形率 ε_s，如图 2-4 (d) 所示，则在“C 区”中将产生压缩塑性变形［单个小窄条类似图 2-2 (e) 的情况］。压缩塑性变形区的宽度 C 的大小是个

未知常数，但其中存在的压应力等于$-\sigma_s$，以及$\varepsilon_p=|\varepsilon_e-\alpha f(x)|-\varepsilon_s$的压缩塑性变形；而在$\left(-\frac{B}{2},-\frac{C}{2}\right)$和$\left(\frac{C}{2},\frac{B}{2}\right)$两个区中存在拉应力或压应力，为$\sigma=E(\varepsilon_e-\varepsilon_T)=E[\varepsilon_e-\alpha f(x)]<|\sigma_s|$；在$[-\frac{C}{2},\frac{C}{2}]$的两个边界点上的应力为：

$$\sigma=E\left[\varepsilon_e-\alpha f\left(\frac{C}{2}\right)\right]=-\sigma_s \tag{2-13}$$

这三个区域的力相互平衡，这个系统的应力平衡条件可以用下式来表达。

$$\begin{aligned}\sum F&=\int_{-\frac{B}{2}}^{\frac{B}{2}}\sigma\delta\mathrm{d}x=\int_{-\frac{B}{2}}^{\frac{B}{2}}E[\varepsilon_e-\alpha f(x)]\delta\mathrm{d}x=E\delta\int_{-\frac{B}{2}}^{\frac{B}{2}}[\varepsilon_e-\alpha f(x)]\mathrm{d}x\\&=E\delta\int_{-\frac{B}{2}}^{-\frac{C}{2}}[\varepsilon_e-\alpha f(x)]\mathrm{d}x+E\delta\int_{-\frac{C}{2}}^{\frac{C}{2}}\left[\varepsilon_e-\alpha f\left(\frac{C}{2}\right)\right]\mathrm{d}x+E\delta\int_{\frac{C}{2}}^{\frac{B}{2}}[\varepsilon_e-\alpha f(x)]\mathrm{d}x\\&=2E\delta\int_{-\frac{B}{2}}^{-\frac{C}{2}}[\varepsilon_e-\alpha f(x)]\mathrm{d}x-\sigma_s C\delta=0\end{aligned} \tag{2-14}$$

在式（2-13）和式（2-14）中有两未知常数：外观变形率ε_e和中心区C的数值，从而可以求出ε_e和C。将ε_e代入式（2-11）中则可求出板条截面各点的温度应力数值，其中C区的温度应力等于$-\sigma_s$。

② 残余应力和变形　此时把加热电源断开，让板条渐渐冷却，由于在高温下板条“C区”中产生压缩塑性变形，当板条温度恢复到原始温度后，应力和变形就不能像上述情况那样消失。假如允许所有的小窄条自由收缩，板条“C区”的长度将比原来短［单个小窄条类似图2-2（f）的情况］，其缩短量等于温度场存在时所产生的压缩塑性变形量。此时板条端面就成了一个中心凹的曲面$\varepsilon_p'=f_p(x)\approx-\varepsilon_p=-[|\varepsilon_e-\alpha f(x)|-\varepsilon_s]$。实际上板条是一个整体，“$C$区”的收缩迫使整个单元长度板条外观缩短$\varepsilon_e'$，称为残余外观变形。受到两侧金属的限制，“$C$区”出现大小不同的拉伸应力，而两侧出现恒定的压应力，这个新的平衡应力系统就是残余应力，其大小为：

$$\sigma'=E(\varepsilon_e'-\varepsilon_p')=E[\varepsilon_e'-f_p(x)] \tag{2-15}$$

力的平衡条件为：

$$\begin{aligned}\Sigma F&=\int_{-\frac{B}{2}}^{\frac{B}{2}}\sigma'\delta\mathrm{d}x=E\delta\int_{-\frac{B}{2}}^{\frac{B}{2}}(\varepsilon_e'-\varepsilon_p')\mathrm{d}x\\&=E\delta\int_{-\frac{B}{2}}^{-\frac{C}{2}}\varepsilon_e'\mathrm{d}x+E\delta\int_{-\frac{C}{2}}^{\frac{C}{2}}[\varepsilon_e'-f_p(x)]\mathrm{d}x+E\delta\int_{\frac{C}{2}}^{\frac{B}{2}}\varepsilon_e'\mathrm{d}x\\&=E\delta\varepsilon_e'(B-C)+E\delta\int_{-\frac{C}{2}}^{\frac{C}{2}}[\varepsilon_e'-f_p(x)]\mathrm{d}x=0\end{aligned} \tag{2-16}$$

由于ε_p的分布对称于中心轴，截面只作平移，残余外观应变ε_e'为一个未知的常数，可以从等式（2-16）中求出，然后再代入等式（2-15）中可以求出残余应力的分布。

根据上述两种情况分析，可以归纳如下：在板条中心对称加热时，板条中产生温度应力，中心受压，两边受拉，同时平板端面向外平移（伸长）。如果此时不产生压缩塑性变形，即$|\varepsilon_{max}|<\varepsilon_s$，当温度恢复到原始状态后，温度应力消失，平板端面恢复到原来的位置。如果产生压缩塑性变形，即$|\varepsilon_{max}|>\varepsilon_s$，当温度恢复到原始状态时，还会出现由于不均匀压缩塑性变形引起的残余拉伸应力，同时板条端面向内平移（缩短），即为残余变形。

2.1.3.2　在长板条边缘非对称加热

在如图2-5（a）所示长板条一侧用电阻丝加热，则在长板条中产生对端面中心不对称的不均匀温度场，它将使板条产生变形和应力，它们也应符合内应力平衡条件。在这种情况下，板条的外观变形不仅有端面平移，还有角位移，板条沿长度上就出现了弯曲变形。

如果在加热时板条中的内部变形率小于金属屈服极限的变形率$|\varepsilon|<\varepsilon_s$［图 2-5（b)］，则当温度恢复到原始温度时，板条中不存在残余应力，也不出现残余变形。如果在加热时，板条中的内部变形率大于金属屈服极限的变形率即$|\varepsilon|>\varepsilon_s$时，板条中将出现压缩塑性变形［图 2-5（c)］。板条恢复到原始温度，将出现残余应力，板条也产生残余弯曲变形和收缩变形，但方向与加热时相反［图 2-5（d)］，而变形位置和大小可由平衡条件$\sum F=0$、$\sum M=0$通过计算获得。在此不再赘述。

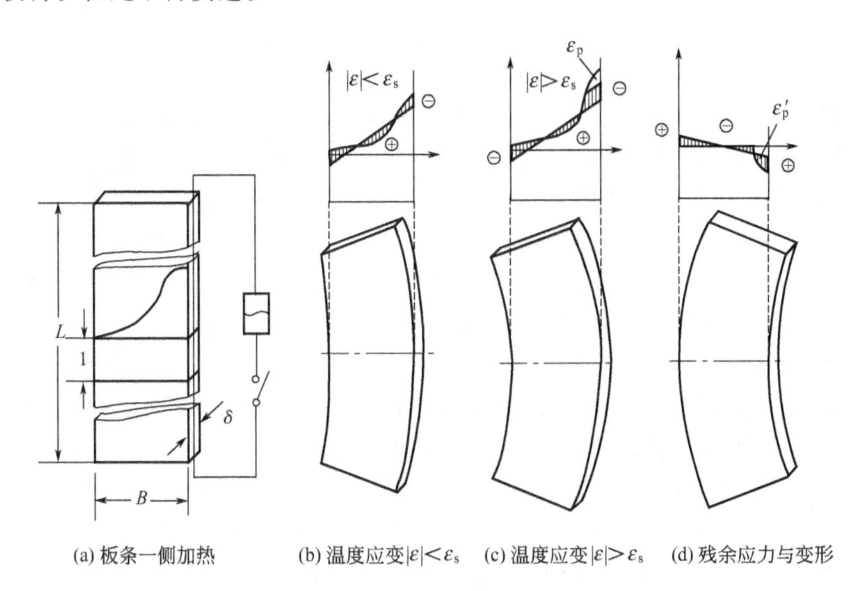

(a) 板条一侧加热　(b) 温度应变$|\varepsilon|<\varepsilon_s$　(c) 温度应变$|\varepsilon|>\varepsilon_s$　(d) 残余应力与变形

图 2-5　长板条一侧加热的变形与应力

2.1.4　焊接引起的变形和应力

2.1.4.1　焊接过程的特殊性及其假定条件

焊接应力和变形与上述不均匀温度场引起的应力和变形的基本规律是一致的，但更具有特殊性和复杂性，因此在研究焊接变形和应力时，常有如下的几个假定条件。

（1）平截面假定　即变形前的一个平截面，在变形后仍然为一个平面，只是发生了平位移和角位移。焊接时温度变化范围比前面分析的情况要大得多，在焊缝上最高温度可高达材料的沸点，而离开热源后温度急剧下降直至室温。如图 2-6 所示为薄板在焊接时的一个典型温度场，从图中可以清楚地看出，由于焊接热源并不是沿焊缝全长同时加热，它的温度场与图 2-4 中所采取的沿长度同时加热的模型有较大的差别。前面提到的单元长度板条端面同时平移在焊接情况下是不存在的，但是在焊接速度较快、材料(如低碳钢、合金结构钢等)导热性较差的情况下，在焊接温度场的后部，还有一个相当长的区域内纵向温

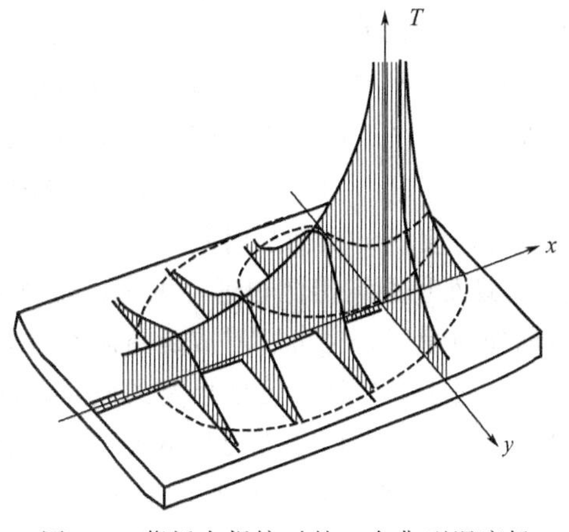

图 2-6　薄板在焊接时的一个典型温度场

度梯度较小，所以用“平截面假定”来做近似的分析。

（2）热物理性能假定　金属材料的热物理性能是随温度发生变化的，如热导率 λ 和热膨胀系数 α 等，它们直接影响温度分布函数 $f(x)$ 和伸缩量 ΔL，但由于其影响非常复杂且相对影响较小，在没有特别提到时，均假定金属材料的热物理性能不随温度发生变化。

（3）力学性能假定　金属材料的力学性能是随温度发生变化的，如图 2-7 所示。这些变化必然会影响到整个焊接过程中的应力分布，使问题复杂化。但为了分析方便，对于低碳钢而言通常用一条水平线和一条斜线组成的折线来简化实际的屈服强度 σ_s 随温度的变化曲线，假定在 500℃以下为一个常量，即室温下的 σ_s，而从 500～600℃直线下降到零。屈服强度 $\sigma_s=0$ 的温度 T_p 称塑性温度或力学熔点，按这个力学性能假定，低碳钢材料的塑性温度 $T_p=600$℃。

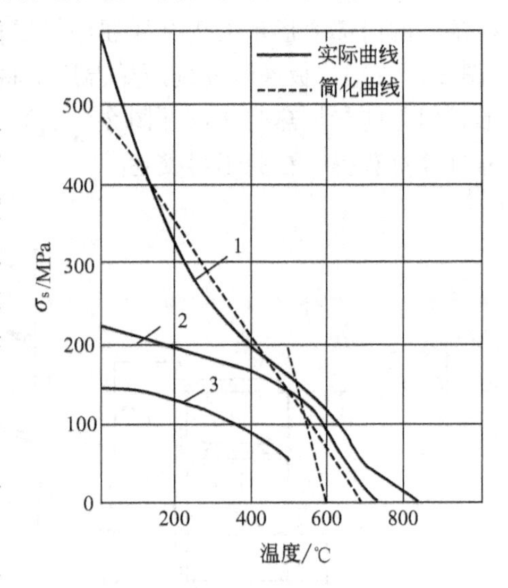

图 2-7　几种典型金属材料的屈服极限 σ_s 与温度的关系

1—钛合金；2—低碳钢；3—铝合金

（4）相变点假定　由于焊接时的温度变化范围大，可能出现固态相变，相变结果将引起许多物理和力学参量的变化，也会产生相变应力。在上述的分析中没有考虑相变对焊接应力和变形的影响，这是因为金属材料的相变温度 A_{r_1} 高于其塑性温度 T_p，在相变时金属处于塑性状态，这时的金属不参与温度-应力的平衡，对其之后的应力和变形不产生影响。对相变温度 A_{r_1} 低于塑性温度 T_p 的材料，它对残余应力和变形的影响是不能忽视的。在讨论焊接变形及应力时如没有特别提及相变时，均假定相变温度 $A_{r_1}>T_p$。

此外，焊接时焊件受到不均匀加热并使焊缝区熔化，与焊接熔池毗邻的高温区材料的热膨胀则受到周围冷态材料的制约，产生不均匀的压缩塑性变形。在冷却的过程中，已经发生压缩塑性变形的焊缝两侧近缝区金属受到母材侧金属的制约，不能自由收缩而产生一定的拉应力。但是焊缝熔池液态金属没有压缩塑性变形的现象，它只是在冷却凝固收缩时因受到制约而产生收缩拉应力，拉应力往往达到金属材料的屈服强度。两个区域的应力产生机理不一样，但其作用都使得焊接接头产生拉应力和收缩变形，所以有时将焊缝区与热影响区的应力产生机理假定为一致，都是由高温时候的压缩塑性变形所引起的。

2.1.4.2　焊接变形与应力演变过程

设有一个低碳钢平板条，沿中心线进行焊接。随着焊接过程的进行，热源后方区域内温度在逐渐降低，因此离热源中心不同距离的各横截面上的温度分布是不同的，其应力和变形情况也不相同。图 2-8 中截面Ⅰ位于塑性温度区最宽处，该截面到热源的距离是 $s_1=vt_1$（v 为焊接速度；t_1 为加热时间）。截面Ⅱ、Ⅲ、Ⅳ到热源的距离分别为 $s_2=vt_2$、$s_3=vt_3$、$s_4=vt_4$。截面Ⅳ距离热源很远，温度已经恢复到原始状态。对于准稳态温度场来说，所谓不同截面处的情况，也可以看成是热源经过某一固定截面后不同时刻的情况。

截面Ⅰ为塑性温度区最宽的截面，即 600℃等温线在该截面处最宽。按照长板条中心加热时的应力和变形分析的基本方法，可找出该截面附近金属单元体的自由变形 ε_T 和外观变形 ε_e。假设端面从 AA' 平移到 A_1A_1'，则 AA_1 即为 ε_e。在 DD' 区域内，金属的温度超过 600℃，$\sigma_s=0$，没有弹性变形，不产生应力，而变形全部为压缩塑性变形，因此这个区域不

参加内应力的平衡。在 DC 和 $D'C'$ 区域（温度从 600℃降至 500℃），屈服强度从 0 逐渐增加到 σ_s，弹性开始逐渐恢复，所产生的变形除压缩塑性变形外，开始出现弹性变形，压应力也从 0 增加到 σ_s。在 CB 和 $C'B'$ 区域内（在 500～200℃的范围内），$|\varepsilon_e-\varepsilon_T|>\varepsilon_s$，弹性应变达到最大值 ε_s，故内应力为室温时的 σ_s 且保持不变，同时存在压缩塑性变形。AB 和 $A'B'$ 区域中金属完全处于弹性状态，温度应力 $\sigma<\sigma_s$，并逐渐由压应力转变为拉应力，在板边处拉应力可能达到材料的拉伸屈服极限 σ_s。由于内应力自身平衡的特性，截面上拉应力区的面积与压应力区的面积是相等的。

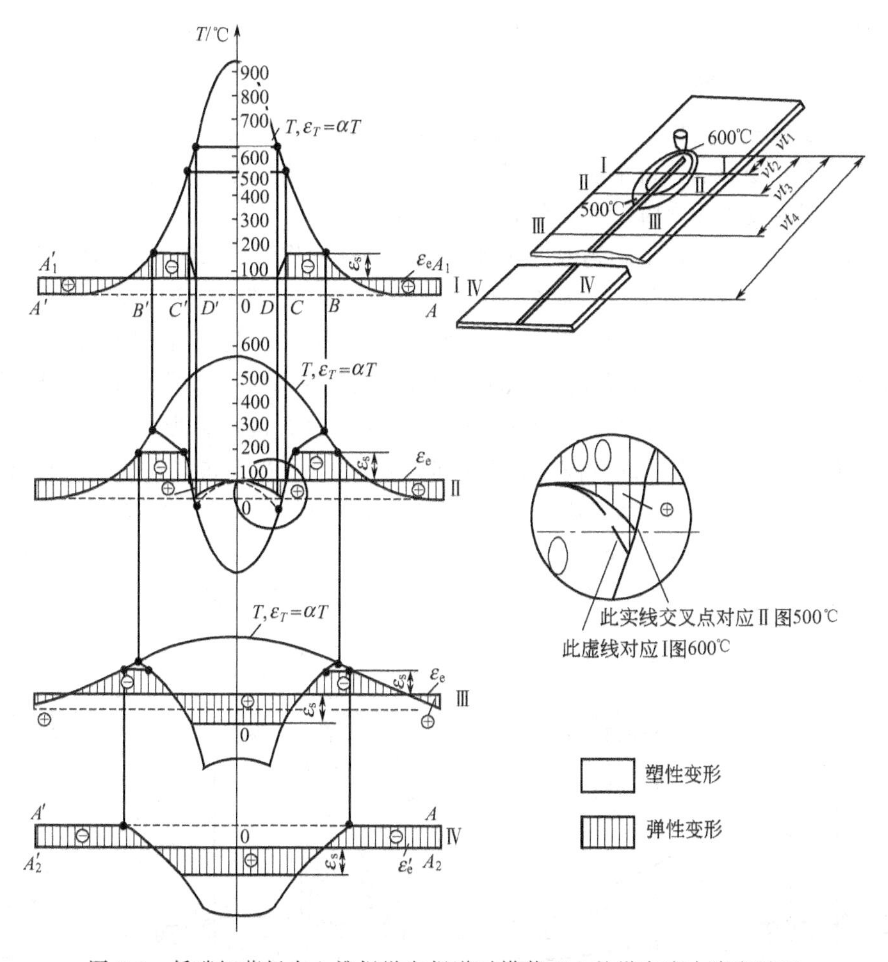

图 2-8　低碳钢薄板中心堆焊纵向焊道时横截面上的纵向应力演变过程

截面Ⅱ上的最高温度为 600℃。由于经历了降温过程，应产生收缩，但受到周围金属的约束而不能自由进行，所以受到拉伸。中心线处的温度为 600℃，拉应力为零，并产生拉伸塑性变形；在中心线两侧温度高于 500℃的区域，弹性开始部分恢复，受拉伸后产生拉应力，并出现弹性变形，拉伸变形与原来的压缩塑性变形相互叠加，使某一点处的变形量为零，在该之外的区域仍为压缩变形；在 500℃以下的范围内，应力和变形情况与截面Ⅰ基本相同，在板边处为拉应力，但此拉应力区域变小。

截面Ⅲ处的最高温度已经低于 500℃。由于温度继续降低，材料进一步受到拉伸，拉应力增大达到了 σ_s，使板材中心部位出现了拉伸塑性变形，原来的压缩塑性变形区进一步减小，板边的拉应力区几乎消失。

截面Ⅳ处的温度已经降到了室温，中心区域的拉应力区进一步扩大，板边也由原来的拉应力区转变为压应力区，端面从 AA' 缩短平移到 A_2A_2'，则 AA_2 即为焊接残余应变 ε_e'。此时得到的是残余应力和残余变形。

综上分析：在焊接加热过程中，焊缝近缝区中产生压缩塑性变形，当温度恢复到室温以后，如果允许其自由收缩，这个区域的长度将比原来短，其缩短量等于温度场存在时所产生的压缩塑性变形量；同时由于焊缝由液态金属冷却形成固态焊缝，产生大量的收缩，这两个区域的收缩受到远离焊缝区域两侧金属的限制，因此出现了新的变形和应力。焊缝及其近缝区部分受拉，远离焊缝区域受压，这个新的平衡应力系统就是焊接残余应力。

2.1.5 焊接热应变循环

对于焊缝金属来说，由于其瞬时达到最高温度并熔化，金属熔化前的物性和状态全部消失，所以就应力和变形的分析来说，可以认为并不存在加热过程，只有冷却阶段。在冷却过程中，焊缝金属除发生相变阶段外，都处于受拉伸状态。

对于近缝区来说，经过不均匀温度场和快速热循环的作用，瞬时内应力将使近缝区的金属材料经受热塑性应变循环作用（简称热应变循环），下面分两种情况讨论。

（1）第一种情况（$T_{\max}<A_{c_1}$） 在离焊缝较远且最高温度低于相变温度的区域（即HAZ区之外）确定一个平行于焊缝方向的单元杆，受周围金属的弹性约束，其所受热循环、应变和应力曲线如图2-9（a）所示。0～t_1 时段，随温度升高，自由变形 ε_T 大于可见变形 ε_e，金属受到压缩，压应力不断升高，并在 t_1 时刻，压应力达到屈服强度，开始出现压缩塑性变形；t_1～t_2 时段，温度继续升高，压应力 $\sigma=\sigma_s$，并且在500～600℃范围内下降，压缩塑性变形量增加，在 t_2 时刻，金属达到塑性温度 T_p，$\sigma=\sigma_s=0$；t_2～t_3 时段，温度继续升高，压缩塑性变形量持续增加，并在 t_3 时刻，温度达到峰值，压缩塑性变形量也达到最大

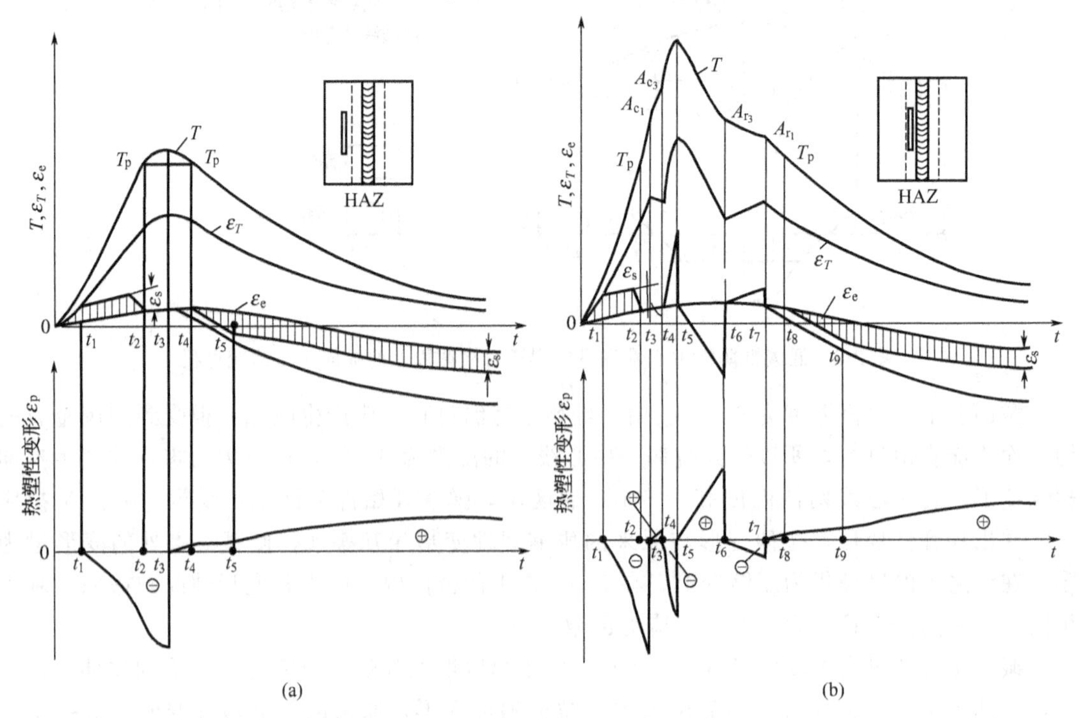

图2-9 低碳钢焊接近缝区的热循环与热应变循环示意图

值；$t_3 \sim t_4$ 时段，温度开始降低，金属开始发生收缩，此时由于收缩仍然受到阻碍，自由变形 ε_T 大于外观变形 ε_e，使金属受到拉伸并产生拉伸塑性变形，并在 t_4 时刻，温度下降到 T_p，金属开始恢复弹性；$t_4 \sim t_5$ 时段，温度继续降低，使拉应力值升高，拉伸塑性变形量增加，但增加速度减缓，在 t_5 时刻，拉应力达到 σ_s；t_5 以后的时段，温度继续降低，拉伸塑性变形量继续增加，但增加速度逐渐趋向于零。

(2) 第二种情况（$T_{max} > A_{c_3}$）　在离焊缝较近且最高温度大于相变温度的区域（即 HAZ 区）确定一个平行于焊缝方向的单元杆，受周围金属的弹性约束，其所受热循环、应变和应力曲线如图 2-9（b）所示。在 t_2 以前的时段与第一种情况时相同；$t_2 \sim t_3$ 时段，温度继续升高，压缩塑性变形量持续增加，并在 t_3 时刻，温度达到 A_{c_1}，开始发生奥氏体转变，比容缩小，塑性变形方向发生逆转，开始出现拉伸塑性变形；$t_3 \sim t_4$ 时段，温度继续增加，体积减小，但受到周围金属的制约，因而受到拉应力并使拉伸塑性变形量增加，在 t_4 时刻，温度达到 A_{c_3}，相变结束，比容停止变化，塑性变形方向再次逆转，开始出现压缩塑性变形；$t_4 \sim t_5$ 时段，温度继续升高，压缩塑性变形量继续增加，并在 t_5 时刻温度达到峰值；$t_5 \sim t_6$ 时段，温度开始下降，开始出现拉伸塑性变形，在 t_6 时刻，温度达到 A_{r_3}，开始出现反向相变，比容增加，塑性变形方向再次逆转，由拉伸转变为压缩塑性变形；$t_6 \sim t_7$ 时段，温度继续下降，体积增大，压缩塑性变形量继续增加，在 t_7 时刻，温度达到 A_{r_1}，相变结束，塑性变形由压缩转变为拉伸；$t_7 \sim t_8$ 时段，温度继续下降，拉伸塑性变形量继续增加，在 t_8 时刻，温度下降到塑性温度 T_p，金属的弹性开始恢复；t_8 以后时段的变化与第一种情况中 t_4 以后时段的变化相同。

由此可知，对于热影响区的金属材料来说，1 次热循环就产生 3 次热应变循环，多层焊时热应变循环次数明显增多，每一次热应变循环都将会使材料产生脆化，恶化材料的力学性能。第 1 章 1.2.3.3 中的结果就是这样产生的。

2.2　焊接残余变形

焊接残余变形可分纵向收缩变形、横向收缩变形、弯曲变形、角变形、波浪变形、错边变形、扭曲变形七类。在焊接结构中焊接残余变形往往并不是单独出现的，而有可能几种变形同时出现，互相影响。

焊接残余变形是焊接结构生产中经常出现的问题，不但影响焊接结构的尺寸精度和外形美观，也可能降低焊接结构的承载能力，引起事故发生。有时变形太大无法矫正，造成废品。因此，在焊接结构制造过程中焊接残余变形是力求避免的。

2.2.1　纵向收缩变形

构件焊后在沿焊缝长度方向发生的收缩变形称为纵向收缩变形，如图 2-10 中的 ΔL。前面讲的温度变形和残余变形都是指的纵向变形。

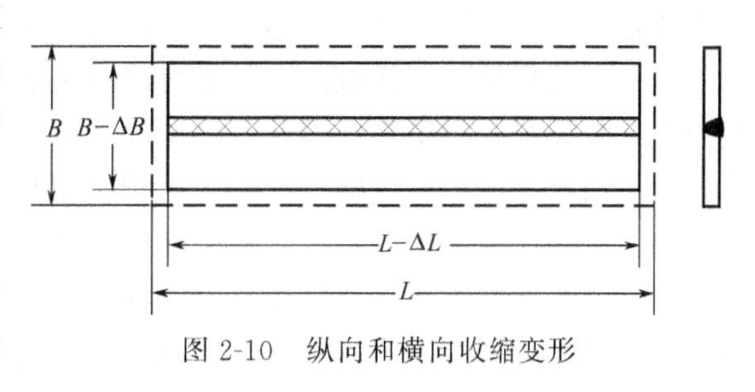

图 2-10　纵向和横向收缩变形

2.2.1.1　ΔL 的产生原因

前面已经分析了焊接残余变形和应力的产生机理及过程，在此将其简单化和实用化。在焊接时，焊缝近缝区金属由于在高温下的自由变形受到阻碍，产生了压缩塑性变形，而液态金属在冷却过程中形成固态焊缝，产生收缩变形。这两个因素共同造成了焊缝的纵向收缩变形，因此把焊缝区及压缩塑性变形区统称为收缩变形区。由复杂的热力效应分析和计算可以得出收缩变形区的宽度、面积和塑性应变。

收缩变形区的宽度用 B_p 表示，$B_p=170\dfrac{q_w}{\delta\sigma_s}$。式中，$q_w$ 为单位长度焊缝的热输入，与焊缝横截面积 A_w 成正比，即 $q_w=kA_w$，如 A_w 的单位取为 mm^2，q_w 的单位取为 J/mm，则对于药皮焊条电弧焊，比例系数 $k=0.061$，金属极气体保护电弧焊 $k=0.041$，埋弧焊 $k=0.072$。

收缩变形区的面积用 A_p 表示，$A_p=B_p\delta=170\dfrac{q_w}{\sigma_s}$。

收缩变形区的塑性应变为 $\varepsilon_p=\mu_1\dfrac{\alpha}{c\rho}\times\dfrac{q_w}{A}$。式中，$\mu_1=0.335$ 为纵向刚度系数；α 为材料的热膨胀系数；c 为材料的比容；ρ 为材料密度；A 为构件的横截面积。

收缩变形区的存在使构件相当于受到一个假想外加压力 F_f 的作用而缩短，如图 2-11 所示。假想外加压力 F_f 的数值可由下式表达：

$$F_f=E\int_{A_p}\varepsilon_p\mathrm{d}A \tag{2-17}$$

构件在假想外加压力 F_f 的作用下整个构件产生纵向收缩 ΔL，符合 $\sigma=E\varepsilon$ 规律，即 $\dfrac{F_f}{A}=E\dfrac{\Delta L}{L}$，所以：

$$\Delta L=\frac{F_fL}{EA}=\frac{L\int_{A_p}\varepsilon_p\mathrm{d}A}{A} \tag{2-18}$$

式中，A 为构件的截面积；A_p 为塑性变形区面积；E 为构件材料的弹性模量；L 为构件的长度（焊缝贯穿全长）。

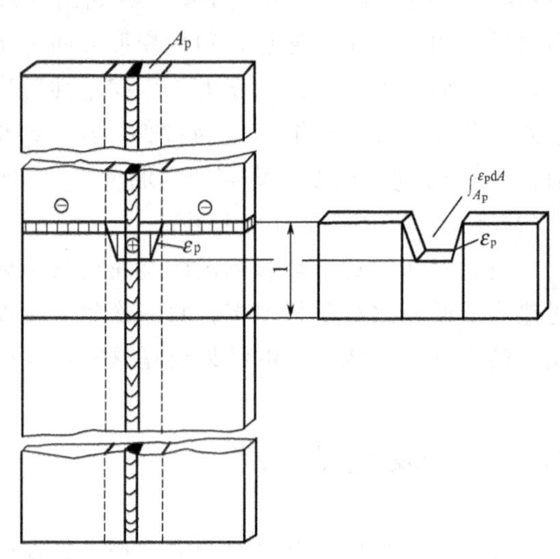

图 2-11　假想外力作用下的纵向收缩变形

2.2.1.2　ΔL 的影响因素

由式（2-18）可知，ΔL 取决于构件的长度、横截面积和压缩塑性变形 $\int_{A_p}\varepsilon_p\mathrm{d}A$。而 $\int_{A_p}\varepsilon_p\mathrm{d}A$ 又与焊接工艺参量、焊接方法以及材料的热物理参量有关。

（1）焊接热输入　焊接热输入是最主要的一个影响因素。在一般情况下，ΔL 与焊接热输入成正比。为了降低纵向收缩变形，选用焊接热输入量小的焊接方法是有利的。

（2）焊接层数　同样截面的焊缝可以一次焊成，也可以分几层焊成，多层焊每次所用的热输入比单层焊时小得多。因此，每层焊缝所产生的压缩塑性变形区的面积 A_p 比单层焊时小，而各层所产生的压缩塑性变形区面积是相互重叠的，所以多层焊所引起的纵向收缩比单层焊小。分的层数越多，每层所用的热输入就越小，变形也就越小。

（3）预热温度　在一般情况下，工件原始温度的提高，相当于加大热输入，使焊接压缩塑性变形区扩大，焊后纵向收缩变形也增大；反之，原始温度下降，相当于减少热输入，收缩变形降低。但是当预热温度过高时，也可能出现相反的结果。因为随着预热温度的增加，压缩塑性变形区虽然扩大，但与此同时，由于较高的预热温度，缩小了工件在焊接时的温差，温度趋于均匀化，塑性区内的压缩应变量 ε_p 反而下降，使纵向收缩 ΔL 减小。

（4）焊缝长度　间断焊的纵向收缩变形比连续焊小。在受力不大的地方，用间断焊缝代替连续焊缝是降低纵向收缩变形的有效措施。

2.2.1.3　ΔL 的估算

对于给定尺寸的构件来说，由于 ε_p 的分布变化较小，压缩变形 $\int_{A_p}\varepsilon_p \mathrm{d}A$ 可近似地用塑性变形区面积 A_p 来衡量，而 A_p 与焊缝截面积 A_w 有正比关系，$F_f = E\int_{A_p}\varepsilon_p \mathrm{d}A \approx k_1 k_2 E A_w$，则构件的纵向收缩量 ΔL 可用下式估算：

$$\Delta L=\frac{k_1 k_2 A_w L}{A} \quad (\mathrm{mm}) \tag{2-19}$$

式中，A_w 为单层或一层对接焊缝金属或一条角焊缝的截面积；k_1 为单层对接焊缝时考虑的系数，与焊接方法和材料有关，见表 2-1，此时 $k_2=1$；对于多层对接焊缝，$k_2=1+4\times10^{-4}\sigma_s n$，焊缝层数 $n\geqslant2$；对于双面角焊缝 T 形接头，低碳钢 $k_2=1.15\sim1.4$，奥氏体钢 $k_2=1.44$。

表 2-1　纵向收缩变形估算的系数 k_1

焊接方法	CO_2 焊	埋弧焊	焊条电弧焊	
材料	低碳钢		低碳钢	奥氏体钢
k_1	0.043	0.071～0.076	0.048～0.057	0.076

2.2.2　横向收缩变形

构件焊后在垂直于焊缝方向发生的收缩变形称为横向收缩变形，见图 2-10 中的 ΔB。

2.2.2.1　ΔB 的产生原因

横向收缩变形产生的过程比较复杂，不管是对于堆焊、角焊缝还是对接焊缝等接头，主要表现为横向收缩引起的横向收缩变形。

在焊接过程中，实际上横向收缩是与纵向收缩同时发生的，产生收缩的基本原理也是相类似的，即焊缝区域熔化的金属在冷却过程中的收缩和近缝区金属由于高温下存在压缩塑性变形，冷却后而表现出来的收缩。

在热源附近的金属受热膨胀，但将受周围温度较低的金属的约束而承受压应力，这样就会在板宽方向上产生压缩塑性变形，并使其厚度增加，最终结果表现为横向收缩。对于板宽为 B、厚度为 δ 的板条焊后在无拘束状态下冷却收缩时，单位长度焊缝热输入 q_w 所引起的平均温度升高可表示为：

$$\Delta T_0=\frac{q_w}{c\rho\delta B} \tag{2-20}$$

由于 $\Delta B=\alpha\Delta T_0 B$，则：

$$\Delta B=\frac{\alpha q_w}{c\rho\delta} \tag{2-21}$$

对于对接接头，横向收缩的分析是比较复杂的。如果两平板对接中间留有间隙，焊接时，坡口边缘可以无拘束地移动，热源扫过之后的坡口横向闭合，产生的横向位移的最大值可由纯弹性解表示：

$$\Delta e_{\max}=\frac{2\alpha q}{c\rho\delta v} \tag{2-22}$$

此横向位移可以无拘束地进行。如果热源扫过之后的材料立即具有足够的强度，则横向收缩将因冷却立即开始。实际上，在热源后的一小段范围内，材料还处于完全塑性状态，没有变形抗力，因而还不会产生收缩应力，所以降低了横向收缩量。带坡口间隙的焊后横向收缩量可按下式计算：

$$\Delta B=\mu_{t}\frac{2\alpha q_{w}}{c\rho\delta} \tag{2-23}$$

式中，$\mu_t=0.75\sim0.85$，为横向刚度系数。

在没有坡口间隙（或存在定位点固焊或坡口楔块使间隙活动的可能性很小）时，板材受热后的膨胀将造成对接边压缩，并由于横向挤压使厚度增厚。在横向上，由于没有间隙使板向外侧膨胀，冷却后向外侧膨胀的部分可以恢复，而厚度方向上的变形不可恢复，最终仍将产生横向变形，但变形量比前一种情况小。此时横向收缩仍可按式（2-23）估计，但要取横向刚度系数 $\mu_t=0.5\sim0.7$。图 2-12 给出了两种情况的变形过程。

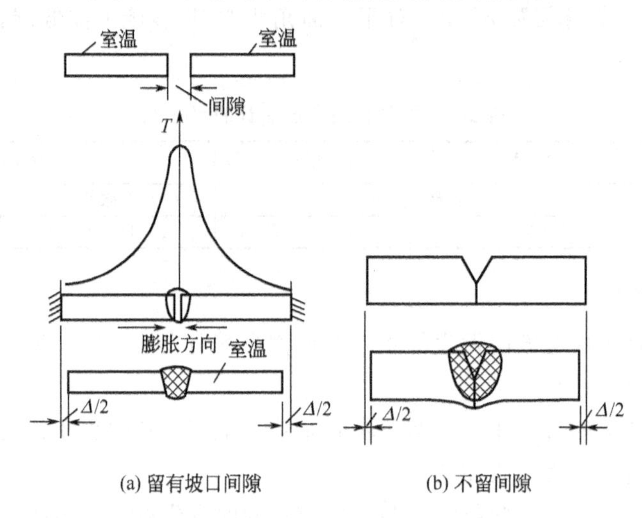

图 2-12　平板对接焊时的横向收缩变形过程

2.2.2.2　ΔB 的影响因素

（1）焊接热输入　在一般情况下，横向收缩 ΔB 与焊接热输入成正比。为了降低横向收缩变形，尽量采用较小的焊接热输入规范，选用焊接热输入小（即能量密度高）的焊接方法也是有利的。

（2）焊缝截面积　焊缝截面积越大，需要的焊接热输入就大，液态金属的收缩量也大，造成横向收缩变形增大。

（3）板厚　对于堆焊和角焊缝接头，板厚增加有利于横向收缩变形的减少；对于对接焊缝接头，板厚增加有可能使得横向收缩变形增加，这是由于板厚增加使得焊缝截面积尺寸增加。

（4）坡口形式　坡口形式和坡口角度直接影响焊缝截面积，坡口角度越大，横向收缩变形越大。

（5）焊接层数　对于一定的板厚，焊接层数越多，总体上横向收缩变形越小。而各层焊缝所引起的横向收缩，以第一层为最大，以后逐层递减。

2.2.2.3　ΔB 分布和估算

横向变形沿焊缝长度上的分布并不均匀。这是因为先焊的焊缝的横向收缩对后焊的焊缝产生一个挤压作用，使后者产生更大的横向压缩变形。这样，焊缝的横向收缩沿着焊接方向是由小到大逐渐增长的，到一定长度后趋于稳定，如图 2-13 所示。

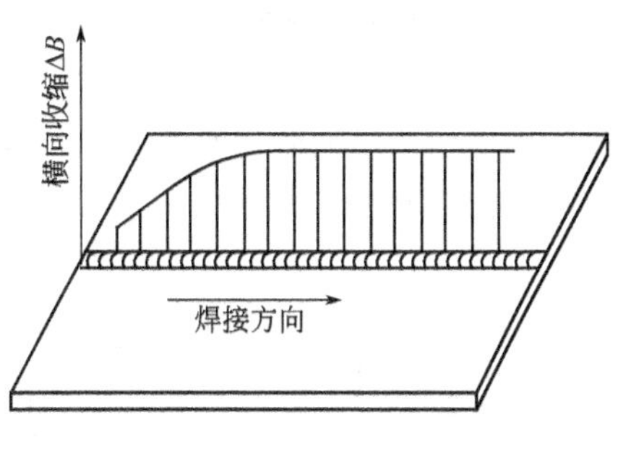

图 2-13　横向收缩在焊缝长度方向上的分布

横向收缩量 ΔB 一般取决于板厚、坡口形式、坡口角度和间隙，通常比纵向收缩量大。由于在实际焊接过程中，在焊缝长度方向各点的加热并非是同时进行的，图 2-14 示出了平板表面火焰加热产生变形的动态过程。在实际工程应用的计算横向收缩的近似公式大部分基于式(2-20)和式(2-21) 而来。

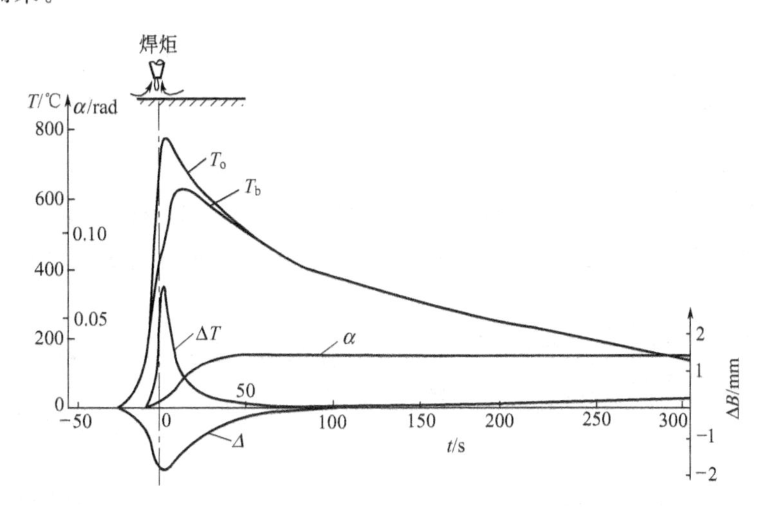

图 2-14　平板表面火焰加热产生变形的动态过程

ΔB—横向收缩；α—角变形；T_o—正面温度；T_b—背面温度；$\Delta T=T_o-T_b$

对于表面堆焊，横向收缩量与热输入 q_w 成正比，与板厚 δ 成反比。而对于对接接头，由于板厚增加，焊缝横截面积增加，相应要求的热输入也必须增加，所以横向收缩和板厚的关系相对堆焊来说较复杂，根据实际情况确定。这与上面分析的横向收缩的影响因素也是相一致的。依据式(2-20) 和式(2-21)，对于材料为低碳钢、平均坡口宽度为 W_g 的对接焊缝，用焊缝横截面积代替单位长度焊缝的热输入，则横向收缩近似估算为：$\Delta B=0.17W_g$。

对于尺寸为 200mm×200mm，板厚分别为 6mm、10mm、15mm、20mm 的低碳钢板进行表面堆焊，其横向收缩与线能量及板厚的关系如图 2-15 所示。其近似关系可以表达为：$\Delta B=1.2\times10^{-5}\frac{q}{v\delta}$。

T 形接头和搭接接头的角焊缝所引起的横向收缩与平板堆焊时相似，其大小与角焊缝的尺寸和板厚有关。对于 T 形接头，由于立板的存在，在焊接时将吸收热量，使输入到平板的热量减少，因而使横向收缩量减小。平板上的热输入量可以按照$\frac{q}{v}\times\frac{2\delta_h}{2\delta_h+\delta_v}$来估计。式

中 δ_h 和 δ_v 分别为平板和立板的厚度。T 形接头的横向收缩可以利用图 2-16 做初步估计。图 2-16 中的横坐标为焊缝计算高度 a 与板厚 δ 之比，即 a/δ($a=0.7K$，K 为角焊缝的焊角尺寸)；纵坐标为横向收缩变形 ΔB，各条线上的数字为角焊缝的计算高度。由图 2-16 可见，ΔB 随着 a 的增加而增加，随着 δ 的增加而减少。

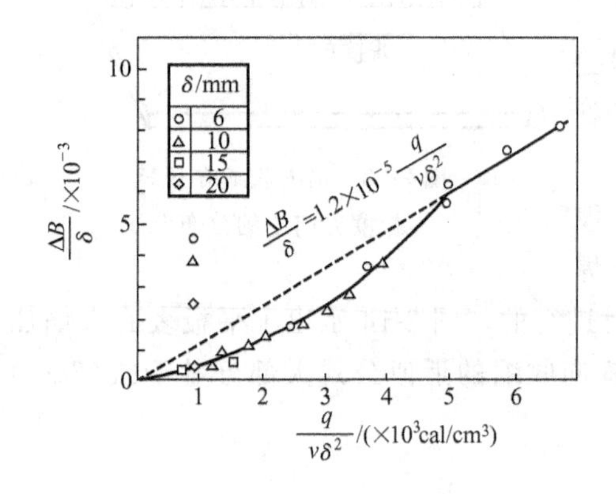

图 2-15　横向收缩与线能量和板厚的关系

1cal=4.18J

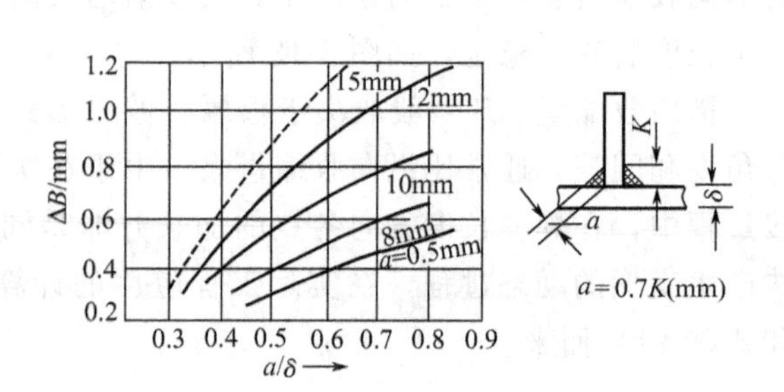

图 2-16　T 形接头的 a/δ 与横向收缩的关系曲线

2.2.3　弯曲变形

构件焊后向某一方向发生弯曲的现象称为弯曲变形。焊缝的纵向收缩变形和横向收缩变形均会引起弯曲变形，如图 2-17 所示。一般用弯曲挠度 f 表示弯曲变形的大小。

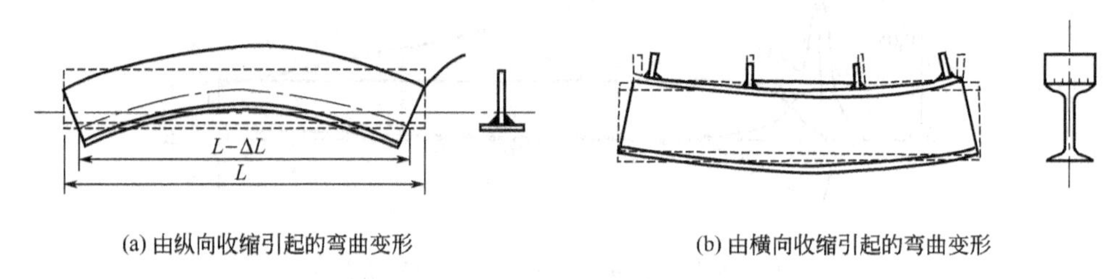

(a) 由纵向收缩引起的弯曲变形

(b) 由横向收缩引起的弯曲变形

图 2-17　弯曲变形

2.2.3.1　纵向收缩引起的弯曲变形

(1) 产生原因　由于焊缝在构件中的位置相对于其截面中性轴不对称，焊缝的纵向收缩变形使得构件发生弯曲变形，如图 2-18 所示。弯曲变形的大小由焊缝纵向收缩力（假想外加压力）以及构件截面形状系数所决定，依照材料力学理论，可以得出弯曲变形的挠度为：

$$f=\frac{ML^2}{8EI}=\frac{F_feL^2}{8EI} \tag{2-24}$$

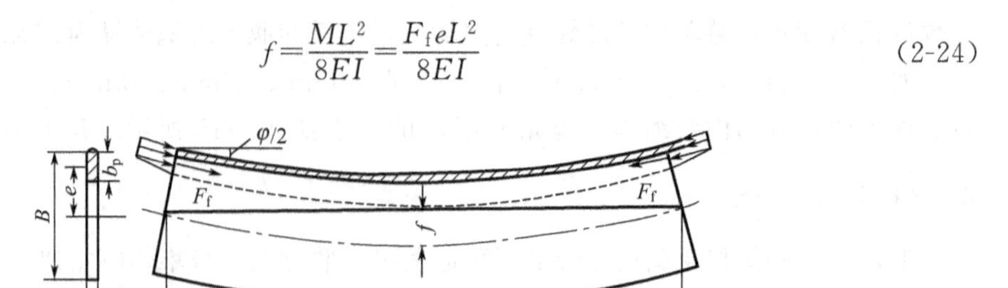

图 2-18　焊缝在结构中的位置不对称所引起的弯曲变形

式中，F_f 为焊缝收缩所引起的假想力，见式（2-17）；e 为焊缝相对于中心轴的偏心距；L 为具有焊缝的构件长度；E 为材料的弹性模量；I 为构件截面惯性矩。

（2）影响因素

① 构件的刚度　弯曲刚度 EI 越大，弯曲挠度 f 越小。

② 影响 F_f 的因素　影响焊缝纵向收缩变形的因素，均会影响弯曲挠度 f，见 F_f 的影响因素。

③ 焊缝位置　相对于构件的截面中性轴，焊缝位置越不对称，焊缝中心离惯性距中心越远，弯曲挠度 f 越大。

④ 装焊顺序　在焊接过程中，构件截面形状不断变化，截面惯性矩和中性轴的位置始终在变化之中，因此装焊顺序直接影响弯曲挠度的大小。优化装焊顺序，可以使构件尽可能产生最小的弯曲变形。

【例 2-1】 如图 2-19 所示，工字梁的制造一般有两种装焊顺序，两种装焊顺序产生的弯曲变形大小不同。

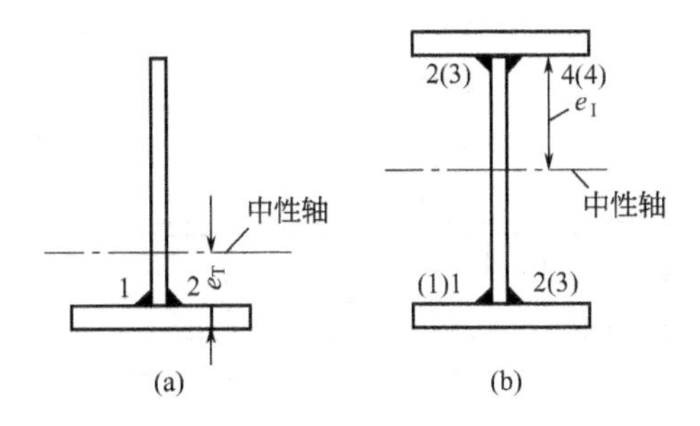

图 2-19　工字形梁的两种组焊顺序

第一种顺序：先将一个翼板与腹板焊接成 T 形结构，如图 2-19（a）所示，然后再焊接成工字梁，则弯曲变形为两次组焊过程的叠加。依照式(2-24)，形成 T 形结构的弯曲挠度为 f_T。

$$f_T=\frac{F_f e_T L^2}{8EI_T}$$

形成工字形结构后的弯曲挠度为 f_I：

$$f_I=\frac{F_f e_I L^2}{8EI_I}$$

在上面两式中，可以判断出，f_T 与 f_I 的方向相反。由于角焊缝尺寸一样，所以收缩力 F_f 是一样的；材料和结构尺寸不变，所以弹性模量 E 和长度 L 是一样的。但是 $e_T<e_I$，而 $I_T \ll I_I$，所以 $e_I/I_I<e_T/I_T$，即挠度 $f_T>f_I$，两者不能相互抵消，焊后会表现出较大的弯曲变形。

第二种顺序：如果焊接前先将腹板和上下翼板点固成工字梁，施焊时按照图 2-19（b）中括号内的顺序进行，则会使焊接过程中结构的惯性矩 I_I 和偏心距 e_I 基本保持不变，这样就可以使两对角焊缝引起的弯曲变形相互抵消，能够保持构件的基本平直。

这说明，通过调整装配和焊接顺序，可以对弯曲变形的程度进行调整，可以根据实际情况要求，降低构件的弯曲挠度。

（3）弯曲挠度的估算　将 $F_f \approx k_1 k_2 E A_w$ 代入式(2-24）中，则焊缝纵向收缩变形所造成的弯曲变形的挠度 f 可用下式估算：

$$f=\frac{ML^2}{8EI}=\frac{F_f eL^2}{8EI}\approx\frac{k_1k_2A_w eL^2}{8I}\quad (\text{mm}) \tag{2-25}$$

式中符号的意义和处理方式同式(2-19) 和式(2-24)

2.2.3.2 横向收缩引起的弯曲变形

(1) 产生原因 与构件长度方向垂直的焊缝称为横向焊缝，横向焊缝在构件上分布不对称，其横向收缩变形会引起结构的弯曲变形。

(2) 影响因素 构件的结构形式、刚度、焊缝的位置、装配焊接顺序以及影响横向收缩变形的因素都会影响其弯曲变形。

(3) 弯曲挠度的估算

【例 2-2】 以图 2-20 的构件为例，为了提高工字钢的承载能力，在工字钢上部焊接了一些短肋板，肋板与翼板之间和肋板与腹板之间的焊缝都在工字钢重心上侧，这两种焊缝的横向收缩都将引起构件向下弯曲。下弯的挠度可以根据每对角焊缝产生的横向收缩量来估算。

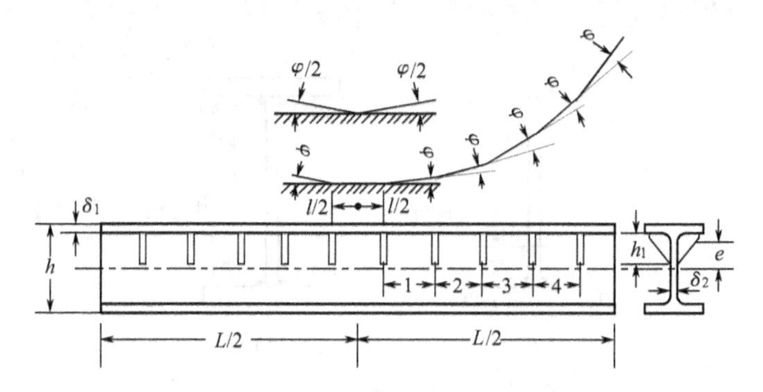

图 2-20 肋板焊缝横向收缩所引起的弯曲变形

① 每对肋板与腹板之间的角焊缝横向收缩 ΔB_1 使构件弯曲的角度 φ_1 为：

$$\varphi_1=\Delta B_1\frac{S_1}{I}$$

式中，S_1 为高度是 h_1 部分腹板对构件截面水平中性轴的静矩，$S_1=h_1\delta_2 e$；h_1 为肋板的高度；δ_2 为腹板厚度；e 为肋板与腹板间的焊缝中心至梁截面中性轴的距离；I 为构件截面惯性矩。

② 每对肋板与翼板之间的角焊缝的横向收缩 ΔB_2 将使构件弯曲一个角度 φ_2：

$$\varphi_2=\Delta B_2\frac{S_2}{I}$$

式中，S_2 为翼板对构件水平中性轴的静矩，$S_2=A_2(h/2-\delta_1/2)$，其中 A_2 为翼板截面积，h 为梁的高度，δ_1 为翼板厚度，I 为构件截面惯性矩。

③ 每对肋板产生的总弯曲角度为 $\varphi=\varphi_1+\varphi_2$，则构件的总挠度可按下式估算：

$$f=\varphi l+2\varphi l+3\varphi l+4\varphi l+5\varphi l+\cdots$$

式中，l 为肋板的间距。推广到一般情况为：

$$f=\sum_{i=1}^{\frac{n}{2}} i\varphi l \quad 肋板数量\ n\ 为偶数时$$

$$f=\sum_{i=1}^{\frac{n-1}{2}} i\varphi l+\frac{\varphi}{2}\times\frac{l}{2} \quad 肋板数量\ n\ 为奇数时 \tag{2-26}$$

2.2.4　角变形

焊后构件的平面围绕焊缝产生的角位移称为角变形，常见的角变形如图 2-21 所示。单侧或不对称双侧焊缝，在表面堆焊、对接接头、搭接接头、T 形接头、十字形和角接接头中常常会有可能产生角变形。常用 β 代表角变形的大小。

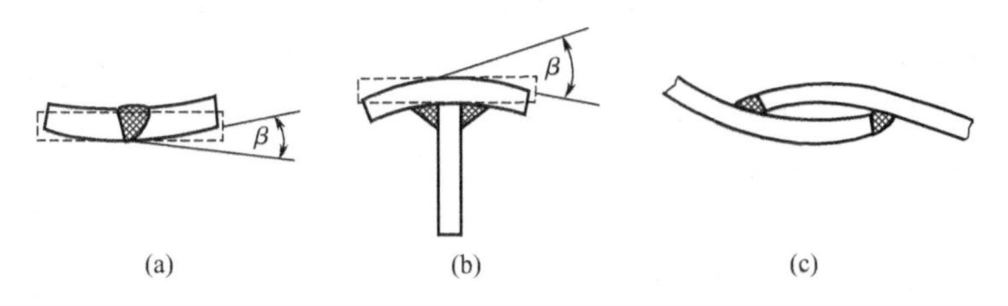

图 2-21　常见的角变形

（1）角变形的产生原因　角变形产生的主要原因是焊缝横向收缩 ΔB 在板厚度方向上的不均匀分布。焊缝正面的横向收缩量大，背面的收缩量小，这样就会造成构件平面的偏转，产生角变形。

① 在平板上进行堆焊时，堆焊的高温区金属的热膨胀由于受到附近温度较低区金属的阻碍而受到挤压，产生压缩塑性变形。但是由于焊接面的温度高于背面，焊接面产生的压缩塑性变形比背面大，有时背面在弯矩的作用下甚至可能产生拉伸变形，故在冷却后平板产生角变形，如图 2-22 所示。

② 对于对接接头，坡口角度以及焊缝截面形状对对接接头的角变形影响很大，坡口角度越大，焊接接头上部及下部横向收缩量的差别就越大，产生角变形的程度就越大。除此之外，还与焊接方法、坡口形式等因素有很大的关系。

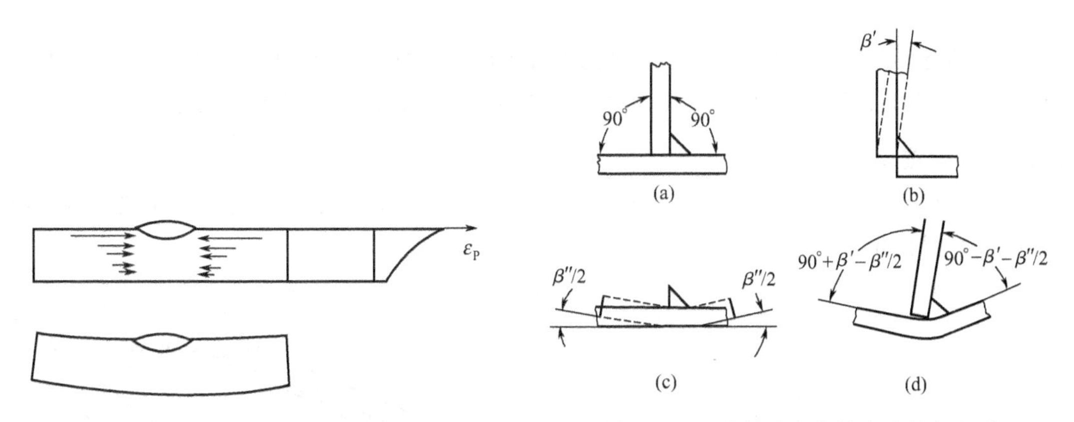

图 2-22　平板堆焊角变形的形成过程

图 2-23　丁字接头角焊缝产生的角变形

③ 对于角焊缝，如图 2-23 所示的丁字接头的角变形包括两部分：即肋板与主板的角变形和主板本身的角变形，前者相当于对接接头的角变形，如果是不开坡口的角焊缝，则相当于坡口角度是 90°的对接焊缝的角变形。而对于主板来说，则相当于在平板上进行堆焊时引起的角变形。

（2）角变形的影响因素　根据角变形的产生原因，可以推出影响角变形的主要因素如下。

① 温度场分布　在板厚方向上温度分布相差越大，角变形 β 越大；在板宽度上的高温

区范围越大，角变形 β 越大。这都与压缩塑性变形有关系。

② 焊接热输入　一般情况下，热输入大，板厚方向上温度差越大，角变形 β 则大。如果热输入过大，板厚方向上温度差反而减小，角变形 β 则减小，如图 2-24 所示。

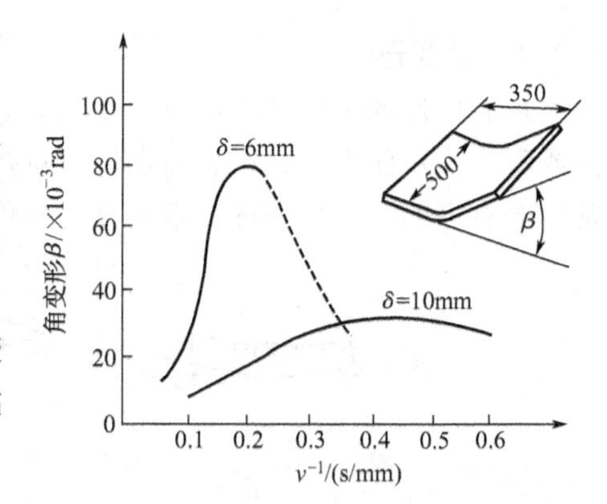

图 2-24　平板表面火焰加热的线能量与其角变形的关系曲线

③ 板厚　对于堆焊和搭接接头，板厚越大，角变形越小。而对于对接接头，板厚越大，填充金属量越多，焊缝的宽深比 B/H 越大，则角变形 β 越大。

④ 焊接方法　焊接方法影响角变形的大小，主要体现在焊缝的宽深比 B/H 上。焊缝的宽深比 B/H 越小，角变形 β 越小，如电子束焊、激光焊的角变形 β 较小。

⑤ 坡口角度　对接接头的角变形 β 随坡口角度的增大而增大。

⑥ 焊接层数　多层焊比单层焊的角变形 β 大；多层多道焊比多层焊的角变形 β 大。层数道数越多，角变形 β 越大。焊接 X 形坡口时，先焊的面一般比后焊的面的角变形 β 大。

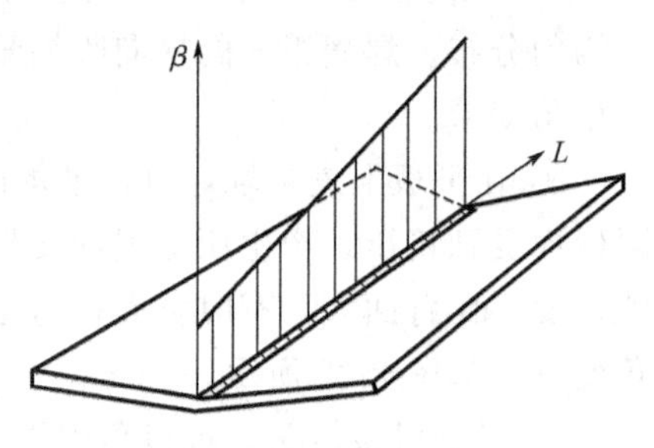

图 2-25　角变形在焊缝长度上的分布

⑦ 焊接顺序　对于双面开坡口焊缝，焊接顺序、焊接热输入和焊接层数对角变形有联合作用。选择理想的焊接顺序，可以有效地控制角变形。

（3）角变形的分布　堆焊引起的角变形与堆焊的横向收缩变形一样，沿长度方向上也是开始比较小，以后逐渐增加的（图 2-25）。角焊缝和对接接头角变形也具有这样的分布规律。

2.2.5　波浪变形

构件焊后呈现出波浪形状称为波浪变形或失稳变形，如图 2-26 所示。这种变形在薄板焊接时较容易发生。

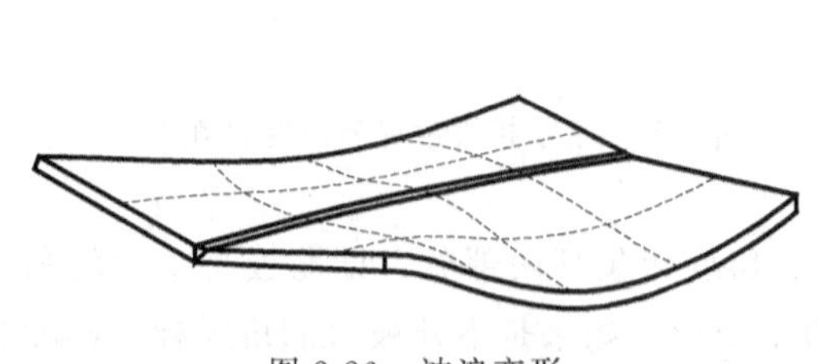

图 2-26　波浪变形

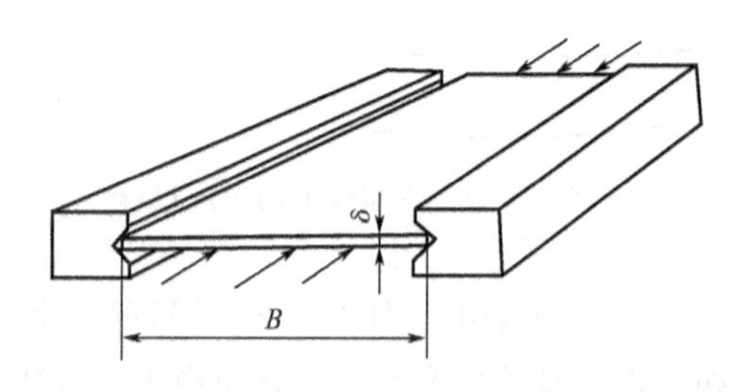

图 2-27　薄板受压失稳

（1）产生原因　薄板在承受压力时，当其中的压应力达到某一临界数值时，薄板将因出现波浪变形而丧失承载能力，这种现象称为失稳。如图 2-27 所示，对一块矩形平板的两个平行边施加两个方向的刚性约束，使其仅能沿一个方向滑动，并在其可移动的方向上施加压力，则失稳的临界应力 σ_{cr} 可用下式来表达：

$$\sigma_{cr}=K(\frac{\delta}{B})^2 \quad (2\text{-}27)$$

式中，δ 为板厚；B 为板宽；K 为与板的支撑情况有关的系数。可见板的厚宽比越小，越容易发生失稳。

焊后存在于平板中的内应力，一般情况下在焊缝附近是拉应力，离开焊缝较远的区域为压应力。在压应力的作用下，如果 $\sigma_{压应力}>\sigma_{cr}$，薄板可能失稳，产生波浪变形。这不但使结构外形不美观，而且将降低一些受压薄板结构的承载能力。如图 2-28 所示为一个周围有框架的薄板结构，焊后在平板上出现压应力，使平板中心产生压曲失稳变形。如图 2-29 所示为舱口结构，在平板中间有一个长圆形的孔，孔周边焊有钢圈，由于焊接残余压应力的存在，使舱口四周出现了波浪变形。

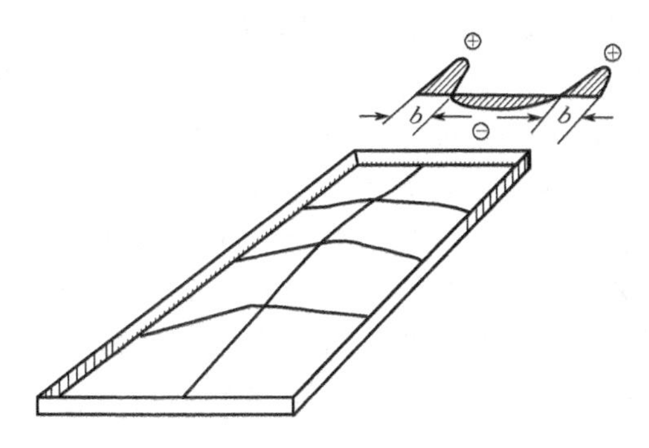

图 2-28　周围有框架的薄板结构的残余应力和波浪变形

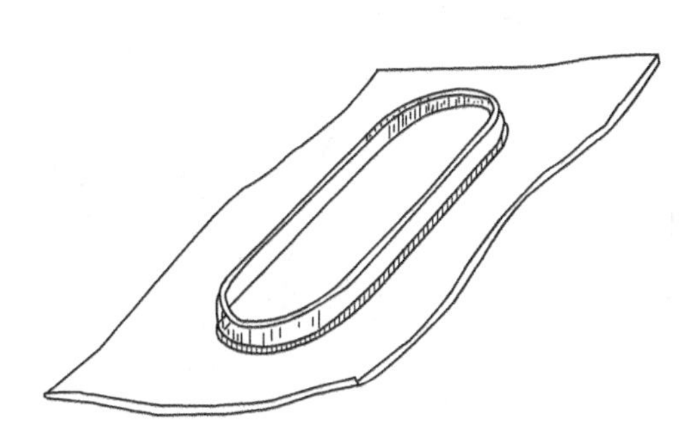
图 2-29　舱口的波浪变形

(2) 影响因素　由式(2-27) 可知，薄板的厚度 δ 与宽度 B 之比越大，失稳的临界应力 σ_{cr} 越大，结构的稳定性越强。

对于焊接结构来说，降低波浪变形可以从降低压应力和提高临界应力两方面着手。因压应力的大小和拉应力的区域大小成正比，故减小压缩塑性变形区，就可能降低压应力的数值。CO_2 气体保护焊所产生的压缩塑性变形区比气焊和焊条电弧焊小，断续焊比连续焊小，接触点焊比熔化焊小，小尺寸的焊缝比大尺寸的焊缝小。因此采用产生压缩塑性变形区小的焊接方法和措施都可以减少波浪变形。临界应力的提高则可以通过增加板厚和减小板宽，亦即提高 δ/B 之比值来达到。

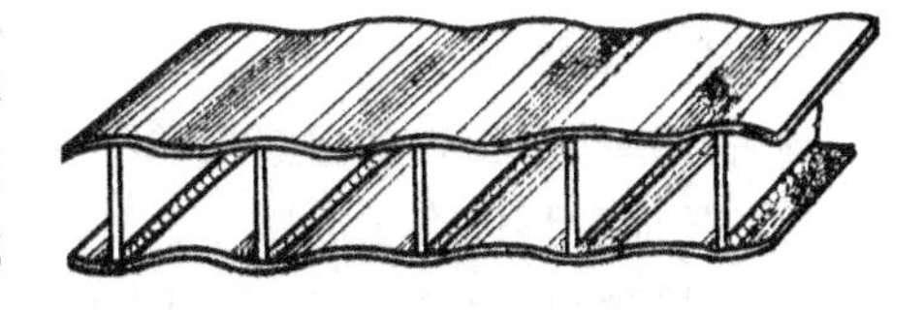
图 2-30　角变形引起的波浪变形

焊接角变形也可能产生类似的波浪形变形，例如大量采用肋板的板结构上可能出现波浪变形，但是这个波浪变形与上述失稳变形在本质上是有区别的，如图 2-30 所示。实际结构中，这两种不同原因引起的波浪变形可能同时出现，应该针对它们各自的特点，分清主次采取措施加以解决。

2.2.6　错边变形

在焊接过程中，两焊接件的热膨胀不一致，可能引起长度方向上的错边和厚度方向上的错边，如图 2-31 所示。错边的产生有两种情况，一是由装配不善所造成，这是人为因素造成，是可以避免的；二是由焊接过程所造成。

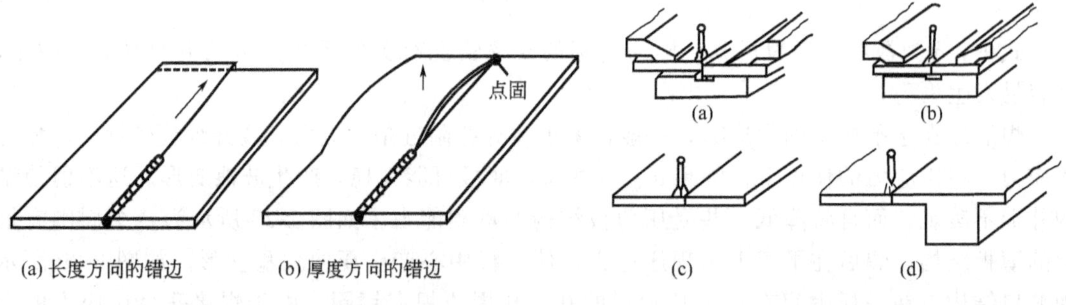

图 2-31　错边变形

图 2-32　焊接过程中对接边的热输入不平衡的典型例子

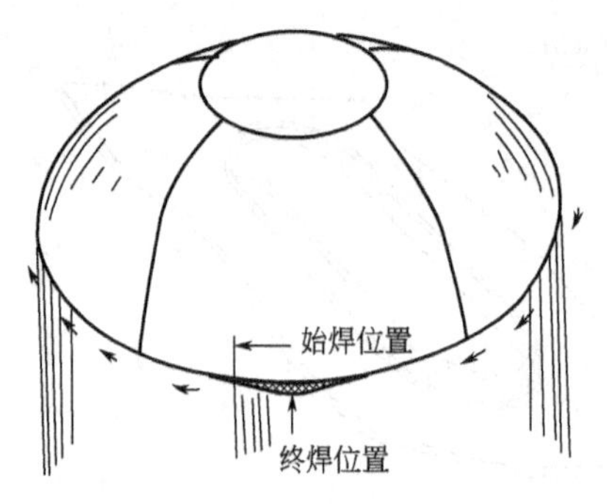

图 2-33　封头与筒身环焊缝对接边错边的产生过程

焊接过程中对接边的热不平衡是造成焊接错边的主要原因，如图 2-32 所示：(a) 工件与夹具一边接触较紧，导热较快，另一边接触不良，导热较慢；(b) 工件与夹具间一边导热不良，另一边导热良好；(c) 焊接热源偏离中心，一边热输入量大，另一边热输入量小；(d) 对接边一边热容量大，导热快，另一边热容量小，导热慢。这些热不平衡的情况引起温度场不对称，使两边的热膨胀量不一致，造成焊接长度方向的错边。

此外，对接焊缝两边刚度不同对错边的产生也有影响，刚度小的一侧变形位移较大，刚度大的一侧变形位移较小，因此造成错边。异种材料焊接，由于两种材料的热膨胀系数的差异，也容易产生错边变形。

平板对接时，如果在长度方向的错边受到阻碍，就会在厚度方向上形成错边，厚度方向上的错边在环焊缝上是常见的，如图 2-33 所示。

2.2.7　扭曲变形

焊后在结构上出现的扭曲现象称为扭曲变形，也称为螺旋形变形，如图 2-34 所示。

(1) 扭曲变形的产生原因

① 由焊缝角变形沿长度方向上的分布不均匀所造成。如图 2-35 所示，工字梁的四条翼缘焊缝，若相邻两条焊缝的焊接方向不同，极易引起扭曲变形。这是因为角变形沿着焊缝长度上逐渐增大，使构件扭转。改变焊接次序和方向，把两条相邻的焊缝同时向同一方向焊接，可以克服这种变形。

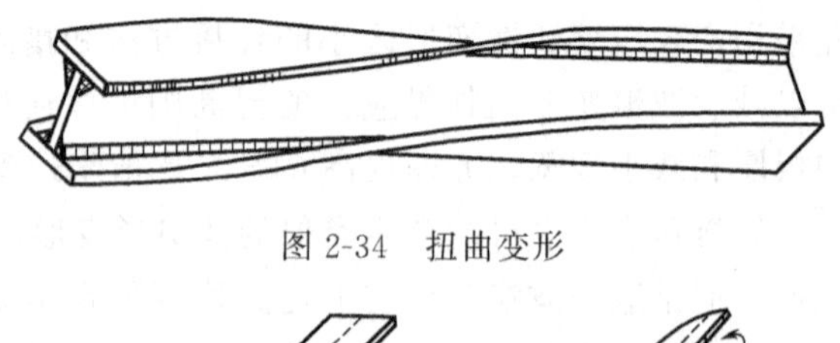

图 2-34　扭曲变形

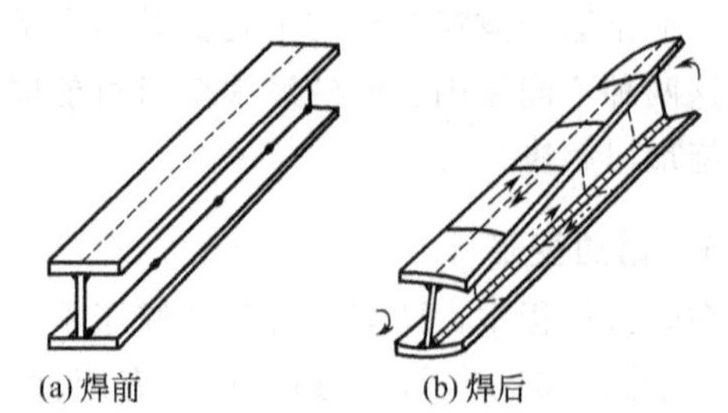

图 2-35　工字形梁的扭曲变形

② 由焊缝长度方向上的错边变形造成。对于箱形梁，翼缘与腹板之间可能产生纵向焊接错边，这种错边可能引起箱形断面构件

的扭转，在焊后形成螺旋形变形。

（2）影响因素　扭曲变形是角变形在长度方向上分布不一致和焊接错边造成的，所以凡是影响角变形和焊接错边的因素均会影响扭曲变形。

2.3　焊接残余应力

本节将主要讨论焊接后残存在结构中的应力（即焊接残余应力）的基本分布情况，并详细分析焊接残余应力对焊接结构力学行为的影响。

2.3.1　焊接残余应力的分布

通常将沿焊缝方向上的残余应力称为纵向应力，以 σ_x 表示；将垂直于焊缝方向上的残余应力称为横向应力，以 σ_y 表示；对厚度方向上的残余应力以 σ_z 表示。这三种应力分别在 x、y、z 三个方向上分布，共有九种分布形式。

2.3.1.1　纵向残余应力的分布

（1）纵向残余应力在纵向上的分布　平板对接焊件中的焊缝及近缝区经历过高温的金属区域中存在纵向残余拉应力，其纵向残余应力沿焊缝长度方向的分布如图 2-36 所示。

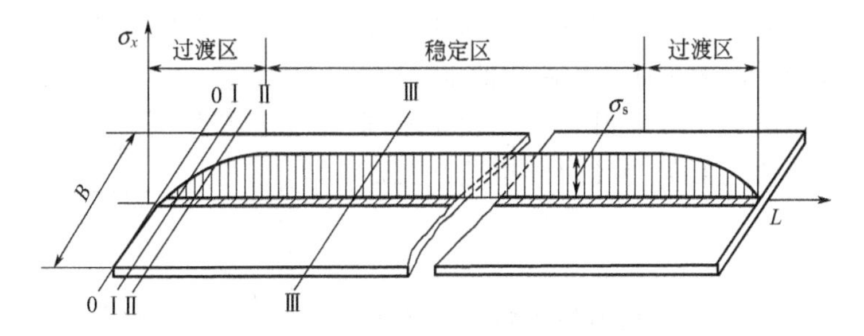

图 2-36　平板对接时焊缝上纵向应力沿焊缝长度方向上的分布

当焊缝比较长时，在焊缝中段会出现一个稳定区，对于低碳钢材料来说，稳定区中的纵向残余应力 σ_x 将达到材料的屈服极限 σ_s。在焊缝的端部存在应力过渡区，纵向应力 σ_x 逐渐减小，在板边处 $\sigma_x=0$。这是因为板的端面 0—0 截面处是自由边界，端面之外没有材料，其内应力值自然为零，因此端面处的纵向应力 $\sigma_x=0$。一般来说，当内应力的方向垂直于材料边界时，则在该边界处应力与边界垂直的应力值必然等于零。如果应力的方向与边界不垂直，则在边界上就会存在一个切应力分量，因而不等于零。当焊缝长度比较短时，应力稳定区将消失，仅存在过渡区。并且焊缝越短纵向应力 σ_x 的数值就越小。图 2-37 给出了 σ_x 随焊缝长度变化情况。

（2）纵向残余应力在横截面方向上的分布　纵向应力沿板材横截面上的分布表现为中心区域是拉应力，两边为压应力，拉应力和压应力在截面内平衡。图 2-38 给出了不同材料的焊缝纵向应力沿横向上的分布。

铝合金和钛合金的 σ_x 分布规律与低碳钢基本相似，但焊缝中心的纵向应力值比较低。对于铝合金来说，由于其热导率比较高，使其温度场近似于正圆形，与沿焊缝长度同时加热的模型相差悬殊，造成了与平面变形假设的出入比较大。在焊接过程中，铝合金受热膨胀，实际受到的限制比平面假设时的要小，因此压缩塑性变形量降低，残余应力也因而降低，一般 σ_x 只能达到$(0.5\sim0.8)\sigma_s$。对于钛合金来说，由于其膨胀系数和弹性模量都比较低，大约只有低碳钢的 1/3，所以造成其 σ_x 比较低，只能达到$(0.5\sim0.8)\sigma_s$。

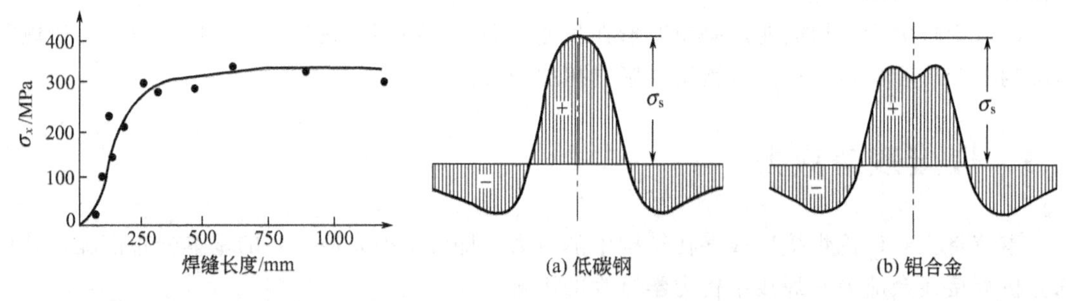

图 2-37　不同焊缝长度 σ_x 值的变化

图 2-38　焊缝纵向应力沿板材横向上的分布

圆筒环焊缝上的纵向（圆筒的周向，即圆筒切向）应力分布如图 2-39 所示。当圆筒直径与壁厚之比较大时，σ_x 分布与平板相似。对于低碳钢材料来说，σ_x 可以达到 σ_s。当圆筒直径与壁厚之比较小时，σ_x 有所降低。

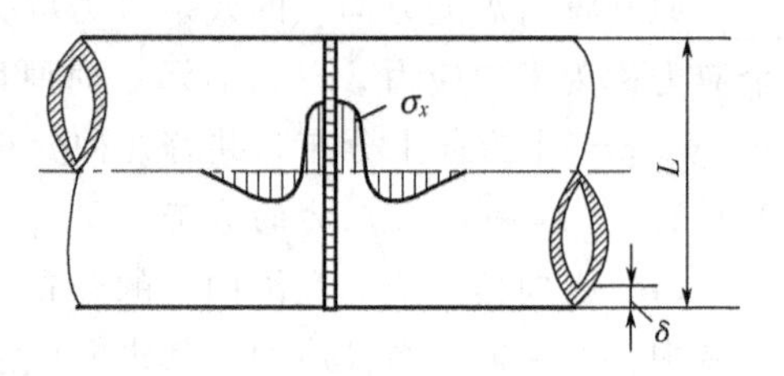

图 2-39　圆筒环焊缝纵向残余应力的分布

对于圆筒上的环焊缝来说，由于其纵向收缩的自由度比平板的收缩自由度大，因此其纵向应力比较小。纵向残余应力值的大小取决于圆筒的半径 R、壁厚 δ 和塑性变形区的宽度 b_p。图 2-40 给出了不同筒径的环焊缝纵向应力与圆筒半径及焊接塑性变形区宽度的关系。

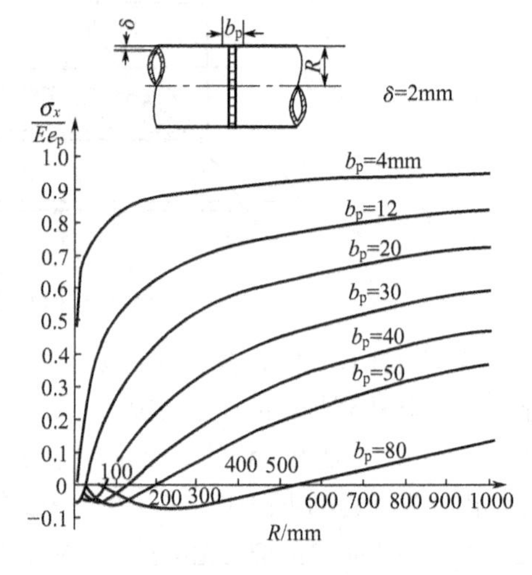

图 2-40　环焊缝纵向应力与圆筒半径及焊接塑性变形区宽度的关系

2.3.1.2　横向残余应力的分布

横向残余应力产生的直接原因是来自焊缝冷却时的横向收缩，间接原因是来自焊缝的纵向收缩。另外，表面和内部不同的冷却过程以及可能叠加的相变过程也会影响横向应力的分布。

(1) 纵向收缩引起的横向残余应力 σ'_y 及其分布　考虑边缘无拘束时平板对接焊的情况，此时横向可以自由收缩［图 2-41 (a)］。如果将焊件自焊缝中心线一分为二，就相当于两块板同时受到板边加热的情形。由前述分析可知，两块板将产生相对的弯曲，如图 2-41 (b) 所示。

由于两块板实际上已经连接在一起，因而必将在焊缝的两端部分产生压应力而中心部分产生拉应力，这样才能保证板不弯曲。所以焊缝上的横向应力 σ'_y 应表现为两端受压、中间受拉的形式，压应力的值要比拉应力大得多，如图 2-41 (c) 所示。当焊缝较长时，中心部分的拉应力值将有所下降，并逐渐趋近于零，如图 2-42 所示。

(2) 横向收缩引起的横向残余应力 σ''_y 及其分布　对于边缘受拘束的板，焊缝及其周围区域在冷却过程中横向收缩受到拘束，受拘束的横向收缩对横向应力起主要作用。由于一条焊缝的各个部分不是同时完成的，各部分有先焊和后焊之分。先焊接的部分先冷却并恢复弹性，会对后焊后冷却的部分的横向收缩产生阻碍作用，因而产生横向应力。基于这一分析可

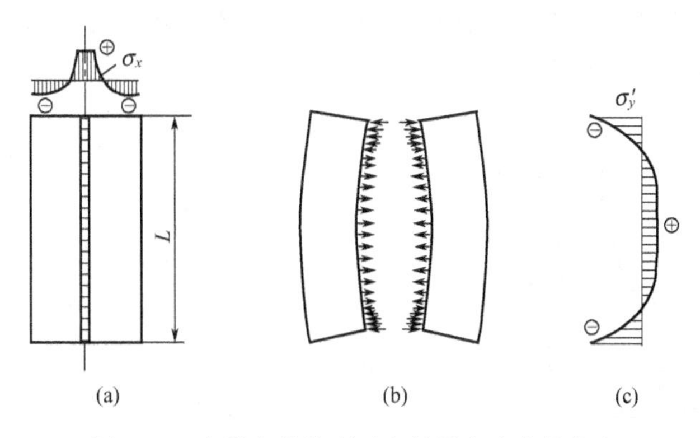

图 2-41　由纵向收缩所引起的横向应力的分布

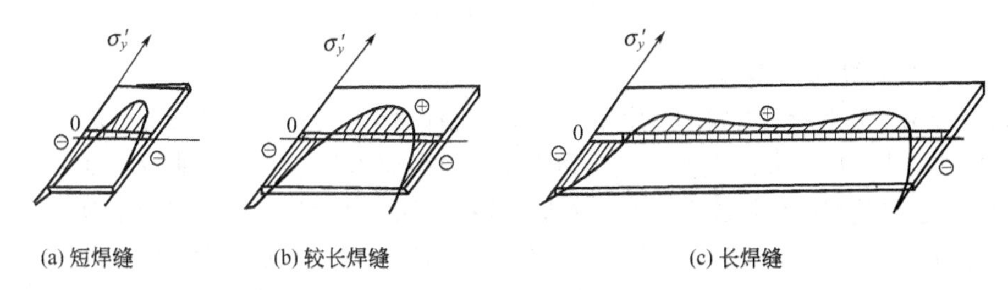

图 2-42　不同长度焊缝上的横向应力的比较

以推断，σ''_y的分布与焊接方向、分段方法和焊接顺序有关系。

例如：平板对接时如果从中间向两边施焊，中间部分先于两边冷却。后冷却的两边在冷却收缩过程中会对中间先冷却的部分产生横向挤压作用，使中间部分受到压应力；而中间部分会对两端的收缩产生阻碍，使两端承受拉应力。所以在这种情况下，σ''_y的分布表现为中间部分承受压应力，两端部分承受拉应力，如图 2-43（a）所示。相反地，如果从两端向中心部分焊接，则中心部分为拉应力，两端部分为压应力，如图 2-43（b）所示，与前一种情况正好相反。

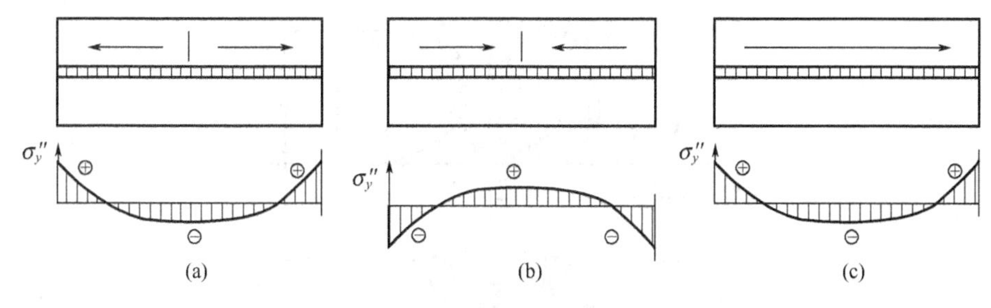

图 2-43　不同焊接方向对横向应力分布的影响

对于直通焊缝来说，焊缝尾部最后冷却，因而其横向收缩受到已经冷却的先焊部分的阻碍，故表现为拉应力，焊缝中段则为压应力。而焊缝初始段由于要保持截面内应力的平衡，也表现为拉应力，其横向应力的分布规律如图 2-43（c）所示。采用分段退焊和分段跳焊，σ''_y的分布将出现多次交替的拉应力和压应力区。

焊缝纵向收缩和横向收缩是同时存在的，因此横向应力的两个组成部分 σ'_y和σ''_y也是同时存在的。横向应力 σ_y应是上述两部分应力σ'_y和σ''_y综合作用的结果。

（3）横向应力在板宽方向上的分布　横向应力在与焊缝平行的各截面上的分布与在焊缝中心线上的分布相似，但随着离开焊缝中心线距离的增加，应力值降低，在板的边缘处$\sigma_y=$

0，如图 2-44 所示。由此可以看出，横向应力沿板材横截面的分布表现为：焊缝中心应力幅值大，两侧应力幅值小，边缘处应力值为零。

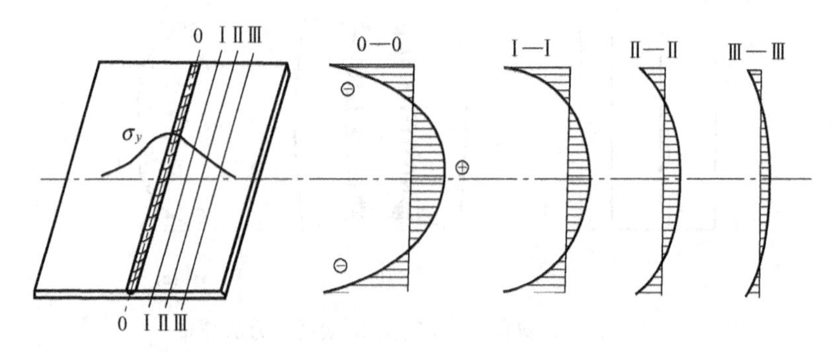

图 2-44　横向应力沿板宽方向的分布

2.3.1.3　厚板中的残余应力

一般焊接结构制造所用材料的厚度相对于长和宽都很小，在板厚小于 20mm 的薄板和中厚板制造的焊接结构中，厚度方向上的焊接应力很小，残余应力基本上是双轴的，即为平面应力状态。只有在大型结构厚截面焊缝中，焊接接头中除存在纵向残余应力和横向残余应力外还存在较大的厚度方向的应力 σ_z。另外，板厚增加后，纵向应力和横向应力在厚度方向上的分布也会发生很大的变化，此时的应力状态不再满足平面应力模型，而应该用平面应变模型来分析。

厚板焊接多为开坡口多层多道焊接，后续焊道在（板平面内）纵向和横向都遇到了较高的收缩抗力，其结果是在纵向和横向均产生了较高的残余应力。而先焊的焊道对后续焊道具有预热作用，因此对残余应力的增加稍有抑制作用。由于强烈弯曲效应的叠加，使先焊焊道承受拉伸，而后焊焊道承受压缩。横向拉伸发生在单边多道对接焊缝的根部焊道，这是由于在焊缝根部的角收缩倾向较大，如果角收缩受到约束则表现为横向压缩。板厚方向的残余应力比较小，因而多道焊明显避免了三轴拉伸残余应力状态。图 2-45 给出了 V 形坡口对接焊

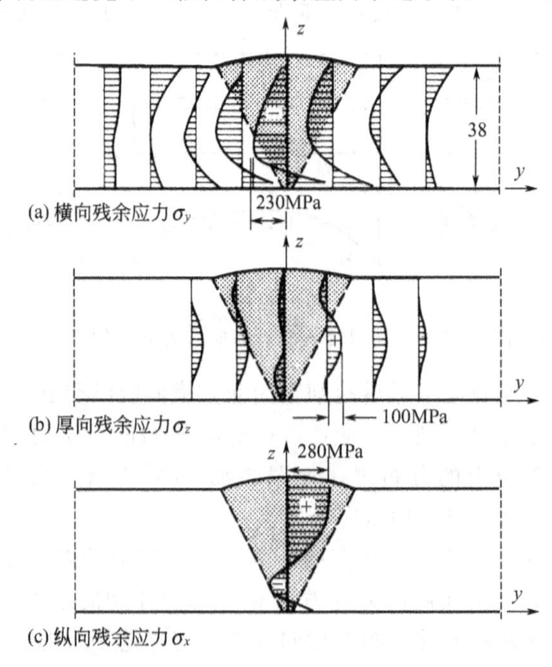

图 2-45　厚板 V 形坡口对接焊缝的三个方向残余应力的分布

缝厚板在厚度上的三个方向应力的分布。

如图 2-46 所示为 80mm 厚的低碳钢板 V 形坡口多层焊焊缝横截面的中心处残余应力沿厚度方向的分布。σ_y 在焊缝根部大大超过了屈服极限，这是由于每焊一层就产生一次弯曲作用［如图 2-46（a）中坡口两侧箭头所示］，多次拉伸塑性变形的积累造成焊缝根部应变硬化，使应力不断升高。严重时，甚至会因塑性耗竭而导致焊缝根部开裂。如果在焊接时限制焊缝的角变形，则在焊缝根部会出现压应力。结构中焊接残余应力的大小实际分布与外部拘束条件有很大的关系。

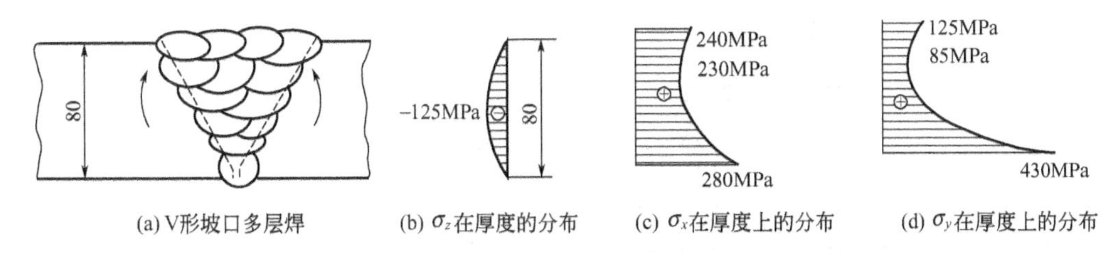

图 2-46　厚板 V 形坡口多层焊时沿厚度上的应力分布

对于厚板对接单侧多层焊缝中的横向残余应力的分布规律，可利用如图 2-47（a）所示的模型来分析。随着坡口中填充层数的增加，横向收缩应力 σ_y 也随之沿 z 轴向上移动，并在已经填充的坡口的纵截面上引起薄膜应力及弯曲应力。如果板边无拘束，厚板可以自由弯曲，则随着坡口填充层数的积累，会产生明显的角变形，导致如图 2-47（b）所示的应力分布，在焊缝根部会产生很高的拉应力；相反，如果厚板被刚性固定，限制角变形的发生，则横向残余应力的分布如图 2-47（c）所示，在焊缝根部就会产生压应力。

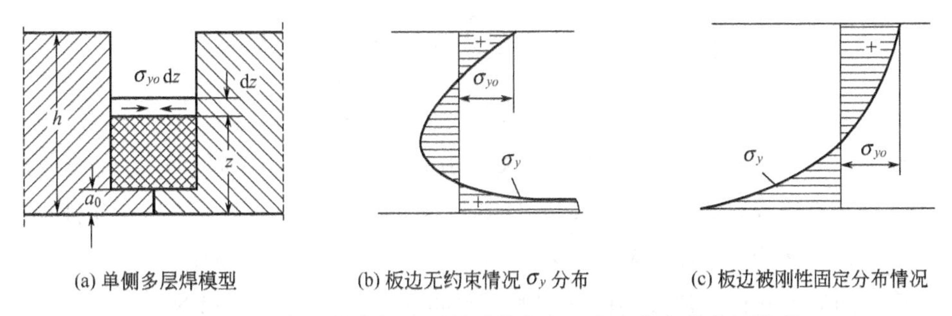

图 2-47　厚板对接单侧多层焊时横向残余应力分布的分析模型

2.3.1.4　拘束状态下焊接的内应力

实际构件多数情况下都是在受拘束的状态下进行焊接的，这与在自由状态下进行焊接有很大不同。构件内应力的分布与拘束条件有密切关系。这里举一个简单的例子加以说明。

如图 2-48 所示为一金属框架，如果在中心构件上焊一条对接焊缝［图 2-48（a）］，则焊缝的横向收缩受到框架的限制，在框架的中心部分引起拉应力 σ_f，这部分应力并不在中间杆件内部平衡，而是在整个框架上平衡，这种应力称为反作用内应力。此外，这条焊缝还会引起与自由状态下焊接相似的横向内应力 σ_y。反作用内应力 σ_f 与 σ_y 相叠加形成一个以拉应力为主的横向应力场。如果在中间构件上焊接一条纵向焊缝［图 2-48（b）］，则由于焊缝的纵向收缩受到限制，将产生纵向反作用内应力 σ_f。与此同时，焊缝还引起纵向内应力 σ_x，最终的纵向内应力将是两者的综合。当然这种综合不是简单的叠加，因为最大应力受到材料屈服极限的限制。

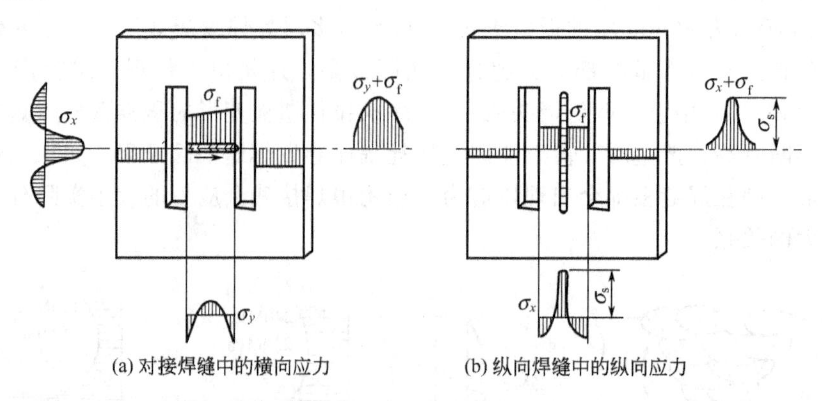

图 2-48 拘束条件下焊接的内应力

2.3.1.5 封闭焊缝引起的内应力

封闭焊缝是指焊道构成封闭回路的焊缝。在容器、船舶等板壳结构中经常会遇到这类焊缝，如接管、法兰、人孔、镶块等情况。图 2-49 给出了几种典型的容器接管焊缝示意图。

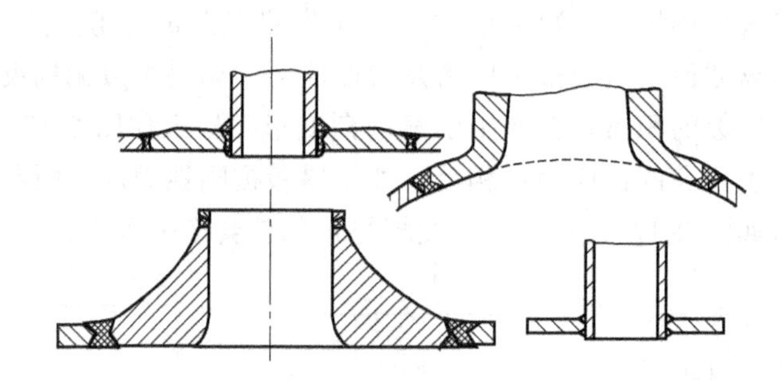

图 2-49 几种典型的容器接管焊缝示意图

分析封闭焊缝（特别是环形焊缝）的内应力时，一般使用径向应力 σ_r 和周向应力 σ_θ。径向应力 σ_r 是垂直于焊接方向的应力，所以其情况在一定程度上与 σ_y 类似；周向应力（或叫切向应力）σ_θ 是沿焊缝方向的应力，因此其情况在一定程度上可类比于 σ_x。但是由于封闭焊缝与直焊缝的形式和拘束情况不同，因此其分布与 σ_x 和 σ_y 仍有一定的差异。

在实际工程中，封闭焊缝一般都是在较大的拘束条件下焊接的，因此其内应力值也比较大。图 2-50 给出了直径 D 为 1m、厚度为 12mm 的圆盘，在中心切取直径为 d 的孔并镶块焊接时，其内应力的分布情况。可以看出，径向应力 σ_r 在整个构件中均为拉应力；周向应力 σ_θ 在焊缝附近及镶块中为拉应力，在焊缝的外侧区域为压应力。同时，镶块中心区域内的应力的大小与镶块直径 d 和圆盘直径 D 的比值有关，d/D 越小，拘束度就越大，镶块中的内应力就越大。可见，结构刚度越大，拘束度越大，内应力就越大。当然，镶块本身的刚度也起重要作用，如果采用空心镶块，内应力就要小得多。接管由于本身的刚度较小，其内应力一般比镶块的小。

2.3.1.6 相变应力

当金属发生相变时，其比容将发生突变。这是由于不同的组织具有不同的密度和不同的晶格类型，因而具有不同的比容。因此，由于焊接过程造成的温度变化而引起的相变有可能

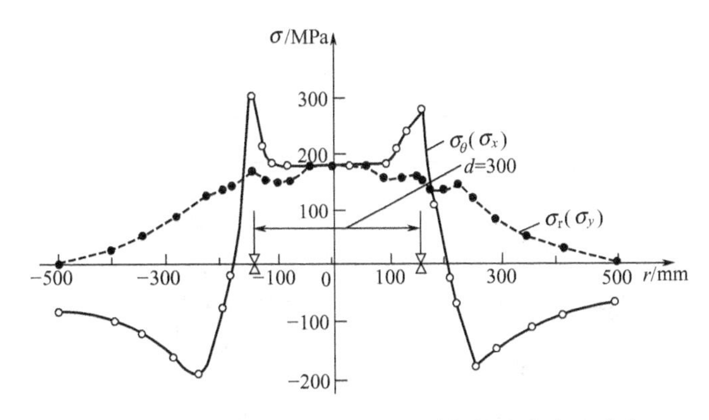

图 2-50　圆盘镶块封闭焊缝引起的焊接残余应力分布

会在金属内部引起相变应力，这取决于相变温度和金属塑性温度 T_p（材料屈服极限为零时的温度）的关系。

对于低碳钢来说，受热升温过程中，发生铁素体向奥氏体的转变，相变的初始温度为 A_{c_1}，终了温度为 A_{c_3}。冷却时反向转变的温度稍低，分别为 A_{r_1} 和 A_{r_3}，如图 2-51（a）所示。在一般的焊接冷却速率下，其正、反向相变温度均高于 600℃（低碳钢的塑性温度 T_p），因而其相变对低碳钢的焊接残余应力没有影响。

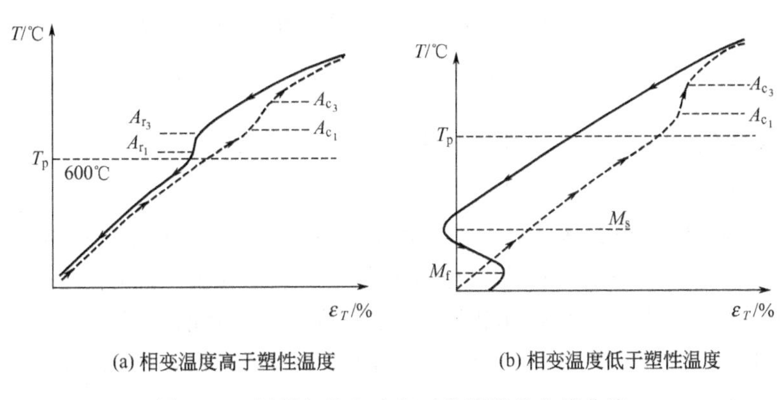

图 2-51　钢材加热和冷却时的膨胀及收缩曲线

对于一些碳含量或合金元素含量较高的高强钢，加热时，其相变温度 A_{c_1} 和 A_{c_3} 仍高于 T_p；但冷却时其奥氏体转变温度降低，并可能转变为马氏体，而马氏体转变温度 M_s 远低于 T_p，如图 2-51（b）所示。在这种情况下，由于奥氏体向马氏体转变使比容增大，不但可以抵消部分焊接时的压缩塑性变形，减小残余拉应力，而且可能出现较大的焊接残余压应力。

当焊接奥氏体转变温度低于 T_p 的板材时，在塑性变形区 b_s 内的金属产生压缩塑性变形，造成焊缝中心受拉伸，板边受压缩的纵向残余应力 σ_x。如果焊缝金属为不产生相变的奥氏体钢，则热循环最高温度高于 A_{c_3} 的近缝区 b_m 内的金属在冷却时，体积膨胀，在该区域内产生压应力。而焊缝金属为奥氏体，以及板材两侧温度低于 A_{c_1} 的部分均未发生相变，因而承受拉应力。这种由于相变而产生的应力称为相变应力。纵向相变应力 σ_{mx} 的分布如图 2-52（a）所示。而焊缝最终的纵向残余应力分布应为 σ_x 与 σ_{mx} 之和。如果焊接材料为与母材同材质的材料，冷却时焊缝金属和近缝区 b_m 一样发生相变，则其纵向相变应力 σ_{mx} 和最终的纵向残余应力之和 $\sigma_x+\sigma_{mx}$ 如图 2-52（b）所示。

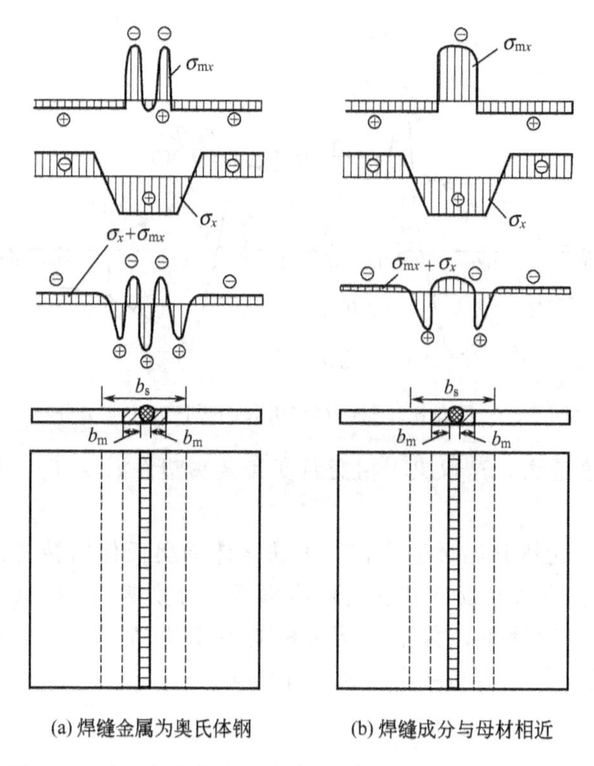

图 2-52　高强钢焊接相变应力对纵向残余应力分布的影响

2.3.2　焊接残余应力对焊接结构性能的影响

2.3.2.1　焊接残余应力对静载强度的影响

在一般焊接构件中，焊缝区的纵向拉伸残余应力峰值较高，对于某些材料来说，可以接近材料的屈服极限 σ_s。当外载工作应力与其方向一致而相互叠加时，这一区域会发生塑性变形，并因而丧失了继续承受外载的能力，减小了构件的有效承载面积。

假设构件的内应力分布如图 2-53 所示，中间部分为拉应力，两侧为压应力。构件在外载 F 的作用下产生拉应力 σ：

$$\sigma=\frac{F}{A}=\frac{F}{B\delta}$$

式中，A 为构件截面积；B 为构件的宽度；δ 为构件的厚度。

由于 σ 的存在使构件两侧的压应力减小，并逐渐转变为拉应力，而中心处的残余拉应力将与外力引起的应力叠加。如果材料具有足够的塑性，当拉应力峰值达到材料的屈服极限 σ_s后，该区域的应力不再增加，而产生塑性变形。继续增加外力，构件中尚未屈服的区域的应力值继续增加并逐渐屈服，直至整个截面上应力完全达到 σ_s，应力则全面均匀化，如图 2-53（a）所示。由于初始内应力是平衡的，即拉应力和压应力的面积相等。所以使构件截面完全屈服所需要施加的外力与无内应力而使构件完全屈服所需要施加的外力是相等的。可见，只要材料具有足够的塑性，能进行塑性变形，则内应力的存在并不影响构件的承载能力，因而对静载强度没有影响。

如果材料处于脆性状态，如图 2-53（b）所示，当外载荷增加时，由于材料不能发生塑性变形而使构件上的应力均匀化，因而应力峰值不断增加，一直达到材料的断裂极限 σ_b。

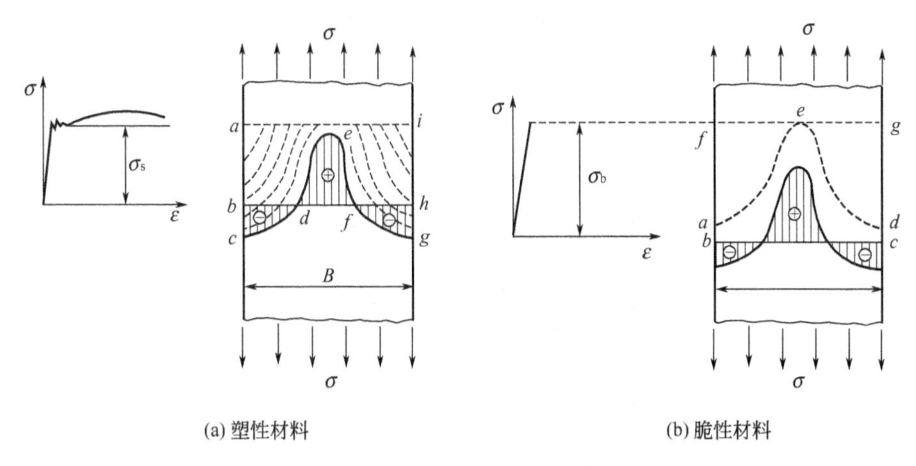

图 2-53　外载荷作用下塑性材料构件中应力的变化

这将造成局部破坏，从而导致整个构件断裂。也就是说，当材料的塑性变形能力不足时，内应力的存在将影响构件的承载能力，使其静载强度降低。

2.3.2.2　焊接残余应力对刚度的影响

构件受拉伸但应力未达到材料的屈服极限 σ_s 时，构件的伸长量 ΔL 与作用力 F 之间有如下关系：

$$\Delta L=\frac{FL}{AE}=\frac{FL}{B\delta E} \tag{2-28}$$

式中：L 为构件长度；E 为弹性模量；$A=B\delta$ 为构件的截面积；B 为构件的宽度；δ 为构件的厚度。构件的刚度可以用 $\tan\alpha=F/\Delta L=EA/L$ 来表征。

假设某一构件有中心焊缝，其内应力分布如图 2-54 (a) 所示。在焊缝附近 b 区内的应力为拉应力 σ_1，两侧的应力为压应力 σ_2。一般情况下 $\sigma_1=\sigma_s$。在外力 F 的作用下，由于 b 区内 $\sigma=\sigma_s$，应力不能继续增加，即 b 区不能继续承受载荷，而由 b 区之外的部分 $(B-b)\delta$ 来承载，因而有效承载面积缩小了。此时，构件的伸长变为：

$$\Delta L'=\frac{FL}{(B-b)\delta E} \tag{2-29}$$

比较式(2-28) 和式(2-29)，可以看出 $\Delta L'>\Delta L$。即存在内应力时伸长量增大。而其刚度指标为：$\tan\alpha'=F/\Delta L'=(B-b)\delta E/L$，所以有 $\tan\alpha'<\tan\alpha$，即其刚度比没有内应力时的情况小。

分析这一现象，可以看出，当无内应力的构件承受外载 F 时，将伸长 ΔL，即如图 2-54 (b) 中的 O-S 线所示；有内应力的构件承受外载 F 时，伸长量为 $\Delta L'$，如图 2-54 (b) 中的 O-1 线所示。此时，b 区中只产生拉伸塑性变形，应力保持为 σ_s。而在 B-b 区内，应力上升为 $\sigma_2+F/(B-b)\sigma$。在此过程中，构件的各截面产生大小为 $\Delta L'$ 的平移。卸载时，发生回弹（即各截面反向平移），此时不产生新的塑性变形区，各区中的应力均匀下降了 $F/B\delta$，则在 b 区中的应力变为 $\sigma_s-F/B\delta$，在 B-b 区中应力为 $\sigma_2+F/(B-b)\sigma-F/B\delta$。两个区域中的内应力都比加载前低。此时构件的回弹量为 ΔL [图 2-54 (b) 中的 1-2 线]。由于 1-2 线平行于 O-S 线，也就是说，卸载后在构件上保留了一个拉伸变形量 $\Delta L'-\Delta L$。可以看出，如果构件中存在与外载荷方向一致的内应力，并且内应力的值为 σ_s，则在外载荷作用下的刚度要降低，并且卸载后构件的变形不能完全恢复。构件的刚度下降与 b/B 的值有关，b/B 的数

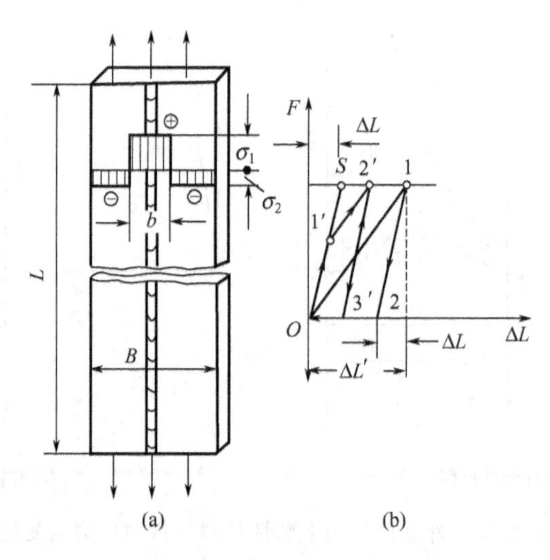

图 2-54 残余应力对刚度的影响

值越大，对刚度的影响就越大。

如果对构件再次加载，这相当于 $\sigma_1 < \sigma_s$ 的情况，此时 b 区还可以承受一部分载荷。在外力的作用下，构件的整个截面上的应力都增加，因此加载过程按 O-S 线进行，与无内应力是一样的。当外载产生的应力与 σ_1 之和达到 σ_s 时，如果继续加载，b 区中的应力就不再增加，并产生塑性变形，相当于构件截面积减小，加载过程由 $1'$-$2'$ 表示，$1'$-$2'$ 与 O-1 线平行。此时卸载，则沿 $2'$-$3'$ 变化，$2'$-$3'$ 与 O-S 平行，使得回弹量小于拉伸变形。

第一次加载后使 b 区内应力由 σ_s 下降到 $\sigma_s - F/B\delta$。如果第二次加载与第一次加载完全相同，则加载过程是完全弹性的，卸载后的回弹量与拉伸变形相同。由此可得到一个非常重要的结论：焊接构件经过一次加载和卸载后，如果再次加载，只要载荷大小不超过前次的载荷，内应力就不再起作用，外载荷也不影响内应力的分布。此结论仅适用于静载条件，对交变载荷则另当别论。

如果构件承受弯曲载荷，这一结论也是适用的。例如：如图 2-55 所示的工字形梁承受弯曲载荷时，翼缘焊缝附近区域 A_s 中的内应力达到 σ_s，与外加力矩 M 引起的拉应力符号相同，将造成塑性变形，截面的有效惯性矩 I' 将比没有内应力时小。因此，弯曲变形将比没有内应力时大，刚度有所下降。下降的程度不但与 A_s 的大小有关，而且与 A_s 的位置有关，焊缝靠近中性轴时对刚度的影响较小。上述讨论的是纵向焊缝引起的内应力，A_s 的面积占截面总面积的比例较小。在实际生产中，横向焊缝和火焰校正都可能在相当大的截面上产生较大的拉应力。虽然其在长度方向的分布范围较小，但对刚度的影响仍不可忽视。特别是采用了大量火焰校正后的焊接梁，在加载后可能产生较大的变形，而卸载后回弹量不足，应予以重视。

2.3.2.3 焊接残余应力对杆件受压稳定性的影响

由材料力学的基本理论可知，受压杆件在弹性范围内工作，其失稳的临界应力为：

$$\sigma_{cr} = \frac{\pi^2 EI}{l^2 A} = \frac{\pi^2 E}{\lambda^2} \tag{2-30}$$

式中，E 为弹性模量；l 为受压杆件自由长度；I 为构件截面惯性矩；A 为构件截面积；$\lambda = l/r$，为构件长细比；$r = \sqrt{I/A}$，为截面惯性半径。可见 σ_{cr} 与 λ^2 成反比。

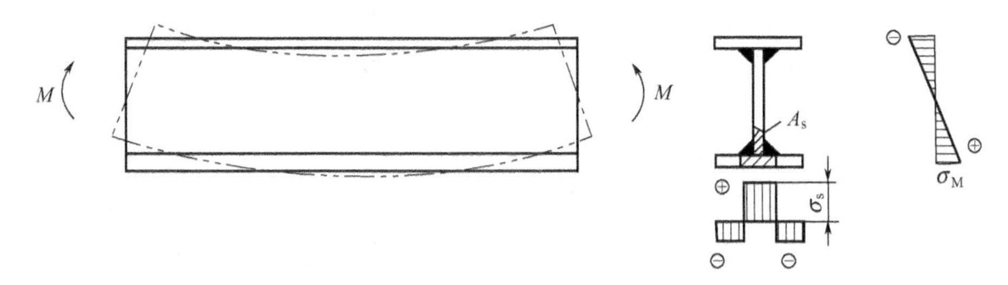

图 2-55　焊接梁工作时的刚度分析

由于焊接残余应力在构件内部平衡，因此构件截面上同时存在压应力和拉应力，压应力和拉应力分布在不同区域。当构件承受压力外载荷时，外加压力和压缩内应力叠加，将使压应力区内的金属首先达到屈服极限 σ_s，屈服区内的应力不再增加，则使该区丧失了进一步承受外载荷的能力。就整个构件来说，这相当于削弱了构件的有效承载面积。对于拉应力区，拉应力与外载荷引起的压缩应力作用方向相反，这将使拉应力区晚于其他部分达到屈服极限 σ_s，所以该区还可以继续承受外力。

当长细比较大（$\lambda>150$）时，临界失稳应力 σ_{cr} 的值较低，这将造成外载压力与残余压应力的和达到 σ_s 之前就发生失稳（$\sigma_{cr}<\sigma_s$）。此时，内应力对构件的稳定性无影响。当长细比较小（$\lambda<30$）、相对偏心又不大（<0.1）时，临界失稳应力主要取决于杆件的全面屈服，因而内应力也不会影响杆件的稳定性。而当长细比 λ 介于前述两种情况之间时，残余压应力会影响到杆件的稳定性。以焊接 H 形受压杆件为例，其纵向焊接应力分布如图 2-56（a）所示，承受外加压力 F 并产生压应力 σ_F，受压后的应力分布如图 2-56（b）所示。

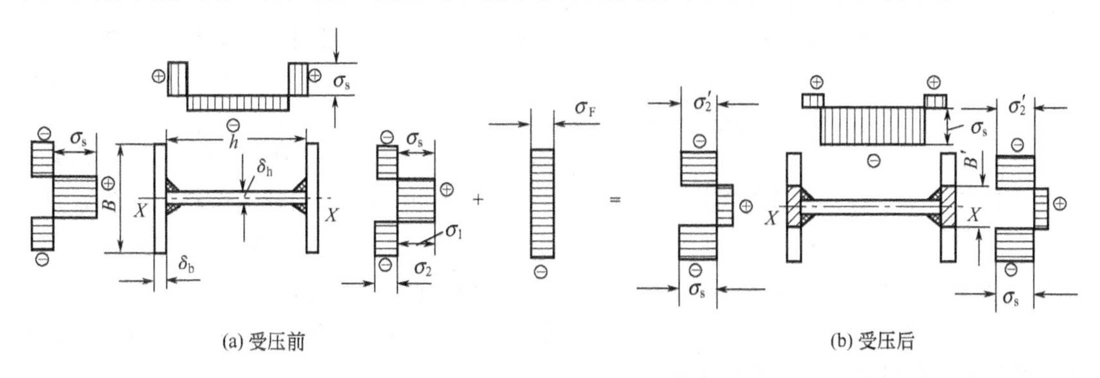

图 2-56　受压焊接杆件工作应力的分布

对比图 2-56 中杆件受压前后的情况可以看出，杆件受压前的有效承载面积为：$A=2B\delta_b+h\delta_h$；有效面积对 x-x 轴的惯性矩（忽略腹板对 x-x 轴的惯性矩）I_x 为 $I_x=\frac{2B^3\delta_b}{12}$；杆件受压后的有效承载面积为 $A'=2B'\delta_b+h'\delta_h$；有效面积对 x-x 轴的惯性矩（忽略腹板对 x-x 轴的惯性矩）I_x' 为 $I_x'=\frac{2(B')^3\delta_b}{12}$；由于 $B>B'$，则 $B^3\gg(B')^3$，所以 $I_x\gg I_x'$。而 $A>A'$，综合比较可以判定：$\frac{I_x}{I_x'}>\frac{A}{A'}$，所以，长细比之间的关系为：$\lambda_x=\frac{l}{r_x}=\frac{l}{\sqrt{I_x/A}}<\lambda_x'=\frac{l}{r_x'}=\frac{l}{\sqrt{I_x'/A'}}$。

由此可以推出 $\sigma_{cr}'<\sigma_{cr}$。即：当构件的残余压应力 σ_2 与外载应力 σ_F 之和达到 σ_s 时，临界

失稳应力 σ'_{cr}将比没有外载荷时的 σ_{cr}低。也就是说，此时更容易发生失稳。如果内应力的分布与上述情况相反，即翼板边侧为拉应力，中心为压应力，则会使有效面积的分布离中性轴较远，这样，情况会大有好转。

依据上述分析，用气体火焰对翼板侧边进行一次加热（或用气割加工翼板），或在翼板上加焊盖板，如图 2-57 所示，就可以在翼板侧边产生拉应力，这样可使构件受压后的临界应力提高 20%～30%，基本上与经过高温回火消除应力处理后的情况相当。

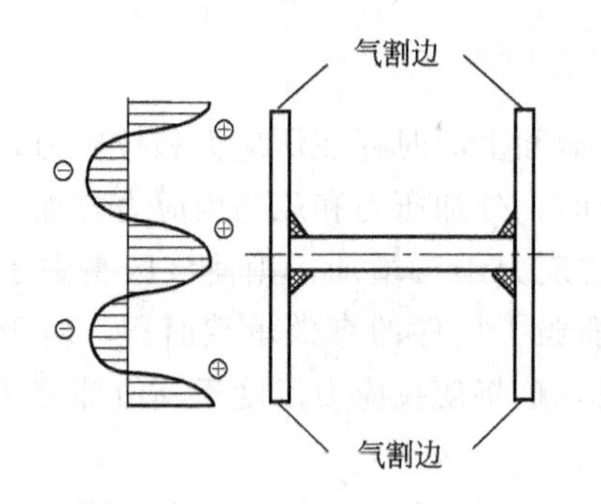

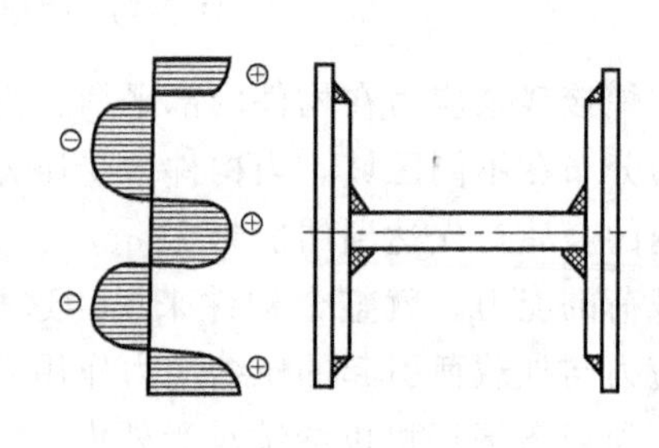

图 2-57　带气割边及带盖板的焊接杆件的内应力分布

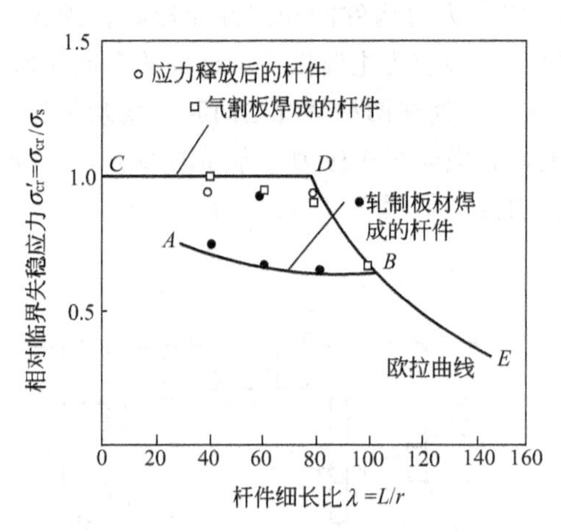

图 2-58　残余应力对焊接杆件受压失稳强度的影响

图 2-58 给出了几种用不同方法制造的截面受压构件的相对临界失稳应力 σ'_{cr}与长细比 λ 的关系。当杆件的 λ 较大、杆件的临界应力比较低时，如果内应力的数值也较低，在外载与内应力之和尚未达到 σ_s 时杆就会失稳，如图 2-58 中 BE 段欧拉曲线所示，此时内应力对杆件的失稳没有影响。当杆件的 λ 比较小时，若相对偏心 r 不大，其临界应力主要取决于杆件的全面屈服，内应力也不致产生影响。对比不同制造方法可以看出，消除了残余应力的杆件和气割板件焊接而成的杆件（曲线 CDB 段）具有比轧制板件直接焊成的杆件（曲线 AB 段）更高的相对临界失稳应力。也就是说，由气割板件焊接而成的杆件的稳定性与整体热轧而成的型材杆件的稳定性相当。

对于薄板结构，2.2.5 中曾经提到的波浪变形则是由于残余压应力的存在造成局部失稳而产生的。

2.3.2.4　焊接残余应力对构件精度和尺寸稳定性的影响

为保证构件的设计技术条件和装配精度，对复杂焊接件在焊后要进行机械加工。机械加工时把一部分材料从构件上去除，使构件截面积相应改变，并释放一部分残余应力，从而破坏了原来构件中残余应力的平衡，残余应力的重新分布会引起构件变形，并影响加工精度。例如：如图 2-59（a）所示，在焊接的 T 形构件上加工一个平面。在加工完毕后松开夹具，变形就充分表现出来，这就破坏了已经加工的平面的精度。又如图 2-59（b）所示的焊接齿轮箱上有几个需要加工的轴承孔，加工后一个孔时必然影响已加工好的孔的精度。

要保证焊接件的机械加工精度，可以先对焊接件进行消除焊接残余应力处理，然后再进行机械加工。但这种方法对大尺寸的构件实现起来比较困难，并且残余应力也很难完全消

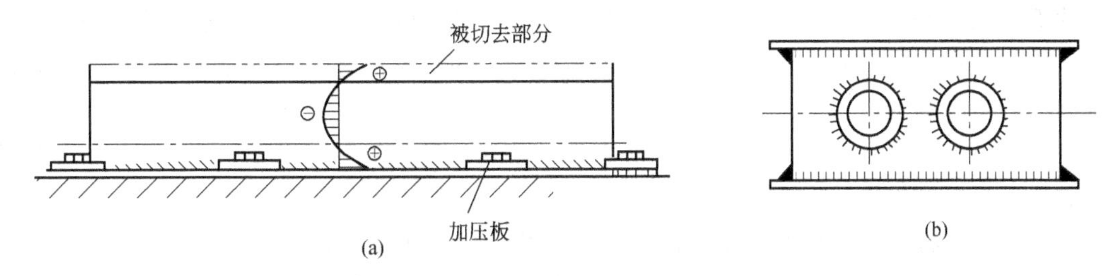

图 2-59　机械加工引起的内应力释放和变形

除。分步加工也是保证尺寸精度的一种方法。对于图 2-59（a）的情况，可以将加工过程分成几次进行。每次加工后，适当放松夹具，使变形充分表现出来，然后重新装夹，再次加工。每次的加工量应逐渐减小，使得每次释放的应力和变形量也相应减小，从而保证加工精度。对于图 2-59（b）的情况，可以对几个孔交替进行加工，并且加工量也应逐次减小。这种方法的不足之处是比较烦琐，不方便。

焊件在长期存放和使用过程中，其焊接应力会随时间发生变化，因而也会影响构件的尺寸精度。这一点对精密机床床身和大型量具框架等精密构件非常重要。造成构件尺寸不稳定的原因主要有两方面：一是蠕变和应力松弛；二是不稳定组织的存在。为保证尺寸稳定，焊后要进行热处理，使组织稳定，并使残余应力消除，然后再进行机械加工。

2.4　焊接变形与残余应力的调控措施

焊接变形及焊接残余应力的存在会对焊接结构产生不同的影响，因此在实际生产中需要采取相应的设计措施和工艺措施有效地控制及调整焊接变形与焊接残余应力。

通过前述章节对焊接变形和焊接残余应力产生机理的叙述，可以得出焊接变形和焊接残余应力在某种程度上属于矛盾的统一体，这是在讨论如何减少焊接变形和焊接残余应力时应该考虑的重要问题之一。对构件进行焊接时，如果引入较高的约束，则会很好地控制焊接变形，但是构件内部除了因为特殊的焊接热过程造成的残余应力外，还会因为约束而使残余应力增加；相反，如果不施加约束而进行自由焊接，则会使得残余应力的值较低，但是又会引起较高的焊接变形。因此在实际复杂的焊接结构制造过程中，要依据结构的具体情况，分清是以控制变形为主还是以控制焊接残余应力为主，来考虑采取相应的措施。

本节则主要针对一些在实际工程中经常采用的基本结构，着重从焊前预防措施、焊中控制措施以及焊后调节措施三个方面来说明调控焊接变形和焊接残余应力的一些基本方法，为实际焊接结构的生产工艺的设计和制定提供参考依据。

2.4.1　焊前预防措施

焊前预防措施又可以称为设计措施，即在焊接设计的时候就要考虑到的防止和减少焊接变形及应力的措施。这会在很大程度上降低构件后续加工的难度并有利于保证构件的质量。综合考虑控制焊接变形与残余应力，主要有以下几方面的措施。

（1）合理选择焊缝形式和尺寸　设计原则：在保证结构有足够承载能力的前提下，尽量选用应力集中小的焊接接头并采用较小的焊缝尺寸。

对只起联系作用或受力不大的角焊缝，应按板厚尽可能选取小的焊脚尺寸；对薄板结构，采用接触点焊可以减小焊接变形；对应力较大的丁字接头和十字接头，在保证强度相同的条件下，采用开坡口的焊缝可减少焊缝金属，有利于减小焊接变形；对厚板采用坡口焊缝既可减少焊缝尺寸、节省材料，又可以达到减小变形的目的；选用焊缝金属少的坡口形式，对减小变形是有利的。

（2）尽可能减少焊缝的数量　设计原则：在焊接结构中应该力求减少焊缝的数量和总长度，避免不必要的焊缝。

设计焊接结构时常采用肋板来提高板结构的稳定性和刚性。合理地选择肋板并适当地安排肋板的位置，可以减少焊缝，同时提高肋板加固的效果。如图 2-60（b）所示，采用槽钢来加固轴承比采用辐射状肋板［图 2-60（a）］具有更好的效果，并且需要的焊缝数量也比较少。

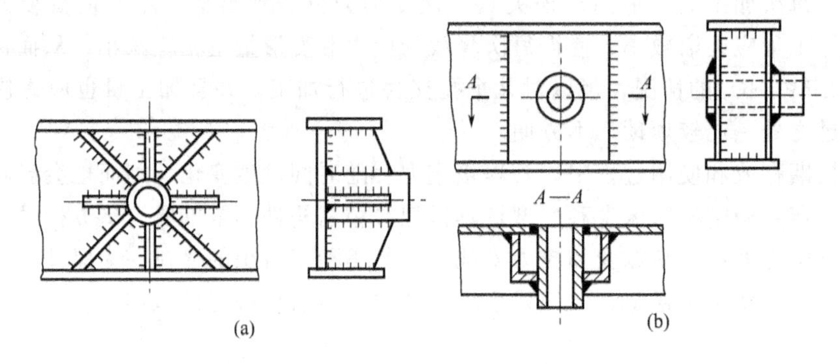

图 2-60　轴承的加固形式

适当地加厚薄板，减少肋板，可以减小变形。采用压型结构代替肋板结构，对防止薄板结构变形十分有效。如图 2-61 所示，用图 2-61（a）所示的压型板代替 T 形肋板和平板焊接的隔舱板，焊接量大大地减小，并且省去了焊后矫正变形的工作。因为对于薄板焊接，焊接变形一般比较严重。

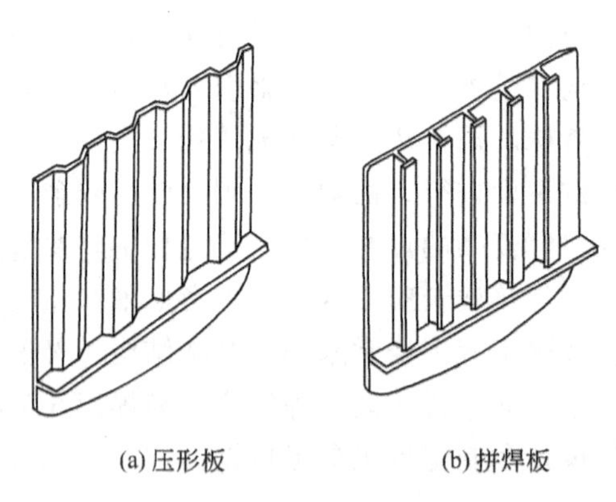

(a) 压形板　　(b) 拼焊板

图 2-61　两种隔舱板的形式

（3）合理安排焊缝的位置　设计原则：焊缝尽可能对称于截面中性轴或接近中性轴；尽量避免焊缝的密集与交叉。

焊缝对称于中性轴，有可能使焊缝所引起的弯曲变形互相抵消。而焊缝接近截面中性轴，可以减小焊缝所引起的弯曲变形。图 2-62（a）中的焊缝集中在截面中性轴以上，中性轴下面没有焊缝，产生向下弯曲的变形；图 2-62（b）中的两条焊缝在 y 中性轴上，对称于 x 中性轴；图 2-62（c）中的两条焊缝在截面的 x 中性轴上，对称于 y 中性轴。因此图 2-62（b）、（c）的弯曲变形小于图 2-62（a）。而图 2-62（c）的焊缝更接近 y 中性轴，弯曲变形最小。

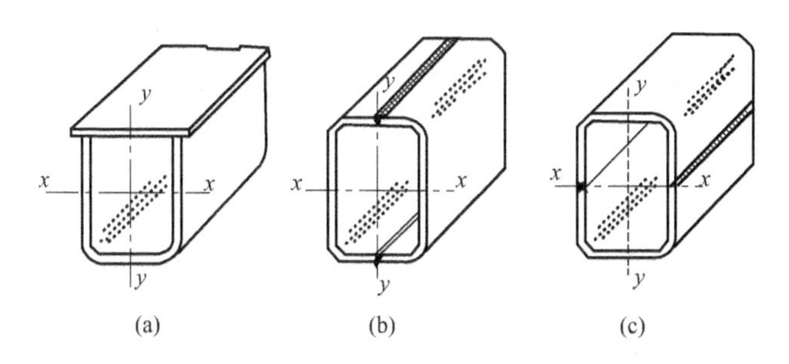

图 2-62　箱形梁的焊缝布置

焊缝间相互平行且密集时，相同方向上的焊接残余应力和压缩塑性变形区会出现一定程度的叠加；焊缝交叉时，两个方向上均会产生较高的残余应力。这两种情况下，作用于结构上的双重温度-变形循环均可能会导致在构件局部区域（如缺口或缺陷处）超过材料的塑性。对此，可将横焊缝在连续的纵焊缝之间作交错布置，如图 2-63（a）所示的板条拼焊，并且应先焊错开的短焊缝，后焊直通的长焊缝。如图 2-63（b）所示，为了避免交错焊缝产生较高的焊接残余应力，采用开切口避免焊缝交错。但如果在结构承受动载的情况下，应该慎重考虑这种设计措施。对于如图 2-63（c）所示的工字形梁接头，要使翼板焊缝和腹板焊缝错开，两交错焊缝间的距离至少应为板厚的 20 倍。

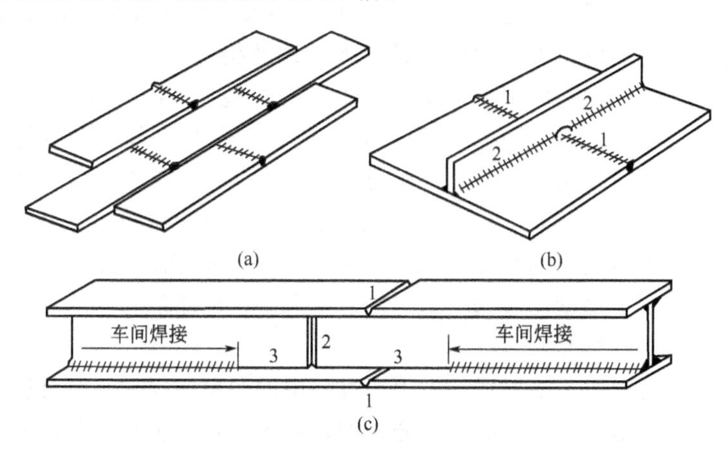

图 2-63　避免焊缝交叉的措施与最优焊接顺序

2.4.2　焊中控制措施

焊中控制措施又可称为工艺措施，是指在焊接过程中同步采取的防止和减小焊接应力及变形的措施。在焊接过程中对焊接变形和应力进行随时的调控具有重要的意义，同时也是调控焊接变形和应力的重要措施。焊接过程中调控焊接变形与残余应力的措施，主要有以下四个方面。

2.4.2.1　合理选择焊接方法、焊接规范和装配顺序

（1）合理选择焊接方法　焊接方法不同，热输入大小不一样，因此焊接变形和应力也不一样。一般情况下焊缝深宽比大的焊接方法，其焊接变形要小。CO_2 半自动焊的变形比气焊和手工电弧焊的变形小，真空电子束焊接的焊缝极窄，变形很小，可以用于焊接精度要求高的机械加工件。采用能量密度高的焊接方法，可以有效地防止变形。

（2）选择合理的焊接规范　焊缝不对称的细长构件有时可以通过选用适当的热输入，而不用任何反变形或夹具来克服弯曲变形。如图 2-64 所示的构件，焊缝 1、2 到中性轴的距离 $e_{1,2}$大于焊缝 3、4 到中性轴的距离 $e_{3,4}$。如果采用相同的规范进行焊接，构件将出现下弯。可将焊缝 1、2 适当分层焊接，每层采用小线能量，则有可能使弯曲变形相互抵消，得到平直的构件。

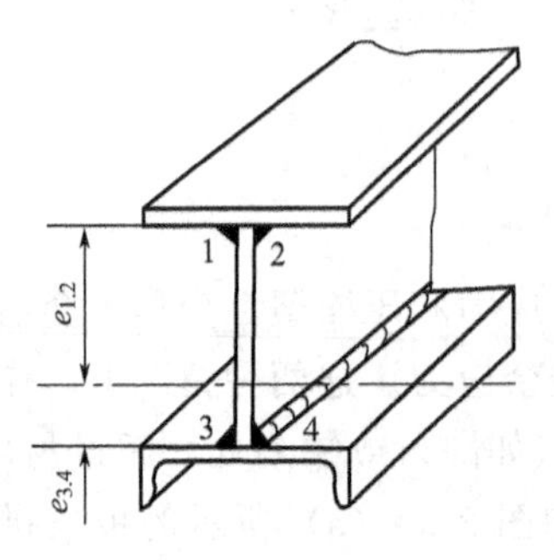

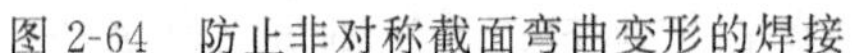
图 2-64　防止非对称截面弯曲变形的焊接

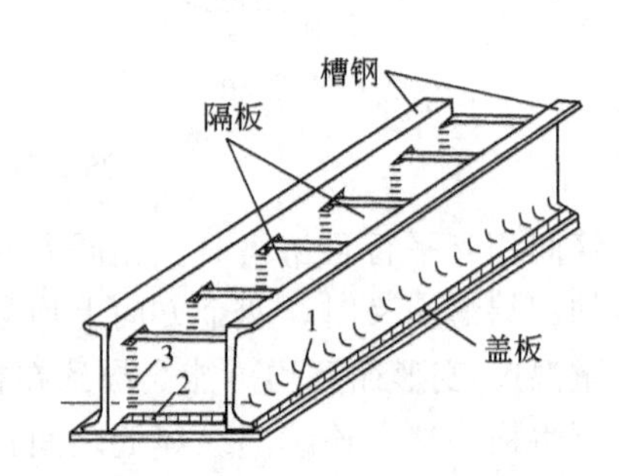

图 2-65　带盖板的双槽钢焊接梁的焊接顺序

（3）合理安排装配焊接顺序　通过合理安排装配焊接的顺序也可以调控焊接变形。如图 2-65 所示的焊接梁，由两根槽钢和一些隔板及盖板组成。三者之间用角焊缝 1、2、3 连接，将三类角焊缝所产生的挠度分别记为 f_1、f_2、f_3。如果先将隔板和槽钢用角焊缝 3 焊接到一起，由于焊缝 3 的大部分在构件的中性轴下方，因此构件将产生向上的挠度 f_3，此后的焊缝 1 和 2 都在构件的中性轴的下方，也将产生向上的挠度 f_1、f_2，这样的焊接顺序所产生的向上的弯曲总挠度为 $f_1+f_2+f_3$。如果先焊隔板与盖板之间的角焊缝 2，由于盖板处于自由状态，只产生横向收缩和角变形，而角变形可以通过将盖板压紧在平台上来限制，此时不会引起弯曲变形，即 $f_2=0$。在此基础上焊接盖板与槽钢间的角焊缝 1，会引起上挠度 f_1。最后焊接隔板与槽钢之间的角焊缝 3，此时角焊缝 3 的大部分已经位于整个构件的中性轴的上方，因此会产生下挠度 f_3'，这种焊接顺序所产生的弯曲变形的总挠度为(f_1-f_3')，其弯曲变形明显比前一种情况要小。

在安排焊接顺序的时候，要根据实际生产过程中的约束情况来制定合理的焊接顺序。有时候把复杂的结构适当地分成几个部件，分别加以装配焊接，再将这些焊好的部件拼焊成一个整体，使不对称或收缩力较大的焊缝能够自由收缩，可使结构的焊接变形得到控制。按照这个原则生产比较复杂的大型焊接结构时，不但有利于控制焊接变形，而且还能扩大作业面，缩短生产周期，大大提高生产率。

2.4.2.2　合理采用辅助措施和工艺

（1）反变形法　此法的要点是事先估算好结构变形的大小和方向，再给予与焊接变形相抵的反向变形。为了防止对接接头的角变形，可以预先将焊接坡口处垫高，如图 2-66（a）所示。为了防止工字梁翼板产生焊接角变形，可将翼板预先反向压弯，如图 2-66（b）所示，焊后便可得到如图 2-66（c）所示的小变形或无变形的构件。在批量较大时，用辊压法预弯，可提高效率，如图 2-66（d）和（e）所示。

焊接梁柱等细长构件时，如果焊缝不对称，构件焊后往往发生较大的弯曲。为了防止这种变形，可采用强制反变形法，利用外力将构件紧压在具有足够刚度的夹具或平台上，使其产生反变形，然后进行焊接（图 2-67）。

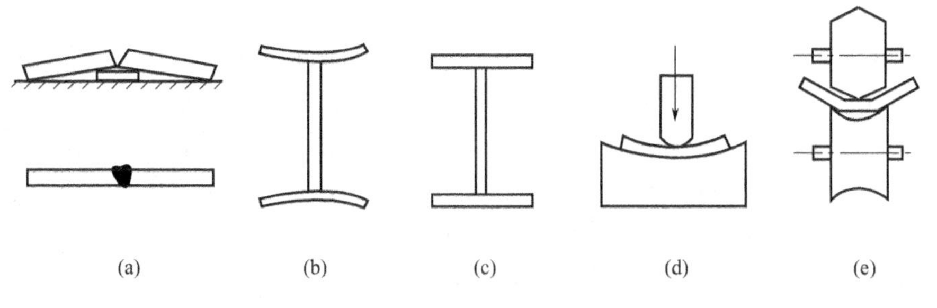

图 2-66　儿种反变形措施

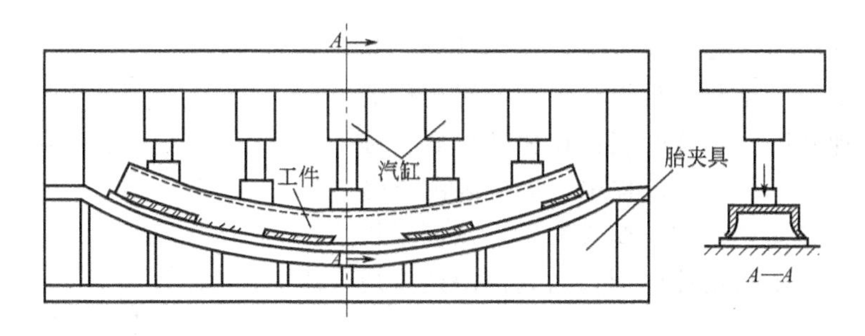

图 2-67　焊接梁柱结构的反变形

构件刚度过大（如大型箱型梁等），采用上述方法进行反变形有困难时，可以把梁的腹板在拼焊时做成带挠度的，然后进行装配焊接。

（2）刚性固定法　这种方法是将待焊接的构件设法固定，限制焊接变形，用于防止角变形和波浪变形效果较好，但对于防止弯曲变形效果远不及反变形法。刚性固定法的方法较多，但依赖于工件的形状和具体要求，因此具体问题应具体分析确定。但是刚性固定法有时候会引入较高的约束应力。例如在焊接法兰时，采用刚性固定可以有效减小法兰的角变形，使法兰保持平直（图 2-68）。

焊接面积较大的薄板时，可以采用压铁，分别放在焊缝的两侧［图 2-69（a）］，也可以在焊缝两侧点固角钢［图 2-69（b）］。

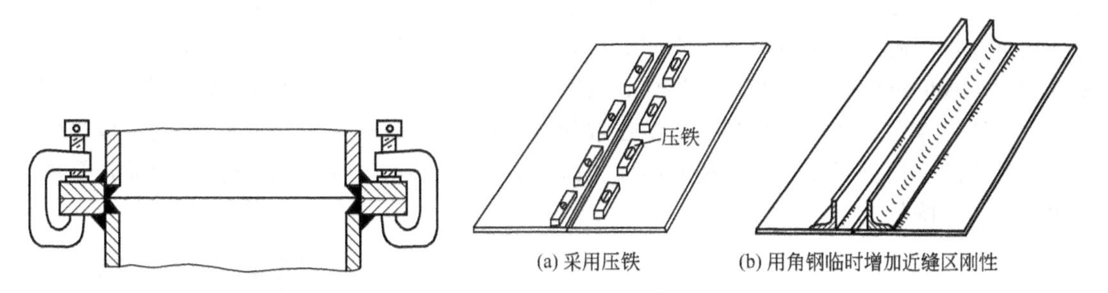

图 2-68　刚性固定法焊接法兰盘

图 2-69　防止薄板波浪变形的辅助措施

2.4.2.3　随焊温度场调控方法

该方法是通过加热或者冷却不同的部位，以调整焊接温度场来控制焊缝和近缝区塑性应变的发展，减小塑性变形的大小和范围，达到控制焊接变形和调整焊接应力的目的。

（1）随焊温差拉伸法　采用在焊缝两侧近缝区用加热带加热，而使由于焊接热过程造成的焊缝和近缝区不均匀的温度场均匀化，从而起到抑制纵向收缩变形，降低残余应力的效果。

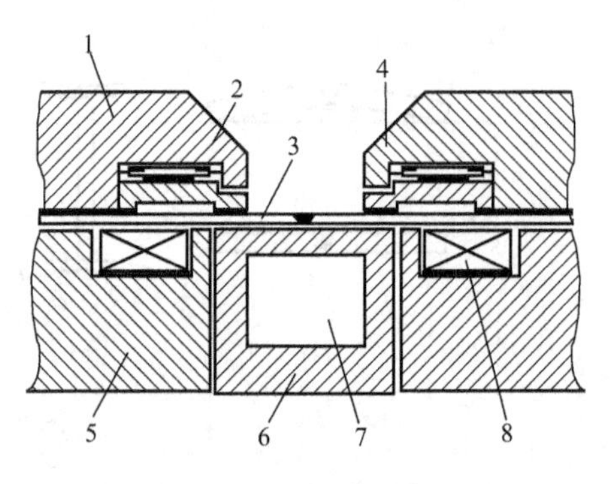

图 2-70 温差拉伸专用夹具
1—盖板；2—油囊；3—工件；
4—琴键；5—底板；6—水冷铜垫板；
7—水冷腔；8—电加热带

平板对接焊时，采用专门的工装夹具（图 2-70），在焊缝下方放置一个空腔内通以冷却水的铜垫板，在焊缝两侧用电加热带来加热，这样就会在焊缝附近造成一个马鞍形的温度场。在这种条件下进行焊接，马鞍形温度场的高温区（焊缝两侧）膨胀，会对温度相对较低的焊缝区施加拉伸作用，使焊缝的纵向收缩得到抑制，因此可以降低残余应力和减小变形。

（2）随焊激冷法 又称为逆焊接加热处理，其基本原理（图 2-71）是利用与焊接加热过程相反的方法，采用冷却介质使焊接区获得比相邻区域（母材）更低的负温差，在冷却过程中，焊接区由于受到周围金属的拉伸而产生伸长塑性变形，从而抵消焊接过程中形成的压缩塑性变形，达到消除残余应力的目的。

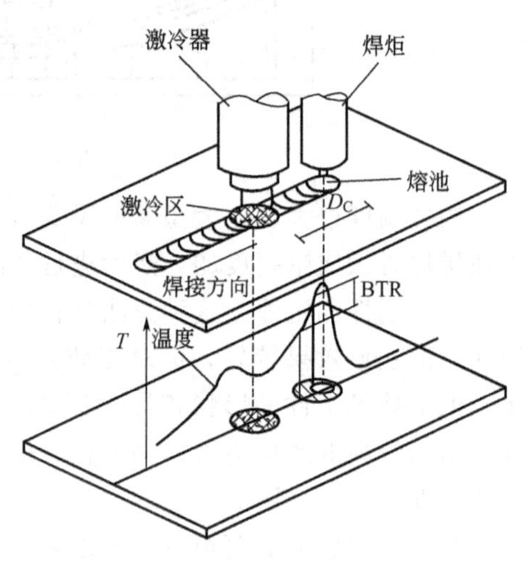

图 2-71 随焊激冷法的原理

2.4.2.4 随焊逆变形调控法

本类方法是通过在焊接过程中引入一些特殊的机械手段，使不均匀的焊接温度场造成的焊缝及近缝区不均匀的变形均匀化，从而达到调控焊接变形和残余应力的目的。

（1）预拉伸法 通过在近缝区施加拉伸载荷，使得焊缝和近缝区由于受热不均造成的不均匀变形均匀化，从而达到调控焊接变形和残余应力的作用。

在平板对接焊之前，在焊缝两侧对平板施加一个与焊接方向平行的拉伸载荷，使平板在受载的情况下进行焊接，这种方法称为预拉伸法（图 2-72）。由于预先施加拉伸载荷，在焊接热输入的作用下，焊缝附近的材料较早处于屈服状态，使平板焊缝在塑性状态下被拉伸延展，因此可以抑制平板的纵向收缩变形。并且焊后去除拉伸载荷，平板内的纵向残余应力可以降低，其降低的幅度与预拉伸载荷相当。由于通常预拉伸载荷是在焊缝附近施加，因此在板边处降低残余应力的作用更明显，在平板的中段，由于力线的扩展，使应力值下降，因而降低残余应力的作用也降低。

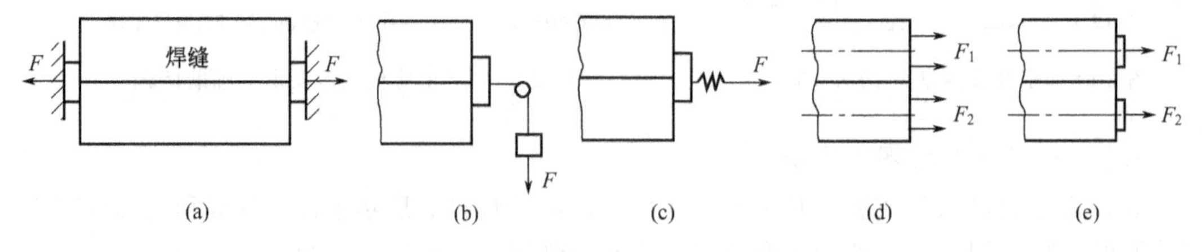

图 2-72 施加预拉伸载荷的几种方案

（2）随焊碾压法 随焊碾压法是将碾压方法与焊接过程同时进行，如图 2-73 所示。采用本方法的主要目的是为了减小焊接变形和降低残余应力，可以用平面轮或凸面轮直接碾压焊缝金属或近缝区。由于随焊碾压时，焊缝金属的温度相对于完全冷态时要稍高一些，因此碾压力也可以适当降低一些。

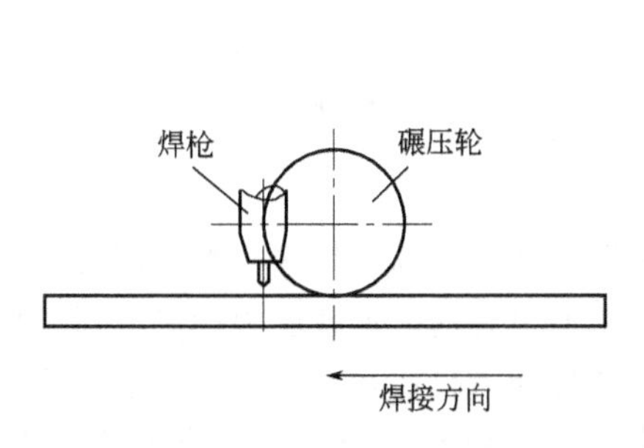

图 2-73　随焊碾压示意图

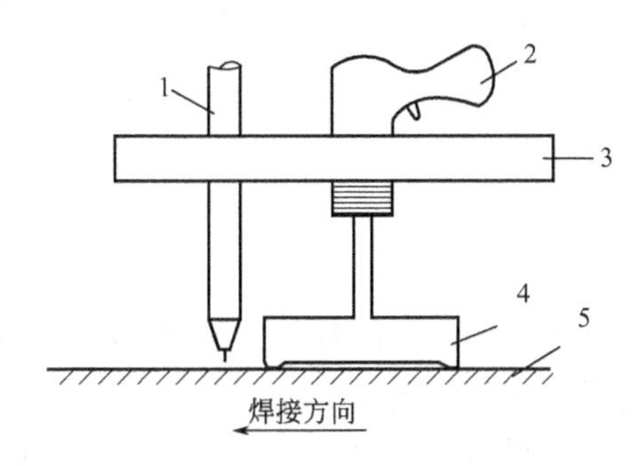

图 2-74　随焊锤击实施方案

1—焊枪；2—气锤；3—固定平台；4—锤头；5—工件

(3) 随焊锤击法　将锤击方法在焊接进行的过程中使用就构成了本方法。由于电弧刚刚加热过的焊缝金属的温度较高，因此，只需很小的力就可以使其产生较大的塑性延展变形，从而抵消焊缝及其附近区域的收缩变形，达到控制焊接变形和降低焊接残余应力的目的。当锤击点处于焊缝的脆性温度区两侧时，则可以起到避免焊接热裂纹的作用。随焊锤击的实施方案如图 2-74 所示。

(4) 随焊冲击碾压法　受随焊锤击法的启发，并结合随焊碾压的优点，我国学者发明了随焊冲击碾压法。这种方法是将随焊锤击的锤头换成可以转动的小尺寸碾压轮，碾压轮在冲击载荷作用的间隙内向前滚动，它保持了随焊锤击的优点，并克服了焊缝表面质量不佳的问题。

2.4.3　焊后调节措施

焊后调节措施又称为矫正措施，即采用适当方法降低焊接残余应力与残余变形。一般常采用机械方法和加热方法。

2.4.3.1　机械方法

焊接变形产生的主要原因是焊缝及近缝区金属的收缩，收缩受到约束就产生了残余应力。因此，采用一定的措施使收缩的焊缝金属获得延展，就可以校正变形并调节残余应力的分布。利用外力使构件产生与焊接变形方向相反的塑性变形，使两者相互抵消，这是减小和消除焊接应力与变形的基本思路之一。常用的机械方法有以下几类。

(1) 机械矫正法　对于大型构件，可以采用压力机来矫正弯曲变形。如图 2-75 所示为采用机械矫正法矫正工字梁弯曲变形的示意图。

对于不太厚的板结构，可以采用锤击的方法来延展焊缝及其周围的压缩塑性变形区金属，达到消除变形和调整残余应力的目的。对于薄板并具有规则的焊缝，可采用碾压的方法，利用圆盘形滚轮来碾压焊缝及其两侧，使之伸长来达到消除变形和调控残余应力的目的[图 2-75 (b)]。对于形状不规则的焊缝，可以采用逐点挤压的办法，即用一对圆截面压头挤压焊缝及其附近的压缩塑性变形区，使压缩塑性变形得以延展。挤压后会使焊缝及其附近产生压应力，这对提高接头的疲劳强度是有利的。

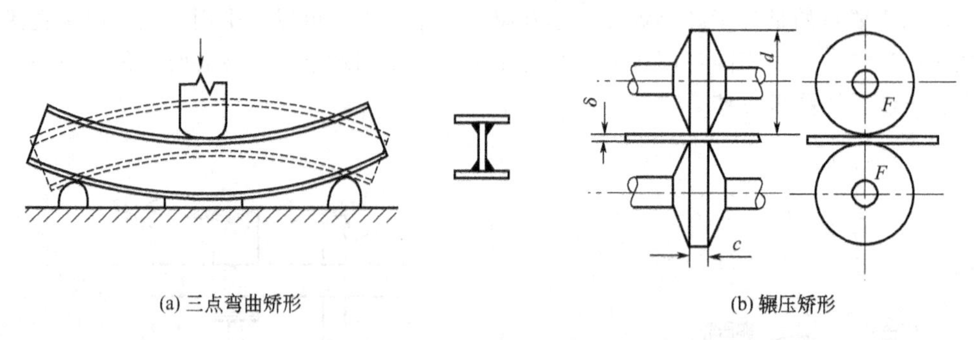

图 2-75　机械矫正法的应用

（2）机械拉伸法　即对焊件施加一次机械拉伸，可以起到减小纵向焊接变形和降低残余应力的效果。因为焊接残余应力正是由于局部压缩塑性变形引起的，加载应力越高，压缩塑性变形就抵消得越多，残余应力也就消除得越彻底。机械拉伸消除残余应力对于一些焊接容器特别有意义。在进行液压试验时，采用一定的过载系数就可以起到降低残余应力的作用。对液压试验的介质（通常为水）温度要加以适当的控制，最好能使其高于容器材料的脆性断裂临界温度，以免在加载时发生脆断。

（3）振动时效法　这种方法是利用偏心轮和变速电动机组成激振器使结构发生共振所产生的应力循环来降低残余应力。图 2-76 给出了激振次数与消除应力的效果，可以看出，随着振动循环次数的增加，残余应力值会逐渐下降，并渐趋平稳值。这种方法的优点是设备简单、处理成本低、处理时间短，也没有高温回火时的金属氧化问题。这种方法不推荐在为防止断裂和应力腐蚀失效的结构上应用，对于如何控制振动，使得既能降低残余应力，又不会使结构发生疲劳损伤等问题还有待进一步研究解决。

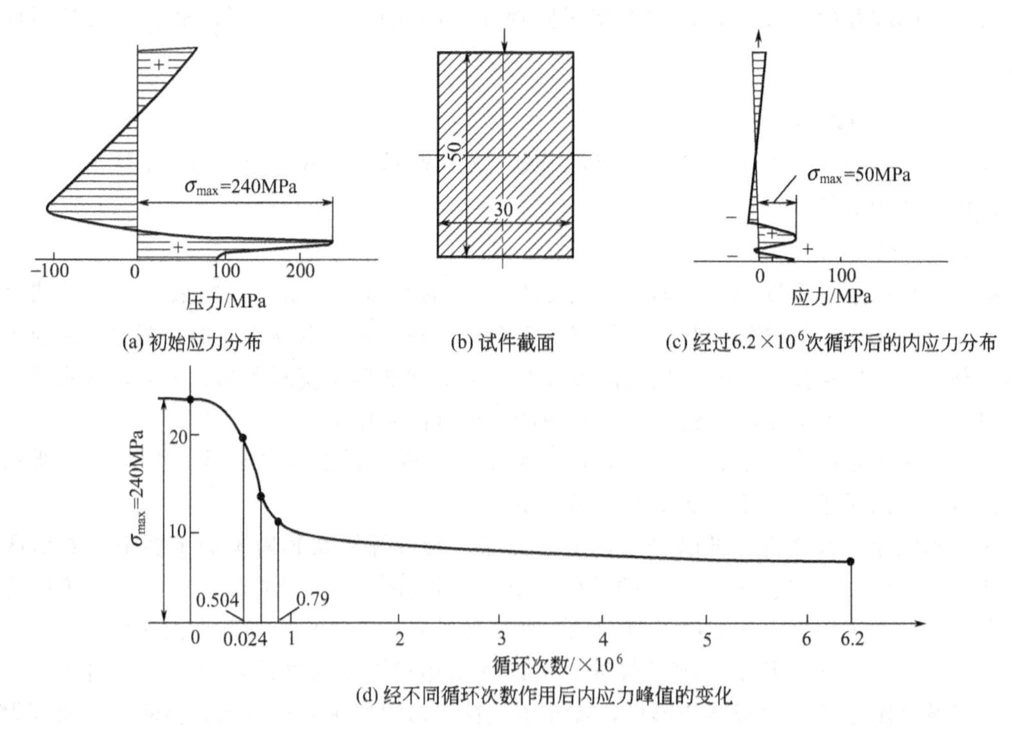

图 2-76　振动循环次数与消除应力的效果

2.4.3.2 加热方法

加热方法可以分为采用火焰加热调节焊接变形和采用高温回火消除焊接残余应力。

(1) 火焰矫正法调节焊接变形 生产上广泛采用气焊焊矩火焰加热。本方法是利用火焰局部加热时产生压缩塑性变形，使较长的金属在冷却后收缩，来达到矫正变形的目的。可见这种方法的原理与锤击法等机械方法相反，机械方法是通过使已经收缩的金属被延展来消除变形。这种方法简便易行，灵活机动，不受构件尺寸限制。为了达到预期的效果，必须掌握好火焰加热矫正变形的规律，同时正确地定出加热位置，控制好火焰加热量。如图 2-77 所示为不同情况下火焰矫正法的应用示意图。准确地确定加热区是火焰矫形方法的关键。加热薄板时，由于火焰的加热范围较大，容易使薄板进一步向外拱出。在这种情况下，可以利用外力限制薄板的外拱。

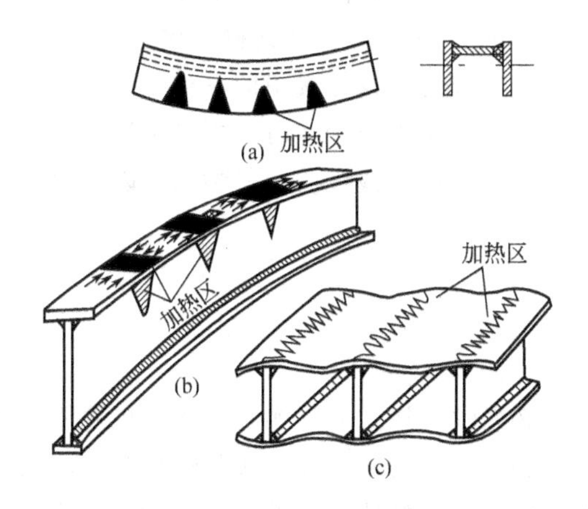

图 2-77 不同情况下火焰矫正法的应用示意图

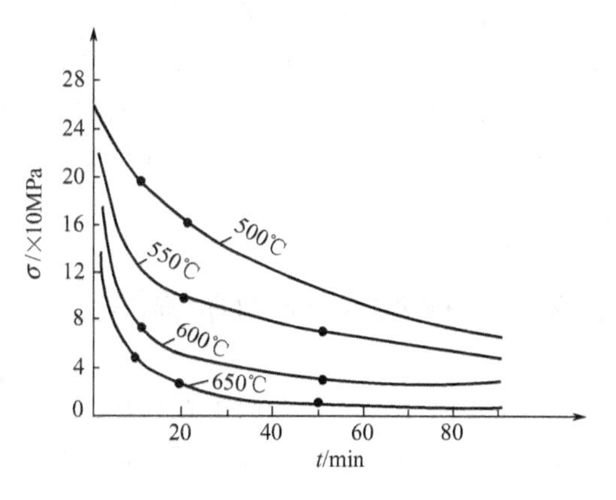

图 2-78 低碳钢消除应力退火温度与时间的关系

(2) 高温回火消除焊接残余应力 通过加热来消除残余应力与材料的蠕变和应力松弛现象有密切的关系。其消除应力的原理如下。一方面材料的屈服极限会因温度的升高而降低，并且材料的弹性模量也会下降。加热时，如果材料的残余应力超过了该温度下材料的屈服极限，就会发生塑性变形，并因而缓和残余应力。这种作用是有限的，不能使残余应力降低到所加热温度条件下的材料屈服强度以下。另一方面，高温时材料的蠕变速度加快，蠕变引起应力松弛。通过加热的方法在降低残余应力的同时还可以改善焊接接头的性能，提高其塑性。理论上，只要给予充分的时间，就能把残余应力完全消除，并且不受残余应力大小的限制。实际上，要完全消除残余应力，必须在较高的温度下保温较长的时间才行，但这也可能引起某些材料的软化。依据上述原理，对焊接构件进行高温回火，可以将残余应力对构件的影响降低到最低。重要的焊接构件根据实际承载情况有时需要采用整体加热的高温回火方法来降低焊接残余应力。

① 整体高温回火 将整个焊接构件加热到一定温度，然后保温一段时间，再冷却。消除残余应力的效果主要取决于加热的温度，材料的成分和组织，也与应力状态、保温时间有关。对于同一种材料，回火温度越高，时间越长，应力也就消除得越彻底。如图 2-78 所示为低碳钢在不同的退火温度下，经过不同的时间保温后的残余应力消除效果。

用高温回火消除残余应力，这并不能同时消除构件的残余变形。为了达到能同时消除残余变形的目的，在加热之前就应该采取相应的工艺措施（如使用刚性夹具）来保持构件的几何尺寸和形状。整体处理后，如果构件的冷却不均匀，又会形成新的热处理残余应力。保温时间应根据构件的厚度来确定，对于钢材可按照每毫米厚度保温 1～2min 计算，但总的保温时间一般不宜低于 30min。对于中厚板结构，不宜超过 3h。

② 局部高温回火　这种处理方法是把焊缝周围的一个局部区域进行加热。由于局部加热的性质，因此消除应力的效果不如整体高温回火，它只能降低应力峰值，不能完全消除内应力。但是局部处理可以改善焊接接头的力学性能，处理对象仅限于比较简单的焊接接头。局部加热可以采用电阻、红外、火焰和感应加热，消除应力的效果与温度分布有关，而温度分布又与加热的范围有关。为取得良好的降低应力的效果，应该保证足够的加热宽度。

焊接残余应力的不利影响只是在一定的条件下才表现出来。例如，对常用的低碳钢及合金结构钢来说，只有在工作温度低于某一临界值以及存在严重缺陷的情况下才有可能降低其静载强度。因此要保证焊接结构不产生低应力脆性断裂，可以从合理选材、改进焊接工艺、加强质量检查、避免严重缺陷等方面来解决。消除残余应力仅仅是其中的一种方法。

事实证明，许多焊接结构未经消除残余应力的处理，也能安全运行。焊接结构是否需要消除残余应力，采用哪种方法消除残余应力，必须根据生产实践经验、科学试验以及经济效果等方面综合考虑。

2.5　焊接残余应力的测量方法

基于焊接变形和残余应力在焊接结构中存在的必然性，以及其对实际焊接结构使用性能的多方面的影响，掌握实际焊接结构残余应力分布和变形行为对于保证实际焊接结构的安全运行是非常有必要的，当然要全面掌控由于焊接结构的复杂性所造成的复杂焊接残余应力分布和变形行为是有很大困难的。

焊接残余变形的测量实际上经常采用长度和角度测量技术，而不需要任何与焊接相关的特殊匹配，只是要注意测量精度，在此不再赘述。

2.5.1　测量方法的分类

根据测试方法对被测试件是否造成破坏，可将残余应力测试方法分为：有损测试法，又称机械法或应力释放法；无损测试法，又称物理检测法。具体分类情况见表 2-2。

表 2-2　残余应力测试方法分类

有损测试法	无损测试法
依据破坏形式分：切条法、切槽法、剥层法、钻孔法、浅盲孔法	依据检测手段分：X 射线法、超声波法、磁性法、中子衍射、同步辐射

有损测试法测量残余应力的基本原理是当采用某种机械的手段（切条、剥层、切槽或者钻孔）对焊接件进行局部地加工，平衡于构件内部的内应力会部分释放而建立新的平衡，由于应力部分释放，被加工处的材料会发生变形。因此借助应变测量技术，测出加工材料周围的应变，再应用弹性力学理论来推算出切条处、切槽处、剥层处或小孔处的应力。基于成熟的弹性力学理论，使得有损测试法理论完善、技术成熟，目前在测试中广泛应用。不足之处是因为这类方法需要采取机械加工的方法对工件进行局部分离或者分割，从而会对工件造成一定的损伤或者破坏。其中以钻孔法和浅盲孔法的破坏性最小，因而得到了广泛的应用。

2.5.2　常用测量方法

2.5.2.1　钻孔法

钻孔法是已经标准化的方法。对板来说，钻小通孔可以评价释放的径向应变。在应力场中取一直径为 d 的圆环，并在圆环上粘贴应变片，在圆环的中心处钻一个直径为 d_0 的小通孔（或者盲孔）（图 2-79），由于钻孔使应力的平衡受到破坏，测出孔周围的应变的变化，就可以用弹性力学的理论来推算出小孔处的应力。

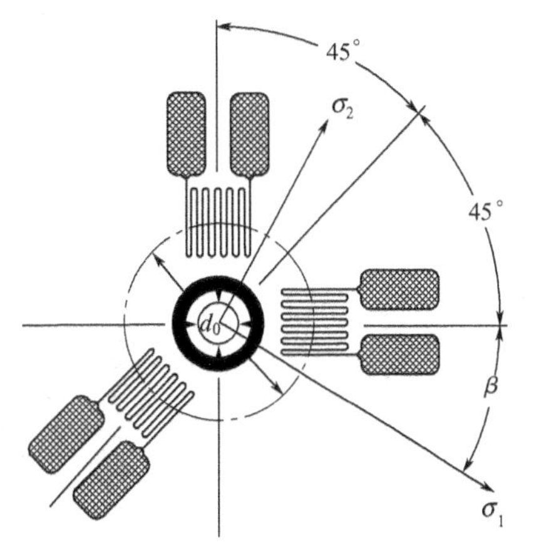

图 2-79　钻孔法所用的三轴应变花、角度定位及直径

设应变片中心和圆环中心的连线与 x 轴的夹角为 α，其释放的径向应变 ε_r 与钻孔释放的残余应力之间的关系，可按照带孔无限板的弹性理论，同时承受双轴薄膜应力 σ_x 和 σ_y（理解为主应力）的条件求解。

$$\varepsilon_r=(A+B\cos\alpha)\sigma_x+(A+B\cos\alpha)\sigma_y \tag{2-31}$$

$$A=-\frac{1+\mu}{2E}\left(\frac{d_0}{d}\right)^2 \tag{2-32}$$

$$B=-\frac{1+\mu}{2E}\left[\frac{4}{1+\mu}\left(\frac{d_0}{d}\right)^2-3\left(\frac{d_0}{d}\right)^4\right] \tag{2-33}$$

为了完全确定未知的双轴残余应力状态（两个主应力 σ_1 和 σ_2，以及主应力方向 β），必须至少在圆环上的三个不同测量方向评价释放的径向应变 ε_r，如采用三个应变片组成的应变花，按照图 2-79，常用的应变花布置是 $\alpha=0°$、$\alpha=45°$ 和 $\alpha=90°$，对应 ε_0、ε_{45} 和 ε_{90}。

$$\sigma_{1,2}=\frac{\varepsilon_{90}+\varepsilon_0}{4A^*}\pm\frac{\sqrt{2}}{4B^*}\sqrt{(\varepsilon_{90}-\varepsilon_{45})^2+(\varepsilon_{45}-\varepsilon_0)^2} \tag{2-34}$$

$$\tan2\beta=\frac{\varepsilon_0-2\varepsilon_{45}+\varepsilon_{90}}{\varepsilon_0-\varepsilon_{90}} \tag{2-35}$$

式(2-34) 还可以写成另一种形式：

$$\sigma_{1,2}=\frac{\varepsilon_{90}+\varepsilon_0}{4A^*}\pm\frac{1}{4B^*}\sqrt{(\varepsilon_{90}-\varepsilon_0)^2+(2\varepsilon_{45}-\varepsilon_{90}-\varepsilon_0)^2} \tag{2-36}$$

在如点状作用的情况下，A^* 和 B^* 可以与式(2-32) 和式(2-33) 中的 A 和 B 相同。实际上应该考虑应变片的长度和宽度的影响，对 A^* 和 B^* 也可以通过单轴拉伸试验来标定。钻孔的尺寸与测量元件的尺寸有关，一般可取 $d_0=1.5\sim3$mm，$d=d_0+3$mm。

2.5.2.2　X 射线衍射法

晶体在应力作用下原子间的距离发生变化，其变化量与应力成正比。如果能够直接测量晶格尺寸，就可以不破坏物体而直接测量出内应力的数值。采用 X 射线照射晶体，射线被晶体的晶格衍射，并产生干涉现象，因而可求出晶格的面间距，根据晶格面间距的变化以及与无应力状态的比较，就可以确定加载应力或残余应力。

实际上应用的是反射法（图 2-80），X 射线碰到构件表面，反射后产生干涉并显现在一个回转膜上成为干涉环。现代设备采用闪烁计数器代替回转膜。由于干涉线满足布拉格定律（$n=1$），因而掠射角取决于晶格原子的面间距 d_A 和 X 射线的波长 λ。

$$2d_A\sin\theta=n\lambda \tag{2-37}$$

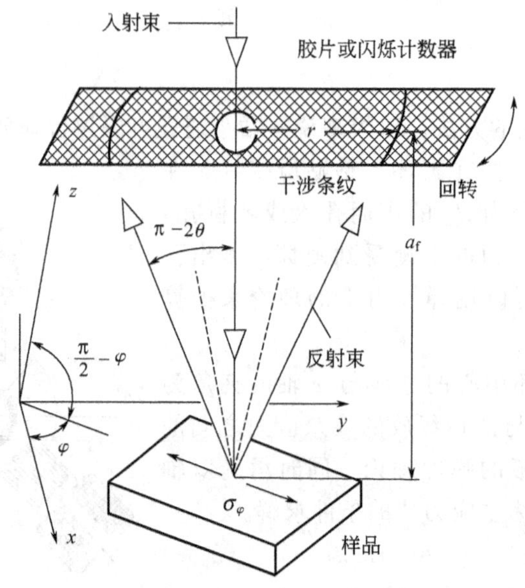

图 2-80 X射线反射法残余应力测量

由干涉环的半径 r 和试样与回转膜的间距 a_f，可以非常精确地确定布拉格角 θ：

$$\theta=\frac{1}{2}\arctan(-\frac{r}{a_f}) \tag{2-38}$$

根据干涉环半径在三个方位角 φ(如 $\varphi,\varphi=\pi/4,\varphi+2/\pi$)的变化和射线弹性常数，可以确定表面双轴应力状态。在每种情况下，X射线束采用不同的倾角 ψ（相对于表面法向），晶格应变对 $\sin^2\psi$ 线性平均，主应力和各应力分量按 $\sin^2\psi$ 方法确定。同时，一阶残余应力可从高阶残余应力中分离出来，也能区分各显微组织构成之间的应力。

X射线测量残余应力的主要优点是可以无损测量，测量的范围是 $0.1\sim1mm^2$，测量深度约为 $10\mu m$。

2.6 焊接变形与应力数值模拟计算

2.6.1 数值模拟计算的作用和意义

由于焊接残余应力和变形存在的复杂性及必然性，使得依靠试验测量系统了解焊接应力和变形的演变、分布具有很大的局限性。一方面是基于测量方法的局限性，对于复杂焊接结构由于复杂的焊接工艺而造成的复杂的变形，尤其是对残余应力的分布难以全面了解；另一方面是因为对残余应力和变形的测量只能在焊接部件制造结束后，才能够对焊接加工引起的变形以及存在于结构内部的残余应力进行测量，然后再通过相关的焊后调控措施对焊接变形和应力进行调整。

这两方面的局限性使得借助于有限元方法对预测和计算复杂焊接结构内部焊接残余应力的演变、分布和焊接变形行为显得尤为重要。同时可以依据模拟结果改善焊接制造工艺，优化焊接顺序等工艺，从而改善焊接部件的制造质量，提高产品的服役性能。

对于焊接变形和应力的模拟计算，目前得到广泛应用的软件有两类：一类是通用结构有限元软件，例如MARC、ABAQUS、ANSYS等，主要考虑焊接的热物理过程和约束条件来进行热-结构耦合分析，得到变形和残余应力计算结果；另一类是焊接专用有限元软件，例如 SYSWELD，该软件更有针对性，并且有针对焊接工艺的界面和模型，比较方便地定义焊接路径、热源模型，结果精度会更高一些，近些年来在焊接仿真领域已经得到较广泛的应用。

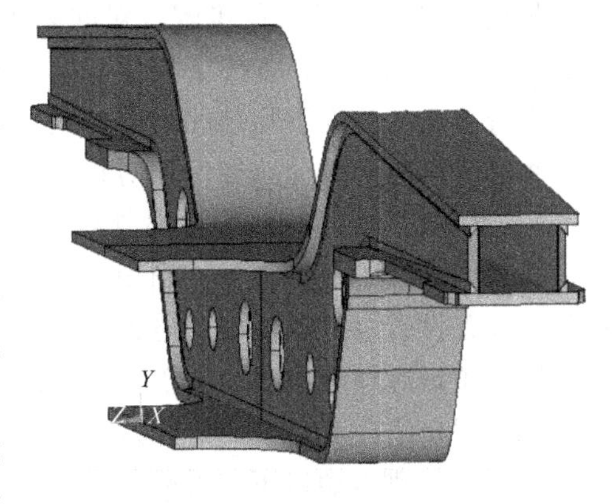

图 2-81 侧梁组装小件前的三维结构简图

2.6.2 数值模拟案例分析

下面就以列车转向架构架侧梁的焊接装配为例来简单介绍采用有限元数值模拟技术预测焊接变形和应力所需要考虑的问题及基本步骤。

(1) 问题描述 转向架是列车的重要承载部件，在转向架生产过程中面临的主要问题是如何控制焊接变形。转向架构架的侧梁为一个箱形结构梁，如图 2-81 所示为侧梁组装小件前的三维结构图。

侧梁为箱形梁结构，由上、下盖板和前、后立板组成，内部共有三块肋板。上、下盖板与前后立板靠纵向长角焊缝连接。以四条纵向焊缝为计算目标，以控制焊接变形为主要目的，确定最佳的焊接顺序。

(2) 计算步骤 焊接热-应力的计算有两种方法，即直接耦合法和间接耦合法。直接耦合法是使用具有热-结构耦合单元对热过程和应力-应变过程同时模拟计算，同时得到热分析和结构应力分析的结果。间接耦合法是首先进行热分析，然后将求得的节点温度作为载荷施加在结构应力分析中。直接耦合法由于其选择单元的局限性而使得计算周期较长，不够灵活。间接耦合法可以先分析温度场，温度场模拟准确之后，保存温度场结果，再分析应力应变，这样计算较为合理并可以节约计算时间。

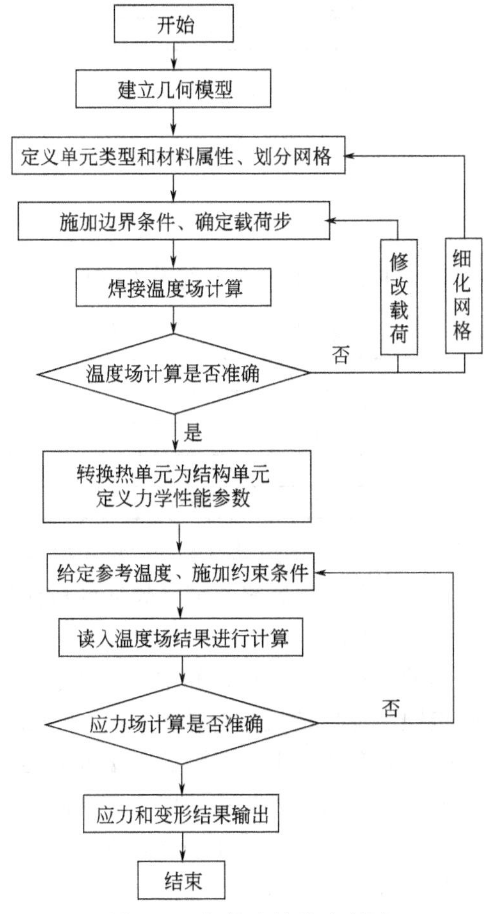

图 2-82 间接法计算流程图

采用间接耦合法计算焊接应力与变形的主要步骤为：

① 选择热分析单元进行焊接温度场计算，即热分析；

② 重新进入前处理，转换单元类型，将热单元转化为相应的结构单元；

③ 输入结构分析的材料属性以及设置前处理细节；

④ 读入热分析的结果文件，即各个节点温度；

⑤ 设置参考温度，即设置构件加热初始温度；

⑥ 求解以及查看分析结果（后处理）。

用间接法进行焊接温度场、应力和变形分析的计算流程图如图 2-82 所示。

根据如图 2-82 所示的步骤，对问题中描述的模型进行简化、建模、定义材料属性和单元类型，划分网格后，如图 2-83 所示。由于模型尺寸结构相对较大，网格划分不能过细，所以划分单元时采取不均匀的划分方式。在焊缝附近温度梯度比较大，采用细密的网格，而远离焊缝的区域温度分布梯度相对较小，采用相对稀疏的网格。沿焊缝方向网格尺寸大约为 10mm，共划分 43960 个单元，61110 个节点，其中焊缝有 3768 个单元。

采用内部热生成热模型，利用单元“生死”技术来模拟焊接热源的移动过程，并选择合适的边界条件来进行温度场和应力场的计算。力学边界条件根据实际焊接工艺，对下盖板底面的四个角点施加全约束，上盖板顶面的四个角点施加 z 方向的约束。

(3) 焊接顺序对焊接变形及残余应力的影响　四条纵缝每条分 3 层焊接，具体情况如图 2-84 所示。分别按照以下三种焊接顺序进行模拟计算：

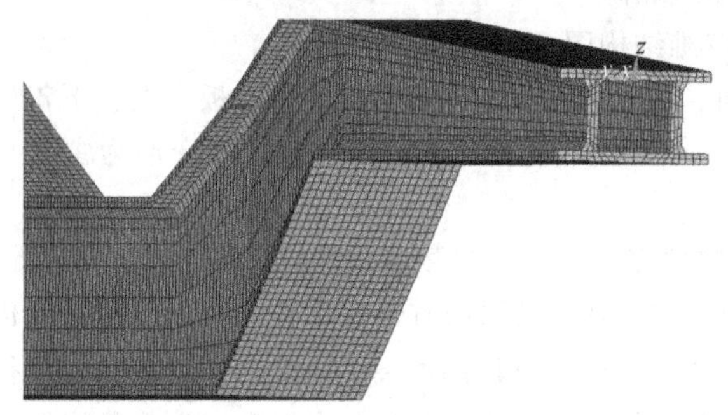

图 2-83　结构模型有限元网格

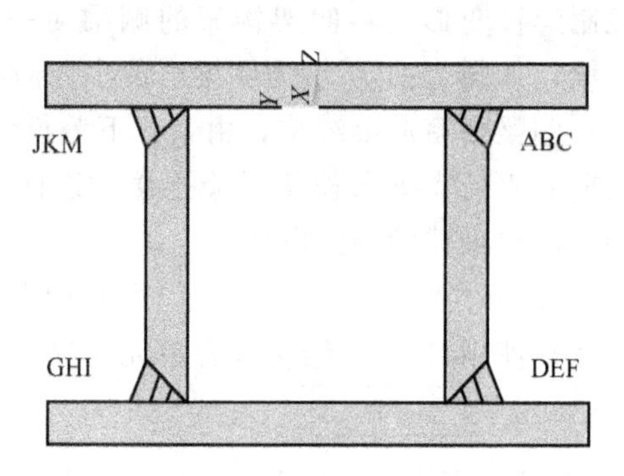

图 2-84　焊缝分布示意图

第 1 种顺序[A-D-J-G]-[B-E-H-K]-[C-F-I-M]；

第 2 种顺序[J-A-D-G]-[K-H-B-E]-[C-F-M-I]；

第 3 种顺序[A-G-J-D]-[B-K-H-E]-[C-M-I-F]。

① 焊接顺序对变形的影响　表 2-3 是不同焊接顺序焊接后各个方向上的最大变形量。

表 2-3　不同焊接顺序焊接后各个方向上的变形量　　单位：mm

焊接顺序	x 方向位移		y 方向位移		z 方向位移		USUM
	UX_{max}	UX_{min}	UY_{max}	UY_{min}	UZ_{max}	UZ_{min}	
第 1 种	0.846	−0.935	0.213	−1.548	0.053	−0.915	1.818
第 2 种	0.774	−0.890	1.492	−1.349	0.413	−0.624	1.724
第 3 种	0.790	−0.966	0.903	−2.088	0.187	−0.931	2.309

由表 2-3 的结果可以看出，主焊缝不同的焊接顺序对于 x 方向的纵向收缩变形影响较小，由 2.2.1 可知，x 方向纵向收缩变形与焊接顺序无关，主要与焊缝长度、焊缝区截面积和侧梁横截面积三个主要因素有关。结合变形云图可知，y 方向的横向变形趋势主要取决于第一层焊缝的焊接顺序，后面两层顺序也能影响其变形的大小和均匀性，其中第一层采用交叉顺序的第 3 种焊接顺序焊后的变形峰值比第 2 种焊接顺序焊后的变形峰值要大 0.596mm。z 方向的变形则主要由 x 方向的收缩和 y 方向的变形引起的弯曲。由于不同顺序 x 方向的变形差别不大，则 z 方向的变形主要取决于 y 方向的横向变形。第 2 种焊接顺序 y 方向的变形量比其他两种焊接顺序焊后分布均匀，峰值相对较小，所以其 z 向的变形量也均匀些，其 z 向变形峰值也相对较小。因此，第一层焊缝的焊接顺序对于控制构架的焊接变形影响最大。如果实际焊接构架侧梁以控制焊接变形为主的话，则应该着重考虑四条主焊缝中第一层的焊

接顺序。

如图 2-85 所示为按照第 3 种焊接顺序焊后转向架侧梁的焊接总变形云图，图中显示的变形是实际变形的 20 倍。结合焊接顺序，从变形云图中可以看出：y 方向的变形趋势由第一层焊缝的焊接顺序决定，同时也决定了构架的总变形大小和方向；由于下盖板底面的四个角点施加了全约束，构架侧梁最大变形都在上盖板焊缝结束那端。

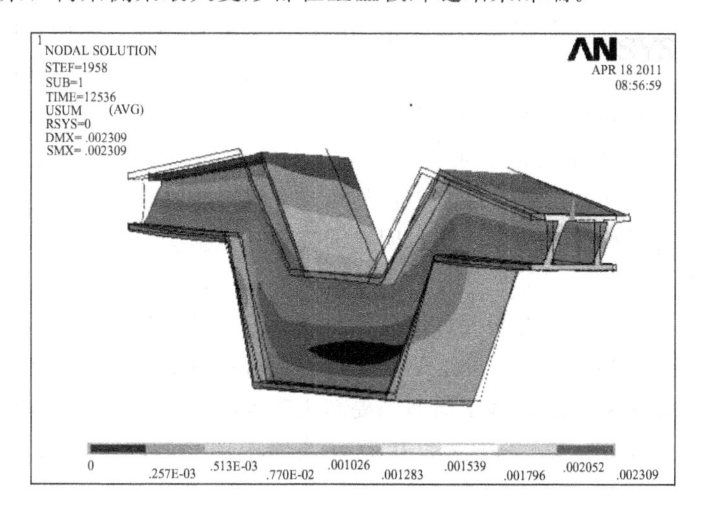

图 2-85　第 3 种焊接顺序焊后总变形云图

② 焊接顺序对残余应力的影响　为了比较不同焊接顺序焊后对转向架侧梁焊接残余应力的影响，绘出了不同焊接顺序下的两条路径的纵向残余应力图，其中路径 P_1 为下盖板和左侧立板的角焊缝沿焊缝长度方向的路径；路径 P_2 为下盖板拐角处垂直焊缝的横向路径。

如图 2-86 所示为不同焊接顺序路径 P_1（沿焊缝方向）的等效残余应力分布。从图 2-86 中可以看出，不同焊接顺序沿 P_1 路径的应力分布情况相似，中间两处等效应力较高的地方都是在构架的倾斜处。因此，在实际工艺中对下盖板斜板处加厚是有理论依据的。对应第 1 种、第 2 种、第 3 种焊接顺序焊接后的等效残余应力峰值分别为 275.2MPa、292.0MPa 和 247.2MPa。可见采用第 3 种焊接顺序焊后在所选路径上的残余应力峰值最低。

如图 2-87 所示为沿路径 P_2 上的纵向残余应力的分布情况。

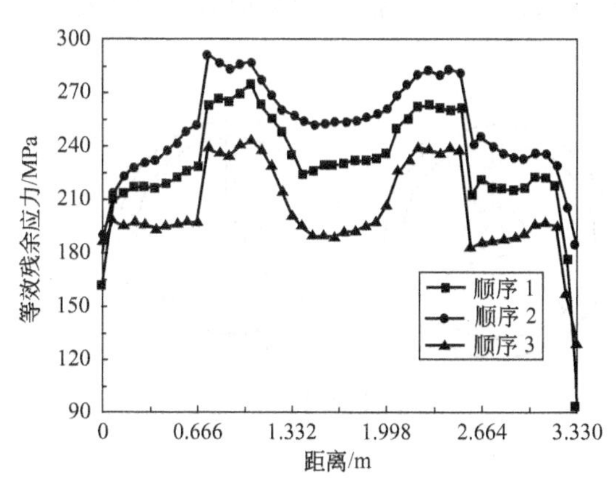

图 2-86　不同焊接顺序沿路径 P_1 的等效应力分布

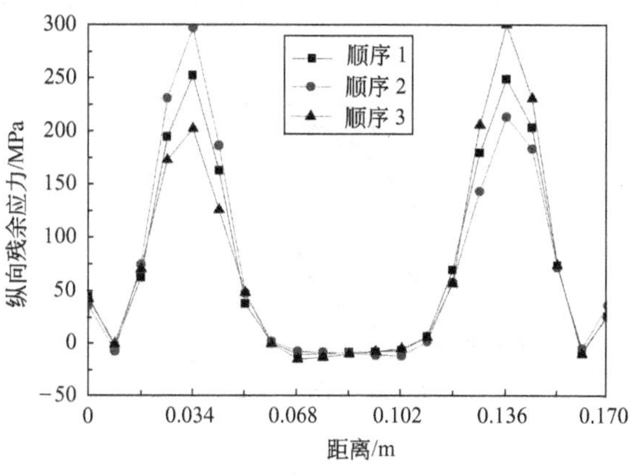

图 2-87　不同焊接顺序沿路径 P_2 的纵向应力分布

三种顺序沿 P_2 纵向残余应力分布基本形式与 2.2.1 中的理论分析一致，焊缝及近缝区为拉应力，远离焊缝的区域为压应力。同时，残余应力的峰值和焊接顺序有关。

(4) 计算结果分析及总结 通过按照三种焊接顺序的计算，所得结论很好地再现了前述几节的理论分析结果，同时也给实际制造工艺的制定提供设计依据。

① 不同的焊接顺序对构架侧梁的纵向收缩量影响不大，因为纵向收缩量的大小主要与焊缝长度、焊缝、近缝区的面积以及构件整体的横截面积有关系。侧梁整体的变形趋势主要由第一层焊缝的焊接顺序决定，后面两层对总变形的大小起一定的调节作用。因此第一层焊缝的焊接顺序是决定焊接变形大小的关键因素。

② 四条主焊缝每层最后焊的一条应尽量分布在不同的位置上，这样可以有效地控制每条焊缝处残余应力的大小和分布。随着焊接的逐步完成，焊接构架基本上成为一个整体，刚度逐步增大，最后焊的焊缝处会出现比较明显的高值残余应力。可以通过这个规律来调控构件关键部位的残余应力。

通过实例分析表明，采用有限元数值模拟对复杂结构的焊接变形和残余应力进行预测及计算，使全面了解焊接残余应力与变形的演化过程和分布成为可能，进而指导实际焊接装配工艺的实施，可以缩短新产品的试制周期，提高生产效率。并且可以依据模拟结果改善现有焊接制造工艺，优化焊接顺序等工艺，从而改善焊接部件的制造质量，提高产品的服役性能。

习题与思考题

1. 利用金属框架叙述温度应力和残余应力的产生原理。
2. 利用金属杆件均匀加热的模型，解释自由变形、外观变形、内部变形、压缩塑性变形，并用公式表达四者之间的关系。
3. 绘图并用文字叙述长板条中心加热下的温度应力和变形。
4. 绘图并用文字叙述长板条边缘加热下的残余应力和变形。
5. 低碳钢工字形构件长 5m，腹板高 250mm，厚 10mm，翼板宽 250mm，厚 12mm，四条角焊缝均为埋弧自动焊一次焊完，焊脚 $K=8$mm，试计算工字形构件的纵向收缩量。
6. 分析纵向收缩引起的弯曲变形和横向收缩引起的弯曲变形。
7. 举例说明焊接顺序对焊接变形的影响（弯曲变形、角变形、扭曲变形等）。
8. 分析如习题 2-8 图所示的舱口结构熔化焊后为什么会产生波浪变形？采用哪种焊接方法可以减小变形？

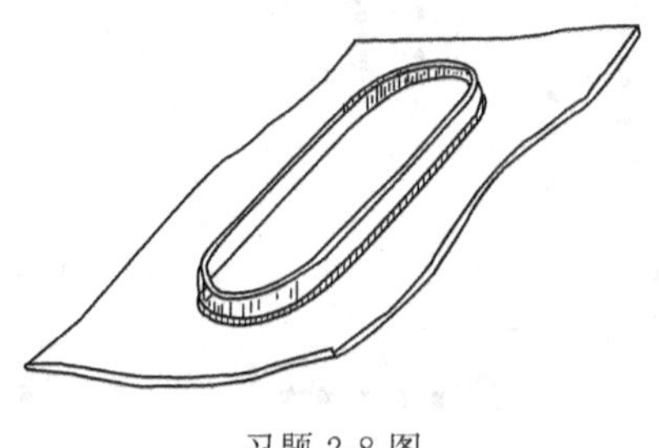

习题 2-8 图

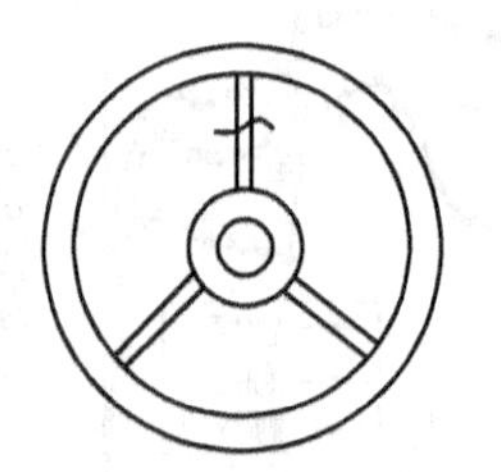

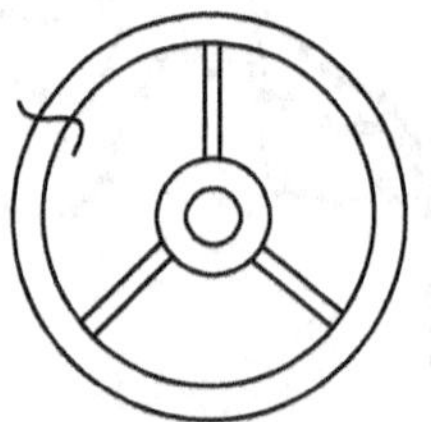

习题 2-14 图

9. 残余应力如何影响结构的静载强度？
10. 简述焊接残余应力对构件刚度的影响。
11. 以焊接工字形柱为例，简述焊接残余应力对压杆稳定性的影响。

12. 分析讨论调控焊接应力和变形的焊前预防措施。
13. 分析讨论调控焊接应力和变形的焊中调控措施。
14. 利用随焊温度场调控方法的基本原理，确定如习题 2-14 图所示轮辐和轮缘需要修理时，预先加热哪些部位可以起到降低焊后应力的效果？
15. 分析讨论调控焊接应力和变形的焊后调节措施。

第3章　焊接结构断裂性能

本章学习要点

知识要点	掌握程度	相关内容
金属材料脆性断裂	了解脆性断裂的特征，掌握金属材料断裂的机制、形态，熟悉金属材料脆性断裂的影响因素	低温、快速、无塑性变形；脆性断裂、延性断裂和韧性-脆性断裂；应力状态、温度、加载速度、材质状态和厚度
焊接结构脆性断裂	掌握焊接结构和制造工艺特点，熟悉其对脆性断裂的影响	刚性大、整体性强；应变时效、金相组织、焊接缺陷、残余应力
抗开裂性能和止裂性能	了解焊接结构的设计准则，熟悉抗开裂性能、止裂性能及其试验方法	引发临界温度、止裂临界温度；Wells宽板拉伸试验、断裂韧性试验、Niblink试验；落锤试验、动态撕裂试验、落锤撕裂试验
焊接结构脆断的预防措施	熟悉正确选用焊接结构材料的方法，掌握焊接结构合理设计的原则	尽量减少应力集中、尽量降低结构刚度、不采用过厚板材、重视次要焊缝的设计
焊接结构安全评定	了解焊接结构安全评定的作用，熟悉焊接结构安全评定方法，掌握评定过程和具体程序	"合于使用"原则及其作用；面型缺陷评定方法，体型缺陷评定方法

焊接结构的设计和工艺特点决定了其具有较大的脆性断裂倾向。焊接结构的应用范围很广，虽然发生的脆断事故不多，但造成的损失巨大，有时甚至是灾难性的。研究脆断性能问题对于保证焊接结构可靠性工作及拓展焊接结构的应用范围具有重大的意义。尤其是随着焊接结构向大型化、高强化、动载化方向发展，深入探讨焊接结构的断裂性能就显得更为迫切和重要。

3.1　脆性断裂的特征

对大量脆断事故调查分析，发现它们都具有如下特征。

① 断裂一般都在没有显著塑性变形的情况下发生，具有突然破坏的性质。

② 破坏一经发生，瞬时就能扩展到结构大部分或全体，直至断裂。由于总是突然间发生的，因此脆性断裂不易发现和预防。

③ 结构在破坏时的工作应力一般并不高，破坏应力往往低于材料的屈服强度，或远远小于结构设计的许用应力。结构在名义应力下工作，往往被认为是安全的，但是却发生破坏，因此，人们也把脆性断裂称为"低应力脆性断裂"。破坏后取样测定材料的常规强度指标通常是合乎设计要求的。高强度钢可能发生脆性断裂，低强度钢也可能发生脆性断裂。

④ 通常在较低温度下发生，因此，人们也把脆性断裂称为低温脆性断裂。

3.2　金属材料的断裂及其影响因素

断裂是指金属材料受力后局部变形量超过一定限度时，原子间的结合力受到破坏，从而萌生微裂纹，继而发生扩展使金属断开，是材料失效的主要形式之一。在工程上，按照断裂前塑性变形的大小，将断裂分为脆性断裂和延性断裂，延性断裂又称为塑性断裂或韧性断裂。

3.2.1　金属材料断裂的机制和形态

3.2.1.1　脆性断裂

通常脆性断裂是指沿一定结晶面劈裂的解理断裂（包括半解理断裂）及晶界（沿晶）断裂。所以，常见的材料脆性断裂机制有解理断裂和晶间断裂。

（1）解理断裂　解理断裂为一种在正应力作用下产生的穿晶断裂，通常沿特定的晶面即解理面分离。解理断裂多见于体心立方、密排六方金属和合金中，面心立方晶体很少发生解理断裂。

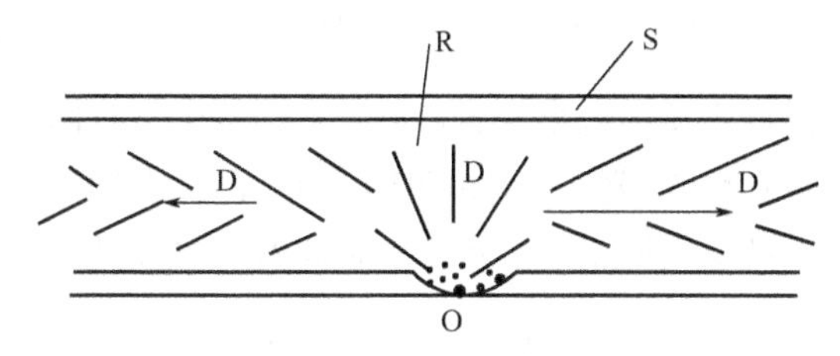

图 3-1　人字纹示意图

D—扩展方向；O—裂纹源；S—剪切唇；R—放射条纹

解理断裂通常呈现脆性，不产生或产生较小的宏观塑性变形。解理断裂的宏观断口平齐，一般与主应力方向垂直，断口有金属光泽；解理断口具有人字纹或放射状条纹，人字纹尖峰指向裂纹源，如图 3-1 所示。

解理断口的微观特征形态常出现河流花样、舌状花样和扇形花样等。在河流花样中，河流汇合的方向就是裂纹扩展方向，如图 3-2 所示。

图 3-2　断口微观特征-河流状花样

（2）晶界脆性断裂　晶界脆性断裂即沿晶粒边界发生的分离，是由于各种析出相、夹杂物、元素偏析，第二相粒子、脆性薄层等内在因素，以及环境、温度和机械等外来因素的影响，而导致沿晶界的破断。

晶界脆性断裂的断口宏观形态特征呈颗粒状或粗瓷状，色泽较灰暗，但比韧性断口要光亮。断裂前没有可以察觉到的塑性变形，断口表面平齐，边缘有剪切唇。

晶界脆性断裂的断口微观形态特征是明显的多面体，呈现不同程度的晶粒多面体，外形如岩石状花样或冰糖块状花样（图 3-3）。

3.2.1.2　延性断裂

在载荷作用下，塑性金属材料的晶体首先发生弹性变形，当载荷继续增加达到某一值时即发生屈服。由于滑移使多晶体发生永久变形，即塑性变形。若要继续变形，则要增大作用力，此过程即所谓加工硬化。继续加大载荷，金属将进一步变形，继而产生微裂口或微空隙。这些微裂一经形成，便在随后的加载过程中逐步汇合起来，形成宏观裂纹。宏观裂纹发

图 3-3 冰糖块状花样断口电镜图像

展到一定尺寸后就发生失稳扩展而导致最终断裂。

延性断裂分为两种情况。一种称作滑移或纯剪断裂，此时金属在外力作用下沿最大切应力的滑移面滑移，至一定程度而断裂。这种断裂常发生在纯的单晶体中。对于纯剪切断口，其断口平面与拉伸轴线大致成 45°角，表面平滑，如图 3-4（a）所示。另一种称作微孔聚集型断裂，多发生在钢铁等工程结构材料中，在外力的作用下，因强烈滑移、位错堆积，在局部地方常产生显微空洞，这种空洞在切应力作用下不断长大，聚集连接，并同时产生新的微小空洞，最后导致整个材料的断裂。对于微孔聚集型断裂的断口，又称杯锥状断口，杯底部分一般是与主应力方向垂直的平断口，断口平面并非完全平直，而是由许多细小的凹凸小斜面组成，这些小斜面又和拉伸轴线成 45°，如图 3-4（b）所示。

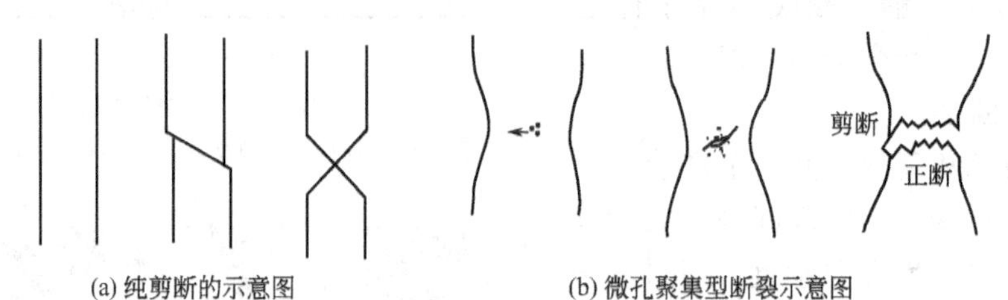

图 3-4 延性断裂宏观形貌（从左至右表示断裂过程）

延性断裂的宏观断口一般呈纤维状，色泽灰暗，边缘有剪切唇，断口附近有宏观的塑性变形。微观断口特征形态是韧窝，韧窝的实质是材料微区塑性变形形成的空洞聚集和长大导致材料断裂而留下的圆形或椭圆形凹坑，如图 3-5 所示。由于作用应力形式不同，显微空隙的生核、长大、聚集过程也不同，所以韧窝形式也不一样。正应力、剪切应力和撕裂应力分别产生等轴韧窝、剪切韧窝和撕裂韧窝，如图 3-6 所示。

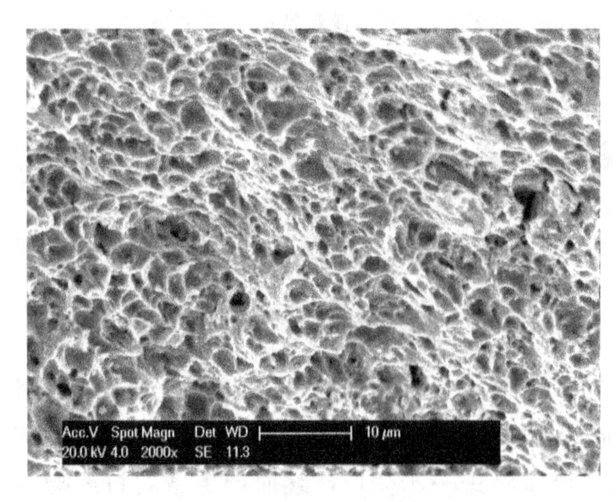

图 3-5 韧窝状花样断口电镜图像

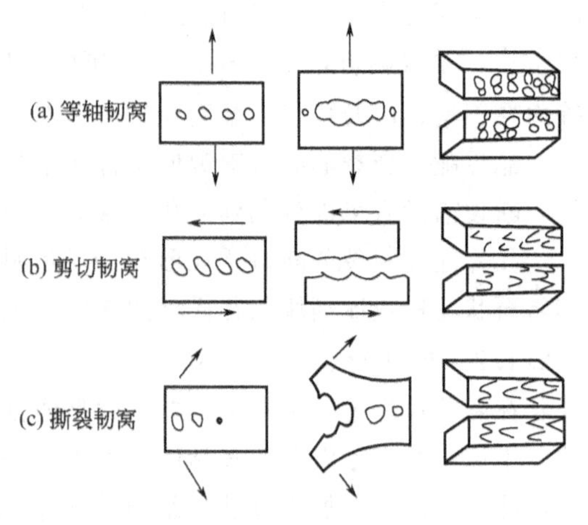

图 3-6 三种韧窝的形成过程

3.2.1.3　韧性-脆性断裂

试验表明，大多数塑性金属材料随温度的下降会发生从韧性断裂向脆性断裂过渡的情况，这种断裂类型的转变称为韧性-脆性的转变，所对应的温度称为韧性-脆性转变温度。一般体心立方金属韧性-脆性转变温度高，而面心立方金属一般没有这种温度效应。韧性-脆性转变温度的高低还与材料的成分、组织状态和环境等因素有关。韧性-脆性转变温度是选择材料的重要依据。工程实际中需要确定材料的韧性-脆性转变温度，在此温度以上只要名义应力处于弹性范围，材料就不会发生脆性破坏。

一些材料的冲击韧性对温度是很敏感的，如低碳钢或低合金高强度钢在室温以上时韧性很好，但温度降低至－40～－20℃时就变为脆性状态，即发生韧性-脆性转变的现象。通过系列温度冲击试验可得到特定材料的韧-脆转变温度。

3.2.2　影响金属脆断的主要因素

影响金属或结构发生脆性断裂和延性断裂的因素有内、外两种，外部因素主要为应力状态、温度环境和加载速率，内部因素主要为材料性能。

3.2.2.1　应力状态

按照材料力学的知识，物体在受到载荷时，在单元体的主平面上作用有最大正应力 σ_1 或 σ_{max}，与之相垂直的平面上作用有最小正应力 σ_3 或 σ_{min}，与主平面成 45°的平面上作用有最大切应力 $\tau_{max}=(\sigma_1-\sigma_3)/2$。如果 σ_{max}先达到抗拉强度（即正断抗力），则发生脆性断裂，如图 3-7 中曲线 2 所示；反之，如果 τ_{max}先达到屈服抗力，则发生塑性变形造成延性断裂，如图 3-7 中曲线 1 所示。

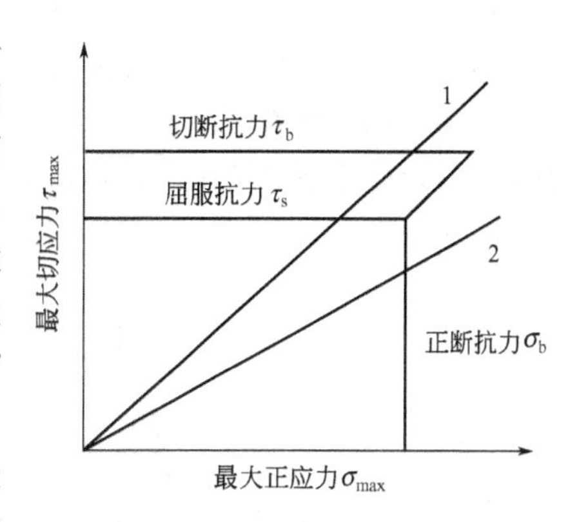

图 3-7　应力状态示意图

称 $r=\tau_{max}/\sigma_{max}$为应力状态，同一种材料，由于受到的外力形式不一样，r 的大小也不同，其断裂形式也不一样，r 小则材料易于脆性断裂，r 大则材料倾向于延性断裂。各种力作用下的断裂形式见表 3-1。

表 3-1　应力状态和断裂形式

载荷状态		正应力	最大剪切应力	应力状态	断裂形式
拉伸	三向等轴	$\sigma_1=\sigma_2=\sigma_3$	$\tau_{max}=0$	$r=0$	脆性断裂
	三向应力	$\sigma_1>\sigma_2>\sigma_3$	$\tau_{max}=(\sigma_1-\sigma_3)/2$	$0<r<1/2$	倾向脆性断裂
	单轴	$\sigma_1\neq0;\sigma_3=0$	$\tau_{max}=\sigma_1/2$	$r=1/2$	延性断裂
扭转		$\sigma_1=0$	$\tau_{max}\neq0$	$r\to\infty$	延性断裂
压缩	单轴	$\sigma_1\neq0;\sigma_3=0$	$\tau_{max}=-\sigma_1/2$	$r=1/2$	延性断裂
	三向应力	$\sigma_1>\sigma_2>\sigma_3$	$\tau_{max}=(\sigma_1-\sigma_3)/2$	$0<r<1/2$	倾向脆性断裂
	三向等轴	$-\sigma_1=-\sigma_2=-\sigma_3$	$\tau_{max}=0$	$r=0$	脆性断裂

由表 3-1 可见，许多材料在单轴应力作用下呈现塑性状态，而当处于三轴应力作用下时，因不易发生塑性变形而呈现脆性状态。在实际结构中，三轴应力可能由三轴载荷产生，但更多的情况是由于结构几何不连续性引起的。即使作用单轴应力，但由于缺口效应的存在也会产生三轴应力状态，如图 3-8 所示。

厚板在缺口处容易形成三轴拉应力，因为沿厚度方向的收缩和变形受到较大的限制，形

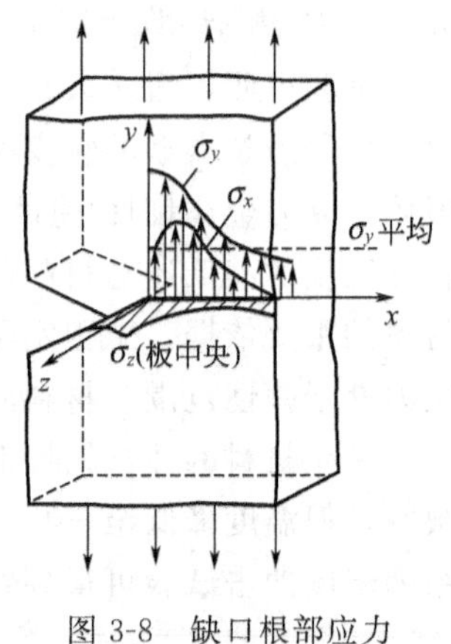

图 3-8 缺口根部应力分布示意图

成平面应变状态，平面应变的三轴应力使材料变脆；而当板材比较薄时，材料在厚度方向能比较自由地收缩，故厚度方向的应力较小，接近平面应力状态。

3.2.2.2 温度的影响

如果把一组开有相同缺口的同种材料试样在不同温度下进行试验，就会看到随着温度的降低，它们从延性破坏变为脆性破坏（图 3-9）。把由延性向脆性断裂转变的温度称为韧-脆转变温度，一般用 T_c 表示。温度的变化并不影响正断抗力，但对屈服抗力有较大影响。温度降低，屈服抗力 τ_s 增加，同种材料、同种应力状态的 2 曲线（图 3-7），原来为延性断裂则可能变为较低温下的脆性断裂；反之，由于温度的升高，1 曲线（图 3-7）则可以由脆性断裂转变为延性断裂。

3.2.2.3 加载速度的影响

随着加载速度的增大，材料的屈服抗力提高，因而促使材料向脆性转变，其作用相当于降低温度。应当指出，结构钢一旦萌生脆性裂纹，就很容易扩展。这是因为当缺口根部小范围金属材料解理起裂后，裂纹前端立即受到快速的高应力和高应变作用。这意味着一旦缺口根部开裂，相应就有高应变速率产生，而不管原始加载条件是动载还是静载。此后随着裂纹加速扩展，应变速率更急剧增加，进而造成结构失效。韧-脆转变温度与应变速率的关系如图 3-10 所示。

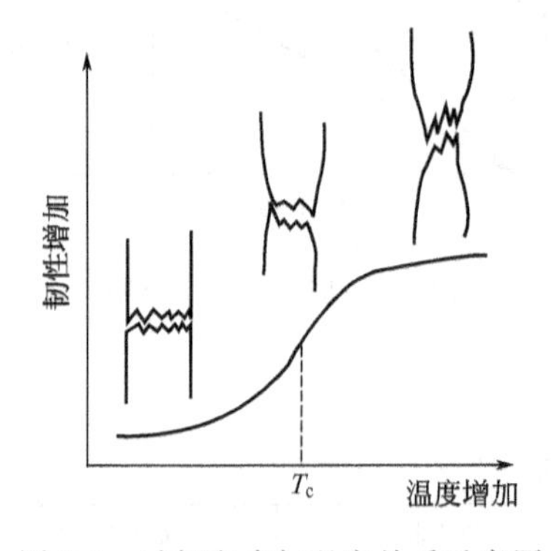

图 3-9 破坏方式与温度关系示意图

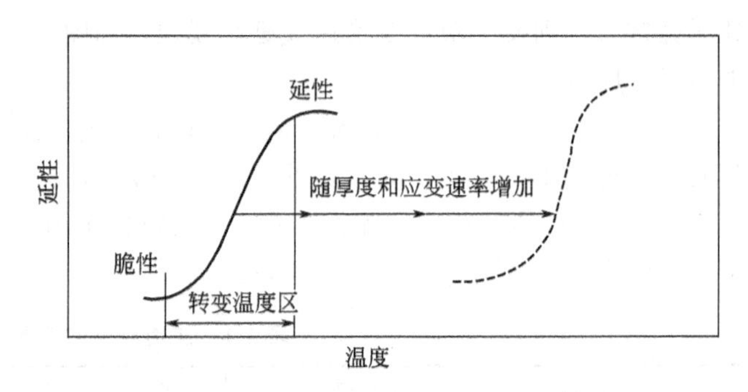

图 3-10 韧-脆转变温度与应变速率的关系

3.2.2.4 材质的影响

（1）化学成分的影响 钢中的碳、氮、氧、氢、硫、磷含量增加可使钢的脆性增加，另一些元素如锰、镍、铬、钒等，如果加入量适当，则有助于减少钢的脆性。

（2）显微组织的影响 一般情况下，在给定的强度水平下，钢的韧-脆转变温度由它的显微组织来决定。铁素体具有最高的韧-脆转变温度，随后是珠光体、上贝氏体、下贝氏体和回火马氏体。每种组织的转变温度又随其形成时的温度以及回火温度发生变化，例如等温转变获得的下贝氏体具有最佳的断裂韧度，此时其韧-脆转变温度比同等强度的回火马氏体还低。奥氏体在某些铁素体和马氏体钢中的存在可以阻碍解理断裂的快速扩展，也就相应地提高了该钢种的断裂韧度。

（3）晶粒度的影响 对于低碳钢和低合金钢来说，晶粒度对钢的韧-脆转变温度有很大影响，即晶粒越细，其转变温度越低，具体关系为：

$$T_c \propto \ln d^{-\frac{1}{2}}$$

式中，T_c 为转变温度，K；d 为晶粒直径，mm。

图 3-11 示出了转变温度 T_c、屈服点 σ_s 和晶粒直径 d 的关系。该图为低碳钢的实验结果。

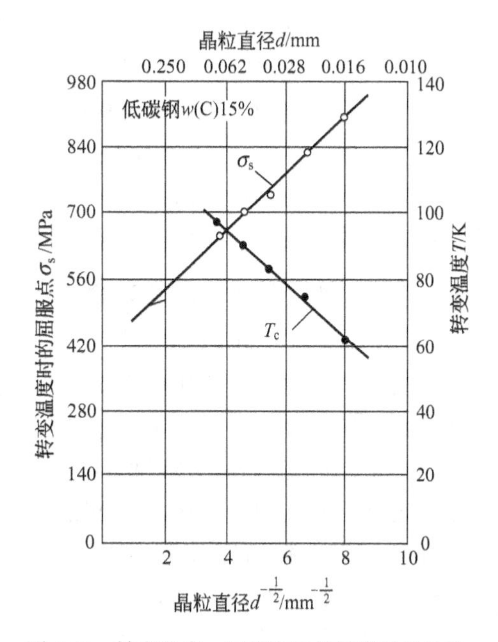

图 3-11 转变温度、屈服点和晶粒直径的关系

3.2.2.5 厚度的影响

(1) 尺寸因素的影响 理论上认为无缺口且几何形状过渡平滑试样的拉伸性能不受厚度影响。但实际上由于屈服和断裂经常是从材料表面开始，所以表面缺陷数目增加将导致流动和断裂的倾向。在厚板的截面中，存有缺陷的可能性更大；大截面造成的拘束度可引发高值应力；快速屈服和断裂时，所释放的弹性应变能依赖于试样尺寸。因此，随着厚度增加，材料的性能降低。

(2) 冶金因素的影响 一般来说，生产薄板时压延量大，轧制温度较低，组织细密；相反，生产厚板时轧制次数少，终轧温度较高，组织疏松。显然厚板的延、韧性均较差。

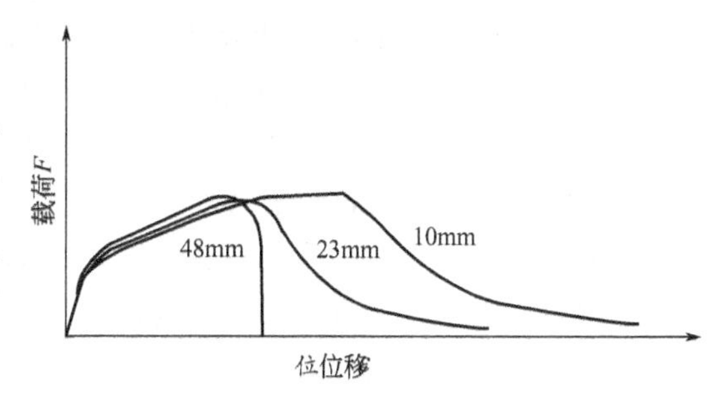

图 3-12 试样尺寸对应力-应变曲线形状的影响

(3) 缺口的影响 当板中有缺口存在时，厚度的影响将更加显著。图 3-12 示出不同厚度缺口试样的弯曲试验结果。试样厚度从 10mm 增加到 48mm 时，应力-应变关系曲线发生显著变化，即应力突然下降，造成脆性断裂。试验中所有试样的裂纹均从对应于最高应力的缺口根部产生。显然，随着试样厚度加大，断裂能降低。

3.3 焊接结构的脆性断裂

3.3.1 焊接结构的特点对脆断的影响

(1) 焊接结构刚性大 焊接为刚性连接，连接构件不能产生相对位移。而铆接接头有产生一定相对位移的可能性，从而使其刚性相对降低，在工作条件下，足以减少因偶然载荷而产生附加应力的危险。在焊接结构中，由于在设计时没有考虑到这一因素，往往能引起较大的附加应力，特别是在温度降低材料的塑性变坏时，这些附加应力常常会造成结构的脆性破坏。

焊接结构对应力集中特别敏感，如果所使用的焊接接头存在较大的应力集中，或采用了截面变化较大的焊接接头，当温度降低时，结构就有发生脆断的危险。

（2）焊接结构整体性强　这一特点为设计制造合理的结构提供了广泛应用性，因此整体性强是焊接结构的优点之一，但是如果设计不当，或制造不良，这一优点反而可能增加焊接结构脆断的危险。因为由于焊接结构的整体性，它将给裂纹的扩展创造十分有利的条件。当焊接结构工作时，一旦有不稳定的脆性裂纹出现，就有可能穿越接头扩展至结构整体，而使结构整体破坏。而对铆接结构来说，当出现不稳定的脆性裂纹后，只要扩展到接头处，就可自然止住。因此在某些大型焊接结构中，有时仍保留少量的铆接接头，其道理就在于此。

3.3.2　焊接制造工艺对脆断的影响

3.3.2.1　应变时效引起的局部脆性

应变时效有冷应变时效和热应变时效两类。在焊接结构制造过程中，剪切、矫形和弯曲等冷加工使加工部位产生了一定的塑性变形，随后经过焊接热循环的160～450℃温度范围的加热就会引起应变时效，导致材料的脆化，这称为冷应变时效或冷应变时效脆化。在焊接过程中，近缝区某些刻槽或缺口尖端附近或多层焊道中已焊完焊道的缺陷附近，金属受到焊接热循环和热塑变循环的作用，产生焊接应力或应变集中，导致较大的塑性变形，也会引起应变时效，一般称此时效为热应变时效或热应变脆化。

研究表明，许多碳-锰低强度结构钢对应变时效脆化比较敏感，它将大大降低钢材的塑性，提高材料的韧-脆转变温度，从而加大焊接结构脆性破坏的倾向。

可采用冲击试验或拉伸试验研究钢材或焊接接头的应变时效脆化性质。例如GB/T 2655“焊接接头应变时效敏感性试验方法”中规定采用冲击试验进行。

作为示例，下面简要介绍国内对CF-60钢板材和焊接接头的应变时效冲击试验要点。按照GB/T 2655试验标准，试验时首先使试板在240mm标距内预制5%的残余变形。拉伸后的试板再加热至250℃，保温1h后随炉冷却。焊接接头冲击试样在试板上沿垂直于焊缝方向上切取，如图3-13所示。然后按标准加工成夏比V形缺口冲击试样。

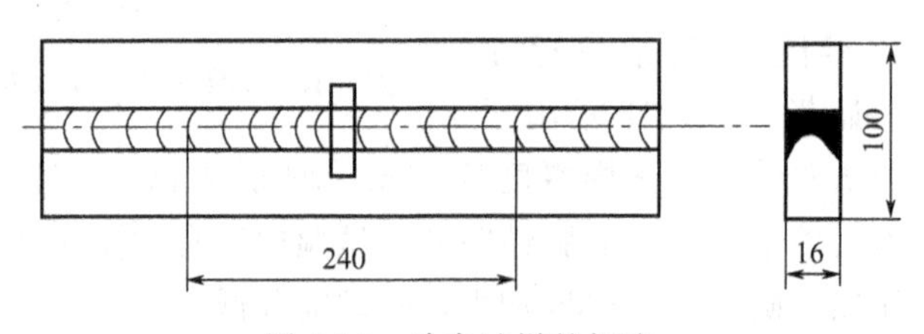

图3-13　冲击试样的切取

CF-60钢板材及焊接接头的应变时效前后冲击试验结果如图3-14所示。

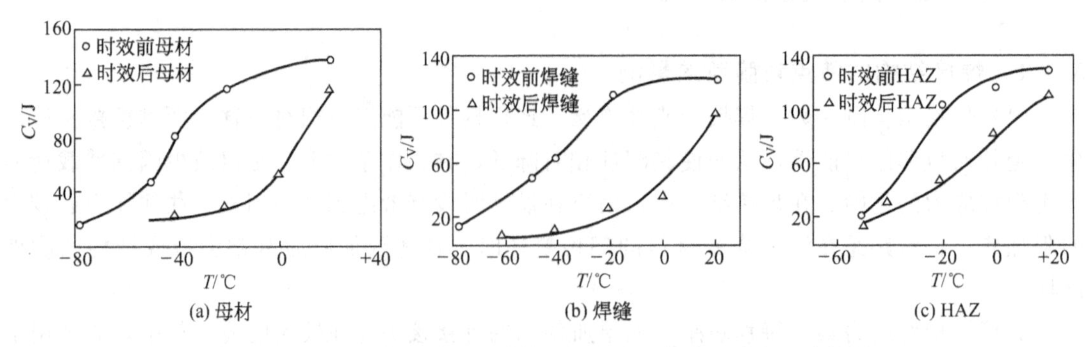

图3-14　CF-60钢板材及焊接接头的应变时效前后冲击试验结果

由图 3-14 可见，CF-60 钢母材、焊缝和热影响区各部位经过应变时效处理后的试样破断冲击吸收功均低于应变时效前的试样破断冲击吸收功；CF-60 钢焊接接头各部位应变时效前后的破断吸收功或冲击韧度值在曲线陡降段部分相差较大，而在上、下平台部分相差较小，即在韧—脆转变温度区间内应变时效对冲击韧度值的影响更甚。

3.3.2.2　焊接接头微观组织对脆性的影响

焊接过程是一个不均匀的加热过程，在快速加热和冷却的条件下，焊缝和近缝区组织发生了一系列的变化，因而就相应地改变了接头部位的缺口韧性。如图 3-15 所示为某碳-锰钢焊接接头不同部位的 COD 试验结果。由图 3-15 可见，该接头的焊缝和热影响区具有比母材高的韧-脆转变温度，因而它们成为焊接接头的薄弱环节。

热影响区的显微组织主要取决于钢材的原始显微组织、材料的化学成分、焊接方法和焊接热输入。当焊接方法和钢种选定后，热影响区的组织主要取决于焊接工艺参数即焊接热输入。因此，合理地选择焊接热输入是十分重要的，尤其是对高强钢更是如此。实践证明，对于高强钢，过小的焊接热输入易造成淬硬组织而引起裂纹，过大的焊接热输入又易造成晶粒粗大和脆化，降低其韧性。图 3-16 示出了不同焊接热输入对某碳-锰钢焊接接头的热影响区冲击韧度的影响。随着焊接热输入的增加，该区的韧-脆转变温度相应地提高，从而增加了脆断的危险性。在这种情况下可以采用多层焊或适当的小规范焊接来获得满意的韧性。

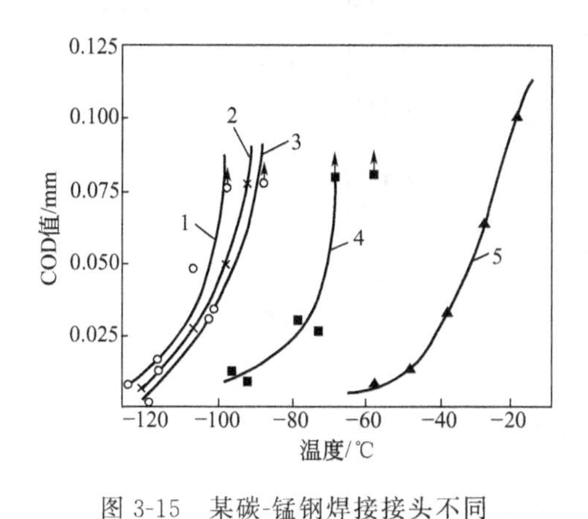

图 3-15　某碳-锰钢焊接接头不同部位的 COD 试验结果

1—母材；2—母材热应变时效区；3—细晶粒热影响区；4—粗晶粒热影响区；5—焊缝

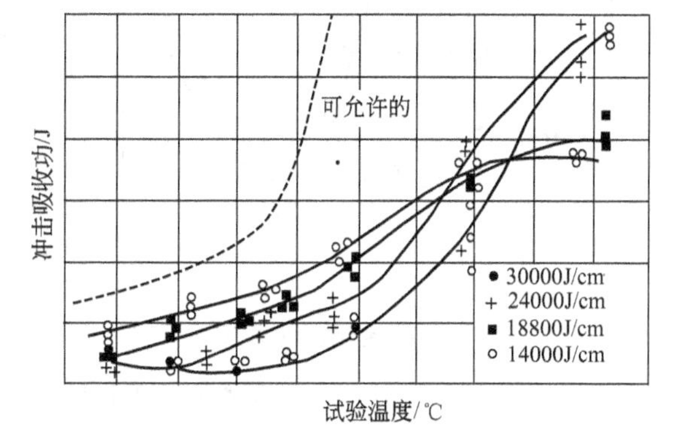

图 3-16　不同焊接热输入对某碳-锰钢焊接接头的热影响区冲击韧度的影响

3.3.2.3　焊接缺陷对脆断的影响

在焊接接头中，焊缝和热影响区是最容易产生各种缺陷的地方，裂纹、未焊透、夹渣、咬边、气孔等都可成为脆断的发源地。据美国对第二次世界大战期间船舶脆断事故的调查表明，40％的脆断事故是从焊缝缺陷处开始的；英国某电站锅炉，在投产前的水压试验时发生脆断，就是由深 90mm，长 330mm 的埋藏裂纹缺陷引起的。

焊接缺陷均是应力集中部位，尤其是裂纹，它通常比人工缺口尖锐得多，裂纹的影响程度不仅与其尺寸、形状有关，而且与其所在部位有关。如果裂纹位于高值拉应力区就容易引起低应力破坏。若在结构的应力集中区产生焊接缺陷就更加危险。因此最好将焊缝布置在应力集中区以外。

3.3.2.4　残余应力对脆断的影响

（1）考虑工作温度时的影响　当工作温度高于材料的韧-脆转变温度时，拉伸残余应力对结构的强度无不利影响，但是当工作温度低于韧-脆转变温度时，拉伸残余应力则有不利影响，它将与工作应力叠加共同起作用，在外加载荷很低时，发生脆性破坏，即所谓低应力破坏。

（2）考虑残余应力分布时的影响　峰值拉伸残余应力有助于断裂的产生，随着裂纹扩展离开焊缝一定距离后，拉伸残余应力急剧减小。当工作应力较低时，裂纹可能中止扩展，当工作应力较大时，裂纹将一直扩展至结构破坏。如图3-17和图3-18所示为穿过两平行焊缝的裂纹扩展路径的例子。图3-17中由于两平行焊缝距离较近，所以在试件上有一个较宽的残余拉应力区，在40.2MPa的外加拉应力作用下，裂纹穿过了整个试件的宽度。图3-18中由于两平行焊缝距离较大，两焊缝间具有较大的残余压应力，在29.4MPa的外加拉应力作用下，裂纹在压应力区中拐弯并停止扩展。

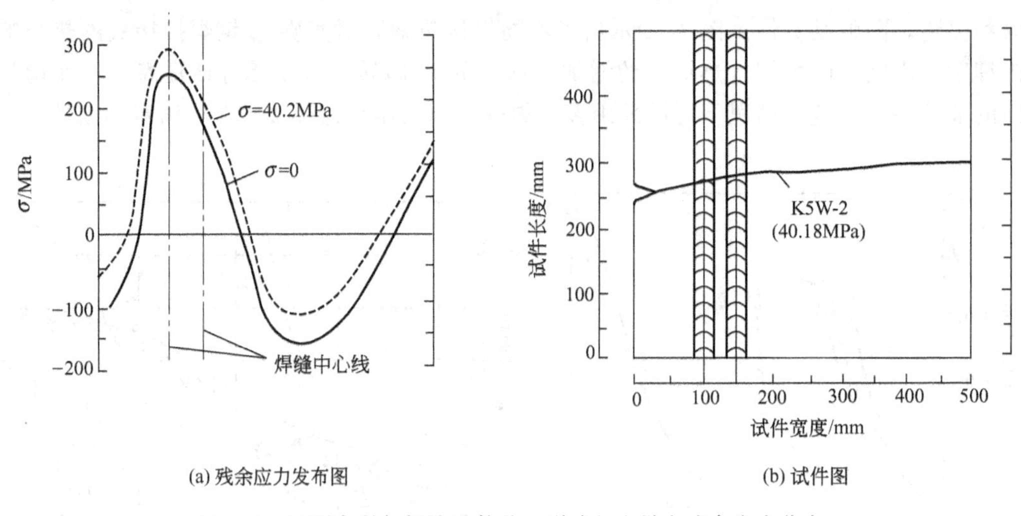

(a) 残余应力发布图　　(b) 试件图

图3-17　近距离平行焊缝试件的开裂路径和纵向残余应力分布

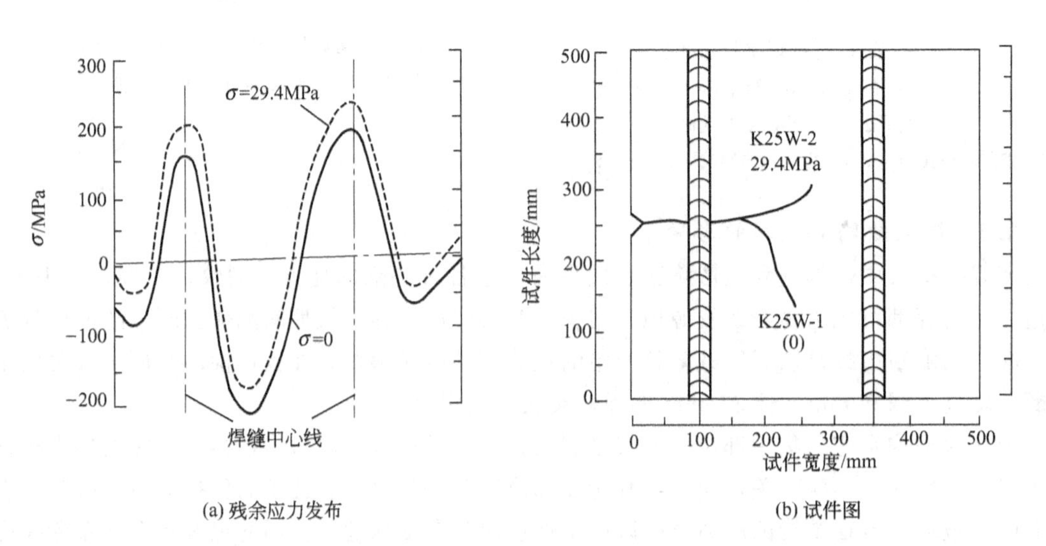

(a) 残余应力发布　　(b) 试件图

图3-18　远距离平行焊缝试件的开裂路径和纵向残余应力分布

(3) 对脆断裂纹扩展方向的影响　残余应力对脆断裂纹扩展方向的影响如图 3-19 所示。若试件未经退火，试验时也不施加外力，冲击引发裂纹后，裂纹在残余应力作用下，将沿平行焊缝方向扩展（N30W-3）。随着外加应力的增加，开裂路径越来越接近与外加应力方向垂直的试件中心线。如果试件残余应力经退火完全消除，则开裂路径与试件中心线重合（N30WR-1）。

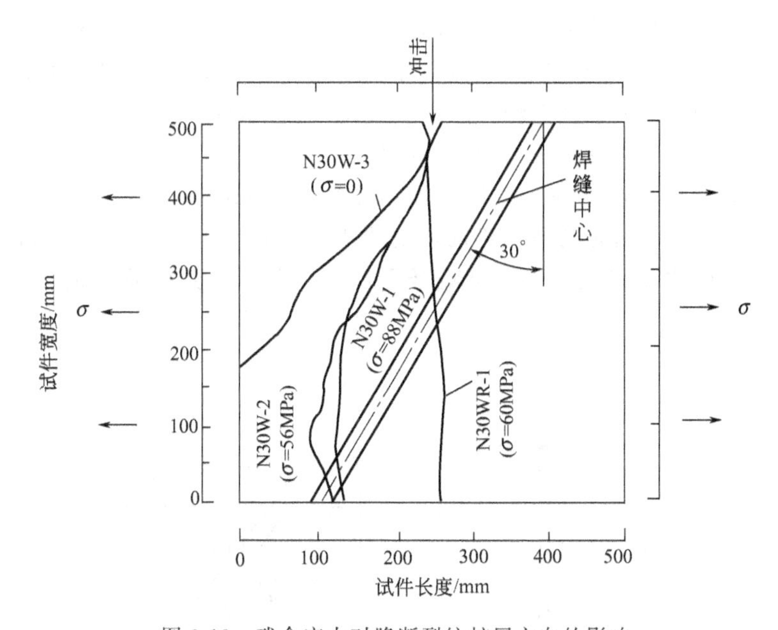

图 3-19　残余应力对脆断裂纹扩展方向的影响

3.4　焊接结构抗开裂性能与止裂性能

3.4.1　焊接结构设计准则

焊接结构的脆性破坏是由两个步骤所组成，即在焊接结构缺陷（如焊接冷裂纹、热裂纹、咬肉、未焊透、腐蚀、疲劳裂纹等）处首先产生一个脆性裂纹，然后该裂纹以极快速度扩展，贯穿部分或全部焊接结构，使焊接结构发生破坏。

为了防止结构发生脆性破坏，相应地有两个设计准则：一是防止裂纹产生准则，即“开裂控制”；二是止裂性能准则，即“扩展控制”。前者是要求焊接结构最薄弱的部位，即焊接接头处具有抵抗脆性裂纹产生的能力，即抗开裂性能；后者要求如果在这些部位产生了脆性小裂纹，其周围材料应具有将其迅速止住的能力，即止裂性能。显然，后者比前者要求苛刻些。

防止焊接结构脆性破坏事故发生的有效而又经济的方法，是要求在上述设计方法中以焊接接头的抗开裂能力（即开裂控制）作为设计依据。同时，要求焊缝或接头各部位具有止裂能力，对防止重要结构的脆断失效也是必要的。对一种材料来说有一个引发临界温度 T_i，在此温度以上不可能引发脆性断裂，这个温度的高低可以用来衡量材料的抗开裂性能，故也称为开裂转变温度。同时，止裂也有一个临界温度 T_a，在这个临界温度以上脆性裂纹可以被止住或者不能扩展，该温度称为止裂温度。由于一种材料在同一条件下，止裂转变温度不会低于它的开裂转变温度，因此采用止裂准则进行设计时，对材料的要求将比开裂原则苛刻，这就要在设计中依据结构的重要性从安全和经济两个角度进行全面考虑。

3.4.2 焊接接头抗开裂性能试验

3.4.2.1 Wells宽板拉伸试验

Wells宽板拉伸试验是由英国焊接研究所提出的试验方法。该试验是大型试验中用得比较多的一种，由于这种方法能在实验室内重现实际焊接结构的低应力断裂现象，同时又能模拟实际焊接结构中板厚、焊接残余应力、焊接热循环、焊接工艺等造成的影响，所以这种试验方法不但可以用来研究脆断机理，而且也可作为选材的基本方法。该试验又可分为单道焊缝宽板拉伸试验和十字焊缝宽板拉伸试验两种。

（1）单道焊缝宽板拉伸试验　该试验使用原板910mm×910mm（我国采用500mm×500mm）方形试件。在施焊成方形试件前，把两块910mm×455mm板材的待焊边加工成双V形坡口，并在板中央坡口边中部用细锯条开出一道与坡口边缘垂直的、深为5mm的缺口，如图3-20所示。

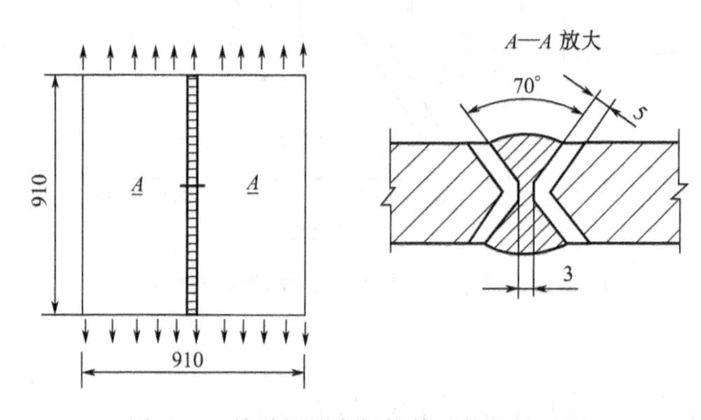

图3-20　单道焊缝宽板拉伸试件及缺口图

在焊接对接焊缝时，缺口尖端不仅在焊接残余拉伸应力场内，而且还在热场温度下产生应变集中，因而易造成动应变时效。对于某些钢种来说，这种动应变时效大大提高了缺口尖端的局部脆性。应当说明，在开裂型试验中，裂纹尖端局部材质的韧性是起决定性作用的，即它决定着构件的抗开裂性能。

将制备好的系列试件在大型拉力试验机上分别在不同温度下进行拉伸试验，测出并绘制出整体应力应变和温度之间的关系曲线。如图3-21所示为国产钢材09MnTiCuRe和06MnNb的宽板拉伸试验的典型应力-温度关系曲线。

（2）十字焊缝宽板拉伸试验　某些低合金钢和高强钢对动应变时效不敏感，而熔合区、热影响区或焊缝往往是焊接接头的最脆部位。因此缺口应开在这些区域内进行试验，这时应采用如图3-22所示的十字焊缝形宽板拉伸试件进行试验。制备这种试件时，首先是焊接与拉伸载荷垂直的横向焊缝，在焊缝、热影响区或熔合区相应部位开出缺口后，再焊接纵向焊缝，试验方法与单道焊缝试验时相同。

（3）Wells宽板拉伸试验的评定标准　Wells宽板拉伸试验评定的指标是试样发生0.5%塑性变形时产生裂纹的温度；换言之，这种试验反映裂纹产生前韧性参量指标，可以测定以开裂准则为依据的材料最低安全使用温度。

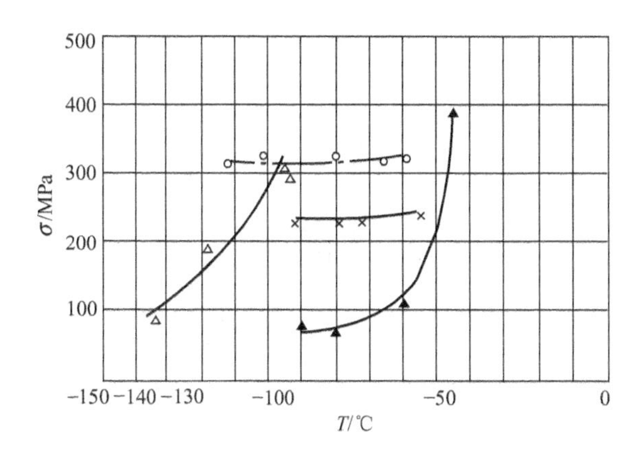

图 3-21 宽板拉伸试验的典型应力-温度关系曲线

09MnTiCuRE：▲焊态；○热处理；×预拉伸；06MnNb：△焊态

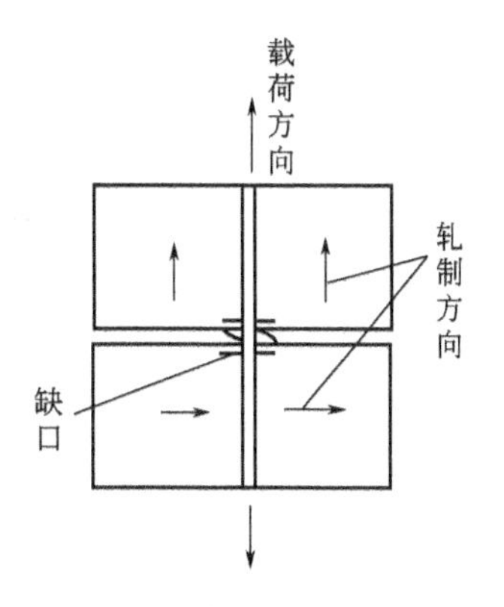

图 3-22 十字焊缝形宽板拉伸试件

3.4.2.2 断裂韧性试验

焊接结构的失效断裂，包括脆性断裂事故，总是以宏观缺陷或裂纹作为“源”而开始的。裂纹通常在应力远低于屈服强度条件下，由于作用载荷的施加而逐步扩展，最终导致突发性低应力脆断。由此可见，结构的断裂应力与缺陷或裂纹的存在有关。应用断裂力学知识，可以估算一定尺寸的裂纹与结构断裂强度间关系的规律性。由于不同结构材料对裂纹的扩展阻力不同，从而提出了断裂韧性的概念。

断裂韧性反映了带裂纹体抵抗裂纹扩展的能力，特别是抵抗裂纹发生失稳扩展的能力。当材料一定时，裂纹的扩展行为与裂纹尖端附近区域的应力场分布密切相关。线弹性断裂力学中采用应力强度因子 K_{IC} 作为断裂韧性参量来表征裂纹尖端附近的应力场，仅限于小范围屈服的条件。对于延性较好的材料或焊接接头，裂纹尖端区域已不满足小范围屈服的条件，线弹性断裂力学理论已不再适用，需要采用弹塑性断裂力学的方法分析裂纹尖端的应力-应变场。为了描述弹塑性断裂问题，需要寻找新的断裂控制参量。裂纹尖端张开位移（CTOD）和 J 积分是常用的弹塑性断裂力学参量。

裂纹尖端张开位移 CTOD（crack tip opening displacement）是断裂力学中表征裂纹尖端附近的塑性变形程度的参量之一。CTOD 值的大小反映了材料或焊接接头的抗开裂能力的高低。CTOD 值越大，表示裂纹尖端处材料的抗开裂性能越好，即韧性越好；反之，CTOD 值越小，表示裂纹尖端处材料的抗开裂性能越差，即韧性越差。因此，Wells 提出了 CTOD 判据。裂纹体受到载荷时，裂纹尖端张开位移 δ 达到 δ_c 时裂纹会启裂扩展，断裂准则为：

$$\delta \geqslant \delta_c$$

δ_c 为材料的裂纹扩展阻力，可通过标准试验方法测定。CTOD 是一个启裂判据，无法预测裂纹是否稳定扩展。

CTOD 试验作为一种评价材料和焊接接头抗断裂性能的有效方法，已在工业发达国家制造业中得到广泛应用。CTOD 试验是典型的开裂型试验。按照 BS7448 试验标准，试样类型可分为四种：①长方形三点弯曲试样；②正方形三点弯曲试样；③直缺口紧凑拉伸试样；④阶梯缺口紧凑拉伸试样。以下主要以长方形三点弯试样为例（图 3-23），介绍 CTOD 参量的测试过程。

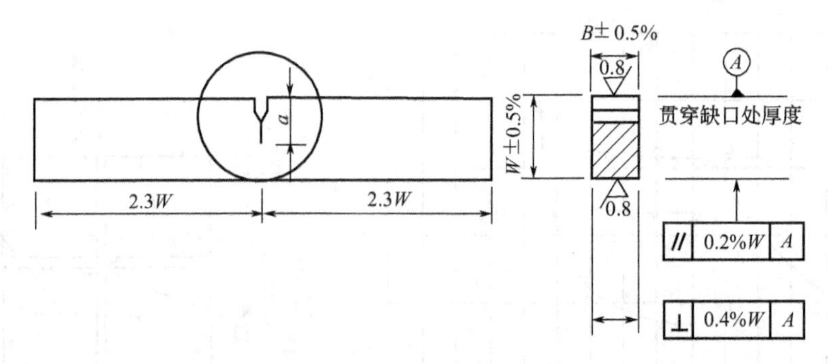

图 3-23　长方形截面弯曲试样

W—试样宽度；B—试样厚度，$B=0.55W$；a—裂纹长度，$a=(0.45\sim0.55)W$

试验时记录载荷 F 与裂纹表观张开位移 V 的关系曲线，载荷 F 由载荷传感器测量，裂纹嘴张开位移 V 用夹式引申计测量。根据 F-V 曲线，可求出裂纹失稳扩展时的临界载荷。

载荷-位移曲线一般有六种形式，如图 3-24 所示。其中曲线 1～3 表明载荷-位移曲线近似线性关系，而曲线 4～6 一般与弹塑性断裂有关，六种曲线均适用于测定 CTOD 值或 J 积分值。

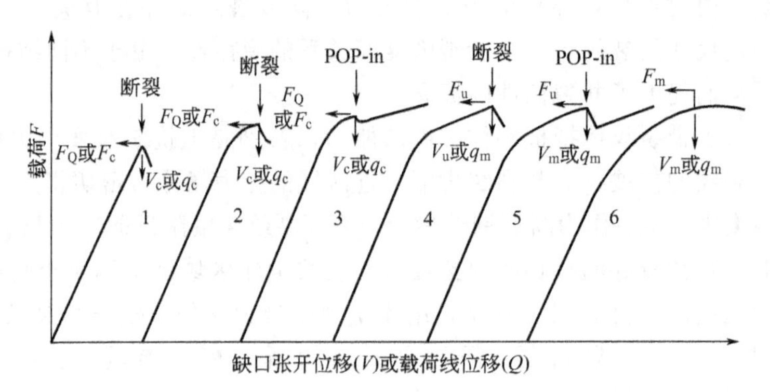

图 3-24　断裂力学试验的 F-V 或 F-Q 曲线

由记录的 V_c、V_u 或 V_m 计算裂纹张开位移塑性部分 V_p 值，可采用作图法（图 3-25），或者从整体裂纹张开位移量扣除弹性部分的分析法。

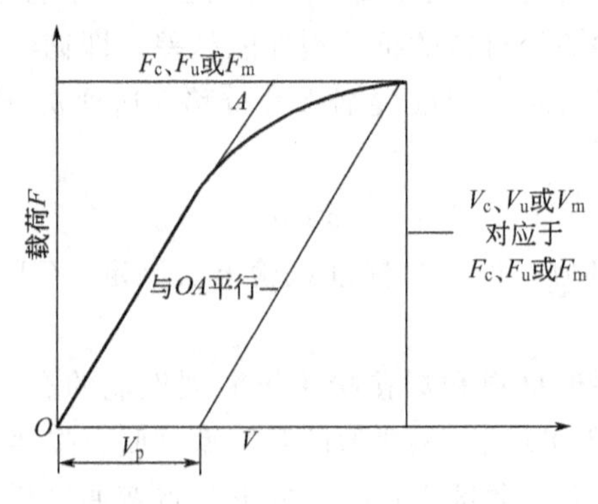

图 3-25　CTOD 试验中 V_p 的测定

对于三点弯曲试样：

$$\delta=\left[\frac{FS}{BW^{1.5}}f\left(\frac{a_0}{W}\right)^2\right]\frac{(1-v^2)}{2\sigma_{ys}E}+\frac{0.4(W-a_0)V_p}{0.4W+0.6a_0+Z} \tag{3-1}$$

式中，Z 为固定钳形夹的刀口高度；v 为泊松比；S 为弯曲跨距；$f(a_0/W)$ 按如下公式计算。

$$f(a_0/W)=\frac{3\left(\frac{a_0}{W}\right)^{0.5}\left[1.99-\left(\frac{a_0}{W}\right)\left(1-\frac{a_0}{W}\right)\left(2.15-\frac{3.93a_0}{W}+\frac{2.7a_0{}^2}{W}\right)\right]}{2\left(1+\frac{2a_0}{W}\right)\left(1-\frac{a_0}{W}\right)^{1.5}} \tag{3-2}$$

对于焊接接头断裂韧性的测试，BS7448 标准作了如下修改和补充。

（1）试样设计　试样分为两种：一种为只需考虑焊缝宏观位置，不考虑微观组织的试样（WP)；另一种为需测定特定金相组织断裂韧度的试样（SM)，后者需确认沿全厚度或 75％厚度中是否存有待测的特定金相组织。

（2）试验前的金相检查　对于 SM 试样为保证预制的疲劳裂纹尖端部位具有待测的微观组织，应在试板上垂直焊缝方向至少制备两块试片，经打磨和腐蚀后进行金相检查，并记录其位置。对于贯穿厚度裂纹尖端部位应保证在 75％厚度范围内有供试微观组织。

（3）试验后的金相检查　对于 SM 试验，为了确认裂纹尖端的实际位置是否在待测微观组织内，试验后应进行金相检查，方法是从含有断裂表面部分试样切下试片，当检查热影响区试样时，应从焊缝一侧切下含有热影响区的试片。

对于贯穿厚度缺口试样，用光学显微镜观察在 75％厚度范围内紧靠裂纹尖端处是否为待测微观组织并绘制图形指明微观组织部位的长度。对于表面缺口试样进行金相观察，如果待测微观组织位于裂纹尖端前面，则应测出该距离 s（图 3-26)，该距离不得大于 0.5mm。

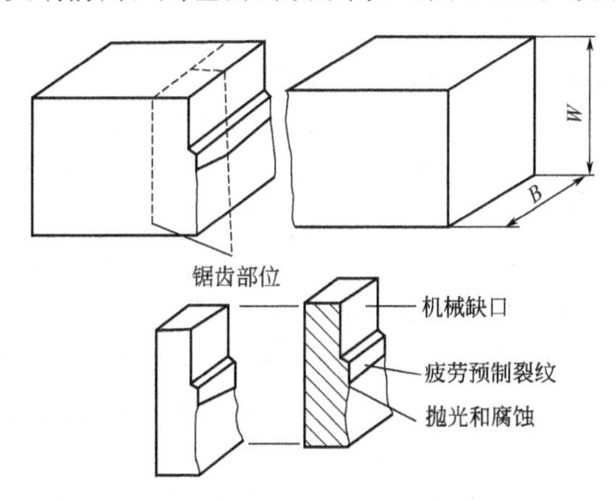

图 3-26　SM 表面缺口试样中的 s 测量

3.4.2.3　尼伯林克（Niblink）试验

该试验方法是荷兰人 Van den Blink 和 J. J. Nibbering 联合提出的，故称为 Niblink 试验。这种试验方法不但适用于动载结构，而且也可用来评定承受静载的结构。

（1）方法程序　这种试验方法的试验程序是在一定温度下，用一个一定重量的落锤载荷，以逐渐增加高度的方法，多次冲击一个在焊缝上或接头某部位上带有缺陷的试样。试样尺寸及加载方式如图 3-27 所示。

每次冲击后，缺口尖端区域内塑性变形值要增大，而以此断裂前局部塑性变形量作为衡量开裂性能的标准。具体实验中就是要测出缺口尖端的残余的裂纹张开位移值（COD 值)。

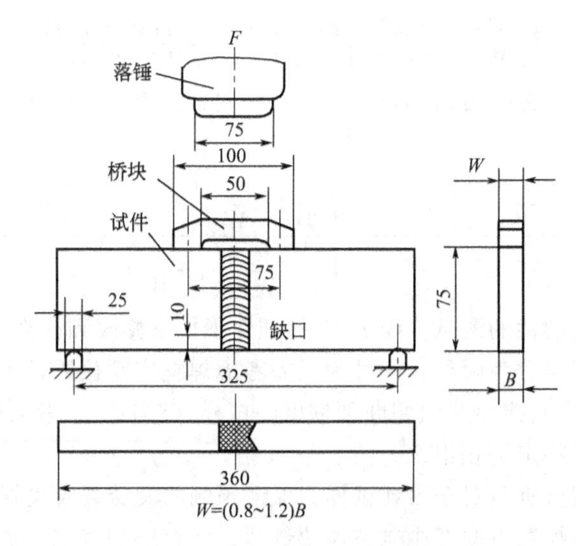

图 3-27　Niblink 试验示意图

如果在某温度下，经过多次冲击，缺口根部剩余 COD 值已达到 0.06mm，而仍未产生脆性裂纹，则可认为它的抗开裂性能满足要求，接头可在该温度下工作。如果在某温度下，经过冲击（不管第几次），缺口根部的残余 COD 值未达到 0.06mm 时产生了裂纹，则接头不可在此温度下使用。提高温度后，再重复试验，一直找到最低的可用温度为止。

该方法作为验收试验时，一般只需三个试样，但应当保证验收试验时的温度低于结构的工作温度（例如国外有的资料规定船舶结构试验温度为－10℃）。在此温度下，如果试验结果达到 0.06mm 仍未开裂，则认为满足要求。

Niblink 试验试验的具体程序，应符合下述规定。

① 落锤质量　选择锤头质量千克值等于板材厚度的毫米数，其差别允许 20%。例如对于 30mm 厚的板材，锤头质量定为 30kg，正负误差可各为 6kg，但此时应注意调整高度，以便质量×高度为规定常数值。

② 落锤高度　第一锤高度的厘米数等于以 MPa 表征的材料屈服点值，并圆整上升到靠近整百毫米的数值。而后冲击时的高度，对在 1000mm 以下的高度值，每次提高 100mm；超过 1000mm 高度时，每次提高 200mm。例如 $\sigma_s=240$MPa 的材料，第一锤的高度定为 300mm，以后分别提高到 400mm、500mm、600mm……，直至 1000mm 后为 1200mm、1400mm 等。

每次冲击后，测量其残余 COD 值。当三个试样 $COD_1\times COD_2\times COD_3\geqslant 0.06^3mm^3$ 时，则此焊接接头测量部位的韧性满足要求。如果不满足要求，可再加三个试样进行试验，此时，若 $COD_1\times COD_2\times COD_3\times COD_4\times COD_5\times COD_6\geqslant 0.06^6mm^6$，则此接头测量部位韧性仍可适用。

试验中，在缺口根部出现深度超过 5mm 的裂纹时，试验中止，试样被认为断裂。试验中，如果残余 COD 值突然增大很多，这表明可能出现了内部的“坑道”裂纹，这可以在“发蓝”工艺后，打断试样来检查。

对于消除应力的试样，所需最小残余 COD 值为 0.03mm。

(2) 试验的特点　试验特点之一是采用逐步增加高度的多次冲击。这样做比一次加载更接近于实际结构破坏情况。因为实际结构在破坏前往往可能遭受到数次由于意外情况所造成的冲击，而在其后的某一次冲击下造成结构的最后破坏，试验中多次冲击反映了这样破坏的情况，即每一次冲击都在缺口尖端处产生一定的塑性变形值，当此变形超出一定数值时，发生破坏。同时由于每一次冲击都有一部分能量将进一步使缺口尖端处产生塑性变形，这也就反映了缺口尖端加工硬化的作用。

3.4.3 焊接接头止裂性能试验

3.4.3.1 落锤试验

落锤试验是动载简支弯曲试验，如图3-28所示是试验的示意图。ASTM E 208中有三种试样尺寸，即P_1型为25mm×90mm×360mm，P_2型为19mm×50mm×130mm，P_3型为16mm×50mm×130mm。在我国落锤试验标准中除P_1、P_2、P_3三种试样外，又增加了P_4=12mm×130mm×50mm，P_5=38mm×90mm×360mm，P_6=50mm×90mm×360mm三种附加试样。试验前先在试样中受拉伸的表面中心，与平行于长边的方向堆焊一段长约64mm、宽约13mm的脆性焊道（对于厚度超过标准试样的试板，应只从一面机加工至标准厚度，并将未加工表面作为受拉表面），然后在焊道中央垂直焊缝方向锯出一个人工缺口。试验时，把冷却至预定温度的试样缺口朝下放在标准砧座上，在砧座两支点中部有一个限定试样在加载时产生挠度值的止挠块，使试样的最大弯曲角为5°。当弯曲形变达到3°时（此时试样的表面应力开始进入屈服），启裂焊道出现脆性裂纹。利用挡块再产生一个2°的附加弯曲角（动态弯曲），其目的是测定金属存有一个非常尖锐缺口即裂纹时产生变形的能力。不同试样的试验温度差为5℃，试样断裂的最高温度定为NDT温度。按照标准规定，当冲击下产生的裂纹扩展到受拉面的两个棱边或一个棱边时称为断裂。

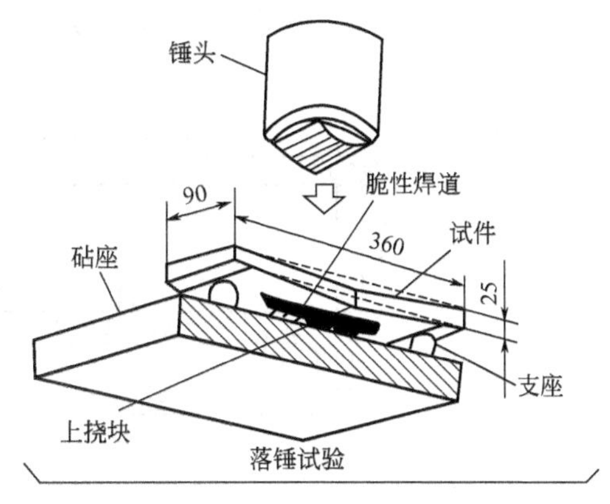

图3-28 落锤试验示意图

落锤试验的其他两个温度参量为FTE(弹性断裂转变温度)和FTP(塑性断裂转变温度)。对于标准试样来说，已证实：

$$FTE=NDT+33℃$$

$$FTP=FTE+33℃=NDT+66℃$$

应当说明的是，从落锤试验开发人佩利尼（Pellini）等人的观点来看，似乎认为NDT温度是属于开裂温度的，即结构低于该温度，开裂时不发生塑性变形；而高于该温度，要产生一定的塑性变形才开裂。但国外许多研究者如F. M. Burdekin、J. J. Nibbering则认为NDT是属于止裂温度范畴的，即高于该温度，材料具有止裂性能；低于该温度，材料不具备止裂性能。

3.4.3.2 动态撕裂试验

动态撕裂试验又名DT试验，是一种能够确定金属材料断裂韧度的全范围的试验方法。试样的外形尺寸见表3-2和图3-29。按GB 5482，对于厚度大于16mm的材料应加工成16mm厚试样；厚度小于16mm板件取板材原厚，并保留原轧制表面。

表 3-2　动态撕裂试验试样尺寸

参　　数	尺寸	公差	参　　数	尺寸	公差
长度 L/mm	180	±3	机加工缺口根部角度 N_a/(°)	60	±2
宽度 W/mm	40	±2	机加工缺口根部半径 N_r/mm	0.13	—
厚度 B/mm	16	±1	压制尖端深度 t_D/mm	0.25	±0.13
净宽度($W-a$)/mm	28.5	±0.5	压制尖端角度 t_a/(°)	40	±5
机加工缺口宽度 N_w/mm	1.6	±0.1	压制尖端根部半径 t_r/mm	0.025	—

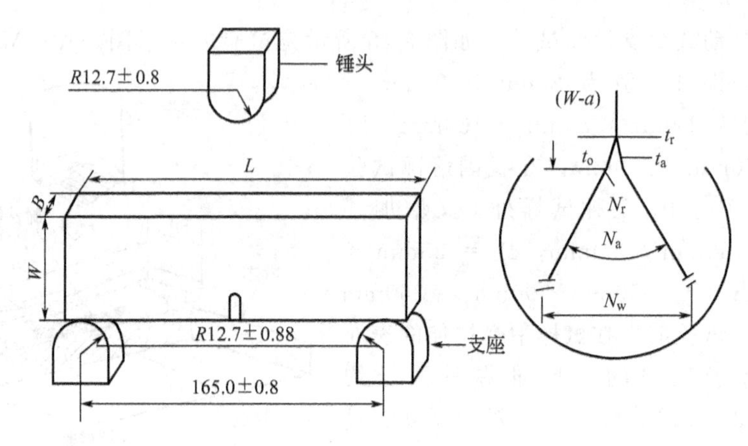

图 3-29　动态撕裂试样

目前试样启裂一般采用 ASTM E 604 标准规定的压入缺口作为启裂源，即首先在试样上开出一个 11.5mm 长的机械缺口，然后再在该缺口尖端用特制刀片压出深为 0.25mm 的缺口。刀片的尺寸和形状如图 3-30 所示。试样缺口顶端应逐个压制，压制力可按下式估算。

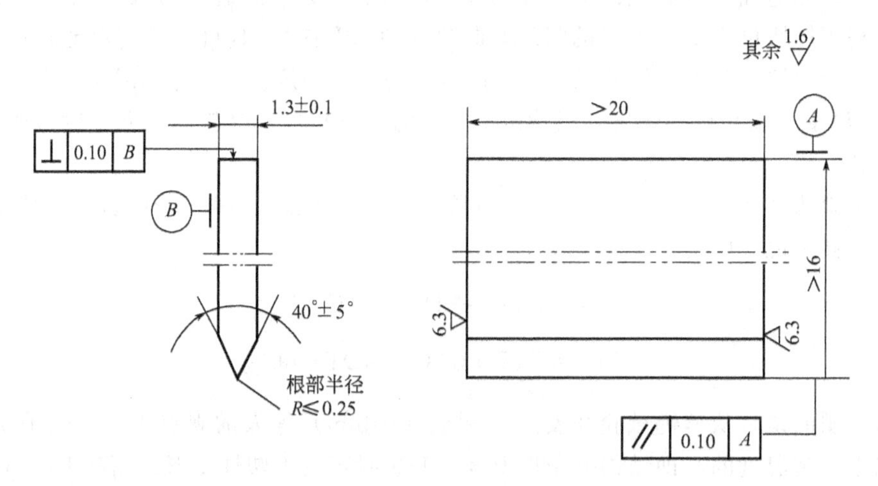

图 3-30　压制缺口尖端的刀片尺寸

$$F=k\sigma_b B \tag{3-3}$$

式中，k 为常数，一般取 1.8±0.5；σ_b 为材料抗拉强度；B 为厚度。

由图 3-31 可见，焊缝试样缺口轴线应与焊缝表面垂直，并位于焊缝中心处；对于熔合区试样缺口要开在 1/2 厚度平面与熔合区交界 M 处；对于过热区试样缺口开在与熔合区交界处之外 2mm 的 H 处；而热影响区各部位缺口位置，可根据技术文件要求开在 M 点以外的任何部位。

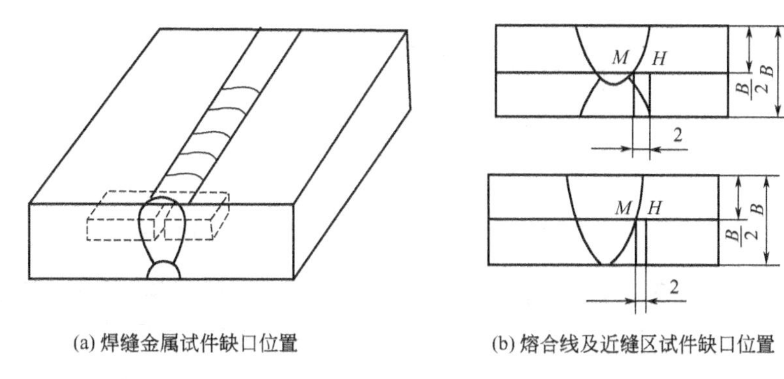

(a) 焊缝金属试件缺口位置　　(b) 熔合线及近缝区试件缺口位置

图 3-31　接头试样缺口位置

试验可在大型摆锤式试验机上或落锤式试验机上于不同温度下进行。在测试过程中要记录如下参量。

① 动态撕裂能量 DTE　在摆锤试验机上可根据装置上的表盘读数读出。

② 断口剪切面积的百分数　在 ASTM E 604 和我国现行标准 GB 5482 中 DTE 作为 DT 试验的唯一指标。但在 ASTM E 603 中增加了断口剪切面积的百分数 S_a（%）的指标。

3.4.3.3　落锤撕裂试验

又称为 DWTT 试验。试样尺寸为 76mm×305mm×Bmm，如图 3-32 所示。注意缺口为利用倾角为 45°±2°的尖锐工具钢凿刀压制而成的（5.0±0.5）mm 深度的缺口（不能采用机械加工缺口）。

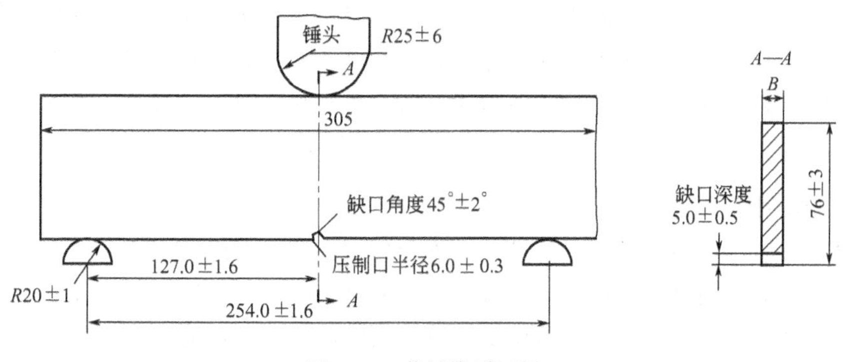

图 3-32　落锤撕裂试样

试验可在摆锤试验机或落锤式试验机上进行，但为了保证打断，试样需要具有一定的能量。

试验评定：剪切面积百分比是本标准方法标定的参量，应画出剪切面积百分比与温度的关系曲线。

可采用任何可行的方法，但对于本试验国内外标准均提出了具体的测试方法。如图 3-33 所示为典型的 DWTT 试验的断口表面形貌。

对于图 3-33（a）、（b）两种情况，即剪切面积在 45%～100%时，可采用下式估算剪切面积百分值。

$$S_A = \frac{(70-2B)B-0.75AB}{(70-2B)B} \times 100\%$$

式中，A 为距缺口一个厚度（B）处晶状断口的宽度；B 为距缺口 B 和无缺口端面 B 两

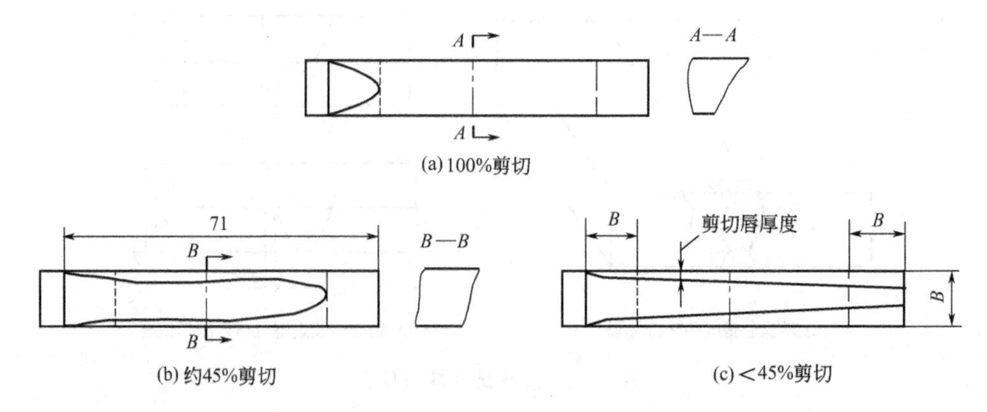

图 3-33　典型的 DWTT 试验的断口表面形貌

者之间晶状断口长度。

对于图 3-33（c）情况即剪切面积小于 45%时，按照我国标准规定需测出两条 B 线处和两条 B 线之间的中点处的脆性断裂区宽度 A_1、A_2 和 A_3，按下式计算剪切面积百分数。

$$S_A=\frac{B-1/3(A_1+A_2+A_3)}{B}\times 100\%$$

3.5　预防焊接结构脆性断裂的措施

综上所述，造成结构脆性断裂的基本因素是：材料在工作条件下韧性不足，结构上存在严重的应力集中和过大的拉应力。如果能有效地减少或控制其中某一因素，则结构发生脆性断裂的可能性可显著降低或排除。一般地说，防止结构脆性断裂可着眼于选材、设计和制造三个途径。

3.5.1　正确选用材料

选择材料的基本原则是既要保证结构的安全使用，又要考虑经济效果。一般地说，应使所选用的钢材和焊接用材料保证在使用温度下具有合格的缺口韧性。既要保证结构在工作条件下，焊缝、热影响区、熔合区等薄弱部位具有足够的抗开裂性能，也要使母材具有一定的止裂性能。另外在选材时还要考虑材料费用和结构总体费用的对比关系：当某些结构材料的费用与结构整体费用相比所占比重很少时，选用韧性优良的材料是值得的；而对一些结构，材料的费用是结构的主要费用时，就要对材料费用和韧度要求之间的关系作详细的对比、分析研究，另外选材时还要考虑到一旦结构断裂其后果的严重性。

通常采用夏比冲击试验方法进行材料的选择和评定。冲击试验是在不同温度下对一系列试件进行试验找出其韧-脆性特性与温度的关系。常用的有夏比 V 形缺口冲击试验和夏比 U 形缺口冲击试验。两种试件的尺寸均为 10mm×10mm×55mm，缺口深度均为 2mm，其区别在于缺口形式的不同。V 形缺口的缺口尖端半径为 0.25mm，U 形缺口的缺口半径为 1mm。目前多采用夏比 V 形缺口冲击试验。由于冲击试验方法简单，试件小，容易制备，因此不论作为材料质量控制，还是对事故进行分析研究，在各国都普遍采用费用低的 V 形缺口冲击试验，而且在研究焊接船舶脆性断裂事故时曾被大量采用，积累了许多有参考价值的数据。U 形缺口试件在有些国家用得较多，但试验结果表明，V 形缺口试件比 U 形缺口试件更能反映脆性断裂问题的实质。所以，近年来我国多采用夏比 V 形冲击试验进行材料的验收和评定，并相应制定了有关标准，如 GB/T 229—94《金属材料夏比缺口冲击试验方法》。

如图 3-34 所示是由冲击试验得出的某半镇静低碳钢[w(C)=0.18%，w(Mn)=0.54%，w(Si)=0.07%]冲击韧度和温度的关系曲线（图中锁眼型冲击试验在美国曾被广泛地作为工业性试验，现已由 V 形冲击试验所代替）。钢材在一定温度下的韧性，常用以下几种方法进行评定。

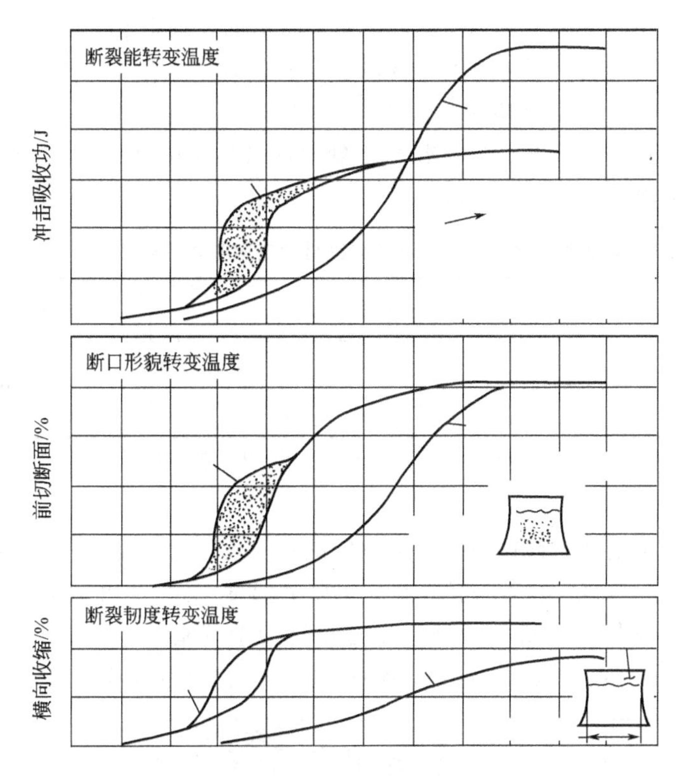

图 3-34　冲击试验及其评定标准

1—锁眼夏比；2—V 形夏比

（1）能量标准　实验证明，随着温度的上升，打断试件所需的冲击吸收功也显著上升，可以用它来衡量材料的韧-脆转变温度，如图 3-34（a）所示。一般认为这种能量转变主要取决于裂纹产生前和裂纹开始扩展时缺口根部的塑性变形值。当塑性变形较小，需要较小的冲击吸收功，而变形较大时，则需要较大的冲击吸收功。这意味着在这个转变温度区间以上，只有当缺口根部发生了一定的塑性变形后，才会开裂，而在这个温度区间以下时，缺口根部塑性变形很小，甚至没有塑性变形就会开裂。显而易见，此塑性变形能量和缺口根部形状有关系。由图 3-34 可见，锁眼缺口冲击试验比 V 形缺口冲击试验测得的转变温度值低。由于冲击韧度在一定区间内是逐渐变化的，所以一般取对应某一固定冲击吸收功时的温度为转变温度。有的标准则取对应最大冲击吸收功 1/2 的温度为转变温度等。

（2）断口标准　以试件断口形貌来衡量转变温度特性，一般称为断口形貌转变温度。它标志着金属特性这样一个变化，即在温度较低时，试件具有扩展快、吸收功低的解理断口，而在温度较高时，将由扩展慢、吸收功高的剪切破坏断口所代替。它是衡量开裂后裂纹扩展行为的标志，表示了金属由晶粒状破坏向纤维状剪切破坏的转变［图 3-34（b）］。在试验中，当裂纹扩展时，其前沿金属所承受的加载速率较高，故断口形貌转变温度是不会低于断裂能转变温度的。在实际工作中，常以断口晶粒状断面百分率达到某一百分数（例如 50%）的温度作为转变温度。

（3）延性标准　测量冲击试件缺口根部厚度随温度的变化，具体地说是测量随着温度增加缺口根部的横向收缩量或无缺口表面的横向膨胀量［图 3-34（c）］。对应于 3.8%的侧向膨胀率的温度是通常采用的转变温度。

应当指出，到目前为止不同国家、不同部门，对冲击值的要求是不一致的。例如美国船级社（ABS）的规范对不同类别、不同厚度的钢材规定了在不同温度（低于平台所处海域最低的日平均温度 30℃）下冲击吸收功应满足表 3-3 的规定。而英国 BS6235 规定，对于不同级别钢材和不论焊态还是热处理状态，均要求 V 形缺口冲击吸收功为 27J。总之，在选材时要根据结构类型及相应的设计规范规定进行。

表 3-3　美国船级社（ABS）对各类钢材冲击吸收功的规定

钢类	壁厚/mm	冲击吸收功 A	
		/J	/ft・1b
Ⅰ	$6\leqslant\delta<19$	20	15
Ⅱ	$\delta\geqslant19$	27	20
Ⅲ	$\delta\geqslant6$	34	25

注：Ⅰ类钢是指屈服点 $\sigma_s<280$MPa；Ⅱ类钢是指屈服点 280MPa$<\sigma_s<$420 MPa；Ⅲ类钢是指屈服点 420MPa$<\sigma_s<$700 MPa。

英国焊接研究所在对碳钢和碳锰钢进行宽板拉伸试验的基础上，提出了用这类钢材制造低温容器暂行规定的建议。该规定将宽板拉伸试验的临界温度作为结构的最低设计温度。并确定了每种板厚的碳钢和碳锰钢的最低设计温度与夏比冲击试验的能量不小于 27J（对于 $\sigma_b<$450 MPa 钢材）或 40J（对于 $\sigma_b\geqslant$450MPa 钢材）的转变温度的对应关系，如图 3-35 和

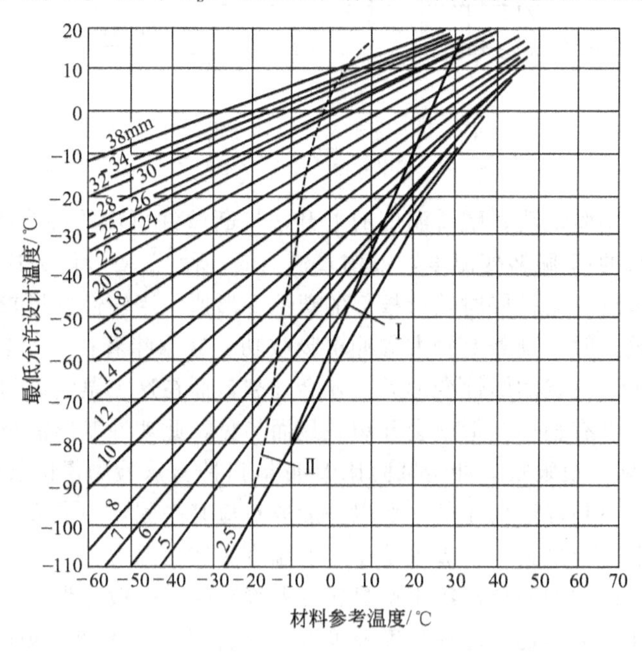

图 3-35　焊态构件最低设计温度及参考厚度

图 3-36 所示。

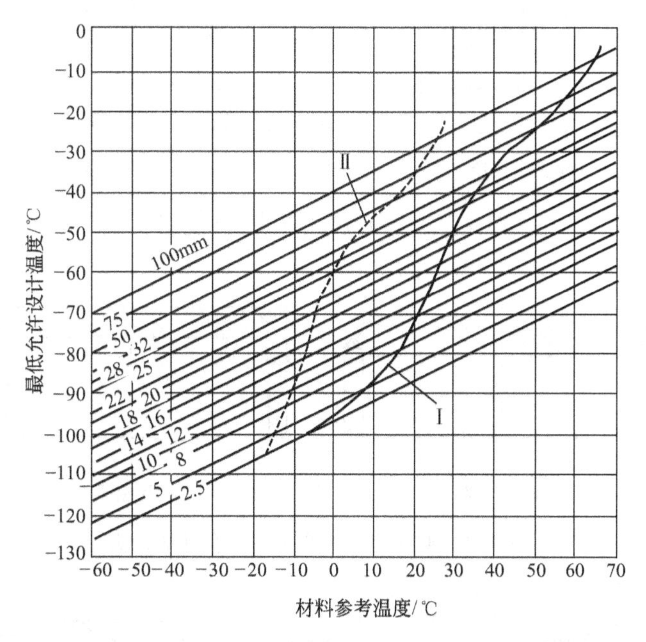

图 3-36　焊态热处理构件最低设计温度及参考厚度

图 3-35 和图 3-36 中纵坐标是最低允许设计温度，即宽板拉伸试验的临界温度；横坐标为材料参考温度，即冲击试验达到上述冲击吸收功的转变温度。图中对于 σ_b＜450MPa 的碳钢和碳锰钢，参考温度（名义温度）与最低设计温度的交点在Ⅰ线之右可免做冲击试验，而对于最低含锰量与最高含碳量之比等于或大于 4 的正火钢，参考温度与最低设计温度的交点在Ⅱ线之右可免做冲击试验。根据图 3-35 和图 3-36 曲线，可在设计制造某个工作温度下的容器时，根据板厚确定该钢材的冲击试验验收温度，在该温度下试验合格的钢材，可用于该设计温度下的容器。该建议已纳入英国标准 BS5500 附录 D。

在上述初选的基础上，可根据防脆性断裂设计准则进行相关试验，确定工作的合理温度或根据国内国际已颁布的“合于使用”准则的焊接缺陷验收标准等确定允许的缺陷尺寸。

3.5.2　合理设计焊接结构

设计有脆性断裂倾向的焊接结构，应当注意以下几个原则。

（1）尽量减少结构或接头部位的应力集中

① 在一些构件截面改变的地方，必须设计成平缓过渡，不要形成尖角，如图 3-37 所示。

② 在设计中应尽量采用应力集中系数小的对接接头，尽量避免采用应力集中系数大的搭接接头。如图 3-38（a）所示的设计不合理，过去曾出现过这种结构在焊缝处破坏的事故，而改成如图 3-38（b）所示的形式后，由于减少了焊缝处的应力集中，承载能力大为提高，爆破试验表明，断裂从焊缝以外开始。

③ 不同厚度的钢件的对接接头应尽可能地采用平滑过渡，如图 3-39 所示。依据两侧板的厚度差别，可采用厚板双面减薄、厚板单面减薄和填充材料过渡三种形式，但图 3-39（c）的形式浪费焊接材料，并增加了焊接工作量，也可能引起较大的变形和应力。

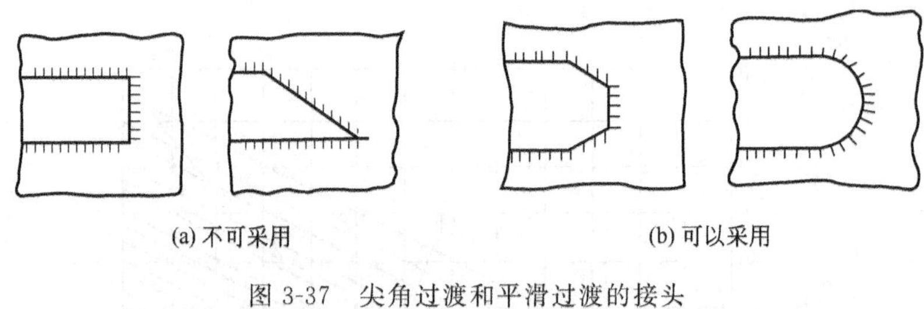

图 3-37 尖角过渡和平滑过渡的接头

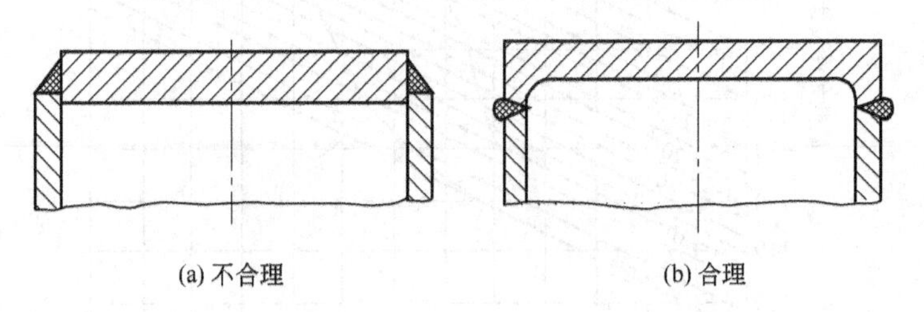

图 3-38 封头设计时合理与不合理的接头

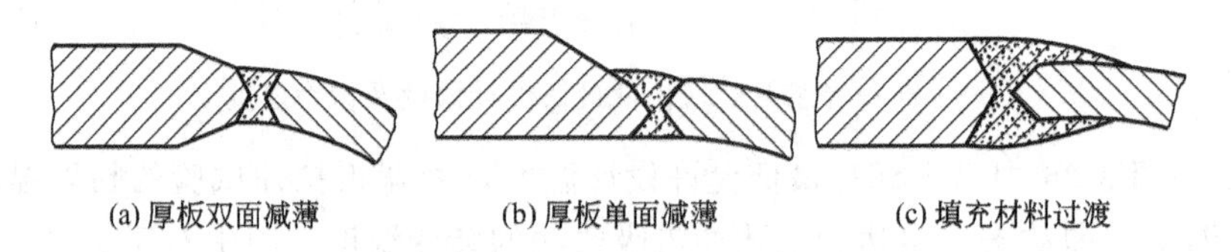

图 3-39 不同板厚接头设计方案

④ 应将焊缝布置在便于焊接和检验的地方，以便消除造成工艺应力集中（缺陷）的因素，如图 3-40 所示。

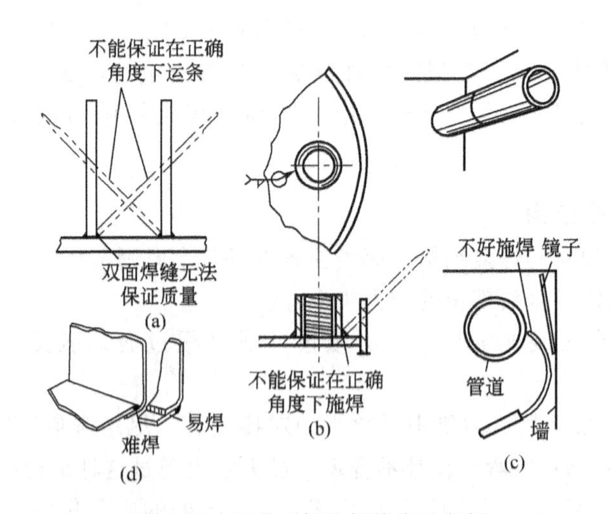

图 3-40 不易施焊的焊接位置举例

⑤ 避免焊缝密集。

如图 3-41 所示，分别利用附加结构和焊缝错开等措施，避免焊缝过密；如图 3-42 所示，分别采用两两焊接和切取筋板内角等措施，避免焊缝交叉。

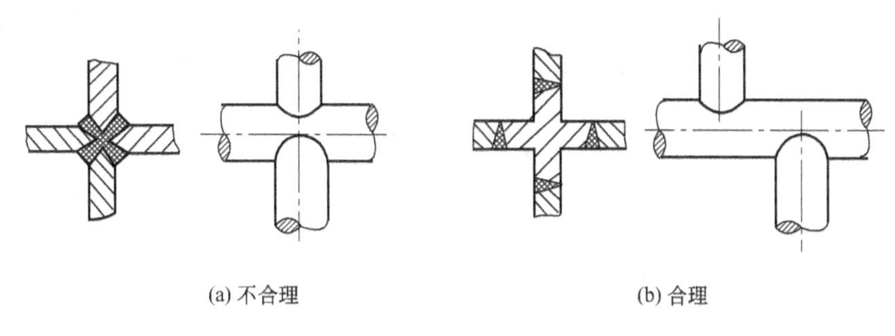

图 3-41　避免焊缝密集的措施

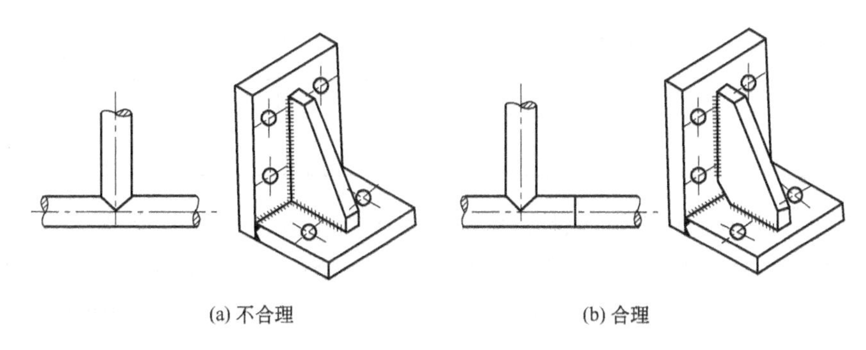

图 3-42　避免焊缝交叉的措施

(2) 尽量减小结构的刚度　在满足结构的使用条件下，应当减少结构的刚度，以期减少应力集中和附加应力的影响。在压力容器中，经常要在容器的器壁上开孔并焊接接管。为了避免焊缝在此处刚度过大则可开缓和槽，如图 3-43 所示。

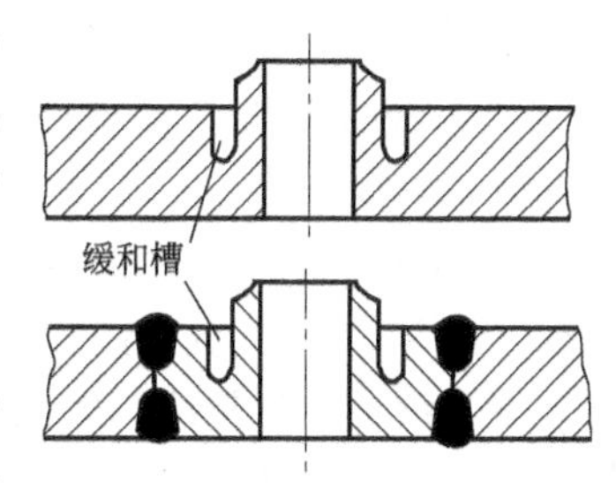

图 3-43　容器开缓和槽

(3) 不采用过厚的截面　由于焊接可以连接很厚的截面，所以有些设计者在焊接结构中常会选用比一般铆接结构厚得多的截面。但应该注意，采用降低许用应力值的设计，结果使构件厚度增加，反而增加了脆性断裂的危险性，因此是不恰当的。因为增大厚度会提高钢材的转变温度，又由于厚板轧制程度少，冷却比较缓慢，一般情况下含碳量也比较高，晶粒较粗且疏松。同时厚板不但加大了结构的刚度，而且又容易形成三轴应力，所以厚板的转变温度一般都比薄板高，有些实验证明，钢板厚度每增加 1mm，转变温度将提高 1℃。

(4) 重视附件或不受力焊缝的设计　对于附件或不受力焊缝的设计，应和主要承力焊缝一样地给予足够重视。因为脆性裂纹一旦由这些不受到重视的接头部位产生，就会扩展到主要受力的元件中，使结构破坏。

3.6　用断裂力学方法评定结构安全性

3.6.1　“合于使用”的原则

“合于使用”原则是针对“完美无缺”原则而言的。在焊接结构的发展初期，要求结构在制造和使用过程中均不能有任何缺陷存在，即结构应完美无缺，否则就要返修或报废。英国焊接研究所首先提出了“合于使用”的概念。在断裂力学出现和广泛应用后，这一概念更受到了人们的注意与重视。在“合于使用”评定标准中，需要输入应力参量、焊接缺陷和断裂韧度三个参量。

（1）应力参量　应力可分成几种分量，见表 3-4。

① 基本应力　包括薄膜应力分量和弯曲应力分量（P_m、P_b）。P_m 为均布应力分量，等于截面厚度上应力的平均值，它们必须满足外载和内力及力矩的基本平衡定律；P_b 为由外加载荷所引起的沿截面厚度变化的应力分量。P_m、P_b 均为设计应力。

表 3-4　应力种类

应力分类	应力类型	
	薄膜应力	弯曲应力
基本应力	P_m	P_b
二次应力	Q_m	Q_b
峰值应力	F_m	F_b

② 二次应力　这是由结构构件中变形约束或边界条件引起的薄膜应力和弯曲应力（Q_m、Q_b）。由局部塑性变形引起的残余应力、焊接残余应力和热应力均属于此项应力。所有这些应力的共同特点是它们在一个横截面上保持平衡，其数值受产品的热处理和加载经历影响。

③ 峰值应力　这是指构件局部形状不连续性所引起的应力 F_m。例如腹板上的孔穴、法兰上的槽孔、容器的接管部位、对接接头的厚度变化所引起的应力集中等都属于这类应力。峰值应力数值的计算，往往要求运用复杂的应力分析方法，如有限元方法等。

（2）焊接缺陷

① 分类　不完整性（imperfections）和冶金不均匀性两种情况可导致焊接接头的偏差（deviations）。其中不完整性又包括下述两种含义：不连续性和几何形状偏差。

不连续性包括裂纹、气孔、夹渣、未熔合等，在服役过程中同样会产生不连续性缺陷，如疲劳裂纹、腐蚀裂纹等。几何形状偏差包括轴向错边、角变形等，如上所述，这些尺寸偏差可导致接头应力集中。

② 缺陷的处理方法　在不同的标准中，平面缺陷均以包络它的矩形的高度和长度予以理想化，并以此作为“合于使用”原则安全评定的缺陷尺寸。对表面缺陷尺寸为 a（高度）和 $2c$（长度），对埋藏缺陷尺寸为 $2a$ 和 $2c$；而对贯穿缺陷尺寸为 $2c$（在许多场合也标以 $2a$），为了进行应力强度因子计算，表面缺陷和埋藏缺陷均分别假定为半椭圆形裂纹和椭圆形埋藏裂纹。研究表明，对于贯穿缺陷，缺陷长度尺寸起主要影响；而对于表面缺陷和埋藏缺陷，高度尺寸起主要影响。

在采用以断裂力学为基础的“合于使用”原则安全评定中，其思路往往是根据缺陷的性质、形状、部位和尺寸将其换算成当量的（或称等效的）贯穿裂纹尺寸$\bar{a}$。一般把实际贯穿缺陷的半长定为当量尺寸$\bar{a}$，表面缺陷和埋藏缺陷的换算方法可按图 3-44 和图 3-45 进行。然后将其与允许裂纹尺寸$\bar{a}_m$相比较，来决定所存在的缺陷是否可以验收。

（3）断裂韧度　具有缺陷材料的断裂韧度可按照特定的试验技术来确定，断裂韧度数据可以基于应力强度因子 K_I（包括由 J 方法的换算），也可以以 CTOD 方法为依据，但整个过程应采用自身一致的评定方法，不允许在 CTOD、J 和 K 方法之间换算。

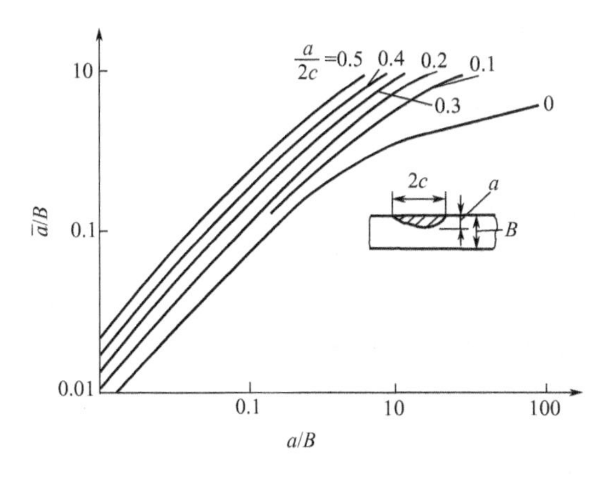

图 3-44 表面缺陷尺寸和$\bar{a}$参量的关系

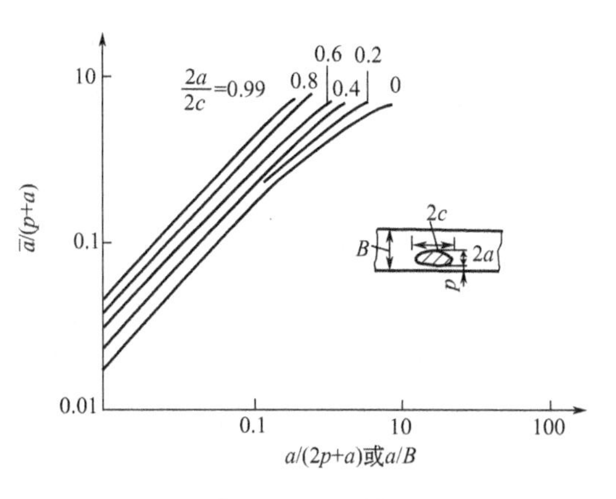

图 3-45 埋藏缺陷尺寸和$\bar{a}$参量的关系

3.6.2 面型缺陷的评定

3.6.2.1 BS7910 评定方法

按照 BS7910 评定面型缺陷有三个级别，选用何种级别的评定程序与所选材料、可提供的相关数据以及精确程度有关。其中初级评定程序为最简单的评定方法，当材料性能数据有限时，可采用保守的施加应力、残余应力和断裂韧性值，评定程序结果可保证其安全系数为 2；第二级评定为常规的评定程序；第三级主要是对高应变硬化指数的材料或需要分析裂纹稳定撕裂断裂时，才考虑使用此方法。对于常用的焊接结构用钢，一般不采用第三级评定。

（1）初级评定　初级评定分为级别 1A 和级别 1B。

① 初级评定的 1A 程序　采用 K_{mat}（K_{IC}）参量的评定：如果 $K_r < 0.707$ 和 $S_r < 0.81$，则缺陷是可以接受的。

$$K_r = \frac{K_I}{K_{mat}}, \qquad S_r = \frac{\sigma_{ref}}{\sigma_f} \tag{3-4}$$

式中，$K_I = \sigma_1\sqrt{\pi a}$；$K_{mat}$为断裂韧度；$\sigma_{ref}$为 参考应力；$\sigma_f$ 为流变应力。

② 初级评定的 1B 程序　此时评定由计算求得允许裂纹尺寸，采用断裂力学计算可接受的缺陷尺寸 $\bar{a}_m$，并带有 2 倍的安全系数。

$$\bar{a}_m = \frac{1}{2\pi}\left(\frac{K_{mat}}{\sigma_1}\right)^2 \tag{3-5}$$

或对于钢材和铝合金，当 $\sigma_1/\sigma_s < 0.5$ 时和有其他材料的任意 σ_1/σ_s 值情况：

$$\bar{a}_m = \frac{\delta_{mat}E}{2\pi(\sigma_1/\sigma_s)^2\sigma_s} \tag{3-6}$$

对于钢材和铝合金，当 $\sigma_1/\sigma_s > 0.5$ 时：

$$\bar{a}_m = \frac{\delta_{mat}E}{2\pi\left(\frac{\sigma_1}{\sigma_s} - 0.25\right)\sigma_s} \tag{3-7}$$

（2）常规评定　其中包括两种方法，每种方法中有独自的评定曲线方程和截止限，如果被评定点落入坐标轴线的评定曲线内（包括面积之内），则该缺陷可以验收；如果被评定点落在评定曲线上或评定曲线之外，则缺陷被判拒收。截止限 $L_{r\cdot max}$用来防止局部塑性破坏，在该级评定标准中：

$$L_{r\cdot max}=\frac{\sigma_s+\sigma_b}{2\sigma_s} \tag{3-8}$$

① 级别2A　该级别不需要应力-应变关系数据，其评定曲线方程如下。

当 $L_r \leqslant L_{r\cdot max}$ 时，

$$\sqrt{\delta_r}\text{或}K_r=(1-0.14L_r^2)(0.3+0.7e^{-0.65L_r^6}) \tag{3-9}$$

当 $L_r > L_{r\cdot max}$ 时：

$$\sqrt{\delta_r}\text{或}K_r=0 \tag{3-10}$$

级别2的评定曲线如图3-46所示，不同材料具有不同的截止限。

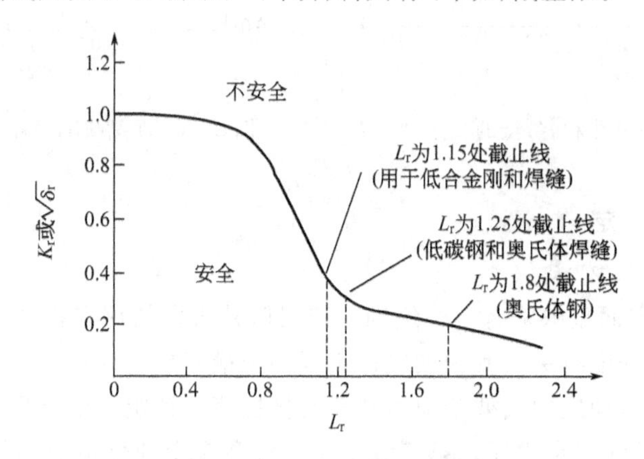

图3-46　级别2的评定曲线图

对于在应力-应变关系上具有屈服平台的材料，此时应选取截止限 $L_{r\cdot max}=1$ 或按级别2B进行评定。

② 级别2B材料特定曲线　此方法适用于各种类型的母材和焊缝，它一般给出比级别2A精确的结果，但它需要较多的数据，它需要应力-应变曲线，因而它难以应用于热影响区（热影响区只可应用级别2A），且焊缝或母材的应力-应变关系应在所需的温度下测试，同时需要屈服强度值或 $\sigma_{0.2}$、抗拉强度及弹性模量，尤其需要注意应变小于1%应力-应变曲线关系形状。

级别2B的评定曲线如下式所示。

当 $L_r \leqslant L_{r\cdot max}$ 时：

$$\sqrt{\delta_r}\text{或}K_r=\left(\frac{E\varepsilon_{ref}}{L_r\sigma_s}+\frac{L_r^3\sigma_s}{2E\varepsilon_{ref}}\right)^{-0.5} \tag{3-11}$$

当 $L_r > L_{r\cdot max}$ 时：

$$\sqrt{\delta_r}\text{或}K_r=0 \tag{3-12}$$

式中，ε_{ref} 为真应变，其值由单向拉伸应力-应变曲线的真应力 σ_s 确定，对于大多数应用情况可以采用工程应力-应变数据，但是应当注意对 σ_s 周围的点进行仔细计算。

在常规（级别2）评定中，应考虑缺陷附近的实际应力值，应力成分为膜应力和弯曲应力，如需要应乘以局部安全系数。假如最终推导的应力强度因子为负值，则在评定中认为其为零值。

在残余应力计算时，可以和初级（级别1）评定一样，认为残余应力是均匀分布的，在残余应力均匀分布时，认为残余应力 Q_m 可以为下述两式中的最小值。

$$Q_m = \sigma_s' \tag{3-13}$$

或

$$Q_m = \left(\frac{1.4 - \sigma_{ref}}{\sigma_f'}\right)\sigma_s' \tag{3-14}$$

式中，σ_s'是材料在评定温度下的屈服限，但该温度不能低于室温；σ_f'为流变强度，一般为屈服限和抗拉强度之和的平均值；σ_{ref}为参考应力，对于不同构件有不同的解。

在此程序中，断裂韧度比值 K_r 为：

$$K_r = \frac{K_I}{K_{mat}}$$

应力强度因子 K_I 需考虑整体应力形成的应力集中，也需考虑局部弯曲应力（如不平度引起的弯曲应力）引起的应力增加，可采用相关手册、数值模拟或重量函数方法计算此时的 K_I 值。

当有二次应力如残余应力存在时，还应考虑一次应力和二次应力之间的相互作用，因而需采用塑性矫正系数 ρ，即：

$$K_r = \frac{K_I}{K_{mat}} + \rho$$

而在断裂韧度比值 δ_r 中，应采用下述公式由 K_I 推导计算：

$$\delta_I = \frac{K_I{}^2}{X\sigma_s E'} \tag{3-15}$$

X 值一般在 1～2 之间，其值与裂纹尖端情况、几何拘束度及材料的加工硬化有关。在结构分析有困难时，可采用 $X=1$。另外除弹塑性力学计算方法外，X 也可由式(3-16) 的关系确定。

$$X = \frac{J_{mat}}{\sigma_s \delta_{mat}(1-\upsilon^2)} \tag{3-16}$$

当不存在二次应力时，与 K_r 相似：

$$\sqrt{\delta_r} = \sqrt{\frac{\delta_I}{\delta_{mat}}} \tag{3-17}$$

当有二次应力作用时：

$$\sqrt{\delta_r} = \sqrt{\frac{\delta_I}{\delta_{mat}}} + \rho \tag{3-18}$$

除 K_r 外，级别 2 评定曲线的横坐标以载荷比 L_r 表示。

$L_r = \dfrac{\sigma_{ref}}{\sigma_s}$，截止限：

$$L_{r \cdot max} = \frac{\sigma_s + \sigma_u}{2\sigma_s} \tag{3-19}$$

3.6.2.2 结构完整性评定方法——SINTAP

在 SINTAP 评定程序中，采用两种方法进行评定，即 FAD 法和 CDF 方法，如图 3-47 所示。

SINTAP 标准各级别的评定要求总结于表 3-5 中，其中包括零级别和三个标准级别及三个先进级别。

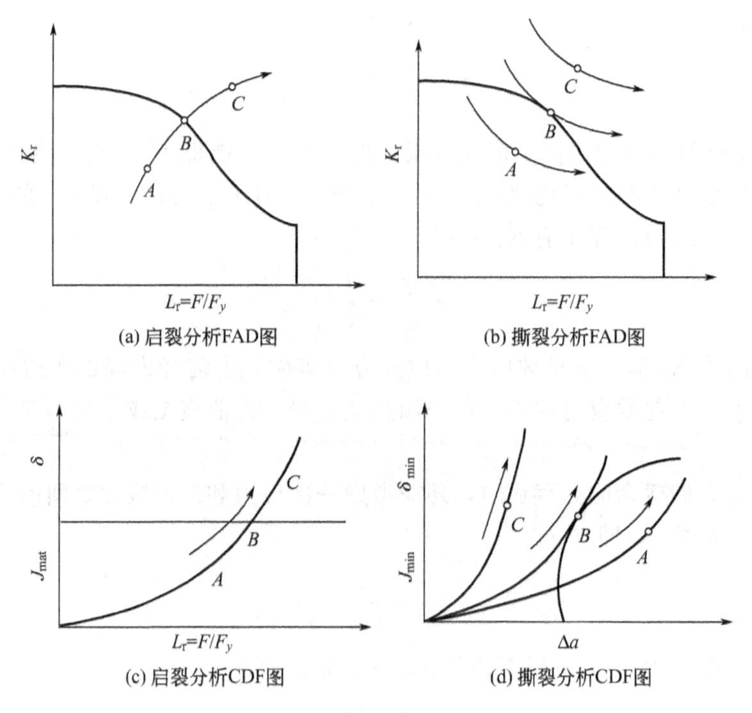

图 3-47 启裂和延性撕裂分析的 FAD 和 CDF 法

A—安全情况；B—临界情况；C—不安全情况

表 3-5 根据拉伸数据选择评定级别

级别		所需数据	何时采用
零级别		屈服强度	无其他拉伸数据可提供时
标准级别	级别 1：基本级别	屈服强度以及抗拉强度	要求快速得出结果，焊缝强度非匹配性低于 10%
	级别 2：匹配级别	屈服强度以及抗拉强度，匹配极限载荷	考虑焊缝和母材的屈服强度匹配影响，当屈服强度非匹配性大于等于 10%时应用
	级别 3：限定应力-应变	全部应力-应变关系曲线	较高精确度，比级别 1 和 2 保守性小，并包括了焊缝的非匹配性
先进级别	级别 4：考虑拘束度评定	评定与含裂纹结构拘束度相当、裂纹尖端拘束条件下的断裂韧度	考虑薄截面拘束度的降低或主要是拉伸载荷
	级别 5：J 积分分析	需要裂纹体的数值分析	—
	级别 6：先泄后断分析	—	应用于管道和压力容器元件

在三个标准级别的 FAD 和 CDF 分析中 $f(L_r)$ 不同，其特点主要由材料拉伸数据控制。换句话说，在级别 1 和级别 2 的评定中，由于不知道材料的应力-应变关系曲线，因而对材料性能做了保守估计，而在第 3 级别中由于知道了应力-应变关系曲线，即此时具有应力-应变关系的细节和考虑了焊缝匹配影响，因而可得到精确的评定结果。

3.6.3 体积型缺陷的评定

一般情况下，焊缝中体积型或非平面型缺陷对结构脆性破坏的影响程度不如平面型缺陷严重，这是由于下述两个原因所致：首先，就其尺寸来说，单个体积型缺陷的绝对尺寸因受到其形成原因特性的限制一般较小。例如，焊缝中典型的夹渣高度不大于 3mm，虽然其长度可以很长，但大量的实验研究表明，长度超过其高度的 10 倍时，影响程度不再增加，而典型的气孔直径也就是几毫米的单个气泡而已。其次，这种缺陷一般不具有尖锐的端部。

因此就其尺寸和形状两个因素来说，非平面型缺陷的整体应力集中系数大大低于平面缺陷的应力集中系数。在高值循环应力作用下，可能在体积型缺陷的根部提早产生裂纹，此时非平面型缺陷与相同长度的裂纹影响相当。

有两种方法评定体积型缺陷对断裂的影响：第一种为经验型，其实验基础不强，例如认为小于 5%整体体积的气孔对焊缝强度无不利影响；第二种方法是把体积型缺陷当作具有相同高度的平面缺陷来处理，并采用上述的断裂力学方法进行评定。

表 3-6 列出 IIW/IIS-1157-90 推荐的不需评定的非平面缺陷的极限尺寸。

表 3-6　非平面缺陷的极限尺寸

夹　渣	气孔，投影面积	单个气泡
长度不限，最大高度或宽度为 3mm	5%	小于 6mm 或厚度的 1/4

需要说明的是所用材料应具有足够的韧度，即在最低工作温度下，对于钢材其夏比 V 形缺口冲击试验的冲击吸收功应不低于 41J，对其他材料其断裂韧度值应不低于 $40\text{MPa}\cdot\text{m}^{1/2}$。否则仍需按平面缺陷处理，即用断裂力学方法处理。

另外有下述情况需要注意。

第一，经验表明，某些特定类型的夹渣和气孔（特别是线状分布的气孔），常常与未熔合有关系，此时应将它们按类裂纹缺陷处理。

第二，当焊缝形状偏离指定形状（成型不良），且其焊缝计算尺寸低于应能承受最大允许设计应力时，对这种焊缝不能验收。

第三，有些情况很难区分出是平面型缺陷还是体积型缺陷，例如在某些情况下，咬肉可视为简单的应力集中，而在另外情况下又应视为类裂纹缺陷。具体地讲，咬肉可以妨碍无损检测方法探查其他缺陷。假如可以表明除咬肉外不存在其他平面缺陷，则对于屈服点低于 480MPa 和夏比 V 形缺口冲击试验吸收功在最低工作温度下不低于 40J 的钢材，最大深度为 1mm 或 10%厚度（或两者中最小者）的咬肉是可以接受的。除此之外，所有其他场合下的咬肉均按平面缺陷处理。

在我国国家标准中增加了另一种体积缺陷，即凹坑缺陷的塑性失稳评定。标准规定在评定凹坑缺陷前，应将被评定的凹坑缺陷打磨成表面光滑。过渡平缓的凹坑，并确认凹坑及其周围无其他表面缺陷之后才可进行凹坑缺陷评定。

（1）满足下述条件者可作为凹坑缺陷进行评定，否则应按面型缺陷进行断裂评定：

① T_s(厚度)/R(半径)<0.18 的薄壁筒壳，或 $T_s/R<0.10$ 的薄壁球壳；

② 材料延性满足压力容器设计规定，未发现劣化；

③ 凹坑深度 C 小于剩余壁厚 T 的 60%，且扣除腐蚀裕量 C_2 后的坑底最小壁厚不小于 2mm；

④ 凹坑半长 $A\leqslant\sqrt{RT}$；

⑤ 凹坑宽度 B 不小于凹坑深度 C 的 3 倍，否则，可再次打磨至满足本要求。

（2）凹坑缺陷免于评定的条件如下。

如果容器表面凹坑缺陷的无量纲参数满足如下条件，则该凹坑缺陷可免于评定。

$$G_0=\frac{C}{T}\times\frac{A}{\sqrt{RT}}\leqslant 0.10 \tag{3-20}$$

（3）凹坑缺陷的评定条件如下。

对于评定的缺陷，首先需计算 P_{L_0}、P_L 和 P_{max} 等参量。

① 无凹坑缺陷容器极限载荷 P_{L_0} 的计算。

对于球形容器：

$$P_{L_0}=2\bar{\sigma}\ln\frac{R+T/2}{R-T/2} \tag{3-21}$$

对于圆筒容器：

$$P_{L_0}=\frac{2}{\sqrt{3}}\bar{\sigma}\ln\frac{R+T/2}{R-T/2} \tag{3-22}$$

式中，$\bar{\sigma}$的取值如下：如果凹坑处于非焊缝区，$\bar{\sigma}=\sigma_s$；如果凹坑处于（或包括）焊缝区，$\bar{\sigma}=\varphi\sigma_s$，其中 φ 为焊缝系数。

② 带凹坑容器极限载荷 P_L 的计算。

对于球形容器：

$$P_L=(1-0.6G_0)P_{L_0} \tag{3-23}$$

对于圆筒容器：

$$P_L=(1-0.3G_0^{0.5})P_{L_0} \tag{3-24}$$

③ 带凹坑容器最大允许工作压力 P_{max}的计算。

$$P_{max}=\frac{P_L}{2.0} \tag{3-25}$$

如果实际工作压力 $P<P_{max}$，则认为凹坑缺陷不会引起容器发生塑性失稳破坏。

习题与思考题

1. 脆性断裂和延性断裂的形态特征分别是什么？
2. 影响金属脆断的主要因素有哪些？它们是如何影响金属脆断的？
3. 焊接结构制造工艺的特点对脆断有哪些不利影响？
4. 防止脆性破坏的两个设计准则是什么？分别对应哪些试验方法？
5. 分析断裂韧度三个参量之间的关系。
6. 预防焊接结构脆性断裂的措施有哪些？
7. 某焊接结构钢桥，板材厚为 30mm，屈服强度为 290MPa，抗拉强度为 380MPa，韧脆转变温度为 0℃。该钢桥服役最低温度为－30℃，且实际负荷不大，试分析该钢桥焊接接头处出现裂纹且失效的可能原因。
8. 某输油气管线母材材质为 API 5L X65，外直径为 323.9mm，壁厚 12.7mm，接头焊趾出有一道深 8mm 的表面裂纹，已知该处断裂韧度 CTOD 值为 0.30mm，管道承受内压 15MPa，试评价该含裂纹管线的安全性。
9. 某采油平台焊缝中心处有一个直径为 3mm 的气孔，已知服役温度下的最小冲击吸收功为 60J，试分析该气孔存在对结构安全性的影响。
10. 分析完整性评定标准 BS7910 和 SINTAP 的异同。

第 4 章　焊接结构疲劳性能

本章学习要点

知识要点	掌握程度	相关内容
疲劳性能的表征及疲劳类型	掌握金属材料疲劳性能的表征方法，了解疲劳强度的影响因素，熟悉疲劳类型	疲劳曲线、S-N 曲线、疲劳图、疲劳强度影响因素；材料疲劳、结构疲劳；高周疲劳、低周疲劳；单轴疲劳、多轴疲劳；横幅、变幅、随机疲劳；低温疲劳、高温疲劳、热-力复合疲劳等；应力疲劳、应变疲劳
疲劳断裂过程和断口特征	了解疲劳断裂的全过程，掌握疲劳裂纹扩展机理，熟悉疲劳宏观和微观断口特征	疲劳裂纹的形成、稳定扩展和失稳断裂；裂纹源、稳定扩展区、加速扩展区和瞬时断裂区；疲劳辉纹
疲劳裂纹扩展	熟悉疲劳裂纹的扩展规律，掌握疲劳裂纹扩展寿命的估算方法	亚临界扩展、Paris 指数规律、Forman 指数规律；da/dN-ΔK 一般规律；疲劳裂纹扩展寿命的估算方法
焊接接头疲劳强度的影响因素和提高措施	熟悉影响焊接接头疲劳强度的因素，掌握各种提高焊接接头疲劳强度的措施	影响因素：应力集中、显微组织、残余应力、焊接缺陷、应力循环比、构件尺寸、服役温度。提高措施：磨削法、熔修法、压延法、过载法、局部加热法、锤击法、喷丸法、Gunnert 法、相变材料法、超声冲击法
焊接结构疲劳设计与评价方法	了解疲劳数据的统计方法，熟悉焊接结构疲劳强度设计方法	名义应力法、热点应力法、缺口应力法、断裂力学设计方法

由于焊接接头疲劳强度仅为母材的 10%～80%，这个问题一方面造成了原材料的巨大浪费；另一方面也致使焊接结构在服役期间发生过早疲劳失效，部分失效引起了重大安全事故，因此疲劳性能也成为焊接结构优先考虑的力学问题。本章阐述了疲劳分类、载荷表征方法、疲劳裂纹产生过程及其机理、疲劳断口分析方法、疲劳裂纹扩展等基本理论知识，讨论了焊接结构疲劳性能的主要影响因素、改善途径，介绍了焊接结构疲劳设计的基本理念和方法。

4.1　焊接结构疲劳问题的研究背景

4.1.1　焊接结构疲劳失效的原因

大量统计表明，疲劳破坏是焊接结构的主要破坏形式。如铁路机车车体和转向架疲劳问题直接影响铁路行车安全和使用寿命，水轮机叶片疲劳损伤问题迄今也没有得到妥善的解决。为了保证焊接结构在使用过程的可靠性，国内外相应疲劳设计规范普遍规定必须以焊接接头疲劳强度作为整体结构的强度校核指标，而不采用基本金属的疲劳数据，显然这会在材料利用方面造成极大浪费，同时也增加了制造周期和成本。即使如此，焊接接头的局部应力集中仍然会导致整体结构的过早疲劳失效。一般认为焊接结构疲劳断裂事故多发原因主要有以下两点：

① 承受动载的焊接结构越来越多，承受的载荷越来越大，而焊接结构并没有严格按照疲劳设计规范进行设计；

② 虽然焊接接头静载承受能力一般与母材相当，但承受疲劳载荷能力与母材相比却较差，这没有引起设计者、制造者和使用者的足够认识，因此造成焊接接头的过早疲劳失效。

由上述可知，由于焊接结构疲劳问题较为严重，使得一些对结构疲劳可靠性要求极高的行业目前还不能使用焊接工艺制造其关键承力构件，一定程度上影响了焊接工艺在一些重要结构中推广的范围和深度，致使其不得不继续使用一些高成本、低效率的制造工艺方法。为了进一步推广焊接结构就必须深入研究焊接接头疲劳性能的特点，开发能够有效地提高其疲劳性能的一些措施。不仅如此，随着新材料、新工艺的不断出现，将会提出许多有关焊接结构疲劳方面的新问题，需要研究解决。因此了解掌握焊接结构疲劳的基本规律及设计方法，对于减少和防止焊接疲劳断裂事故的发生具有实际意义。

4.1.2 焊接结构疲劳断裂事例

疲劳事故最早发生在19世纪初期，随着铁路运输的发展，机车车辆的疲劳破坏成为工程上遇到的第一个疲劳强度问题。在第二次世界大战期间发生了多起飞机疲劳破坏失事事故，1954年英国彗星喷气客机由于压力舱构件疲劳失效引起飞行失事，更引起了人们的广泛关注，并使疲劳研究上升到新的高度。由铆接连接发展到焊接连接后，疲劳的敏感性和产生裂纹的危险性更大。焊接结构的疲劳断裂往往是从焊接接头处产生的，如图4-1～图4-5所示是焊接结构产生疲劳破坏的事例。

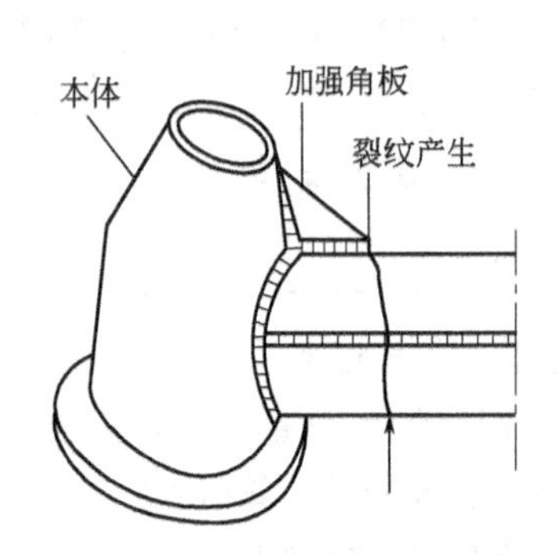

图4-1 直升机起落架的疲劳断裂

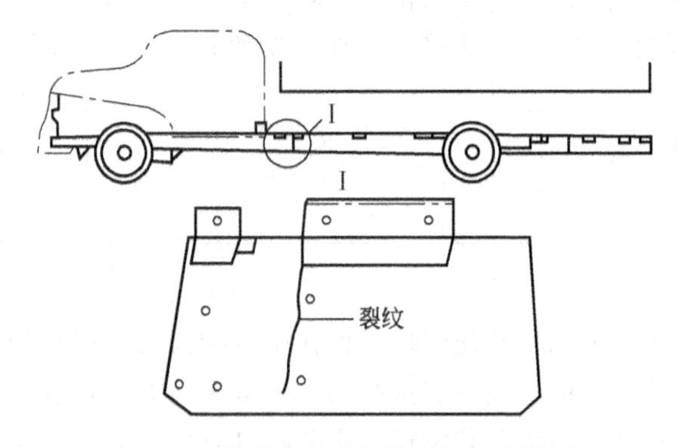

图4-2 载重汽车底架纵梁的疲劳断裂

如图4-1所示是直升机起落架的疲劳断裂，裂纹是从应力高度集中的角接板尖端开始产生的，该机飞行着陆2118次后发生破坏。如图4-2所示是载重汽车底架纵梁的疲劳断裂，该梁板厚5mm，承受反复的弯曲应力，在角钢和纵梁的焊接处，因应力高度集中而产生裂纹，该车破坏时已运行30000km。如图4-3所示是4000kN水压机焊接机架的疲劳断裂。如图4-4所示是美国几座桥梁发生在靠近焊缝端部的焊趾部位的疲劳裂纹，这是由于较高应力集中所致。

很明显，疲劳裂纹都是从设计不良的焊接接头的应力集中点产生的。如果在设计中将易导致疲劳破坏的、应力集中系数高的角焊缝改为应力集中较小的对接焊缝后，疲劳事故就可大大减少，图4-5所表示的空气压缩机法兰盘和管道连接处的设计就是一个例子。

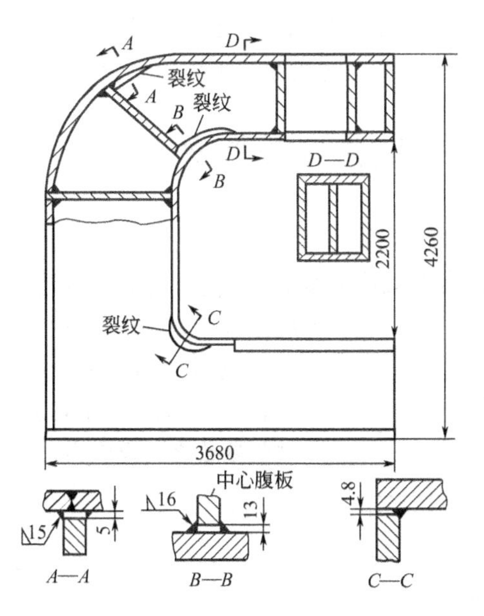

图 4-3　4000kN 水压机焊接机架的疲劳断裂

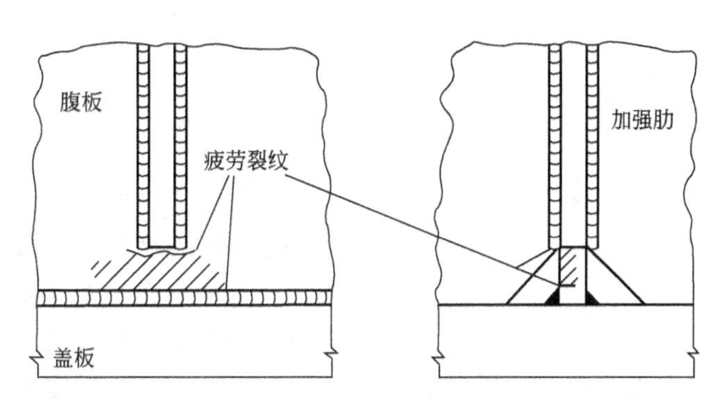

图 4-4　焊趾部位的疲劳裂纹

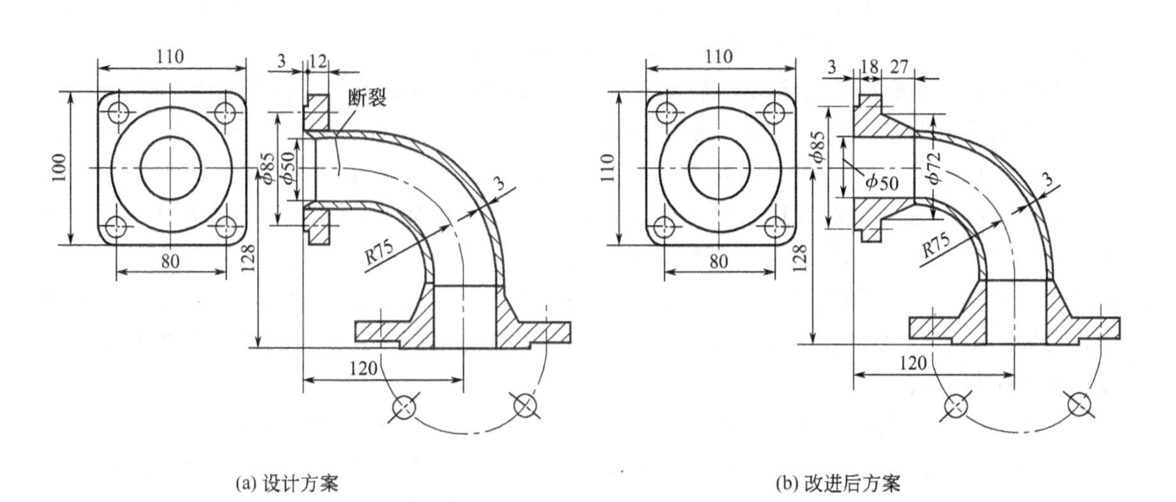

图 4-5　空气压缩机的疲劳断裂

从上述的焊接结构疲劳事例中可以看到焊接接头设计的重要影响，采用合理的接头设计、提高焊缝质量及消除焊接缺陷是防止和减少结构疲劳事故的重要措施。

4.2 金属材料疲劳表征和疲劳类型

4.2.1 疲劳载荷及其表示方法

一般焊接结构所承受的疲劳载荷大多是一种随机载荷。但是，在试验室里，长期以来多是用正弦应力或正弦应变进行加载，常用的正弦波加载举例说明如图 4-6 所示。最大应力 σ_{max}、最小应力 σ_{min}、应力幅 σ_a、平均应力 σ_m 和应力范围 $\Delta\sigma$ 的定义、这些参数之间及应力比 R 的关系如下所示。

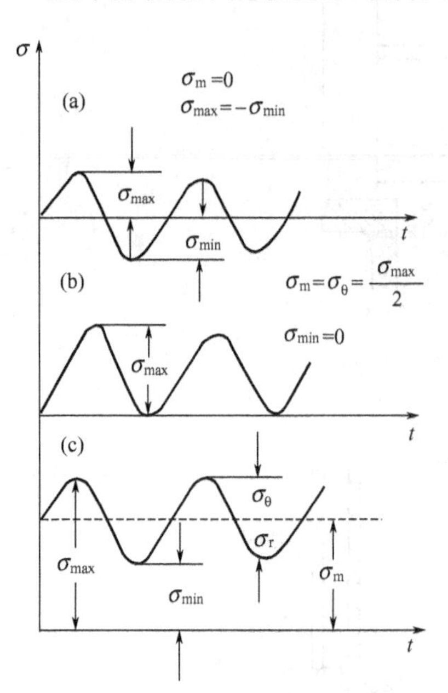

图 4-6 常用的正弦波加载举例说明

(a) $R=-1$；(b) $R=0$；(c) $0<R<1$

$$\sigma_a=\frac{\sigma_{max}-\sigma_{min}}{2}$$
$$\sigma_m=\frac{\sigma_{max}+\sigma_{min}}{2}$$
$$\sigma_{max}=\sigma_m+\sigma_a \tag{4-1}$$
$$\sigma_{min}=\sigma_m-\sigma_a$$
$$\Delta\sigma=\sigma_{max}-\sigma_{min}$$
$$R=\frac{\sigma_{min}}{\sigma_{max}}$$

式中，拉应力取正值，压应力取负值。

4.2.2 基础疲劳试验及疲劳曲线

金属疲劳是建立在试验基础上的一门科学。试验时一般是在控制载荷或应力的试验条件下，记录试样在某一循环应力作用下达到断裂时的循环次数 N。对一组试样施加不同应力幅的循环载荷，就得到一组破坏时的循环次数。以循环应力中的最大应力 σ 为纵坐标，断裂循环次数 N 为横坐标，根据试验数据绘出 σ-N 曲线，如图 4-7 所示。若在控制应变的条件下试验，可得到 ε-N 曲线。σ-N 曲线和 ε-N 曲线统称为 S-N 曲线。

如图 4-7 所示是光滑试样在对称循环（$R=-1$）应力试验条件下得到的 S-N 曲线，图中的点是试验数据点。图 4-7（a）表示每一应力水平用一个试样得到，曲线用最小二乘法绘出。图 4-7（b）表示每一个应力水平用一组试样得到，如果在每一应力水平下取足够多的数据，那么所作的 S-N 曲线通常穿过中值点，由曲线可得某一应力水平下的寿命，称“中值疲劳寿命”。曲线的水平段表示材料经无限次应力循环而不破坏，与此相对应的最大应力表示光滑试样在对称循环应力下的疲劳极限 σ_{-1}。疲劳极限的下标通常用应力比 R 的数值表示，例如，$R=-1$ 时的疲劳极限为 σ_{-1}。$R=0$ 时的疲劳极限为 σ_0，应力比为任意 R 值时的疲劳极限应写为 σ_R。

从图 4-7（b）也可以看出，用几个试样在同一应力水平下进行的疲劳试验，所得到的寿命的离散性是比较大的。从本质上看疲劳寿命是一个概率统计量。通过对图 4-7（b）分析及大量统计资料表明，金属材料的疲劳寿命数据符合对数正态分布规律，或者说，如对每个疲劳寿命取对数，则这些数据符合正态分布。若将各级应力水平下疲劳寿命的分布曲线上

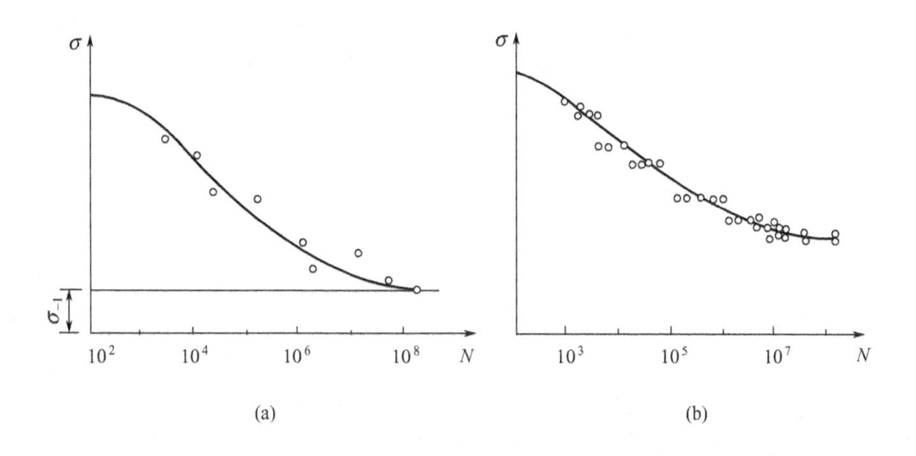

图 4-7　典型的 S-N 曲线

存活率相等的点用曲线画出，就得到给定存活率的一组 S-N 曲线，统称为 P-S-N 曲线，如图 4-8 所示。

曲线 AB 为 50%存活率的疲劳曲线，曲线 CD 为存活率 P=99%的疲劳曲线，曲线 GH 为存活率 P=90%的疲劳曲线，而曲线 EF 对应的存活率仅为 1%。

曲线 EF 因存活率太低，不能用于疲劳强度设计。如用曲线 GH 作为构件的设计基准，则该构件在规定的使用条件下和规定的使用期限内不发生疲劳破坏的概率为 90%，如用曲线 CD 作为设计基准，则在上述要求下构件安全使用的概率是 99%。究竟是以曲线 GH 作为设计基准，还是以曲线 CD 作为设计基准，应根据可靠性要求和经济性要求综合考虑。

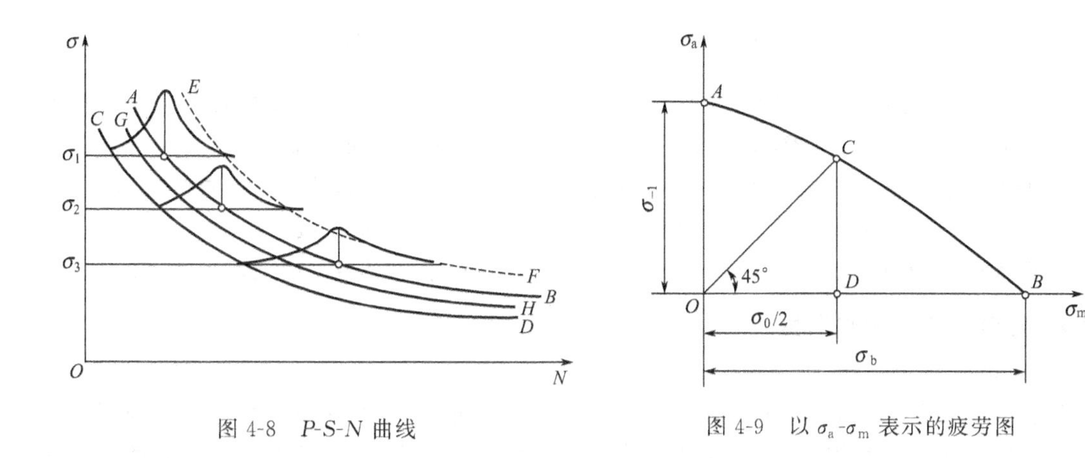

图 4-8　P-S-N 曲线

图 4-9　以 σ_a-σ_m 表示的疲劳图

4.2.3　疲劳强度的常用表示法

S-N 曲线可以由对称循环应力的试验得到，也可以由不对称循环应力的试验得到。当应力比 R 改变时，所得的 S-N 曲线也改变。于是，在规定的破坏循环寿命下，可以根据不同的应力比 R 得到疲劳极限，画出疲劳极限曲线图，简称疲劳图。

（1）σ_a-σ_m 表示的疲劳图　如图 4-9 所示，其纵、横坐标分别代表 σ_a 和 σ_m。曲线 ACB 为疲劳极限曲线，即在曲线 ACB 以内的任意点，表示不发生疲劳破坏；在这条曲线以外的点，表示经一定的应力循环次数后即发生疲劳破坏。图中 A 点是对称循环应力下发生疲劳破坏的临界点，该点的纵坐标值为对称循环应力下的疲劳极限 σ_{-1}。B 点是静载强度破坏的点，其横坐标为抗拉强度 σ_b。由原点 O 作与横坐标轴成 45°角的直线，并与曲线 ACB 交于 C 点，则 $OD=OC$，因 $\sigma_{max}=\sigma_m+\sigma_a$，所以有 $OD=OC=\sigma_a/2$。

(2) $\sigma_{max}(\sigma_{min})$-$\sigma_m$ 表示的疲劳图　如图 4-10 所示，横坐标为平均应力 σ_m，纵坐标为最大应力和最小应力。图中曲线 ADC 为最大应力 σ_{max} 线，曲线 BEC 为最小应力 σ_{min} 线。在 ADC 与 BEC 所包围的区域内的任意点，表示不产生疲劳破坏；在这区域以外的点，表示经一定应力循环次数后要发生疲劳破坏。C 点所表示的应力状态为最大应力等于最小应力，为静载荷的破坏点，其纵坐标和横坐标都等于材料抗拉强度 σ_b。最小应力线 BEC 与横轴相交于 E 点，此点对应的最小应力等于零，从 E 点作横坐标轴的垂直线，交最大应力线于 D 点，D 点纵坐标值为脉动循环应力的疲劳极限 σ_0。纵坐标轴上的 A 点及 B 点平均应力 $\sigma_m=0$，纵坐标值为对称循环的疲劳极限 σ_{-1}。该疲劳图在焊接结构设计中有所应用。

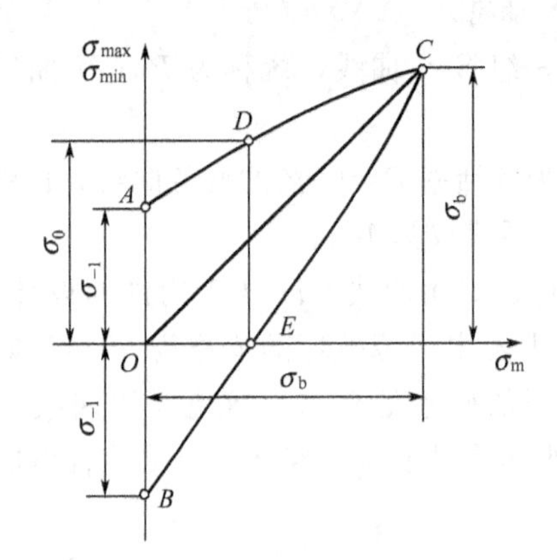

图 4-10　以 $\sigma_{max}(\sigma_{min})$-$\sigma_m$ 表示的疲劳图

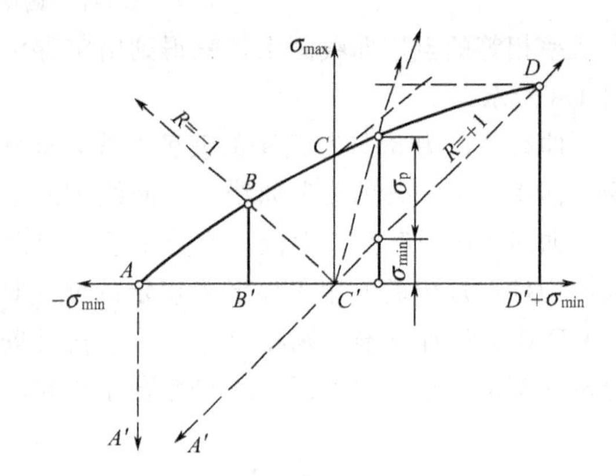

图 4-11　以 σ_{max}-σ_{min} 表示的疲劳图

(3) σ_{max}-σ_{min} 表示的疲劳图　如图 4-11 所示，其纵坐标为 σ_{max}，横坐标为 σ_{min}。曲线 $ABCD$ 以下的各点是不产生疲劳破坏的点，由原点向左与横坐标轴倾斜 45°的直线表示 $R=-1$，与曲线 ABC 交于 B 点，B 点的纵坐标值为对称循环的疲劳极限 σ_{-1}，曲线 ABC 与纵坐标交于 C 点，C 点的 $\sigma_{min}=0$，其纵坐标值为 $R=0$，脉动应力循环疲劳极限 σ_0，在原点以右与横坐标成 45°角的直线表示静载 $R=\pm1$，D 点 $\sigma_{max}=\sigma_{min}$，其值为静载抗拉强度。

4.2.4　疲劳强度的影响因素

4.2.4.1　缺口效应

在金属结构缺口部位不可避免地要产生应力集中，而应力集中又必然使零件的局部应力增加。当结构承受静载荷时，由于常用结构材料都是延性材料且有一定塑性，在破坏前有一个宏观塑性变形过程，使零件上应力重新分配，自动趋于均匀化，因此缺口对结构静强度一般没有多大影响。然而，疲劳破坏时截面上名义应力尚未达到材料的屈服极限，破坏以前不产生明显的宏观塑性变形和载荷重新分配过程，这样应力集中部位疲劳强度比光滑部分低，从而成为结构薄弱环节。

应力集中提高结构局部应力可以用理论应力集中系数表征。缺口部位局部的最大应力 σ_{max} 与名义应力 σ_n 的比值称为理论应力集中系数，一般用 K_t 表示，即：

$$K_t=\frac{\sigma_{max}}{\sigma_n} \tag{4-2}$$

式中，K_t 只与零件的几何形状有关，不受材料影响。

研究表明，缺口应力集中降低疲劳强度的作用与它提高结构局部应力的作用并不相同。也就是说，结构缺口部位的疲劳性能不仅取决于理论应力集中系数，也与材料的性质有关。金属结构因缺口应力集中的存在而使得其疲劳性能有所降低的程度一般用疲劳缺口系数 K_f 来表征，该系数主要取决于理论应力集中系数 K_t 和材料性质，但 K_t 的影响最大。疲劳缺口系数 K_f 为光滑试样的疲劳极限 σ_{-1} 与净截面尺寸及加工方法相同缺口试样的疲劳极限 σ_{-1k} 之比，即：

$$K_f=\frac{\sigma_{-1}}{\sigma_{-1k}} \tag{4-3}$$

疲劳缺口系数 K_f 一般小于理论应力集中系数。两者不相等的原因是，应力集中提高局部应力的同时也使最大应力处的应力梯度增大，并且将裂纹萌生位置限制在最大应力点附近的较小范围，最大应力处的这两点变化都使其疲劳强度提高。疲劳缺口系数也称为有效应力集中系数，利用理论应力集中系数 K_t 和疲劳缺口敏感度 q 按下式计算 K_f。

$$K_f=1+q(K_t-1) \tag{4-4}$$

疲劳缺口敏感度 q 是材料在循环载荷下对应力集中敏感性的一种度量，q 的定义为：

$$q=\frac{K_f-1}{K_t-1} \tag{4-5}$$

疲劳缺口敏感度 q 首先取决于材料性质。一般来说，抗拉强度 σ_b 提高时 q 增大。疲劳缺口敏感度除了取决于材料性质以外，还与应力梯度等因素有关，因此 q 不是材料常数。

4.2.4.2　尺寸效应

金属结构的尺寸对其疲劳强度影响很大。一般来说，结构的尺寸增大时疲劳强度降低。这种疲劳强度随结构尺寸增大而降低的现象称为尺寸效应。尺寸效应的大小一般用尺寸系数 ε 来表征，定义为尺寸为 d 的零件疲劳极限 σ_{-1d} 与相似的标准试样疲劳极限 σ_{-1} 之比，即：

$$\varepsilon=\frac{\sigma_{-1d}}{\sigma_{-1}} \tag{4-6}$$

引起尺寸效应的因素很多，可以分为工艺因素和比例因素两类。由于冶炼、锻造、热处理与机械加工过程引起的尺寸效应属于工艺因素。当大小零件的材质情况相同时其疲劳强度也不相同，这种排除了材质差别的尺寸效应称为绝对尺寸效应或比例因素。

4.2.4.3　材料表面加工方法的影响

试样的制备工艺对疲劳强度有很大影响，不能简单地把表面粗糙度看作应力集中来解释粗糙加工表面疲劳强度的降低，除了几何因素之外，金属切削还使得制件表面层的性质有重大改变。主要影响机理有表面层残余应力、表面硬化和表面层粗糙度三方面。

由于加工方法对疲劳强度的影响是上述三种因素共同作用的结果，这些因素难以分割开来，因此只能对各种因素的影响进行定性分析，很难定量计算各种因素的单独影响。

4.2.4.4　实验技术的影响

(1) 外载荷平均应力的影响　如图 4-12 所示，拉伸平均应力使结构的疲劳强度和寿命降低，而压缩平均应力使结构的疲劳强度和寿命增加。因此，在结构缺口部位压缩平均应力可以提高整个结构的疲劳性能。

(2) 加载频率的影响 在大气条件下，当试验温度小于 50℃时，在正常频率范围内变化对大多数金属的疲劳极限没有影响；而低频率使疲劳极限降低，高频率使疲劳极限升高。对

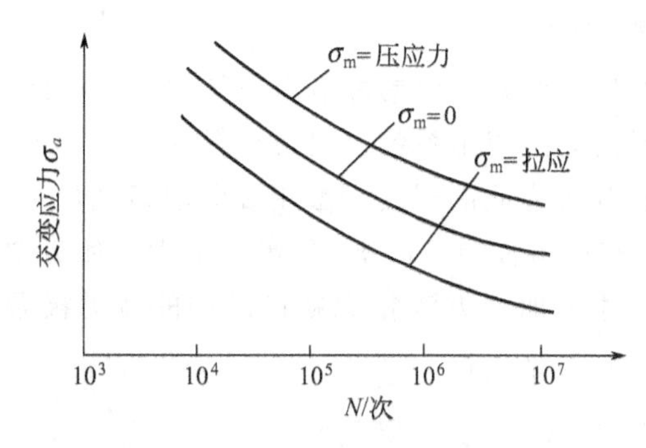

图 4-12 平均应力对疲劳强度和寿命的影响

于易熔合金及其他力学性能在50℃范围内就有变化的合金，在室温下频率对疲劳极限有一定影响。

（3）应力波形的影响 常见的应力循环波形有正弦、三角形、梯形、矩形等几种。与室温环境相比，在高温环境与腐蚀介质条件下，循环波形对疲劳强度有较大的影响。另外，在应变幅较大的情况下，循环波形对裂纹形成寿命有很大影响，而对裂纹扩展寿命影响很小。一般情况下，在应力循环波形中最大应力下停留时间过长，疲劳寿命会有所降低。

（4）中间停歇影响 一般情况下，中间停歇对疲劳极限没有明显影响，对疲劳寿命有一定影响。研究表明：停歇越频繁、停歇时间越长，对疲劳寿命的影响越大。停歇时若对试样进行中间加热，则提高疲劳寿命的效应加强，这时即使停歇时间很短也有明显影响。

4.2.4.5 材料性质的影响

当无应力集中时，材料的疲劳强度与屈服点成正比，对于光滑试件，材料疲劳极限随着材料本身疲劳强度的增加以约为50%的比率增加。所以屈服点较高的低合金钢比低碳钢就有更高的疲劳极限。但是由于高强度钢对应力集中非常敏感，当结构中有应力集中时，高强度低合金钢的疲劳极限下降得比低碳钢快，当应力集中因素达到某种程度时，两种钢的疲劳极限相同或相差无几。

4.2.5 金属材料的疲劳分类

（1）按研究对象可以将金属材料的疲劳分为材料疲劳和结构疲劳两大类。其中材料疲劳主要研究材料的失效机理，化学成分、微观组织、环境和工况等对疲劳强度的影响，研究疲劳断口的宏观和微观形貌等，其特点是使用标准试样进行试验研究。而结构疲劳则以部件、接头以致整个结构为研究对象，研究它们的疲劳性能、抗疲劳设计方法、寿命估算方法和疲劳试验方法，形状、尺寸和工艺因素的影响以及提高疲劳强度的方法。

（2）按失效周次可以将金属材料的疲劳分为高周疲劳和低周疲劳两大类。材料在低于其屈服强度的循环应力作用下，经10^4～10^5以上循环产生的失效称为高周疲劳。材料在接近或超过其屈服强度的应力作用下，低于10^4～10^5次塑性应变循环产生的失效称为低周疲劳。

高周疲劳与低周疲劳的主要区别在于塑性应变的程度不同。高周疲劳时应力一般比较低，材料处在弹性范围内，因此其应力与应变是成正比的，常称为应力疲劳。低周疲劳则不然，其应力一般都超过弹性极限，产生比较大的塑性变形，因此应力与应变不成正比，所以常称为应变疲劳。高周疲劳是各种机械中最常见的，通常所说的疲劳一般指高周疲劳。

（3）按构件所受力的状态可以将金属材料的疲劳分为单轴疲劳和多轴疲劳两大类。单轴疲劳是指单向循环应力作用下的疲劳。而多轴疲劳是指多向应力作用下的疲劳，也称为复合疲劳，例如弯扭复合疲劳、双轴拉伸疲劳、三轴应力疲劳、拉伸-内压疲劳等。

（4）按所施加载荷特征可以将金属材料的疲劳分为恒幅和变幅及随机疲劳三大类。将疲劳载荷中，所有峰值载荷均相等和所有谷值载荷均相等的载荷称为恒幅载荷，承受恒幅载荷的疲劳称为恒幅疲劳。疲劳载荷中所有峰值载荷不等或所有谷值载荷不等或两者均不相等的载荷称为谱载荷，承受谱载荷的疲劳称为变幅疲劳。疲劳载荷中峰值载荷和谷值载荷及其序列是随机出现的谱载荷称为随机载荷，承受随机载荷的疲劳称为随机疲劳。实际上所有疲劳载荷均属于随机疲劳载荷，即随机疲劳的特征具有普适性，而恒幅和变幅疲劳仅是其特例而已。

（5）按载荷工况和工作环境可以将金属材料的疲劳分为常规疲劳、高低温疲劳、热疲劳、热-机械疲劳、腐蚀疲劳、接触疲劳、微动磨损疲劳和冲击疲劳等。

在室温、空气介质中的疲劳称为常规疲劳；低于室温的疲劳称为低温疲劳；而高于室温的疲劳称为高温疲劳，高于蠕变温度时存在着蠕变和疲劳的交互作用，温度循环变化产生的热应力所导致的疲劳称为热疲劳；温度循环与应变循环叠加的疲劳称为热-机械疲劳；腐蚀环境与循环应力（应变）的复合作用所导致的疲劳称为腐蚀疲劳；滚动接触零件在循环接触应力作用下，产生局部永久性累积损伤，经一定的循环次数后，接触表面发生麻点、浅层或深层剥落的过程称为接触疲劳；重复冲击载荷所导致的疲劳称为冲击疲劳。

4.2.6　应变疲劳简介

图 4-13 示出了在循环载荷下可能发生的应力-应变关系。当施加的力和力矩完全在弹性范围内变化时，则发生如图 4-13（a）所示的关系，如图 4-13（b）所示为当交变载荷包含塑性区时的关系，在每个循环中，其应力-应变关系不再是线性的，而是按滞后曲线*BCDEB*变化。$\Delta\sigma$ 是总应力范围，ε 是总应变范围，它包括两部分：弹性应变范围 ε_e 和塑性应变范围 ε_p，即 $\varepsilon=\varepsilon_e+\varepsilon_p$。

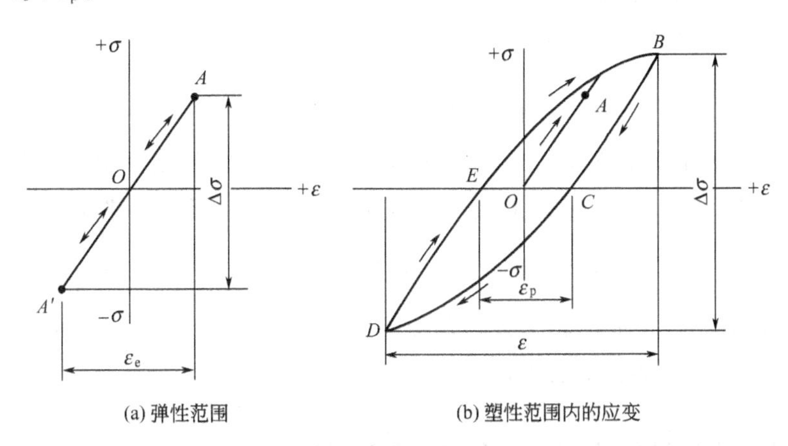

图 4-13　循环载荷下可能发生的应力-应变关系

控制应变的疲劳试验可分为控制总应变幅和控制塑性应变幅两种。一般认为，是塑性应变幅产生了疲劳损伤。所以，与用总应变幅相比，用控制塑性应变幅试验所得的试验数据更能揭示低周疲劳破坏的实质。故控制应变的试验一般都控制塑性应变幅。

对塑性材料做一系列的对称循环试验，用双对数坐标作塑性应变幅 $\Delta\varepsilon_p/2$ 与寿命 N_c 的关系曲线，得如图 4-14 所示的直线 1。在疲劳强度试验中，因为在弹性范围内，可以用应力与寿命直接表示。为了与直线相比较，将应力幅 σ_a 用 $\Delta\varepsilon_e/2=\sigma_a/E$ 的关系换成应变幅，如图 4-14 中的直线 2 所示。

进一步分析可以看出，图 4-14 中的曲线 1 是塑性应变幅与载荷循环次数的关系曲线（在双对数坐标上是直线），即低周疲劳的 *S-N* 曲线，曲线 2 是在弹性范围内由应力幅与载荷循环次数的关系曲线转化而来的，是高周疲劳的 *S-N* 曲线。这两线的交点 *P*，表示低周

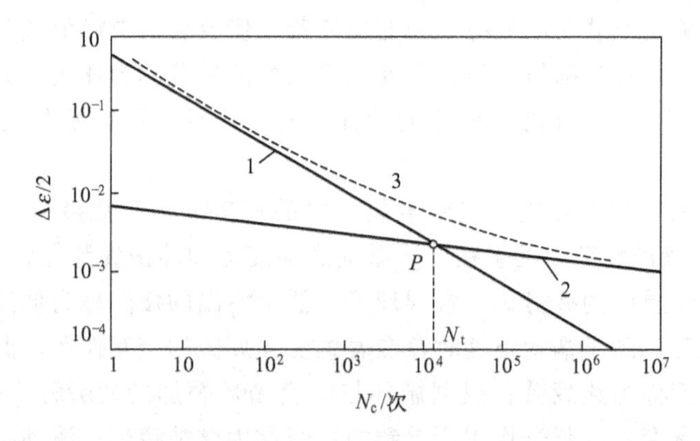

图 4-14 对称循环总应变幅与循环次数的关系

1—$\Delta\varepsilon_p/2$-N_c 曲线；2—σ_a-N_c 曲线；3—总应变幅 $\Delta\varepsilon/2$-N_c 曲线

疲劳与高周疲劳的分界点（过渡寿命点）。在 P 点的右侧，弹性应变起主导作用，在 P 点的左侧塑性应变起主导作用，或者说，P 点的右侧为高周疲劳区，P 点的左侧是低周疲劳区。

在图 4-14 中还根据试验数据，画出了总应变幅 $\Delta\varepsilon/2$（弹性应变幅与塑性应变幅之和）与载荷循环次数的关系曲线 3。由图 4-14 可以看出，在 P 点的左侧，曲线 3 与低周疲劳的直线 1 逼近；在 P 点的右侧，曲线 3 与高周疲劳的直线 2 逼近。当材料强度提高时，P 点左移；材料的韧度提高时，P 点右移。

低周疲劳的普遍公式可以写成：

$$\Delta\varepsilon_p N_c^a = C \tag{4-7}$$

式中，$\Delta\varepsilon_p$ 为塑性应变范围；N_c 为材料达到疲劳断裂时的循环次数，即疲劳寿命；a 为材料的塑性指数，$a=0.3\sim0.8$；C 为与静拉伸断裂应变 ε_f 有关的常数，$\varepsilon_f > C > \varepsilon_f/2$，由于 ε_f 与断面收缩率 ψ 有关，即 $\varepsilon_f = \ln\dfrac{100}{100-\psi}$，则 $C=\dfrac{1}{2}\ln\dfrac{100}{100-\psi}\sim\ln\dfrac{100}{100-\Psi}$。

式(4-7) 称为 Coffin-Manson 公式。若参量 a 及 C 已知，能画出材料的滞回线，由图 4-13（b）可求得 ε_p，即可得到疲劳寿命 N。

4.3 金属材料疲劳断裂过程和断口特征

4.3.1 金属材料疲劳断裂的过程

疲劳断裂一般由三个阶段所组成，即疲劳裂纹的形成、扩展和断裂。当然在这三个阶段之间没有严格界限，例如，疲劳裂纹“形成”的定义就带有一定的随意性，这主要是因为采用的裂纹检测技术不同而引起的，从研究疲劳机理出发，有人采用电子显微镜，把裂纹长大到 100nm 之前定义为裂纹形成阶段。但从工程实用角度出发，则一般又以低倍显微镜看到之前的裂纹尺寸（小于 0.05mm 左右）定义为裂纹形成阶段。同样，最后断裂的定义也是不严格的，一般根据结构的形式而定。例如对于承力构件，可以定义为扣除裂纹面积的净截面已不能再承受所施应力时为断裂阶段，而对于压力容器则把出现泄漏时定为断裂阶段的开始等。

材料在循环载荷作用下，疲劳裂纹总是在应力最高、强度最弱的部位上形成。对于承受循环载荷作用的金属材料，由于晶粒取向不同，以及存在各种宏观或微观缺陷等原因，每个晶粒的强度在相同的受力方向上是各不相同的，当整体金属还处于弹性状态时，个别薄弱晶粒已进入塑性应变状态，这些首先屈服的晶粒可以看成是应力集中区。一般认为，具有与最大切应力面相一致的滑移面的晶粒首先开始屈服，出现滑移，随着循环加载的不断进行，滑移线的量加大成为滑移带，并且不断加宽、加深形成“挤出”和“挤入”现象，挤入部分向滑移带的纵深发展，从而形成疲劳微裂纹（图 4-15）。这些微裂纹沿着与拉应力成 45°的最大切应力方向传播，这是疲劳裂纹扩展的第Ⅰ阶段。这个阶段裂纹扩展速率很慢，每一次应力循环大约只有 0.1μm 数量级，扩展深度为 2～5 个晶粒大小。当第一阶段扩展的裂纹遇到晶界时便逐渐改变方向转到与最大拉伸应力相垂直的方向生长，此时即进入裂纹扩展的第Ⅱ阶段，如图 4-16 所示。在该阶段内，裂纹穿晶扩展，其扩展速率较快，每一次应力循环大约扩展微米数量级，在电子显微镜下观察到的疲劳辉纹主要是在这一阶段内形成的。

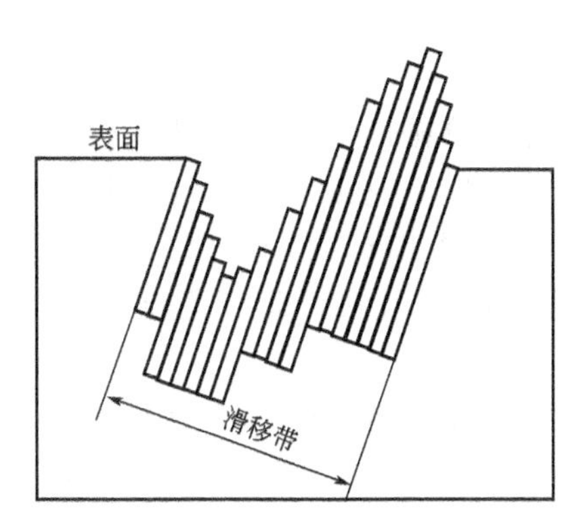

图 4-15　滑移带示意图

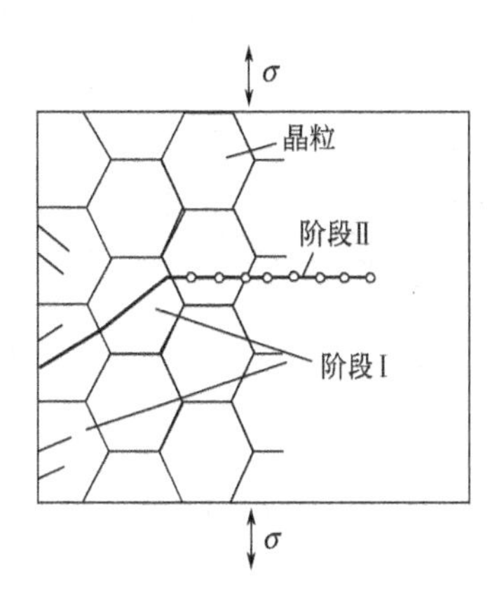

图 4-16　疲劳裂纹扩展过程示意图

在循环加载下裂纹继续扩展，承受载荷的横截面面积继续减小，直到有效面积小到不能承受施加的载荷时，构件就到达最终断裂阶段。

对于焊接结构，因为焊接接头不仅有应力集中（如角焊缝的焊趾部位），而且这些部位易产生各种焊接缺陷而成为疲劳裂纹源，整个疲劳过程中主要是疲劳裂纹扩展阶段。

有关疲劳裂纹扩展机理有多种模型可以描述，目前广泛流行的一种模型是塑性钝化模型，如图 4-17 所示。当未加载时，裂纹闭合，其尖端处于尖锐状态。开始加载时，在切应力下裂纹尖端上下两侧沿 45°方向产生滑移使裂纹尖端变钝，当拉应力达到最高值时，裂纹停止扩展。开始卸载，裂纹尖端金属又沿 45°继续卸载，使裂纹尖端处由逐渐闭合到全部闭合，裂纹锐化。这样每经过一个加载卸载循环后，裂纹由钝化到锐化并向前扩展一段长度 Δa，在断口表面上就会遗留下一条痕迹，这就是在金相断口图上通常看到的疲劳条纹或称疲劳辉纹。

综上所述，亚临界裂纹扩展过程就是裂纹反复锐化和钝化的过程。

4.3.2　疲劳断口的特征

在进行疲劳断口宏观分析时，一般把断口分成三个区，这三个区与疲劳裂纹形成、扩展

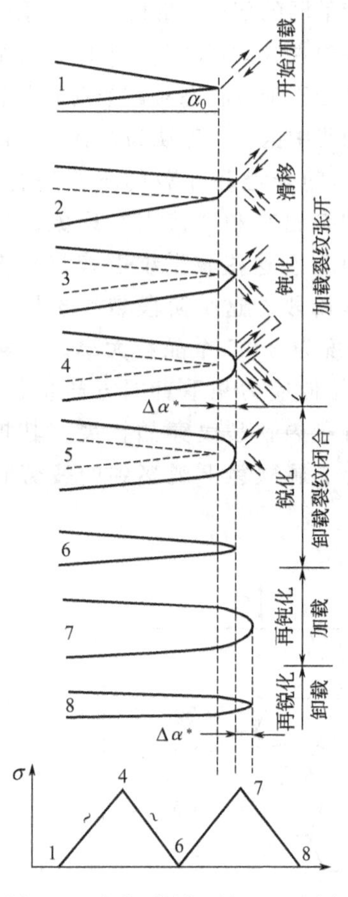

图 4-17 疲劳裂纹扩展机理示意图

和瞬时断裂三个阶段相对应，分别称为疲劳源区、疲劳扩展区和瞬时断裂区，如图 4-18 所示。

疲劳源区是疲劳裂纹的形成过程在断口上留下的真实记录。由于疲劳源区一般很小，所以宏观上难以分辨疲劳源区的断面特征。疲劳源一般总是发生在表面，但如果构件内部存在缺陷，如脆性夹杂物等，也可在构件内部发生。疲劳源数目有时不止一个，而有两个甚至两个以上，对于低周疲劳，由于其应变幅值较大，断口上常有几个位于不同位置的疲劳源。

疲劳裂纹扩展区是疲劳断口上最重要的特征区域。其宏观形貌特征常呈现为贝壳状或海滩波纹状条纹，而且条纹推进线一般是从裂纹源开始向四周推进，呈弧形线条，并且垂直于疲劳裂纹的扩展方向。这些贝壳状的推进线是在使用过程中循环应力振幅变化或载荷大小改变等原因所遗留的痕迹。在做恒应力或恒应变实验时，断口一般无此特征。

瞬时断裂区（或称最终破断区）是疲劳裂纹扩展到临界尺寸之后发生的快速破断。它的特征与静载拉伸断口中快速破坏的放射区及剪切唇相同，但有时仅仅出现剪切唇而无放射区。对于非常脆的材料，此区为结晶状的脆性断口。

微观断口形貌主要是在疲劳裂纹扩展第二阶段内形成的，其特征是疲劳辉纹。它是明暗交替、有规则、相互平行的条纹，每一条纹代表一次载荷循环，如图 4-19 所示。

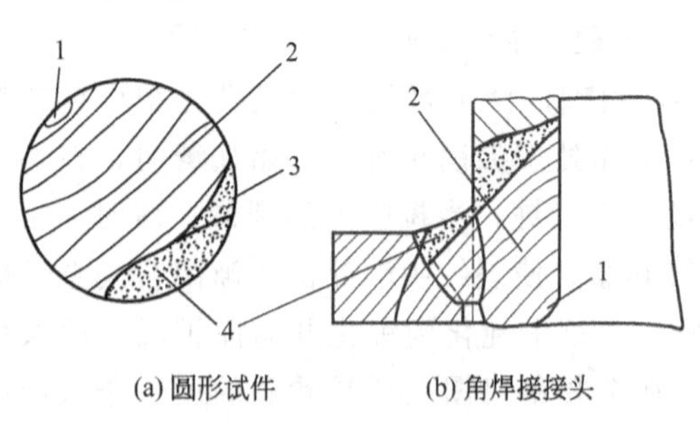

图 4-18 疲劳断口上三个特征区的示意图

1—裂纹源；2—疲劳裂纹扩展区；
3—疲劳裂纹加速扩展区；4—瞬时断裂区

图 4-19 裂纹疲劳扩展的辉纹

一般来说，面心立方金属（如铝、铝合金以及不锈钢）的疲劳条纹比较清晰、明显。体心立方金属及密排六方结构金属的疲劳条纹远不如前者明显。在疲劳辉纹与宏观断口上看到的贝壳状条纹并不是一回事，辉纹是一次应力循环中裂纹尖端塑性钝化形成的痕迹，而贝壳状条纹正如前述，是循环应力振幅变化或载荷变化而形成的宏观特征。相邻的贝纹线之间可能有成千上万条辉纹。有时在宏观断口上看不到贝壳纹，但在电镜下仍可看到疲劳辉纹。

另外一些构件其断口上并无明显贝壳状花纹，却有明显疲劳台阶。在疲劳区内，两个疲劳源向前扩展相遇就形成一个疲劳台阶，因此疲劳台阶也是疲劳裂纹扩展区的一个特征。

4.4　断裂力学在疲劳裂纹扩展研究中的应用

4.4.1　裂纹和亚临界扩展

传统的疲劳设计方法假定材料是无裂纹的连续体，经过一定的应力循环次数后，由于疲劳累积损伤而形成裂纹，再经裂纹扩展阶段直到断裂。常规疲劳计算就是在大量疲劳试验统计结果上获得 S-N 曲线，然后在此基础上进行设计和选材，其结果与 S-N 曲线存活率有关。

另一种疲劳设计方法是在断裂力学的基础上发展起来的。实际构件在加工制造和使用过程中，由于各种原因（如焊接、铸造、锻造等）往往不可避免地会产生这样或那样的缺陷或裂纹。带有裂纹的构件在循环应力和应变的作用下裂纹可能逐渐扩展。应用断裂力学把疲劳设计建立在构件本身存在裂纹这一客观事实的基础上，按照裂纹在循环载荷下的扩展规律，估算结构的寿命是保证构件安全工作的重要途径，同时也是对传统疲劳试验和分析方法的一个重要补充和发展。

一个含有初始裂纹 a_0 的构件，当承受静载荷时，只有在应力水平达到临界应力 σ_c 时（图 4-20），也即当其裂纹尖端的应力强度因子达到临界值 K_{IC}（K_c）时，才会发生失稳破坏。假若构件承受一个低于 σ_c 但又足够大的循环应力，那么这个初始裂纹 a_0 便会发生缓慢扩展，当达到临界裂纹尺寸时，会使构件发生破坏。裂纹在循环应力作用下，由初始值 a_0 到临界值 a_c 这一段扩展过程就是疲劳裂纹的亚临界扩展阶段。

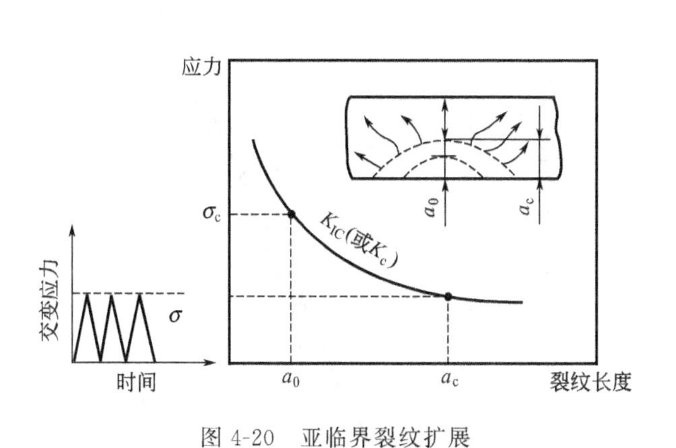

图 4-20　亚临界裂纹扩展与临界裂纹扩展

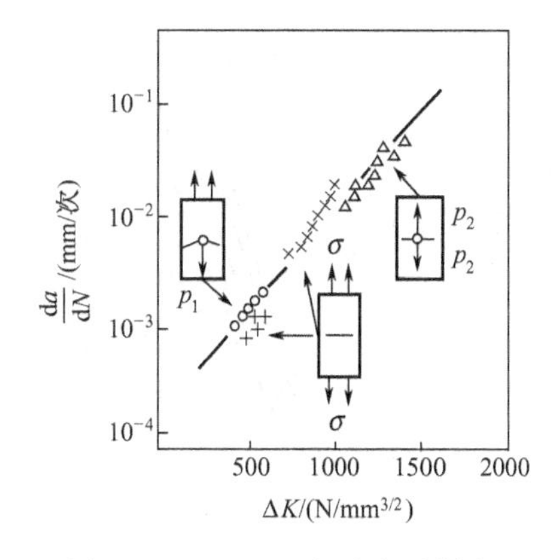

图 4-21　7074-T6 铝合金试样在不同加载方式下$\frac{da}{dN}$-ΔK 的关系

关于疲劳裂纹的扩展规律已有许多研究。这些研究基本上是讨论在单轴循环应力下，裂纹长度 a 沿着垂直于应力方向扩展速率的规律。一般情况下，裂纹扩展速率可写成以下形式。

$$\frac{da}{dN}=f(\sigma,a,C) \tag{4-8}$$

式中，N 为循环次数；σ 为循环应力；a 为裂纹半长；C 为与材料有关的常数。

为了提出一个 da/dN 与各参量间的定量数学表达式，曾从各种角度进行了广泛地研究，提出了几种理论。目前为大家广泛采用的是 Paris 提出的关于裂纹扩展的半经验定律。Paris 指出，应力强度因子 K 既然能够表示裂纹尖端的应力场强度，那么就可以认为 K 值是控制裂纹扩展速率的重要参量，并由此提出了下述指数规律公式：

$$\frac{da}{dN}=C(\Delta K)^m \tag{4-9}$$

式中，ΔK 为应力强度因子范围（$\Delta K=K_{\max}-K_{\min}$）；$c$、$m$ 为材料常数。

如图 4-21 所示为在不同加载方式下测定的各种几何形状的 7075-T6 铝合金试样的疲劳裂纹扩展速率。从图 4-21 中可以看出，各试验点都落在一条直线上，这就是说，亚临界裂纹扩展速率不受试件几何形状和加载方式的限制，而直接受应力强度因子范围 ΔK 的控制。

但是，Paris 的指数规律公式有两个缺点：首先它未考虑平均应力对 da/dN 的影响，而试验证明平均应力对裂纹扩展速率是有显著影响的；其次它未考虑当裂纹尖端的应力强度因子趋近其临界值 K_{IC}时，裂纹的加速扩展效应。考虑上述两个因素的影响，Forman 提出了修正公式。

$$\frac{da}{dN}=\frac{C(\Delta K)^m}{(1-R)K_{IC}-\Delta K} \tag{4-10}$$

由上式可见，由于引入了考虑平均应力的应力比 R，它可在任何 R 的载荷条件下更好地描述疲劳裂纹扩展规律。同时上式还反映出 da/dN 值不仅取决于 ΔK 值的大小，并且它还是材料本身 K_{IC}值的函数，就是说材料的 K_{IC}值越高，da/dN 值越小。

图 4-22 示出了 7075-T6 铝合金在各种 R 值条件下的 da/dN-ΔK 的关系。可见在同一个 ΔK 值下，R 值越高，亦即平均应力越高，裂纹的扩展速率也越快。同时也可看到每条线都有自己单独的“指数规律”关系。如果用 Forman 公式处理图 4-22 的五组数据，则得到如图 4-23 所示的一条线，其斜率为 4，这说明修正公式具有比 Paris 公式更好的概括性。

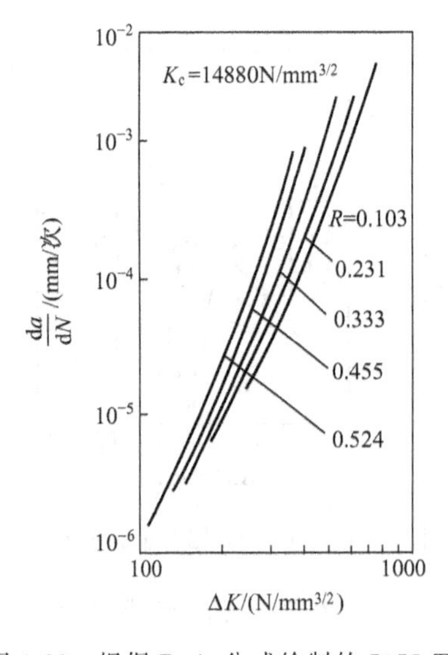

图 4-22 根据 Paris 公式绘制的 7075-T6

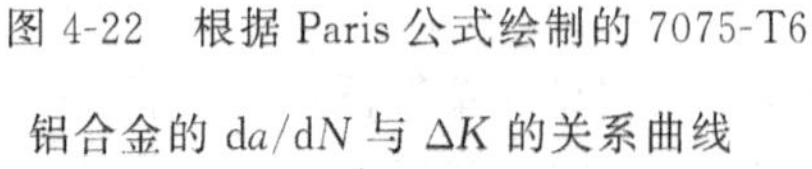

铝合金的 da/dN 与 ΔK 的关系曲线

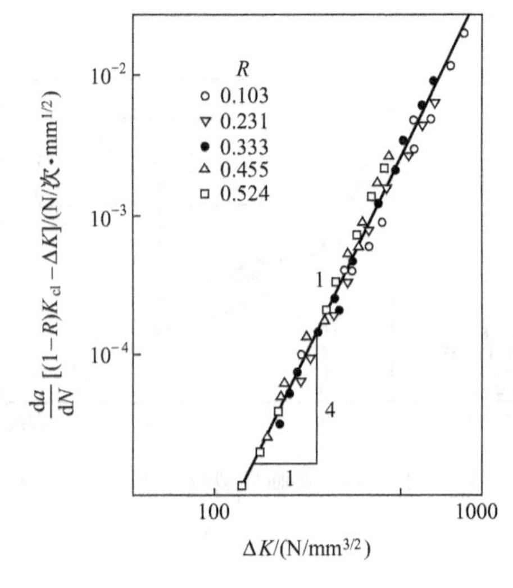

图 4-23 根据 Forman 公式绘制的 7075-T6 铝合金的 $\frac{da}{dN}[(1-R)K_{IC}-\Delta K]$ 与 ΔK 的关系曲线

4.4.2　疲劳裂纹扩展速率 da/dN-ΔK 曲线

根据裂纹扩展的指数定律，整理各种材料的大量试验数据发现，各种金属材料的指数处在 $m=2\sim7$ 的范围内，而其中绝大多数材料的指数 $m=2\sim4$。

进一步研究各种金属材料 da/dN-ΔK 在双对数坐标上的关系时，可以发现它们之间的关系在宽广的 ΔK 范围内并非一条直线，而是由四条不同斜率线段组成，形状如图 4-24 所示。

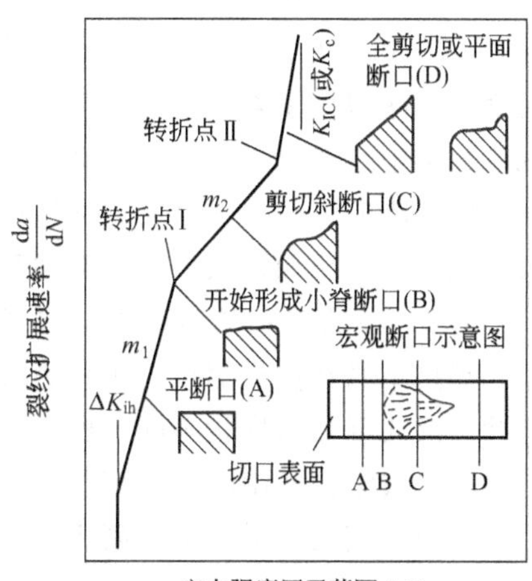

图 4-24　金属材料 da/dN-ΔK 在双对数坐标上的一般关系曲线图

在应力强度因子幅度小于某一界限值时，裂纹不发生扩展，此界限值定义为 ΔK_{ih}，即门槛值。它是材料固有的特性。当外加应力强度因子幅度达到此界限值 ΔK_{ih}后，裂纹扩展速率急剧上升，此线段几乎与纵坐标轴平行。

此后，稍微增加一点 ΔK 值，da/dN 与 ΔK 即成指数 m_1 的关系变化。对钢材而言，屈服点、抗拉强度、加工硬化特性、组织结构以及温度等对此阶段的斜率基本上不产生明显的影响。从试件断口可以看出，在此扩展阶段内为平断口，断口平面与外加拉应力成 90°。电子金相图片表明它为穿晶断裂，且具有典型的疲劳辉纹。

继续增加 ΔK 值，出现斜率转折点Ⅰ（图 4-24），过此点斜率降低为 m_2，即 $m_2<m_1$。宏观断口表明，在此阶段内出现剪切斜断口，断口表面与外力成 45°。而它的电子金相图片表明，断口为解理断裂和疲劳断裂混合型。与斜率转折点Ⅰ对应的裂纹扩展速率，一般在 $10^{-4}\sim10^{-3}$mm/次的范围内。测定转折点以及转折点两侧的斜率，对估算疲劳寿命具有重要意义。

继续增加 ΔK 值，当 K_{max}逐渐接近材料 K_{IC}（K_c）值时达到材料第Ⅱ转折点，过此点后斜率将增大，转折点Ⅱ实际上是裂纹扩展速率的加速转变点。在此区内宏观断口为全剪切断口。

4.4.3　疲劳裂纹扩展寿命的估算

在进行构件的疲劳裂纹扩展寿命估算时，其基本数据就是材料（或构件）的裂纹扩展速率。该速率通常是以 Paris 公式和 Forman 公式来表示的。对它们求定积分，便可得到疲劳裂纹的扩展寿命，即：

$$N=\int_0^{N_c}dN=\int_{a_0}^{a_c}\frac{da}{C(\Delta K)^m} \tag{4-11}$$

$$N=\int_0^{N_c}dN=\int_{a_0}^{a_c}\left[\frac{(1-R)K_{IC}-\Delta K}{C(\Delta K)^m}\right]da \tag{4-12}$$

式中，a_0 为初始裂纹尺寸；a_c 为临界裂纹尺寸；N_c 为从初始裂纹尺寸 a_0 扩展到失稳断裂，即到达临界裂纹尺寸 a_c 时的循环次数。

对于无限大板中心穿透裂纹，可将 $\Delta K=\Delta\sigma\sqrt{\pi a}$代入式(4-11）或式(4-12）积分得到裂纹扩展寿命。

4.5 影响焊接接头疲劳强度的因素

4.5.1 应力集中的影响

焊接接头及结构疲劳裂纹往往从存在严重应力集中的接头焊趾或焊根处开始。同时焊趾区表层一些焊接缺陷也是造成接头应力集中根源之一，有人认为焊接接头部位存在宏观与微观应力集中是造成焊接接头疲劳强度较低的最主要原因，这是非常有道理的。

由于降低焊接接头高应力区域应力集中程度能够提高焊接接头的疲劳强度，因此一种接头处理工艺方法能否改善接头应力集中状况是评估该方法优劣的一个重要指标。

4.5.1.1 接头形式选择对应力集中的影响

焊接结构在接头部位由于传力线受到干扰，因而发生应力集中现象。有外载作用时，各种接头形式因几何形状不同，所引起应力集中程度相差较大。

在焊接结构常用的各种接头形式中，对接接头因其力线受到的干扰较小，故而应力集中系数较小，其疲劳强度也将高于其他接头形式，尽管未经处理的对接接头疲劳强度与母材相比仍然小得多（对于具有余高的对接接头，应力集中主要发生在焊趾处），但仍是一般设计中优先考虑采用的接头形式。疲劳裂纹一般在接头焊趾部位、焊缝或热影响区内产生，然后根据接头的形状特征，裂纹可向基本金属扩展，也可以向焊缝金属扩展。此时采用合适的工艺措施处理焊趾区，降低接头的应力集中程度，可以提高接头的疲劳强度。

对于永久型垫板对接接头，由于垫板处形成严重应力集中从而降低了接头疲劳强度。这种接头疲劳裂纹均从焊缝和垫板接合处产生而不在焊趾产生，此时改善焊趾部位的应力集中状况不能对这种接头形式的疲劳强度有所改善，因为一般改善措施往往只能处理焊趾区，因而对这种接头是无效的。

十字接头或 T 形接头由于在焊缝向基本金属过渡处具有明显截面变化，其应力集中系数比对接接头高，因此十字或 T 形接头疲劳强度低于对接接头。

十字接头分开坡口焊透与不开坡口两种。不开坡口未熔透十字接头，裂纹可能发生在焊趾，更可能发生在焊根。断裂发生在焊根的情况，提高其疲劳强度有效措施不多。开坡口焊透十字接头，断裂只发生在焊趾，如果加工焊缝过渡区使之圆滑过渡，疲劳强度可大幅度提高。

对于焊缝不承受工作应力的十字和 T 形接头，其疲劳强度依赖于焊缝与受力板之间过渡区应力集中状况，且疲劳裂纹发生在焊趾部位，因此可以通过加工焊趾区提高接头的疲劳强度。

4.5.1.2 焊趾区几何形状

相同类型接头其疲劳强度仍在很大范围内变化，这是因为有一系列细节因素影响着接头疲劳性能的缘故。研究表明：由于应力集中系数不同，焊趾几何外形对于其疲劳强度影响最大，且母材强度级别越高影响越显著。改善接头疲劳强度可以从改善焊缝几何形状方面着手，降低其焊趾部位的应力集中程度。影响焊趾区应力集中程度几何形状参数有以下几个方面。

（1）焊趾过渡半径的影响规律　如图 4-25 所示，大量研究表明：焊趾区过渡圆弧半径 R 对焊接接头疲劳强度具有重要影响，随着过渡半径增加（过渡角 θ 保持不变），其疲劳强度也相应增加，某种工艺措施如果能够大幅度地增加焊趾区过渡圆弧半径 R，就能够改善焊接接头的疲劳强度。

(2) 过渡角 θ 的影响规律　有人建立了接头疲劳强度和基本金属与焊缝金属之间过渡角的关系。当焊缝宽度 W 和高度 H 变化，但夹角恒定，结果表明疲劳强度也不发生变化，如果 W 保持不变，变化参量 H，则发现 H 增加，接头疲劳强度降低，这显然是过渡角增加的结果。因此，随着过渡角 θ 增加，疲劳强度有所降低。故而，减小过渡角 θ 的工艺方法能够提高接头的疲劳强度。

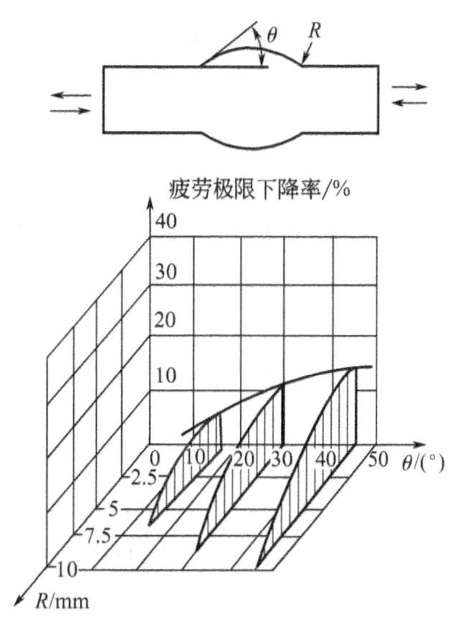

图 4-25　过渡角 θ 以及过渡圆弧半径 R 对对接接头疲劳强度的影响

4.5.2　近缝区金属性能变化的影响

对于原始焊接接头来说，钢材接头疲劳强度与母材本身的抗拉强度没有关系。原因在于：由于在焊趾部位距离表面 0.5mm 左右一般存在尖锐熔渣缺陷，相当于疲劳裂纹提前萌生，因而疲劳寿命主要由疲劳裂纹扩展阶段决定。S. J. Maddox 研究了屈服点在 386～636MPa 之间碳锰钢和用 6 种焊条施焊的焊缝金属及热影响区的疲劳裂纹扩展情况，结果表明：材料力学性能对裂纹扩展速率有一定影响，但不大。证明了接头疲劳强度与材料静强度关系不大，而主要由几何外形造成的应力集中程度决定。

同样，如果有办法能够消除焊趾部位这些有害熔渣、微裂纹等显微缺陷，同样能够大幅度提高焊接接头的疲劳强度，此时焊接接头等同一个普通缺口，其疲劳强度将会受到焊趾区材料强度的影响，这样增加母材静载强度和采用较高强度匹配，可能会获得更好的接头疲劳性能。

4.5.3　焊接残余应力的影响

焊接残余应力对焊接结构疲劳性能的影响是人们普遍关心的问题。研究表明，在实际焊接结构中焊缝附近的焊接残余拉应力数值很大，往往能够达到甚至超过母材的屈服强度，这是焊接接头疲劳强度研究中的一个特殊的问题。

因此，有人建议为了能够用小试件反映真实结构的疲劳情况，在常幅应力循环载荷作用下，最大应力水平恒定为材料的屈服强度，实际应力幅由材料的屈服点向下移动，而不管其原始作用的循环特征如何。这些高值焊接残余拉应力的存在是目前大多数焊接结构疲劳设计规范以应力范围而不是以最大应力水平为基准的根本原因。由于焊接残余拉应力的存在，使接头实际承受的最大应力总能达到材料的屈服强度，当外加载荷的循环比 R 较小时，其所能承受的应力幅受到很大的影响。因此，调整或消除焊接残余应力能够提高焊接接头的疲劳强度，尤其是当外载荷的循环比 R 较小时。

通常用热处理的方法消除焊接残余应力来提高焊接接头的疲劳强度。但一些研究结果表明：消除应力热处理能够提高焊接结构疲劳强度是有条件的。

当外载荷的循环比 R 较小而接头应力集中程度较大时，效果较好；反之可能会降低接头的疲劳强度。因为热处理一方面消除焊接残余应力，同时也导致接头表面氧化、脱碳及组织软化，这是对疲劳强度不利的因素，实际效果是两者竞争的结果。大多数情况下，焊接结构所承受载荷多属于高平均应力的范畴，因而热处理效果并不显著，甚至是有害的。

4.5.4 焊接缺陷的影响

焊接缺陷也是焊接接头应力集中的根源之一，因而对结构和接头的疲劳强度产生显著影响。焊接缺陷对接头疲劳强度的影响与缺陷的种类、方向和位置有关。位于表面，尤其是焊趾区表面的焊接缺陷对接头疲劳强度最为不利。焊趾区表面熔渣等显微缺陷是造成焊接接头的疲劳强度与母材及焊接材料的静载强度关系不大的最主要原因。

焊接缺陷可分成两大类：面状缺陷（如裂纹、未熔合）和体积型缺陷（如气孔、夹渣），它们对焊接接头疲劳强度的影响程度是不同的，其中面状缺陷对接头疲劳强度更为不利。

在考虑各种焊接缺陷对接头疲劳强度影响的同时，人们往往对能否将其消除同样感兴趣，因为消除焊接缺陷将可能较大程度地提高接头的疲劳强度。

① 焊接接头中裂纹尖端是极为严重的应力集中部位，它可大幅度降低结构或接头的疲劳强度。焊缝和热影响区都可能有裂纹存在，当裂纹较浅时有些工艺方法能够将其消除（如补焊、锤击等)，而裂纹过深时则很难将其彻底消除，只有将焊缝刨掉重焊。

② 对于未焊透，不一定将其认为是缺陷，因为有时人为地要求某些接头为局部焊透。未焊透缺陷有时为表面缺陷（单面焊缝），有时为内部缺陷（双面焊缝）。它可以是局部性质的，也可以是整体性质的。主要影响是削弱截面积和引起应力集中，其影响不如裂纹严重。如果存在未焊透缺陷，疲劳裂纹将不在余高和焊趾处起始，而是转移到焊缝根部未焊透处。当未焊透缺陷为表面缺陷时，可以采取某种工艺方法将其消除，而位于内部时很难对其施加处理。对接头疲劳强度要求较高时，在进行焊接时就应设法避免该缺陷存在。

③ 未熔合也属于平面缺陷，对焊接接头疲劳强度的影响程度与未焊透相仿。其往往位于接头焊趾区表面，故可能采取某种工艺方法将其减小。这与未熔合的深度有关，较浅时有一些办法是行得通的，而缺陷较深的时候同样是很难进行处理的，至少有时不能完全消除。

④ 咬边是一种最为常见的焊接缺陷，研究咬边对焊接接头疲劳强度影响的文献较多，最近几年仍有不少文章发表。有些咬边对接头疲劳强度的影响程度较轻，而有些影响较为严重。咬边缺陷一般位于焊趾部位，因此，从缺陷位置上看，可能采用某种工艺方法将其消除以提高焊接接头疲劳性能，如 TIG 熔修法、锤击法等。

⑤ 气孔是典型的体积缺陷，疲劳强度下降主要是由于气孔减少了截面积尺寸造成的。一些研究表明，当采用机加工方法加工试样表面，使气孔处于表面上时，或刚好位于表面下方时，气孔的不利影响加大，它将作为应力集中源起作用，而成为疲劳裂纹起裂点。这说明气孔的位置比其尺寸对接头疲劳强度影响更大，表面或表层下气孔具有最不利影响。一般情况下没有有效的工艺方法在焊后能够将内部气孔消除。

⑥ 夹渣缺陷也是体积型缺陷，夹渣比气孔对接头疲劳强度影响要大，其往往位于焊趾区部位。较浅夹渣对接头疲劳强度的不利影响，在焊后能够被某些工艺方法基本消除。

4.5.5 外载应力循环比的影响

当焊接构件中具有高值残余应力时，构件疲劳强度与构件承受应力范围有关，而与应力循环比无关。但对于薄板构件、小尺寸构件或应力消除构件，其疲劳强度值增高且与应力循环比有关，因此应对其 FAT 值进行修正。IIW 有关规范推荐，当应力循环比 $R<0.5$ 时，对于钢材和铝材应采用疲劳增强系数 $f_{(R)}$ 乘以相应待评构件疲劳级别数值(FAT)表征。$R<0.5$ 时构件疲劳强度，可分为下述三种情况，如图 4-26 所示。

① 基本金属或残余应力可忽略不计的成型构件。

$f_{(R)}=1.6$　　　　　对于 $R<-1$

$f_{(R)}=-0.4R+1.2$　　$1\leqslant R\leqslant 0.5$

$f_{(R)}=1$　　　　　　$R>0.5$

② 含有焊缝的小尺寸、薄壁、简单的结构元件：

$f_{(R)}=1.3$　　　　　对于 $R<-1$

$f_{(R)}=-0.4R+0.9$　　$-1\leqslant R\leqslant -0.25$

$f_{(R)}=1$　　　　　　$R>-0.25$

③ 复杂二维、三维构件及具有高值残余应力构件、厚壁构件。

$f_{(R)}=1$　　　　　任何 R 值均无增强影响。

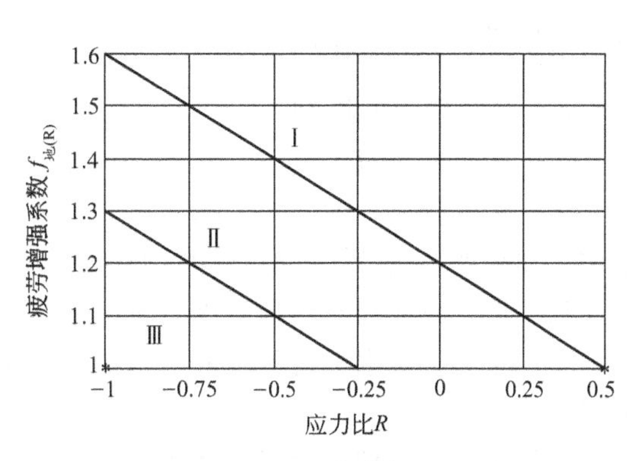

图 4-26　疲劳增强系数 $f_{(R)}$ 与应力比 R 之间的关系曲线

Ⅰ—低值残余应力；Ⅱ—中值残余应力；Ⅲ—高值残余应力

目前，国内外几乎所有的疲劳设计规范均在焊接结构的疲劳设计中采用应力范围来表征其应力水平，其原因分析如下。

令 $\Delta\sigma=\sigma_{\max}-\sigma_{\min}$，则 $\Delta\sigma$ 定义为应力范围，显然 $\Delta\sigma=2\Delta\sigma_a$，即应力范围为两倍应力振幅。由于焊接结构焊缝及其附近作用存在达到或接近屈服点的残余应力，因此在施加常幅应力循环作用的接头中，焊缝附近所承受的实际循环应力将是由材料屈服点（或接近屈服点）向下变化，而不管其原始作用应力比如何。

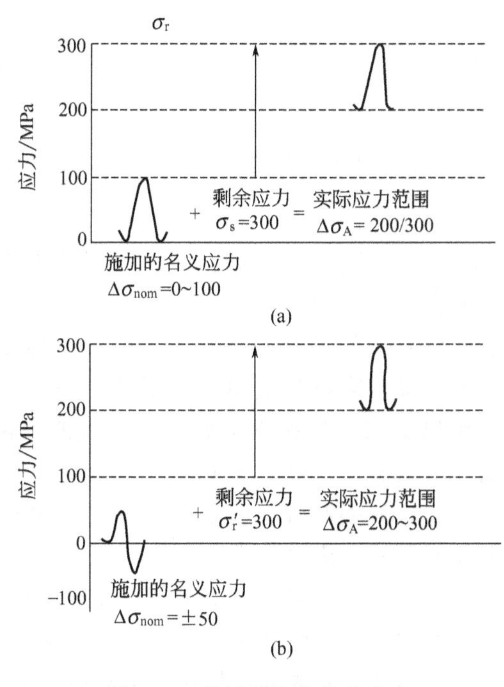

图 4-27　焊接接头中名义应力和实际应力范围的关系

例如，若名义应力循环为 $+\sigma_1$ 到 $-\sigma_2$，则其应力范围为 $\sigma_1+\sigma_2$。但实际接头中的实际应力范围将是由 σ_s 变到 $\sigma_s-(\sigma_1+\sigma_2)$。这一点在研究焊接结构疲劳强度时是非常重要的，它导致焊接结构疲劳强度设计规范以应力范围代替应力比 R。例如，若假定材料的屈服应力为 300MPa，承受脉动循环载荷 $R=0$（图 4-27），其应力范围为 100MPa，则其实际应力范围上限值为屈服应力 300MPa，下限为 300−(100+0)=200(MPa)，因此其实际应力范围为 200～300MPa。若仍以相同材料为例，但承受交变循环载荷 $R=-1$（图 4-27），其应力范围为±50MPa，同样，其实际应力范围上限仍为 300MPa，下限为 300−(50+50)=200(MPa)，因此实际应力范围仍为 200～300MPa。这清楚地说明，实际应力范围和与其相关的疲劳循环次数、疲劳强度只与施加的应力范围有关，而与最大、最小循环应力值以及应力比无关。这就意味着焊接接头的疲劳性能只能用应力范围概念来表达。

应当指出，在没有焊接残余应力存在时，例如对于消除应力试样，假如在试样缺口尖端的应力也低于屈服点，即未产生塑性变形，则名义应力比 R 同样也是实际应力循环特征，这时可以说应力比仍是决定试样（构件）疲劳强度的重要参量。

4.5.6 构件尺寸的影响

关于构件尺寸对焊接结构疲劳强度的影响问题主要考虑板厚影响。当然，从生产角度看，随着构件尺寸不断变大，相应焊缝长度的不断增加，接头区域出现成形不良，产生焊接缺陷、焊接变形以及无损检测漏检的可能性不断增加，致使其整体实际疲劳强度有所下降是必然的。但上述问题对结构疲劳性能的影响属于焊接质量控制问题，既与焊接技术水平相关，也与生产管理水平密不可分。因此，应仅从板厚角度讨论构件尺寸对焊接结构疲劳强度的影响规律。

焊接接头或结构的疲劳强度随着构件的板厚增加而不断下降。因此国际上几乎所有焊接疲劳设计规范均使用20mm或25mm厚度焊接接头的疲劳试验数据来制定相应的标准疲劳设计曲线。当实际结构板的厚度小于上述厚度时，直接采用标准曲线进行设计而不进行任何修正，因此获得保守的设计结果。当实际结构的板厚度大于上述厚度时，则考虑到焊接接头或结构的疲劳强度随着构件的板厚增加而不断下降的事实，需要对设计许用疲劳强度（FAT）进行修正。所谓的FAT是指在2×10^6循环次数下特定的疲劳强度，用于代指设计曲线的疲劳级别。例如，IIW XIII-1539-96/XV-845-96（2002年修订版）就详细规定一套修正方法。该标准规定，当疲劳裂纹从板厚（钢材和铝材）大于25mm焊趾处起始，需考虑板厚对疲劳强度的影响，其疲劳强度值为某结构元件（接头）疲劳级别（FAT值）乘以降低系数：

$$f(t)=\left(\frac{25}{t_{\mathrm{eff}}}\right)^n \tag{4-13}$$

式中，$t\geqslant25$mm；如果$L/t\leqslant2$则$t_{\mathrm{eff}}=0.5L$，在其他情况下，$t_{\mathrm{eff}}=t$（板厚）。

4.5.7 服役温度的影响

一些焊接结构或接头并不是在常温环境下服役，而是在高温严酷环境长时间承受交变荷载的作用，如汽轮机叶片。研究表明，随着使用温度的上升，焊接接头的疲劳强度不断下降，影响程度也更为显著。图4-28显示出了国际焊接学会疲劳设计规范IIW XIII-1539-96/XV-845-96（2002年修订版）中所确认的钢制焊接接头设计疲劳强度随服役温度的变化关系曲线。

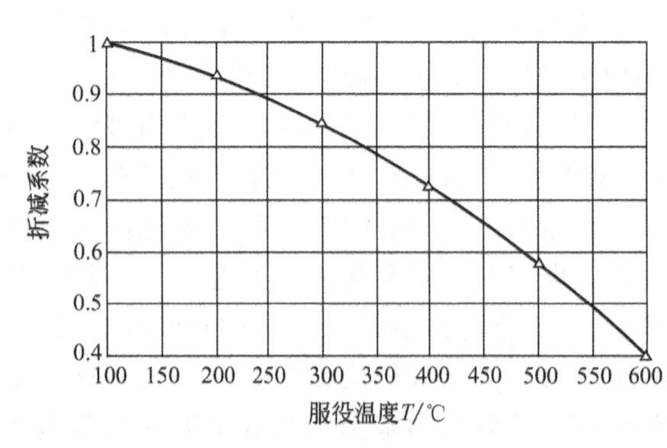

图4-28 结构钢焊接接头疲劳强度折减系数与服役温度之间关系

不同钢材所制成焊接接头的疲劳强度随温度的变化程度显著不同，例如耐热钢、奥氏体不锈钢制成的焊接接头随温度上升，其疲劳强度的下降趋势较普通低碳钢、低合金结构钢要缓慢得多。因此，实际制造和设计服役在高温区间且承受疲劳载荷的焊接结构，首先需要考虑到温度对接头疲劳性能的不利影响，在经济性允许的情况下尽量选择高温疲劳性能较好的材料。需要注意的是，焊接接头在高温区间的疲劳寿命不仅与环境温度有关，还与外部交变载荷频率密切相关，这一点和常温疲劳问题有所不同，存在与蠕变断裂机制复合的问题。在其他条件相同的情况下，一般规律是随着载荷频率的降低，疲劳寿命不断下降。

4.6　提高焊接结构疲劳强度的措施

4.6.1　提高焊接接头疲劳强度的途径分析

由上述分析可以看出，应力集中是降低焊接接头和结构疲劳强度的主要原因，只有当焊接接头和结构的构造合理、焊接方法选择合理、焊接工艺完善、焊缝质量完好时（首先控制焊接缺陷的产生，一旦出现焊接缺陷，能够及时采用可靠的无损检测技术发现并采取适当的方法补焊），才能保证焊接接头和结构的具有较高的疲劳强度。提高焊接接头和结构的疲劳强度，一般可以在设计、制造、焊后处理几个不同阶段分别采取下列措施。

(1) 降低应力集中

① 采用合理的结构形式　采用合理的构件结构形式可以减小应力集中，提高疲劳强度，如图 4-29 所示为几种设计方案的正误比较。

② 尽量采用应力集中系数小的焊接接头　凡是结构中承受交变载荷的构件，都应当尽量采用对接接头或开坡口的 T 形接头，搭接接头或不开坡口的 T 形接头，由于应力集中较为严重，应当力求避免采用。如图 4-30 所示是采用复合结构把角焊缝改为对接焊缝的实例。

还应当指出的是，在对接焊缝中只有保证连接件的截面没有突然改变的情况下传力才是合理的。如图 4-31 所示是为了增强一个设计不好的底盘框架的“垂直角”部［图 4-31 (a)］中的 A 点，其为不可避免要破坏的危险点］，于是把一块三角形加强板对焊到这个角上［图 4-31 (b)］。这种措施只是把破坏点由 A 点移至焊缝端部 B 点，因为在该处接头形状突然改变，仍存在严重的应力集中。在这种情况下，最好的改善方法是把两翼缘之间的垂直连接改用一块曲线过渡板，用对接焊缝与构件拼焊在一起，如图 4-31 (c) 所示。

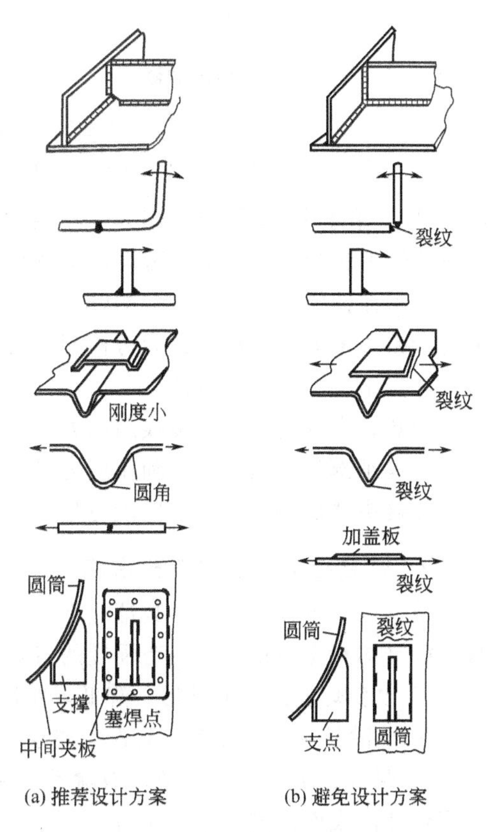

图 4-29　几种设计方案的正误比较

(2) 采用高疲劳性能的焊接方法施焊　虽然，采用焊接工艺手段制造的金属结构的疲劳性能不容易保证，但这个结论并不绝对。不同焊接工艺方法获得的焊接接头疲劳性能差异很大，同 CO_2 气体保护焊、埋弧焊、MIG 焊、电阻点焊、手工电弧焊相比，真空电子束焊、线性摩擦焊、搅拌摩擦焊、TIG 焊、A-TIG 焊、等离子焊、激光工艺焊等获得的对接焊接接头的疲劳性能要好得多，尤其是真空电子束焊和线性摩擦焊，这也是上述焊接工艺在航空结构制造过程中普遍应用的原因。而且，使用高强材料制造的焊接接头疲劳强度并不比低强材料有所提高的结论是建立在焊接接头不经过特殊工艺处理的普通电弧焊（埋弧焊、

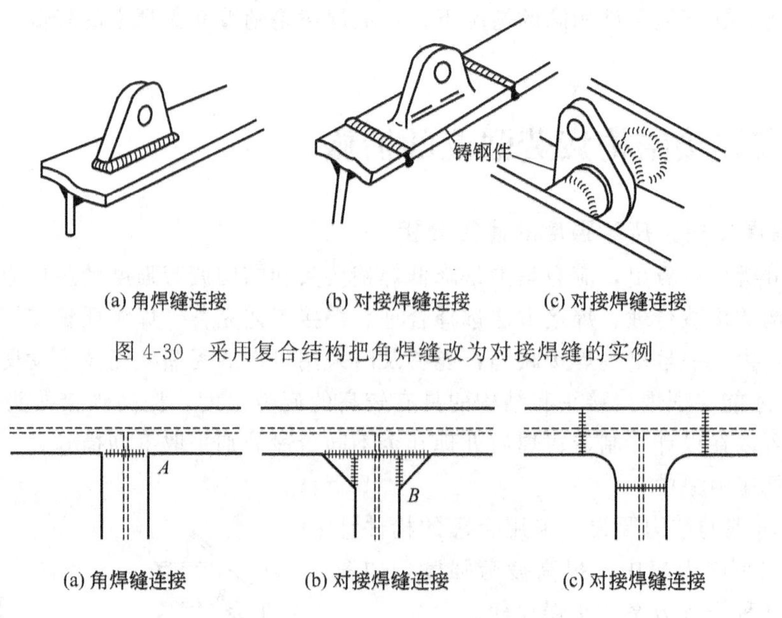

(a) 角焊缝连接　(b) 对接焊缝连接　(c) 对接焊缝连接

图 4-30　采用复合结构把角焊缝改为对接焊缝的实例

(a) 角焊缝连接　(b) 对接焊缝连接　(c) 对接焊缝连接

图 4-31　焊接框架角部设计的改善

A 点有严重应力集中小改进，*B* 点仍有严重应力集中减小应力集中，使焊缝远离应力集中区

GMAW、手工电弧焊）基础上。如果采用上述特殊的焊接工艺或焊后采用某工艺处理方法，不仅能够保证焊接接头的疲劳性能随着材料强度的增加而增加，而且通过焊后改善工艺方法可以获得比低强材料高出较多的改善量。如果选用高疲劳性能的焊接工艺方法，再对所制造的焊接接头采取焊后提高其疲劳性能的处理工艺进一步增加其疲劳性能，那么就可能较容易保证焊接结构部件的疲劳性能。

当然，在焊后调节焊接残余应力场消除其消极影响，使之向有利于疲劳强度提高方向转变，在焊趾部位表面形成有利压应力或者消除焊接残余应力，或采取一定的有效工艺措施改善焊接接头薄弱环节的疲劳性能更是提高整个构件疲劳强度的有效途径。

4.6.2　提高疲劳强度的工艺措施

根据以上分析，在大多数情况下，特别是当疲劳裂纹起裂于焊趾部位时，针对不同焊接接头的具体特点，提高其疲劳强度的有效工艺措施的途径有四点：

① 改变焊缝的几何外形，降低焊趾部位的应力集中程度；

② 消除接头部位尤其是焊趾区表层焊接缺陷及显微缺陷；

③ 调节焊接残余应力场，消除其消极影响，使之向有利于疲劳强度提高的方向转变，在焊趾部位表面形成有利压应力；

④ 使接头部位尤其是焊趾区表层得以硬化。

具体的方法有如下几种。

（1）磨削法　有关资料证明，在没有明显焊接缺陷的前提下，机加工对接焊缝余高直至平滑，疲劳强度能够增加到和母材金属一样。对接接头机加工可以采用某些机床来进行。对于角接头一般只能采用磨削工具来进行，磨削工具打磨过程及其基本要领如图 4-32 所示。

国际焊接学会推荐采用高速电力或水力驱动的砂轮，如图 4-33 所示。国际焊接学会最近研究表明，对于屈服强度超过 350MPa 的高强钢焊接接头，经打磨后其 2×10^6 次循环下标称疲劳强度可以提高 60%。

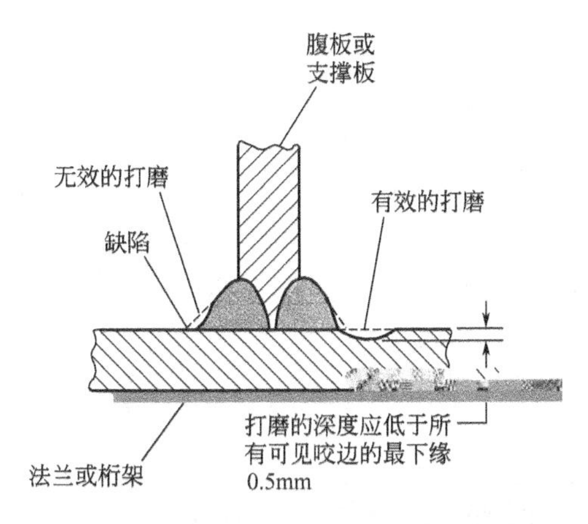

图 4-32　磨削工具打磨过程及其基本要领

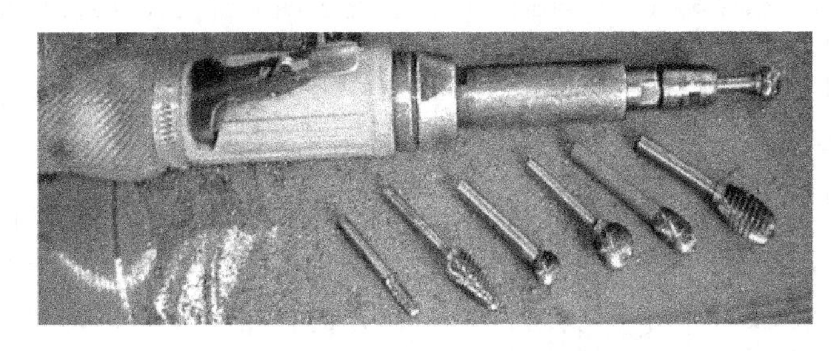

图 4-33　高速电力驱动砂轮

磨削法提高接头疲劳强度的机理在于：减小焊趾部位应力集中程度，消除熔渣缺陷。

试验证明，该方法可以显著地改善焊接接头疲劳强度，但应用过程中实际改善效果却明显低于在实验室得到的结果。其原因在于，用砂轮工具磨削焊趾时不可避免地在焊趾部位留有较深划痕，这些划痕虽然较浅但却很尖锐，可能严重降低接头疲劳强度，特别是与应力方向垂直时。为了较大地提高疲劳强度，需要小心对焊趾进行打磨以达到高质量的光滑程度，同时还要注意打磨方向。对于实验室小试件，焊缝较短并不强求效率，能够达到理想程度，而实际结构中需处理的焊缝很长，而且存在焊缝交叉，很难做到整个焊接接头打磨质量都能够满足要求。另外一个重要的原因是，实际焊接结构较为复杂，有些位置焊缝并不利于打磨工作实施。

(2) TIG 熔修法　使用 TIG 重熔焊趾的方法提高焊接接头疲劳强度的思想来源于——TIG 焊得到的焊接接头外形良好且在焊缝焊趾上没有熔渣楔块，疲劳强度较高的这一现象。于是有人使用 TIG 焊炬将已存在的焊缝金属沿着焊趾重新熔化，这样一来消除了熔渣楔块，改善了焊趾外形，使焊缝与基本金属之间形成平滑过渡，减少了应力集中，从而提高了焊接接头疲劳性能。

TIG 重熔工艺要求焊枪一般位于距焊趾部位 0.5～1.5mm 处，并要保持重熔部位洁净，如果事先配以轻微打磨，则效果更佳，TIG 重熔工艺过程如图 4-34 所示。

国内外对 TIG 熔修法研究较多，原因在于 TIG 熔修法效果较好，对于强度级别较低的钢种，一些接头疲劳性能接近于母材。最近，国际焊接学会的研究证实，对于屈服强度超过 350MPa 的高强钢焊接接头，经 TIG 熔修后其 2×10^6 次循环下标称疲劳强度也可以提高 60%。

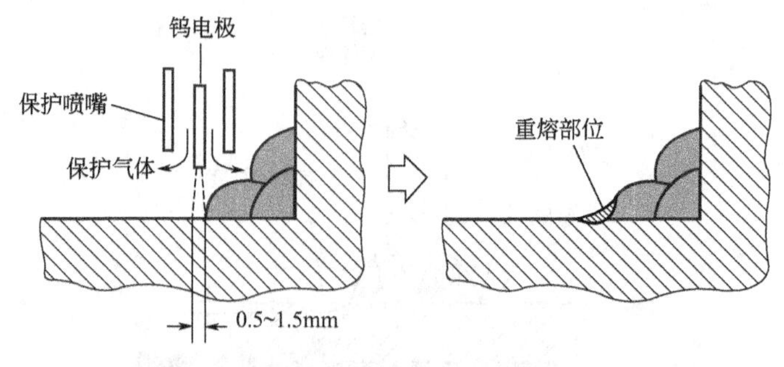

图 4-34　TIG 熔修过程示意图

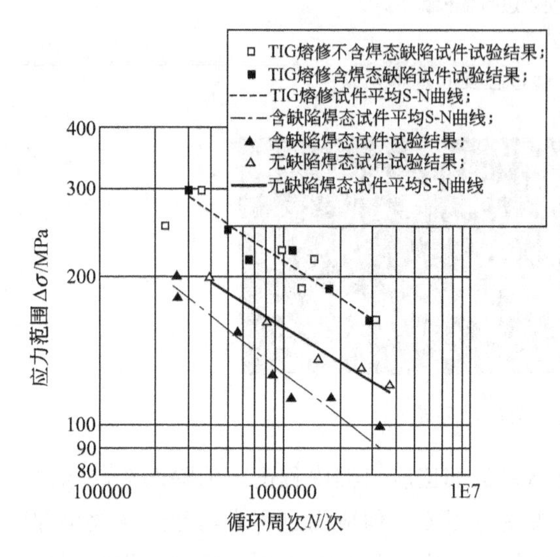

图 4-35　TIG 熔修法改善含咬边缺陷焊接接头的疲劳强度

TIG 熔修法的一个显著的优点是能够很好地改善含咬边缺陷焊接接头的疲劳强度。研究表明，经 TIG 熔修处理后，含咬边缺陷的（焊趾处）Q345 钢十字接头的疲劳强度提高 70%，与不含焊接缺陷焊态试件相比，疲劳强度提高 30%～40%，如图 4-35 所示。

TIG 熔修法的优点还包括适合处理横向焊缝，也能处理纵向焊缝端部，处理效率很高，而且噪声较小，处理效果较好，也适于低周疲劳强度的提高。

当然，TIG 熔修法的缺点也很明显：① TIG 熔修需要保护气体，保护效果差，导致野外施工困难；② 准备工作繁多，TIG 熔修前需要仔细清理待处理焊缝表面，去除杂质，需经常打磨电极，保证端部尖锐程度，处理高强度钢种需要预热；③ 为了防止可能出现过度硬化，有时需重熔两次以上；④ 存在熄弧与重新起弧的问题；⑤ 当重熔过程中发生熄弧时，如何处理重新起弧很讲究，处理不当会影响重熔焊道质量和外形，甚至可能使处理接头疲劳强度低于焊态疲劳强度，对操作者技能要求较高；⑥ 横焊、立焊、仰焊时效果较差，而对于实际大型焊接结构而言，该问题又是不可避免的，严重影响了 TIG 熔修方法的使用范围。

(3) 压延法　该方法使用机械手段使部分结构受压屈服而在所关心的焊缝位置产生残余压应力。处理时可把缺口包围在被压缩的面积中，也可使被压面积靠近缺口。所形成的残余应力体系基本上在整个截面宽度上自我平衡。事实证明，使用该方法提高焊接接头疲劳强度是很有效的，如图 4-36 所示，但同时存在不少问题。其一，可使用的范围窄。当缺口是局部的时候才能使用这种方法，只能处理点焊或纵向角焊缝端部这类缺口，而不适用于处理横向焊接接头；其二，为了使所处理结构发生屈服变形，所需载荷较高，因此处理铝合金尚可，而处理钢结构较为困难；其三，板两侧均需压模作用且加载装置体积较大，处理实际结构时往往不允许或不方便其中一侧压模进行布置，甚至任何一侧压模均无法靠近需处理位置。因此该方法处理非焊接结构和简单焊接结构较为适用，而在复杂焊接结构中应用困难，目前仍停留在实验室阶段。

(4) 过载法　假如在含有应力集中的试样上施加拉伸载荷直到在缺口处发生屈服，并伴有一定的拉伸塑性变形，则卸载后在缺口及其附近发生拉伸塑性变形处将产生压缩应力，而在试样其他截面部位将有与其相平衡的低于屈服点的拉伸应力产生。受处理的试样，在随后的疲劳试验中，其应力范围与原始未施加预过载的试样相比显著变小，因此它可以提高焊接接头疲劳强度。

研究表明，大型焊接结构（如桥梁、压力容器等）投入运行前需进行一定的预过载试验，这对提高疲劳性能是有利的。然而，焊接接头通过过载而得到的疲劳强度提高与其他方法相比是较低的，且在一些实际工程应用时实施起来较为困难。

(5) 局部加热法　改善焊接接头的疲劳强度可以采用局部加热的方法。该方法通常采用气焊炬在焊缝附近特定的位置进行加热，如图 4-37 所示，产生一个在截面宽度上平衡的残余应力分布。在实际处理的区域产生残余拉应力，而在实际处理区域以外的地方产生与之平衡的压缩应力。

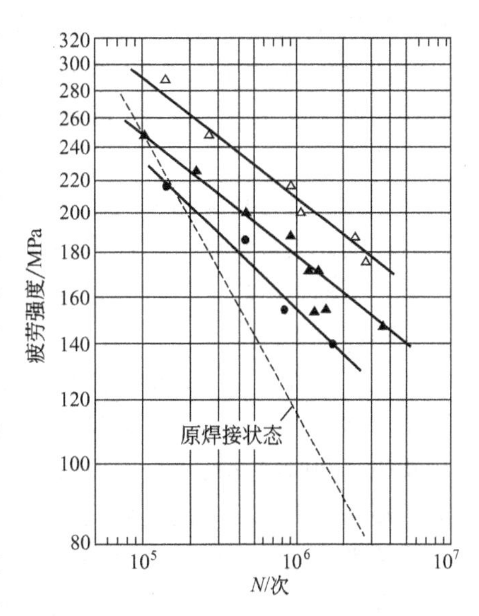

图 4-36　局部压延法提高纵向角焊缝端部的疲劳性能

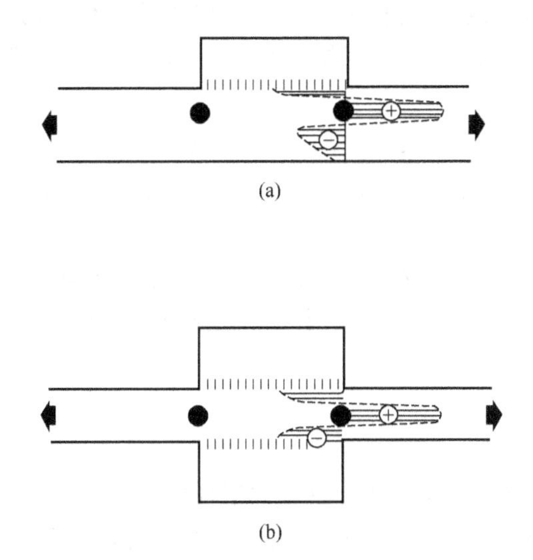

图 4-37　盖板型试件局部加热

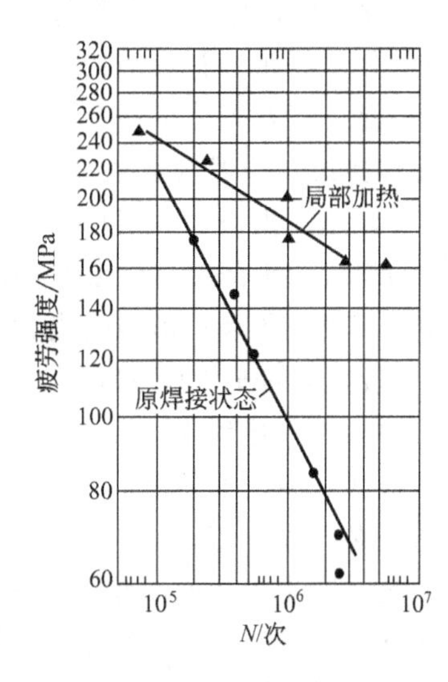

图 4-38　局部加热对盖板型试件疲劳强度的影响

局部加热能够较大程度地提高焊接接头及结构的疲劳强度，改善效果如图 4-38 所示。该方法也可用来减慢或制止疲劳裂纹的扩展，这已被国内外很多试验所证实，在桥梁结构中已有应用的实例。在实用中存在以下几个问题：①有局部缺口时才能使用，即只能处理点焊或纵向角焊缝端部缺口，不适用于处理横向焊接接头；②普通局部加热很难确定加热区域最佳位置及应加热到的合适温度。

(6) 锤击法　锤击法是冷加工方法，其提高接头疲劳强度的原因在于：①在接头焊趾处表面造成压缩应力；②减少焊趾区的缺口的尖锐度，降低了应力集中。

国际焊接学会推荐，气锤压力应为 0.5～0.6MPa，锤头顶部应为 8～12mm 直径的实体材料，采用4次冲击以保证锤击深度达0.6mm，锤击过程及其基本的操作要领如图4-39所示。国际焊接学会研究表明，焊接接头经锤击后在2×10^6循环周次下，高强钢接头疲劳强度提高60%。

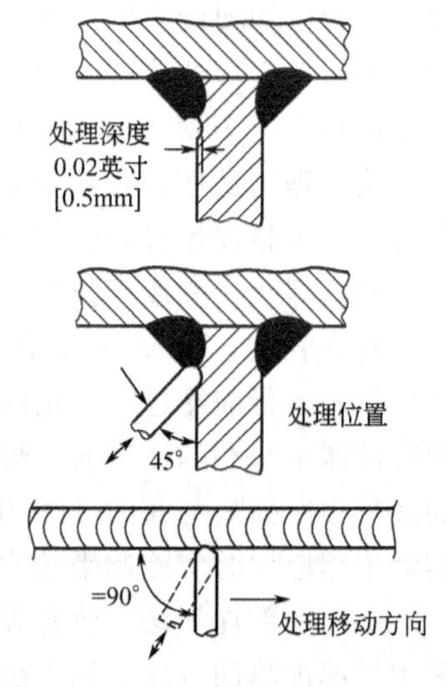

图4-39 锤击过程及其基本的操作要领

普通锤击法目前应用相对较多，其使用起来较为方便，成本相对较低，效果很好。但锤击法缺点也不少，如处理效率较低、执行机构相对较大、劳动强度大、可控性较差、效果不够稳定、噪声也大。

(7) 喷丸法　喷丸是锤击的另一种形式。喷丸法的实施效果依赖于喷丸直径尺寸，喷丸尺寸不应过大，应使其能处理微小的缺陷。同时喷丸尺寸也不应过小，以保证一定的冷作硬化性能，喷丸一般可在距离表面几毫米的深度上发生作用。

试验表明，喷丸处理提高焊接接头疲劳强度的效果较好，可高于TIG熔修处理，若TIG熔修后再进行喷丸处理，则提高疲劳强度的效果更为显著，在各类改善焊接接头及结构疲劳强度的措施中，属于效果最佳的几种方法之一。

使用喷丸处理改善金属结构的疲劳性能早已被人们所熟知。20世纪30年代就有人开始使用喷丸处理普通金属结构和零部件来提高其疲劳强度，是目前应用最为广泛的一种方法。但使用该方法处理焊接接头及结构，提高其疲劳强度的应用实例却并不多见，其原因并不是效果问题，而是受喷丸工艺本身及实施特点所限：

① 首先焊接结构一般构造较为复杂，若使整个结构得以处理，需在较多方向、长时间喷射丸粒，受处理面积很大，消耗大且针对性不强、灵活性差，而焊接结构需处理的一般只是较为薄弱的焊接接头部位（焊趾及焊缝端部）；

② 喷丸处理所需设备一般较为庞大，不利于野外施工及高空作业，而这类焊接结构却为数不少（如焊接桥梁的安装制造），有些焊接结构处于半封闭状态，本身不便于进行喷丸处理；

③ 喷射时丸粒大量反射，需要安全防护及丸粒回收；

④ 噪声极大，需采取隔音降噪措施；

⑤ 设备复杂、投资较大；

⑥ 喷丸过程产生大量微小粉尘，对施工者的健康构成威胁，且不利于环保。

(8) Gunnert方法　由于普通局部加热的方法有时难以准确地确定加热位置和加热温度，为了获得满意效果，Gunnert提出了另一种局部加热方法。该方法的要点是直接向缺口部位而不是附近部位加热，加热温度控制在能产生塑性变形但低于相变温度55℃的温度或直接加热到550℃，然后进行急剧喷淋冷却。由于表层下金属及其周围未受喷淋的金属冷却得较晚，待其冷却时收缩将在已冷却表面上产生压缩应力。凭借此压缩应力来提高焊接接头的疲劳强度。需要注意的是，为了使底层也达到加热目的，加热过程要缓慢些。

Ohta采用此方法成功地防止了管道内部产生疲劳裂纹。具体方法是管道外部用感应法加热，里面用循环水冷却，因此在管道内部产生了压缩应力，防止了疲劳裂纹在管道内部产生。

这种方法巧妙地解决了加热位置和加热温度的问题，但还是只能处理点焊或纵向角焊缝端部这类缺口，而不适用于处理横向焊接接头，因此该方法可使用的范围依然较小。

(9) 低相变点焊接材料法　这种方法分成两类：一类是在焊接热循环作用下，使用某些较为特殊的高强钢材料进行焊接时，由于热影响区和焊缝金属在较低温度发生马氏体相变造成体积发生膨胀，而使其近缝区焊接残余应力不是拉应力而是压应力，使接头疲劳强度有较大改善；另一类是采用特制的低相变点焊接材料（LTTE）进行焊接，同样在焊缝的近缝区产生压缩残余应力，有利于提高接头的疲劳强度。目前这方面的研究工作进行得较少，很少见有工程使用的情况，只是在前苏联、日本和我国天津大学有过这方面的一些研究结果，属于正在发展阶段的焊接接头疲劳延寿新技术。最近天津大学又提出了相变材料焊趾熔修技术，既改善了焊趾区的应力集中，又使焊趾区产生足够大的相变压缩残余应力。应用该技术可以大幅度降低处理成本，更有效地提高接头疲劳强度，处理过程如图4-40所示。

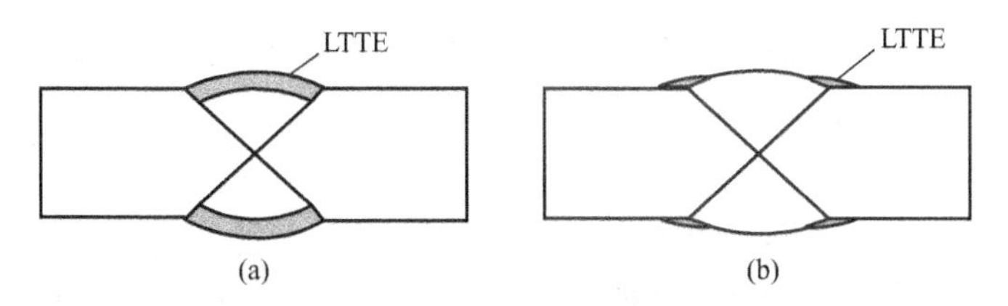

图4-40　相变材料焊趾熔修处理过程

低相变点焊接材料法提高焊接接头疲劳性能优点有：①效果好；②能够处理其他方法难以处理的十字接头焊根部位；③实施方便，效率高，可以在焊接过程中完成。

低相变点焊接材料法提高焊接接头疲劳性能缺点有：①韧性差；②处理横向接头形式焊趾区效果不如处理纵向接头效果好；③成本高。

（10）超声冲击法　在提高焊接接头的各种工艺方法中，超声冲击法由于其执行机构轻巧、噪声小、效率高、成本低且节能等诸多优势而成为一种理想的焊后改善接头疲劳性能的措施。然而，超声冲击处理技术应用的基础是装置。而超声冲击处理装置按执行机构所使用的核心部件换能器可划分成两大类：其一为磁致伸缩式超声冲击装置，如图4-41所示，由前苏联的E. S. Statnikov等人发明，属于超声冲击处理技术的开端；其二为压电式超声冲击装置，天津大学所研制超声冲击处理装置为压电式技术路线的代表。

图4-41　全波长磁致伸缩式超声冲击装置（美国Esonix公司典型产品）

为了解决复杂焊接结构中某些特殊位置和角度的超声冲击处理不到位的难题，天津大学发明了斜角度超声冲击枪。这种冲击枪的针状冲击头与变幅杆输出端之间呈现一定的角度，该结构方案不仅解决了在各种复杂结构中某些位置普遍存在的超声冲击枪与被处理工件之间的空间相容问题（图4-42），而且使冲击处理过程的谐振状态更加稳定。

超声冲击方法提高焊接接头疲劳性能的效果非常好，尤其适用于高强钢或超高强钢、钛合金等高强金属材料。超声冲击提高高强钢纵向角接头疲劳性能的对比试验结果如图4-43所示，超声冲击提高钛合金十字接头疲劳性能的对比试验结果如图4-44所示。超声冲击对纵向角接头疲劳性能的改善效果明显好于TIG熔修，超声冲击与TIG熔修复合强化的效果比单纯的超声冲击效果更好。

承载（静载）超声冲击能够在普通非承载超声冲击基础上进一步大幅度提高焊接接头的疲劳性能，在一定程度上克服了通常在构件承载（静载）前所实施超声冲击时对所处理的焊

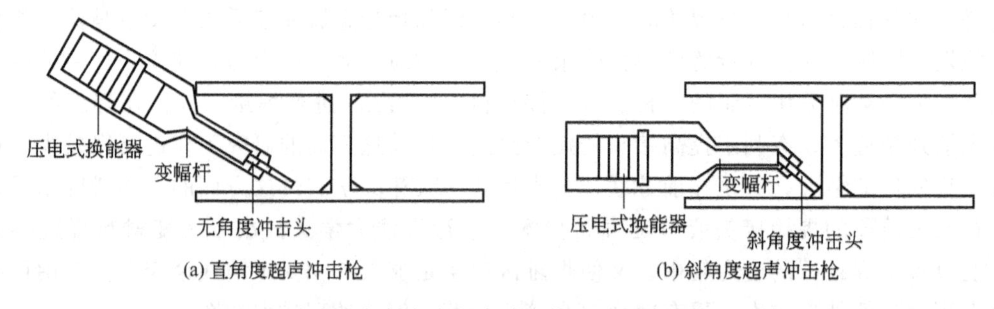

图 4-42 直角度与斜角度超声冲击枪的空间相容性对比情况

接接头疲劳性能改善程度在高应力区域内大幅度降低的缺点，使焊接接头在很宽的应力范围内均能获得很好的延寿效果。

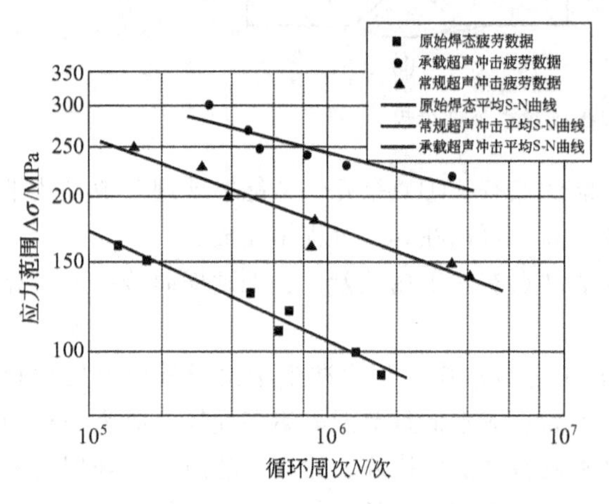

图 4-43 超声冲击提高高强钢纵向角接头疲劳性能的对比试验结果

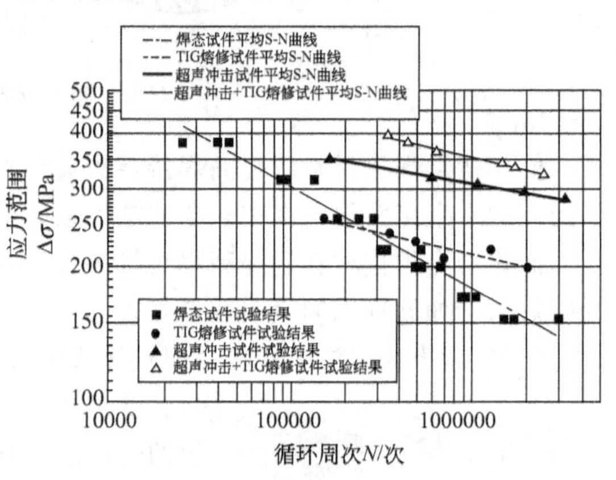

图 4-44 超声冲击提高钛合金十字接头疲劳性能的对比试验结果

4.6.3 提高疲劳强度几种工艺方法的定量分析与比较

带有不承载横向角焊缝的低碳钢试件改善方法的比较如图 4-45 所示。由图 4-45 可见，超载预拉伸方法明显地比撞击硬化或“全磨削”的效果差些，而 TIG 修整对疲劳强度的很大改善将成为一个非常吸引人的方法。

究竟什么改善方法最令人满意，取决于结构受到作用的应力水平。如果应力低而循环次数大，则调整残余应力方法中任何一个都可能是最有利的，但如果应力高而循环次数又相当短时，采用磨削方法将会得到满意结果。在典型工作加载条件下，当作用在接头上的加载系列包含有高低两种应力的时候，采用焊趾磨削和 TIG 修整而不用调整残余应力的改善方法会更好些。

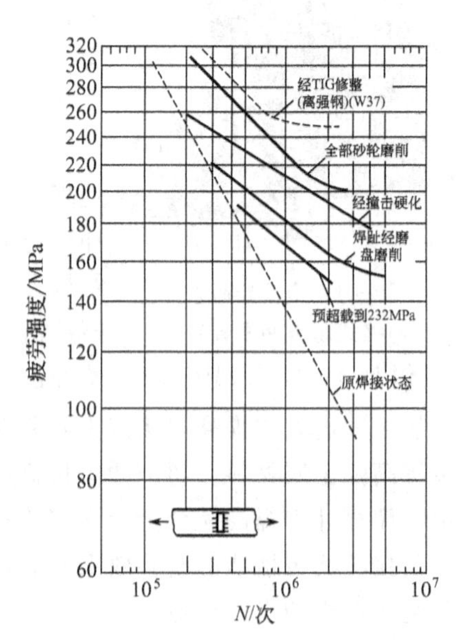

图 4-45 带有不承载横向角焊缝的低碳钢试件改善方法的比较

4.7 焊接接头疲劳设计与评价方法

4.7.1 焊接结构疲劳强度设计概述

对于承受疲劳载荷的结构，疲劳设计是在对结构进行强度设计并确定了各构件截面尺寸和连接细节后，为了避免疲劳破坏而需进行的工作。实践证明，正确的疲劳设计和制造是防止疲劳破坏的最有效措施。在疲劳设计中主要是采用某种适合的方法来确定和对比疲劳载荷与疲劳强度之间关系，目前有三种设计方法：

① 以 S-N 曲线为基础的方法，包括名义应力方法、热点应力方法和等效缺口方法；

② 以断裂力学为基础的裂纹扩展速率方法；

③ 利用构件或部件直接疲劳试验获得的数据进行设计的方法。

目前，名义应力方法、热点应力方法、等效缺口方法以及以断裂力学为基础的裂纹扩展速率方法均纳入国际焊接学会钢结构疲劳设计规范当中，上述四种疲劳设计方法也广泛地进入了国际一些行业设计规范，如挪威船级社的海洋钢结构疲劳设计规范DNV-RP-C203。虽然名义应力方法是开展焊接结构疲劳设计的主流方法，但热点应力方法和等效缺口方法以及以断裂力学为基础的裂纹扩展速率方法的应用越来越广泛，成为今后的发展方向。

应着重指出，在考虑疲劳载荷时，如果是正应力和剪切应力共同作用，应当考虑它们的共同影响，分为三种情况：

① 如果当量标称剪切应力小于15%当量正应力，剪切应力可不予以考虑；

② 如果正应力和剪切应力在相位上同步变化，或者最大主应力平面不发生显著变化，可以采用最大主应力范围进行设计；

③ 如果正应力和剪切应力在相位上不一致，在损伤设计中应将其分别考虑，然后叠加，且推荐其损伤比之和$\sum D<0.5$。

4.7.2 焊接接头疲劳数据的统计方法

在某些情况下需要通过疲劳试验来确立结构件的疲劳设计曲线。国际焊接学会推荐采用应力范围 $\Delta\sigma$ 代替应力循环比R 来表征疲劳载荷，且 S-N 数据应以图形表示，其横坐标为以对数形式示出的循环次数，而纵坐标为以对数示出的应力范围。当应用断裂力学方法时，以对数形式表示的应力强度因子范围为横坐标，而以对数表示的每次循环次数的裂纹扩展量为纵坐标来确定裂纹扩展速率数据。

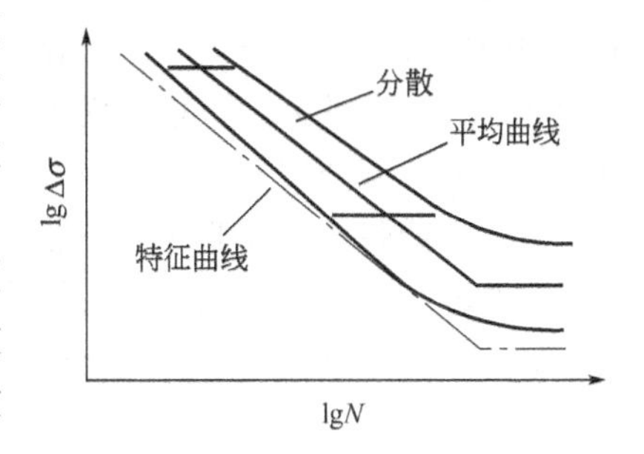

图 4-46　S-N 曲线分散带

可以采用不同统计方法，但最常用的方法是具有正负标准差的 S-N 曲线标称值，如图 4-46 所示。K 指数是 95%存活概率和相应 75%置信度时标称值，K 指数可通过下述程序计算出。

① 推导计算所有数据以 10 为底对数值。

② 通过线性回归计算下式 m 指数值和常数 $\lg c$ 值。

对于 S-N 曲线：

$$m\lg\Delta\sigma+\lg N=\lg c \tag{4-14}$$

对于裂纹扩展速率：

$$m\lg\Delta K+\lg(\mathrm{d}a/\mathrm{d}N)=\lg c \tag{4-15}$$

如果 $n<15$，不能准确确定 m，可固定 $m=3$。

③ 通过 m 计算 $\lg c$ 的名义值和标准偏差。

④ 假如是试验数据的对数值，则计算特征值的公式如下：

$$X_{\mathrm{k}}=X_{\mathrm{m}}-K\cdot \mathrm{stdv} \tag{4-16}$$

其中，$X_m=\dfrac{\sum X_i}{n}$，　$\mathrm{stdv}=\sqrt{\dfrac{\sum(X_m-X_i)^2}{n-1}}$。

说明小型试样焊接残余应力较低，对其试验结果应进行矫正，以考虑全尺寸构件残余应力影响，在 $R=0.5$ 下进行试验，或将 2 百万次疲劳强度乘以系数 80%。

4.7.3 焊接结构疲劳强度设计与评价方法

4.7.3.1 名义应力法

名义应力法也称为标称应力法，它是在构件相关截面上计算出的平均应力，而不包括焊接接头结构细部（如焊缝形状）所产生的应力集中，不同截面可能具有不同标称应力，可用材料力学中的简单公式计算。需要注意，在标称应力计算中，应包括构件宏观几何形状和施力点附近处应力。这是因为由于宏观几何状态和施力点处应力可显著影响横截面膜应力重新分布，且在反映接头疲劳强度的 S-N 曲线中未予以考虑。

在标称应力计算中是否需要考虑焊接接头错位（轴向错位和角偏差）所产生二次弯曲应力应视情况而定。这是因为在一些有关疲劳设计文件中（如 IIW 文件）在建立疲劳强度的 S-N 曲线时已考虑了一定的二次应力（如对横向对接焊缝，$K_t=1.3$；对于十字接头，$K_t=1.45$）。

如设计中位错引起的二次弯曲应力值大于上述二次弯曲应力值则应考虑该值的影响，否则不需考虑。对于同时具有轴向和角偏差接头，则需采用下式计算考虑两种错位形成二次弯曲应力。

$$K_t=1+(K_{t\cdot 轴}-1)+(K_{t\cdot 角}-1) \tag{4-17}$$

采用按标称应力范围确定构件及接头疲劳强度最大不足之处是按不同接头形式分类的 S-N 曲线过多，以至于同一个焊接结构内将用若干条 S-N 曲线进行评定，以致难以进行统一设计，其分散性太大，难以确定精确 S-N 曲线。现将焊接结构件及接头的疲劳强度设计曲线和细节类型介绍如下。

(1) 疲劳强度设计曲线　一般的焊接结构通常采用细节分类法进行疲劳评定。细节类型的划分考虑了接头的型式，以及构造细节的局部应力集中、允许的最大非连续性的尺寸和形状、受力方向、冶金效应、残余应力、疲劳裂纹形状，在某些情况下还考虑了焊接工艺和焊后的改进措施。

国际焊接学会第Ⅻ委员会Ⅻ-1539-96 和第 XV 委员会 XV-845-96 联合提供了焊接结构疲劳设计标准，对钢质结构以 15 条 S-N 曲线详尽描述了不同类别焊接接头疲劳强度曲线，并添加了铝合金的不同接头的 S-N 曲线分类（图 4-47）等，指出在 200 万次（2×10^6 次）循环次数下的特定的疲劳强度，并将其定为疲劳级别 FAT。如 S-N 曲线的 125 表示其在 2×10^6 循环次数下的以应力范围（最大最小应力之差）表征的疲劳强度为 125MPa，112 则表示在相同应力循环次数下的疲劳强度为 112MPa 等。图上同时还示出以 500 万次循环次数定出的疲劳极限，它可用图上纵坐标的 $\Delta\sigma$ 推算（图中未示出相应值）。各条 S-N 曲线具有相同的 m 值，即具有相同的斜率（除非特殊指明，一般 $m=3$），它与循环次数之间的关系为：

$$N=\frac{C}{\Delta\sigma^{m}} \tag{4-18}$$

式中，C 为常数，它决定 S-N 曲线的位置。

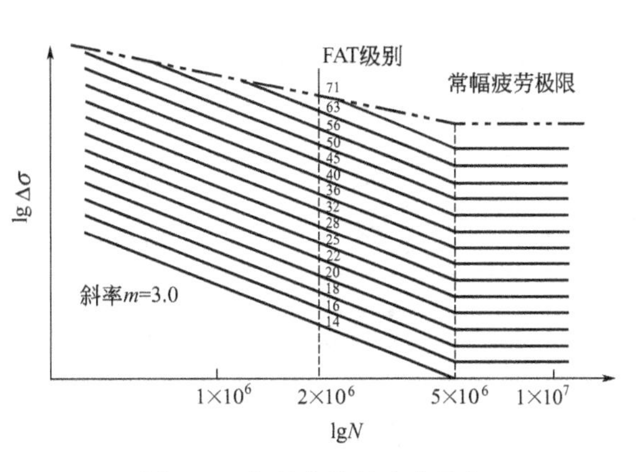

图 4-47 铝结构件的疲劳强度

（2）细节类别 具体的不同钢结构件的 FAT 值见表 4-1，一般情况，铝合金结构件的 FAT 值约为相同细节类别钢结构件的 1/3。

表 4-1 具体的不同钢结构件的 FAT 值

类别	结构细部	摘 述	FAT 值
100	构件非焊接部分		
111		轧制和冲压产品，包括板材和扁平件、轧制截面、无缝空心截面件。$m=5$ 在试验验证情况下，对强度较高的钢材，需采用较高的 FAT 值。在任何循环次数下，构件的疲劳性能都不高于此值	160
121		机械气切或剪切料，但无切割波痕，尖角打磨掉。经检查无裂纹，无可见缺陷。$m=3$	140
122		机械热切割边缘，尖角打磨掉，经检查无裂纹。$m=3$	125
123		手工热切割边缘，无裂纹和严重缺口。$m=3$	100
124		手工热切割边缘，不控制质量，缺口不深于 0.5mm。$m=3$	80
200	对接焊缝，横向承载		
211		横向受载对接焊缝（X 形坡口或 V 形坡口），磨平，100％无损检测	125
212		工厂内平焊对接横向焊缝，焊趾角度≤30°，无损检测	100
213		不符合 212 条件的横向对接焊缝，经无损检测	80
214		在陶瓷焊垫上焊接的横向对接焊缝，焊根裂纹	80
215		不除去垫板的横向对接焊缝	71

续表

类别	结构细部	摘　　述	FAT 值
200		对接焊缝，横向承载	
216		无垫板单面焊，包括激光焊的横向对接焊缝，焊透 根部无损检测 不采用无损检测	 71 45
217		局部焊透的横向对接焊缝，分析建立在焊缝最大截面处应力的基础上，不考虑加高厚度，此细部不推荐用于承载元件，建议用断裂力学验证	45
221	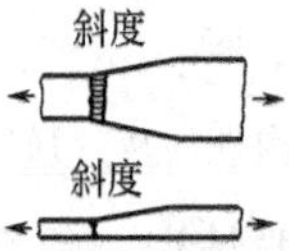 斜度 斜度	横向对接焊缝，打磨平，厚度和宽度平滑过渡 斜度 1∶5 斜度 1∶3 斜度 1∶2	 125 100 80
222	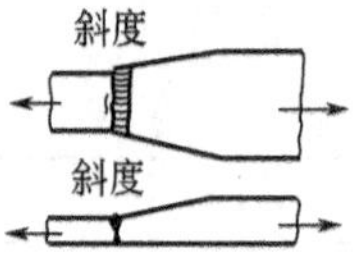 斜度 斜度	工厂内水平施焊的横向对接焊缝，控制焊缝形状，无损检测，厚度和宽度平滑过渡 斜度 1∶5 斜度 1∶3 斜度 1∶2	 100 90 80
223	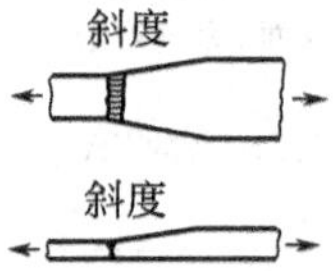 斜度 斜度	横向对接焊缝，无损检测，厚度和宽度平滑过渡 斜度 1∶5 斜度 1∶3 斜度 1∶2	 80 71 63
224		不具有光滑过渡的不同厚度的横向对接焊缝，中心对正。如焊缝形状相等于中等斜率过渡时，见 222	71
225		由三块板组成的 T 形接头，根部裂纹	71
226	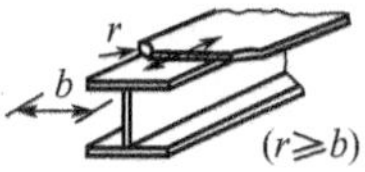 r b $(r \geqslant b)$	横向对接焊缝的翼板，焊缝在装配前焊接，打磨平，圆滑过渡，无损检测	112
231	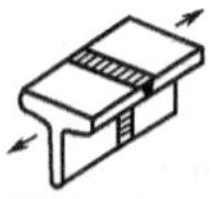	轧制截面或非板状件的横向对接焊缝接头，焊缝磨平，无损检测	80
232	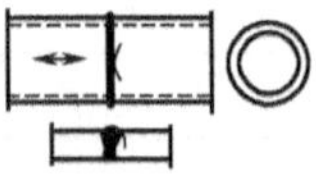	圆形空心截面的横向对接接头，单面焊，焊透。根部无损检测 不采用无损检测	71 45
233	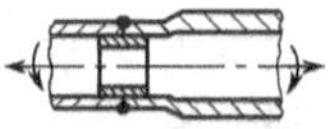	有永久垫板的管接头	71
234	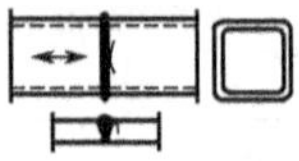	(长)方形空心截面的横向对接焊缝接头，单面焊，焊透根部无损检测 不采用无损检测	56 45
241	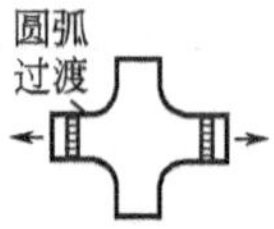 圆弧过渡	横向对接打磨平的焊缝，接头接合处 100%无损检测，圆角平滑过渡	125

续表

类别	结构细部	摘　　述	FAT 值
200		对接焊缝，横向承载	
242	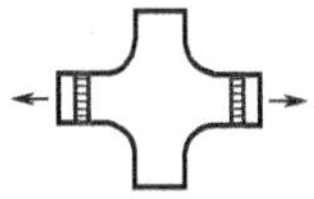	厂内平焊的横向对接焊缝，监控焊缝形状，接头接合处无损检测，圆角平滑过渡	100
243	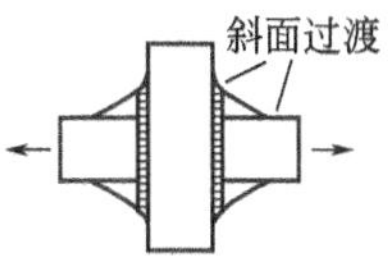 斜面过渡	焊有角接板并经打磨十字接头的横向对接焊缝，接头接合处经无损检测，焊缝端部磨平，裂纹需在对接焊缝中萌生	80
244	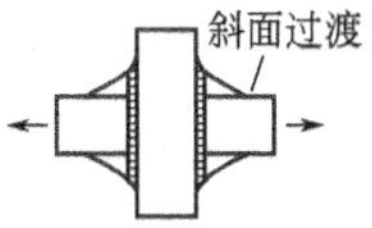 斜面过渡	焊有角接板十字接头的横向对接焊缝，接头接合处经无损检测，焊缝端部磨平，裂纹需在对接焊缝中萌生	71
245	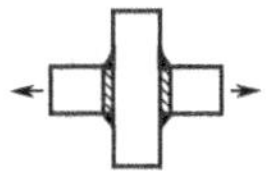	十字接头横向对接焊缝，裂纹需在对接焊缝中萌生	50
300		承载纵焊缝	
311		空心截面的自动焊纵向焊缝，无起弧和熄弧部位 有起弧和熄弧部位	125 90
312	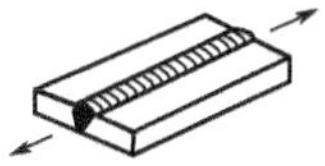	纵向对接焊缝，平行于载荷方向将两面打磨平，100%无损检测	125
313	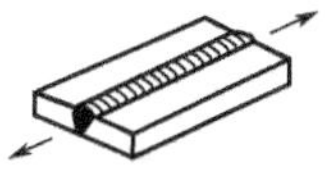	纵向对接焊缝，无损检测，无熄弧和起弧部位。 有熄弧和起弧部位	125 90
321	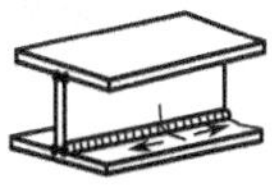	无熄弧和起弧部位的全熔透 K 形坡口自动焊连续纵向焊缝（计算翼缘中的应力范围），无损检测	125
322	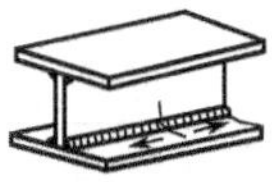	无熄弧和起弧部位的连续自动纵向双面焊角焊缝（计算翼缘中的应力范围）	100
323	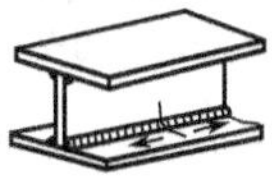	连续手工纵向角焊缝或对接焊缝（计算翼缘中的应力范围）	90
324		断续纵向角焊缝（在翼缘焊缝端部按名义应力 σ 计算，在腹板焊缝端部按剪切应力 τ 计算） $\tau/\sigma=0$ $\tau/\sigma=0\sim0.2$ $\tau/\sigma=0.2\sim0.3$ $\tau/\sigma=0.3\sim0.4$ $\tau/\sigma=0.4\sim0.5$ $\tau/\sigma=0.5\sim0.6$ $\tau/\sigma=0.6\sim0.7$ $\tau/\sigma>0.7$	80 71 63 56 50 45 40 36

续表

类别	结构细部	摘　　述	FAT 值
300	承载纵焊缝		
325		具有碗孔的纵向对接焊缝，角焊缝或断续焊缝（在翼缘焊缝端部按名义应力 σ 计算，在腹板焊缝端部按剪切应力 τ 计算），碗孔高度不大于腹板高度的 40% $\tau/\sigma=0$ $\tau/\sigma=0\sim0.2$ $\tau/\sigma=0.2\sim0.3$ $\tau/\sigma=0.3\sim0.4$ $\tau/\sigma=0.4\sim0.5$ $\tau/\sigma=0.5\sim0.6$ $\tau/\sigma>0.6$	 71 63 56 50 45 40 36
331	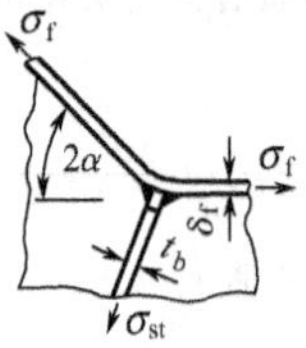	在翼缘与加强筋处，根据接头型式应按 411～414 条款计算加强板的应力：$\sigma=\sigma_f\frac{A_f}{\sum A_{st}}\times2\sin\alpha$，式中，$A_f$ 为翼缘面积；A_{st} 为加强板面积。焊缝最高处应力：$\sigma_w=\sigma_f\frac{A_f}{\sum A_w}\times2\sin\alpha$；$A_w$ 为焊缝最高处面积	—
332	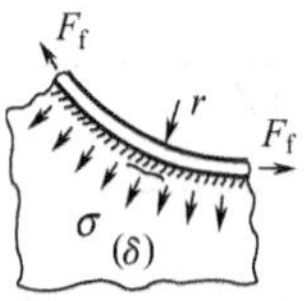	弯曲型翼缘与腹板未经加强接头应按 411～414 条款计算腹板中应力为 $\sigma=\frac{F_g}{rt}$；焊缝最高处应力为 $\sigma_w=\frac{F_f}{r\sum a}$，式中，$F_f$ 为翼缘中的轴向力； t 为腹板厚度；a 为焊缝最高处尺寸	—
400	十字接头和/或 T 形接头		
411	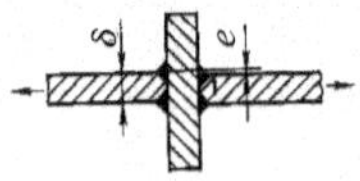	十字接头或 T 形接头，K 形坡口对接焊缝熔透，无层状撕裂，不平度 $e<0.15t$，打磨平焊趾，焊趾裂纹	80
412	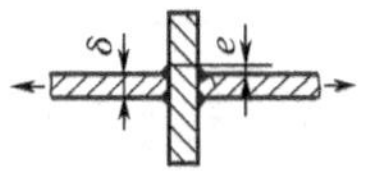	十字接头或 T 形接头，K 形坡口对接焊缝熔透，无层状撕裂，不平度 $e<0.15t$，焊趾裂纹	71
413	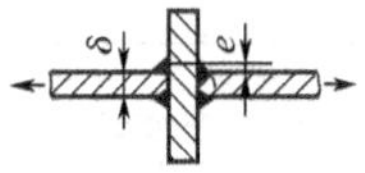	十字接头或 T 形接头，角焊缝或局部焊透 K 形坡口对接焊缝，无层状撕裂，不平度 $e<0.15t$，有焊趾裂纹	63
414	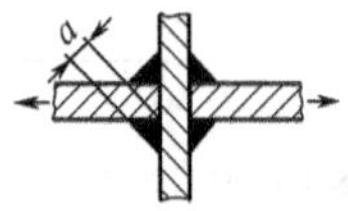	十字接头或 T 形接头，角焊缝或包括焊趾打磨局部焊透 K 形坡口对接焊缝，接头焊根裂纹，分析建立在焊缝最高处的应力基础上	45
415	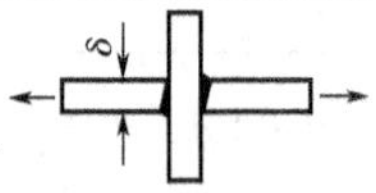	激光焊接十字或 T 形接头，单边焊接，不平度 $e<0.1t$ 根部无损检测 非无损检测	 71 45
421	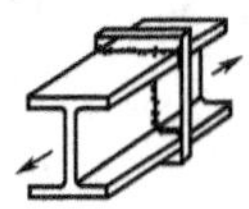	具有中间板的轧制截面接头，角焊缝、焊缝根部裂纹，分析建立在焊缝最大高度处应力之上	45
422	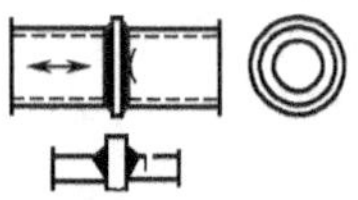	具有中间板的圆形空心截面接头，单面对接焊缝，焊趾裂纹 壁厚大于 8mm 壁厚小于 8mm	 56 50

续表

类别	结构细部	摘　　述	FAT 值
400		十字接头和/或 T 形接头	
423	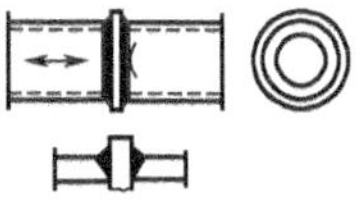	具有中间板的圆形空心截面接头，角焊缝，根部裂纹。分析建立在焊缝最大应力处的基础之上 壁厚大于 8mm 壁厚小于 8mm	 45 40
424	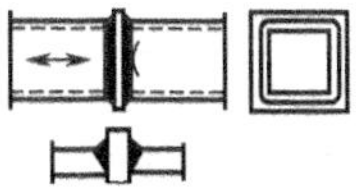	（长）方形空心截面接头。单面对接焊缝，有焊趾裂纹 壁厚大于 8mm 壁厚小于 8mm	 50 45
425	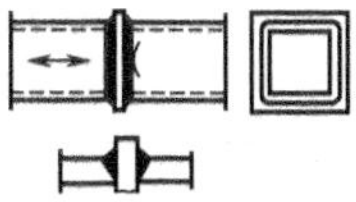	具有中间板的（长）方形空心截面接头。角焊缝，根部裂纹 壁厚大于 8mm 壁厚小于 8mm	 40 36
431	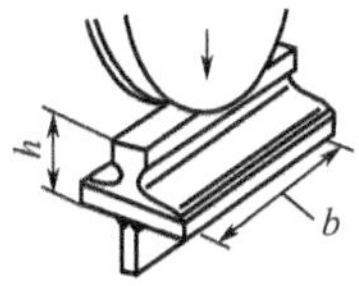 h b	连接腹板和翼缘的对接焊缝在垂直焊缝的腹板平面内承受集中力，该力分布宽度 $b=2h+50$mm，按 411～414 条款进行评定，需考虑偏心载荷造成的局部弯曲	80
500		非承载附件	
511	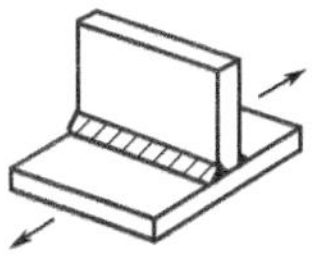	横向非承载附件，该厚度比主板薄 K 形坡口对接焊缝，焊趾打磨平 双面角焊缝，焊趾打磨 焊接状态的角焊缝 比主板厚时	 100 100 80 71
512	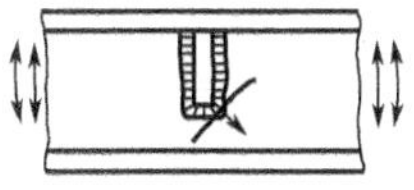	梁腹板或翼缘上焊接的横向加筋板，比主板薄，对腹板上的焊缝端部采用主应力 K 形坡口对接焊缝，焊趾打磨 双面角焊缝，焊趾打磨。 焊接状态的角焊缝 比主板厚时	 100 100 80 71
513	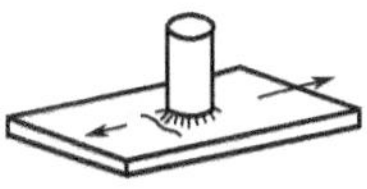	焊态非承载的螺柱焊	80
514	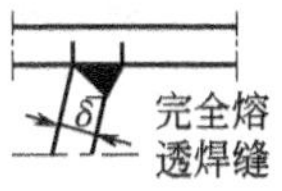 δ 完全熔透焊缝	焊于甲板上的梯形加筋板，完全熔透的对接焊缝，以加筋板厚度为计算基础，出平面弯曲	71
515	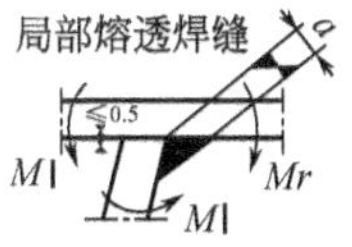 局部熔透焊缝 a ≤0.5 M Mr M	焊于甲板上的梯形加筋板，角焊缝或局部焊透焊缝，以加筋板厚度和焊缝最大截面两者中的小者为计算基础	45
521	 t	纵向角焊缝焊接的角接板 短于 50mm 短于 150mm 短于 300mm 长于 300mm	 80 71 63 50

续表

类别	结构细部	摘　　述	FAT 值
500		非承载附件	
522	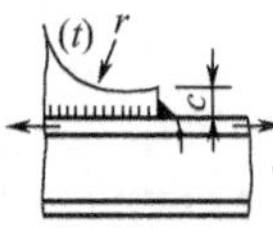	纵向角焊缝焊接的角接板，圆弧过渡，角焊缝端部加强和打磨，$c<2t$，最大为 25mm，$r>150$mm。	90
523	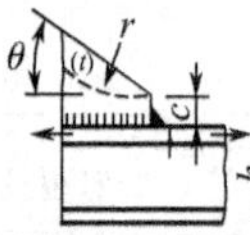	焊于梁翼缘和平板上的纵向角焊缝的角接板，平滑过渡，$c<2t$，最大为 25mm，$r>0.5h$ $r<0.5h$ 或 $\psi<20°$	71 63
524	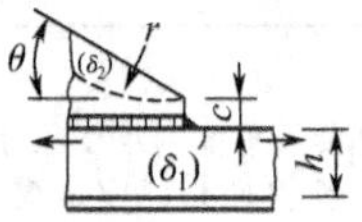	纵向侧平面角接板，焊于平板上或梁翼缘边缘处，平滑过渡。$c<2t_2$，最大为 25mm，$r>0.5h$ $r<0.5h$ 或 $\psi<20°$ 对于 $t_2<0.7t_1$ 者，FAT 提高 12%	 50 45
525	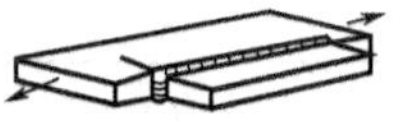	纵向侧平面角接板，焊于平板上或梁翼缘边缘外 短于 150mm 短于 300mm 长于 300mm	 50 45 40
526	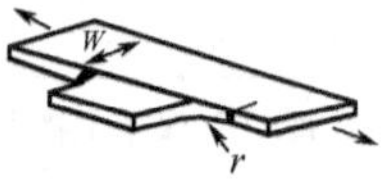	纵向侧平面角接板，焊于平板边缘或梁翼缘边缘处，打磨或圆弧过渡 $r>150$ 或 $r/w>1/3$ $1/6<r/w<1/3$ $r/w<1/6$	 90 71 50
531	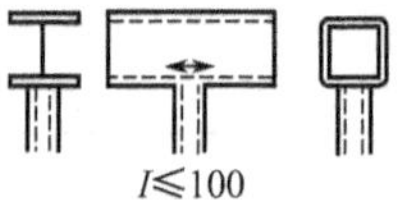	圆形或（长）方形空心截面，用角焊缝焊于其他截面上。平行于应力方向的截面宽度<100mm，或类似纵向附件	71
600		盖板接头	
611	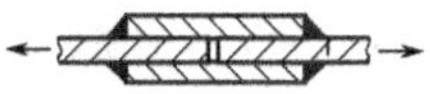	角焊缝焊接的横向承载的盖板接头，母材处疲劳。焊缝最大截面处疲劳 应力循环比 $0<R<1$	63 45
612	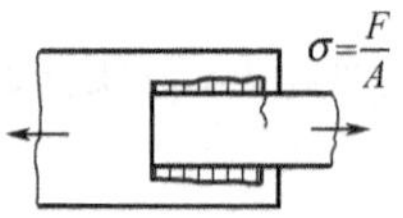	单面角焊缝纵向承载的盖板接头，母材处疲劳 焊缝处疲劳（以最大焊缝长度为 40 倍焊脚为基础计算）	50 50
613	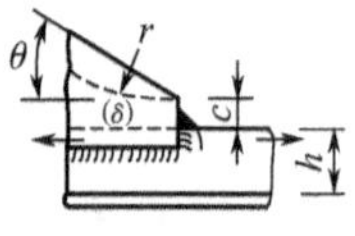	盖板接头，角焊缝焊接，不承载，平滑过渡（$\psi<20°$ 的剪切端部或圆弧状），焊于承载元件上 $c<2t$，最大为 25mm 焊于平的杆件上 焊于球状截面 焊于角截面上	 63 56 50

续表

类别	结构细部	摘　　述	FAT 值
700	加强板		
711	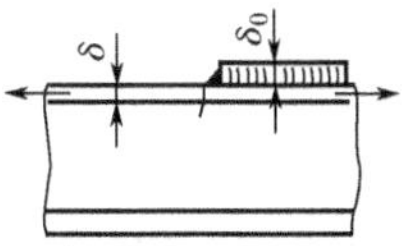	I 形梁上长叠板的端部，焊缝端部（翼缘上焊缝端部处为计算应力范围） $t_D \leqslant 0.8t$ $0.8t < t_D \leqslant 1.5t$ $t_D > 1.5t$	 56 50 45
712	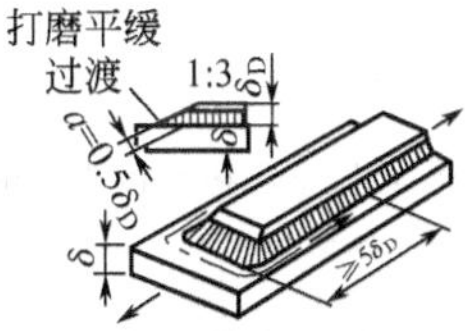 打磨平缓过渡	梁上长叠板的端部，打磨加强焊缝端部（应力范围计算处为翼缘中焊趾处） $t_D \leqslant 0.8t$ $0.8t < t_D \leqslant 1.5t$ $t_D > 1.5t$	 71 63 56
721	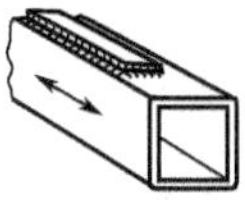	（长）方形空心截面上的加强板端部，板厚 $t<25$mm	50
731	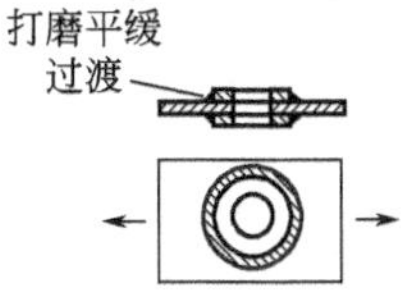 打磨平缓过渡	角焊缝焊上的加强板，焊缝焊趾打磨平整 焊趾保持焊态，分析建立在修正的名义应力基础上	80 71
800	法兰、支管和人孔		
811		法兰、完全熔透焊缝	71
812	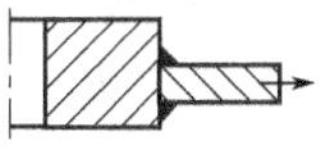	法兰、局部熔透或角焊缝 板焊趾处裂纹，焊缝最大截面根部裂纹	63 45
821	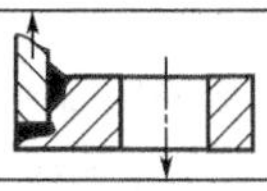	法兰、具有差不多完全熔透的对接焊缝，计算按管中修正的名义应力，焊趾裂纹	71
822	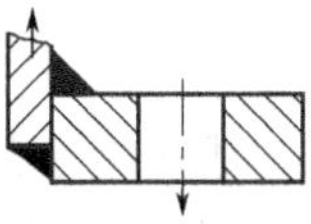	法兰、角焊缝焊接，计算按管中修正的名义应力，焊趾裂纹	63
831	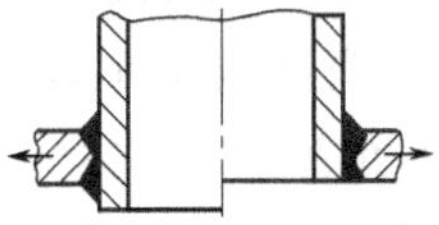	插入平板内的管子或支管，K 形坡口对接焊缝，如果管直径大于 50mm，需考虑周边应力集中	80
832	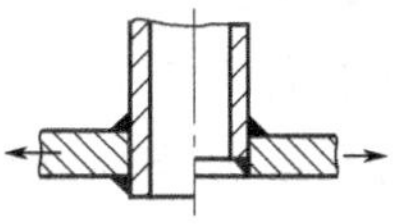	插入平板内的管子或支管，角焊缝，如果管直径大于 50mm，需考虑周边应力集中	71
841	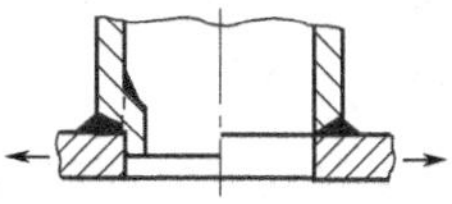	焊于平板上的喷嘴，采用钻孔的方法除去根部焊道，如果管直径大于 50mm，需考虑周边应力集中	71
842	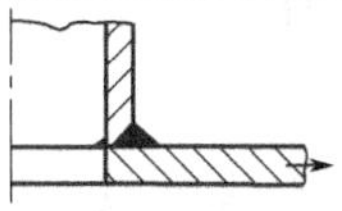	焊于管子上的喷嘴，保留根部焊道，如管直径大于 50mm，考虑周边应力集中	63

续表

类别	结构细部	摘　　述	FAT 值
900		管接头	
911		焊后不经过处理的圆形空心截面与实心轴对焊接头	63
912		用单面对接焊施焊的构件与圆形空心截面接头，底部留有钝边，根部裂纹	63
913		用单面对接焊或双面角焊缝施焊的构件与圆形空心截面接头，根部裂纹	50
921		在圆盘上焊接的圆形空心截面 K 形坡口对接接头、焊趾打磨 角焊缝、焊趾打磨 角焊缝、焊后不经处理	 90 90 71
931		管-板接头，接头处管子压平、对接焊缝（X 形坡口），管径＜200mm，板厚＜20mm	71
932		管-板接头，板插入压扁的管端部，然后焊合。管径＜200mm 且板厚＜20mm 管径＞200mm 或板厚＞20mm	63 45

表 4-1 中所示出的 FAT 值是根据实验研究定出的，因此它自然地纳入了下述影响：焊缝形状所引起的局部应力集中、一定范围内的焊缝尺寸和形状偏差、应力方向、残余应力、冶金状态、焊接过程和随后的焊缝改善处理。

这说明如果构件和接头中还存在其他原因所产生的应力集中，由于表 4-1 的 FAT 值并未考虑它，因此在疲劳载荷计算中要乘以该应力集中系数或将对应的 FAT 值除以该应力集中系数。

再有，一般来说疲劳裂纹产生于焊趾处，然后向母材方向扩展，或产生于焊缝根部沿焊缝最大高度截面处扩展。因此对于焊趾处裂纹，应计算母材的标称应力疲劳载荷应力范围，再与表 4-1 的疲劳强度相比。对于焊缝根部裂纹则应计算焊缝最大高度截面处的标称应力范围。在某些情况下，如角焊缝十字接头，因两种疲劳失效形式均有可能，因此应计算上述两处的名义应力范围。所计算的名义应力范围值应保证在弹性范围内。一般名义应力范围设计值对正应力来说不超过 1.5 倍屈服限（σ_s），对于名义剪切应力应不超过 $1.5\sigma_s/\sqrt{3}$。

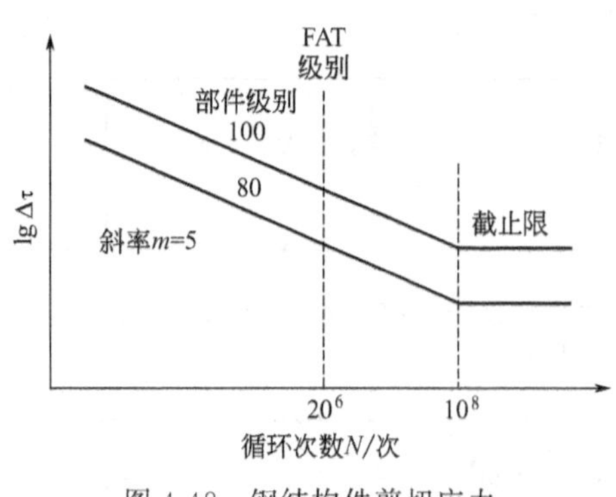

图 4-48　钢结构件剪切应力范围的疲劳强度曲线

应该说明当采用切应力疲劳强度曲线时，通常此种疲劳失效其裂纹扩展是沿 0.7K（焊脚）角焊缝截面（最大高度截面）进行的。此时 $m=5$，因没有常幅疲劳限，取循环数 10^8 次为截止限，如图 4-48

所示，有关数值见表 4-2。

表 4-2 钢结构件剪切破坏的疲劳强度

构件细部	FAT 级别	$\lg c$（$m=5$ 时）	截止限时的应力范围/MPa
母材、完全熔透的对接焊缝	100	16.301	46
角焊缝，局部熔透对接焊缝	80	15.816	36

4.7.3.2 热点应力法

（1）热点应力法简介 结构几何应力为包括除焊缝形状本身所产生应力集中之外的焊接元件细部产生所有集中应力，它一般作用在焊趾处，称作热点应力。由局部缺口如焊趾引起的非线性峰值应力在几何应力组成中不予以考虑，只依赖于构件接头处宏观尺寸和载荷参量，如图 4-49 所示。

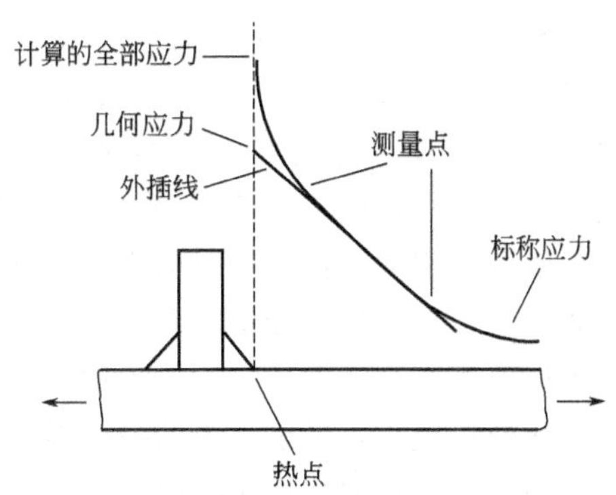

图 4-49 热点应力的定义示意图

在板件、壳体和管道结构中经常要产生的结构几何应力分为膜应力和壳体弯曲应力两部分。

由于热点应力疲劳强度自 1991 年才开始引起工程界重视，目前研究尚处于起步阶段。国际焊接学会推荐以下述方法确定一些焊接接头热点应力疲劳强度，即首先在标称应力疲劳强度中选一个参考部件，它与待评部件形状和施载条件应尽量一致，然后对参考部件和待评部件进行有限元计算，确定它们的热点应力和位置，注意建立有限元模型时要使两者网格和单元类型一致，则两百万次待评部件热点应力疲劳强度为：

$$FAT_{ass}=\frac{\sigma_{g\cdot ass}}{\sigma_{g\cdot req}}FAT_{req} \tag{4-19}$$

式中，FAT_{req}为参考部件在两百万次时的疲劳强度。

该方法只限于评定焊趾而不能评定裂纹起始焊根处沿焊缝扩展造成的失效。同时该方法也不能应用到承受纵向应力的连续焊缝，此类焊缝用名义应力方法评定。

（2）结构应力确定 通过测量和计算结构应力，然后再通过外推法测定结构应力。可以采用距焊趾一定距离处的三个应力值或应变值测定结构应力。选择靠近焊趾处最高点测试时应避免焊缝本身造成的缺口影响（它导致非线性应力的峰值），焊趾处结构应力是通过外推得到的。最大结构热点应力通过下述方法得出：

① 测定几处结构应力，比较得出热点应力；

② 通过有限元计算结果进行分析；

③ 根据现有断裂构件经验确定。

（3）结构应力计算 采用有限元方法计算结构应力建立在理想平直焊接接头基础上，因此任何不平度（角变形）在建立有限元模型或应力增大系数 K_m 时均应予以考虑。

4.7.4.3 缺口应力法

表 4-3 为 IIW Ⅷ-1539-96/ⅩⅤ-845-96 推荐钢制焊接接头等效缺口疲劳强度 FAT 值，目前尚缺少铝材的 FAT 值，等效缺口应力集中系数计算位置如图 4-50 所示。

表 4-3 钢制焊接接头等效缺口疲劳强度 FAT 值

焊缝缺口值	描述	FAT 值
以等于 1mm 的等效缺口半径代替焊趾和根部缺口	焊态缺口，正常焊接质量 $m=3$	225

缺口应力法的优点是采用一条标准的设计曲线，可以针对几乎所有不同细节的焊接接头进行疲劳设计。该方法的应用过程如下：首先需要建立考虑构件所有焊接部位的焊趾、焊根几何形状与相对位置的线弹性有限元分析模型，计算出在外力作用下的最大缺口应力，然后适当考虑一定的载荷安全系数，将计算结果与缺口疲劳标准设计曲线在设计寿命下所对应的许用缺口应力进行比较。若小于许用缺口应力则说明疲劳设计是安全的；反之则不安全。

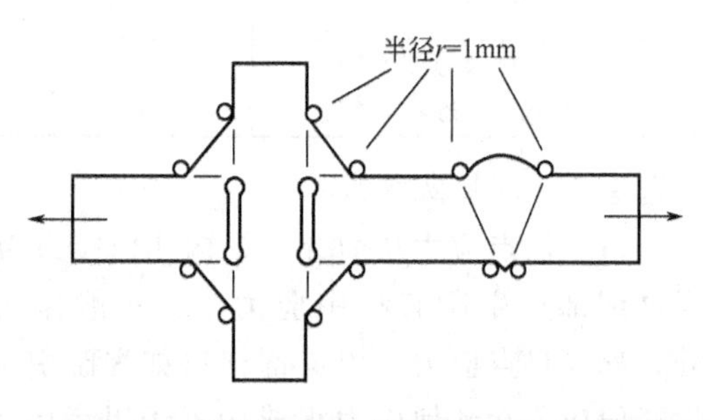

图 4-50 等效缺口应力集中系数计算位置

需要说明的是：①缺口应力法的标准疲劳设计曲线仅考虑了焊接残余应力的影响，而不包含错边、角变形对接头疲劳强度所产生的不利影响，上述影响需要在建立构件整体有限元模型时给予充分考虑；②如果构件十分重要，建议对缺口疲劳标准曲线在设计寿命下所对应的许用缺口应力，考虑适当的疲劳强度安全系数，确保设计的可靠性。

缺口应力法的缺点是需要建立考虑构件所有焊接部位的焊趾、焊根几何形状与相对位置并且包含错边、角变形等细节的有限元模型。

4.7.3.4 断裂力学设计方法

所谓基于断裂力学的疲劳设计就是在构件本身存有缺陷这一客观事实的基础上，按照裂纹在循环载荷下扩展规律估算寿命是保证构件安全工作的一种新型疲劳设计方法。

断裂力学的计算需建立在缺口根部，也就是焊趾处整体应力基础上，对于不同焊接结构元件，已经建立了结构元件非线性应力峰值和局部缺口的影响校正函数，采用这些校正函数，断裂力学分析就能建立在结构应力或名义应力之上，校正函数公式可以建立在不同应力类型之上，校正函数和应力类型需要相互对应。

应当强调，对于位于局部应力集中区的缺陷，需考虑校正系数值，纳入应力集中的影响，但是在一些设计规范中（例如 IIW 推荐设计规范），其设计数据是由不同焊接接头试样疲劳试验得出的，即试验结果已然纳入了接头应力集中系数影响，只有在不考虑应力集中影响的一些场合才考虑 M_k 应力集中的校正。

估算疲劳裂纹扩展寿命方法是对裂纹扩展速率进行积分，即对 ΔK 进行积分。形成初始尺寸裂纹后，使其扩展到最终尺寸所需的循环数可按下式计算：

$$N = N_i + \frac{1}{c}\int_{a_i}^{a_j} \Delta K^{-m} \mathrm{d}a \tag{4-20}$$

式中，N_i 为裂纹形成期循环次数；a_i 为初始裂纹尺寸；a_j 为最终裂纹尺寸。

在断裂力学疲劳设计中应用 Paris 公式：

$$\frac{\mathrm{d}a}{\mathrm{d}N} = C_1(\Delta K_1)^{m_1} \tag{4-21}$$

但 C_1 和 ΔK_1 均需分别考虑疲劳载荷安全系数 γ_M 和疲劳强度安全系数 γ_F，即

$$C_1 = C(\gamma_M)^m \tag{4-22}$$

$$\Delta K_1 = \Delta K(\gamma_F)$$

$$K_{\mathrm{th1}}=\frac{K_{\mathrm{th}}}{\gamma_{\mathrm{M}}}$$

γ_{F} 与构件设计中所选用的载荷及载荷谱、应力循环次数、设计应力谱常幅化有关，一般设计部门根据结构类型而定。

γ_{M} 与失效后等试验数据分散性有关。

应力强度因子较高，达到或接近材料值时，裂纹扩展速率明显加快，建议采用 Forman 公式表达裂纹扩展速率与应力强度因子关系，即

$$\frac{\mathrm{d}a}{\mathrm{d}N}=\frac{C_1(\Delta K_1)^{m_1}}{(1-R)-\dfrac{\Delta K_1}{K_{\mathrm{c}}}} \tag{4-23}$$

式中，K_{c} 为断裂韧性值。

在缺少试验得出的 c、m、ΔK_{th}时，可以采用 IIW Ⅻ-1539-96/ⅩⅤ-845-96（2002 年修订版）或 BS7910 标准推荐的 c、m、ΔK_{th}值来表征 $\mathrm{d}a/\mathrm{d}N$-ΔK 关系曲线。

习题与思考题

1. 为什么在焊接结构疲劳设计中不采用疲劳图而采用应力范围进行设计？
2. 为什么疲劳裂纹通常起裂于金属材料表面？
3. 如何通过金属材料断口分析判断其失效机制属于疲劳断裂？
4. 引起焊接结构应力集中的因素有哪些？如何减轻或避免焊接接头应力集中严重的问题？
5. 是否通过焊后热处理就一定能够提高焊接结构的疲劳性能？并分析原因。
6. 提高焊接结构疲劳强度措施 TIG 熔修、焊趾打磨、超声冲击的优缺点和适用范围各有哪些？
7. 焊接结构疲劳强度设计方法有哪些？分析各种设计方法的基本理念、优缺点及其适用范围。

第5章　焊接结构应力腐蚀破坏

本章学习要点

知识要点	掌握程度	相关内容
应力腐蚀的概念及其发生条件	掌握应力腐蚀的概念及其发生条件	拉应力，腐蚀介质，特定的合金和介质组合
应力腐蚀开裂的过程及其断口特征	掌握应力腐蚀开裂的过程，了解应力腐蚀开裂的机理	孕育期，裂纹扩展期，失稳断裂期
断裂力学在应力腐蚀中的应用	了解断裂力学的评定指标	应力腐蚀强度因子，临界应力腐蚀强度值，应力腐蚀裂纹扩展速率
焊接应力腐蚀的预防措施	掌握预防应力腐蚀的措施，熟悉其对应力腐蚀的影响	焊接材料，合理的结构设计，消除和调节残余应力，防护措施

焊接结构都要在一定的周围环境中使用，环境介质和应力的共同作用比单一应力对金属材料使用性能的影响更为复杂。焊接结构残余应力、应力集中、工艺缺陷的存在和焊接接头组织不均匀性加剧了焊接结构应力腐蚀破坏的进程，影响了焊接结构的使用寿命和安全可靠性。因此应力腐蚀破坏成为焊接结构设计、制造和应用中重点关注的问题。

5.1　应力腐蚀及其发生条件

5.1.1　应力腐蚀破坏

应力腐蚀破坏（stress corrosion crack，SCC）是指材料或结构在腐蚀介质和拉应力共同作用下引起的断裂现象。应力腐蚀破坏是一个自发的过程，其破坏应力远低于在无腐蚀介质（如干燥空气中）中断裂所需的应力，其断裂时间要明显小于应力或腐蚀介质分别单独作用时的断裂时间。

应力腐蚀有静应力作用下的腐蚀破坏和疲劳应力作用下的腐蚀破坏，从严格意义上讲，绝大多数疲劳破坏都是腐蚀疲劳，疲劳应力腐蚀破坏机制更为复杂。以下只讨论静应力作用下的腐蚀破坏。

应力腐蚀破坏危害性很大，这是因为当裂纹即使穿透到构件很深的部位，但材料表面上的腐蚀痕迹并不明显，因而很难采取防护措施防止破坏的发生。

5.1.2　应力腐蚀发生的条件

（1）拉伸应力的存在　拉伸应力的存在是应力腐蚀破坏的根本原因，这个拉伸应力可能是由外部载荷力所引起的，也可能是构件制造过程中所产生的。试验证明，拉伸应力大小直接影响着应力腐蚀开裂的历程，拉伸应力大，开裂速度快，断裂时间短。但存有一个临界应力值，当拉伸应力大于这个临界应力值时才会发生应力腐蚀开裂；反之则不会发生。在一些环境场合下，这个临界应力值是极低的，例如，铝合金材料在氯化物溶液中，由于腐蚀产物楔入所产生的应力就足以造成应力腐蚀开裂。压应力对于应力腐蚀开裂是有抑制作用的。

(2) 腐蚀介质的存在　腐蚀介质的存在是应力腐蚀破坏的外部条件，介质浓度大，腐蚀速率快。但腐蚀介质的剂量或浓度都无需很大，这是由于在应力腐蚀的局部区域会发生介质浓度集中现象，其远高于环境平均浓度。例如，黄铜材料可以在难以被嗅觉感知的微量氨空气中产生开裂，奥氏体不锈钢则会在含氯化物浓度为百万分之几的高温水中产生应力腐蚀开裂。

腐蚀介质 pH 降低，H^+ 浓度增加，应力腐蚀发生的概率也会增加。在脱硫过程中，介质一般含有 H_2S、CO_2 等杂质，一旦溶于水便形成酸类溶液，释放出 H^+。因此，降低酸性环境的 pH，会增大应力腐蚀的敏感性。

(3) 材料与腐蚀介质的组合　金属材料并不是在任何腐蚀介质中都会产生应力腐蚀开裂，只有在金属材料和腐蚀介质一定组合的条件下才会引发应力腐蚀，也就是说某种金属材料只在特定的腐蚀介质中才产生应力腐蚀开裂，材质与介质要有一定的匹配性。纯金属材料一般不产生应力腐蚀开裂，而合金（即使含有微量的合金元素）在特定的腐蚀介质中都有一定的应力腐蚀开裂倾向。表 5-1 列出了常用金属材料与发生应力腐蚀的介质。

表 5-1　常用金属材料与发生应力腐蚀的介质

材料种类	环　境　介　质
碳钢和低合金钢	NO、CN^-、H_2S、H_2O、CO^-、CO_2、OH^- 等，海水，工业大气，熔化的锌、锂等
高强度钢	海洋气氛，H_2S 水溶液，Cl^-、SO_3^{2-}、SO_4^{2-} 等离子
铁素体不锈钢	H_2S、NH_3 水溶液，海水，高温高压水等
奥氏体不锈钢	海水，H_2S 水溶液，H_2SO_4，氯化物水溶液等
铝合金	潮湿空气，海洋和工业大气，NaCl，水银等
铜锌合金	氨离子
镍基合金	熔化的氢氧化物，HF，水蒸气，含有微量的 O_2 或 Pb 的高温水，熔化铅等
镁合金	NaCl，F^-，蒸馏水，工业大气等
钛合金	HCl，甲醇，固体镉，水银，湿气等

(4) 工作温度　应力腐蚀的发生还与工作温度有关。不同金属材料在一定介质中，引起应力腐蚀所需的温度并不相同。镁合金通常在室温下便产生应力腐蚀，低碳钢一般要在介质的沸腾温度下才开裂，但大多数金属都会在低于 100℃的温度下产生应力腐蚀。

5.1.3　焊接结构的应力腐蚀

与一般金属材料相比较，焊接结构或焊接接头的应力腐蚀破坏有其特殊性。

① 焊接结构即使不承受外部载荷，也存在较大的内部残余应力，而且拉伸应力往往存在于焊接接头的这个敏感区域。

② 焊接接头形状不连续和焊接缺陷区域会产生应力集中，造成远大于平均应力的高值拉伸应力，加大应力腐蚀开裂倾向。

③ 由于形状不连续和焊接缺陷部位的介质流动速度减缓，这些部位又成为介质浓度集中的区域，提高了材料的被腐蚀倾向。

④ 焊接接头属于非均质材料，各个微区成分组织不同，其化学电位不一样，电化学腐蚀机制又加速了应力腐蚀过程。

许多焊接结构的脆性破坏事故就是由于这种应力腐蚀裂纹引起的。其中由焊接残余应力引起的结构应力腐蚀破坏事故占绝大多数，可达 80%左右，而且发生在焊缝附近，特别是焊接热影响区中。焊接接头上的弧坑、起弧及电弧擦伤等部位都会诱发应力腐蚀开裂。现场组装焊缝、未经消除应力处理的修补焊缝也是发生应力腐蚀开裂最严重的区域。因此焊接接头是应力腐蚀破坏中的薄弱环节。

5.2 应力腐蚀开裂机制及其断口特征

5.2.1 应力腐蚀开裂的过程

应力腐蚀开裂的过程也是一种形核及长大的过程。对于无裂纹、无蚀坑等表面缺陷，具有“完好”氧化薄膜的金属材料，应力腐蚀开裂过程要经历三个阶段，如图 5-1 所示。

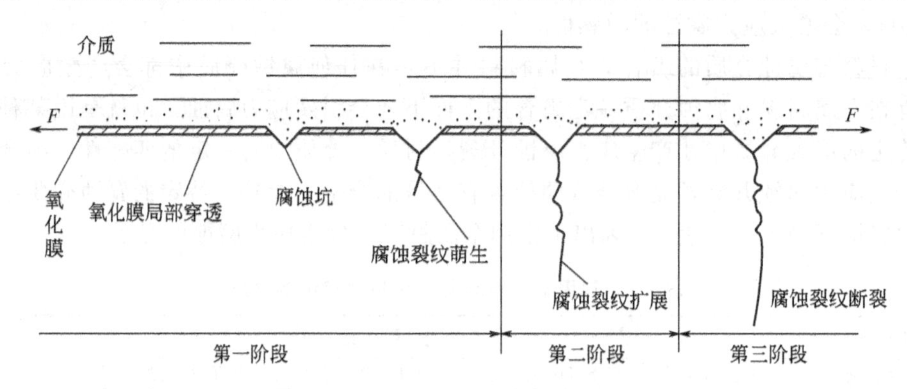

图 5-1 应力腐蚀开裂过程示意图

第一阶段：裂纹萌生阶段（孕育期），即在拉应力及腐蚀介质的共同作用下，金属材料表面的氧化膜局部受到破坏，然后在腐蚀介质的继续作用下，氧化膜局部穿透处形成腐蚀坑孔。这个阶段约占整个应力腐蚀开裂时间的 90%。

第二阶段：裂纹扩展阶段，又称为稳定扩展阶段或亚临界扩展阶段，即由裂纹源或腐蚀坑发展到临界断裂尺寸所经历的时间段。这个阶段依赖于应力大小与环境介质的组合。

第三阶段：失稳断裂阶段，裂纹达到临界断裂尺寸后，由纯力学作用使裂纹瞬间失稳断裂。本阶段不一定总会发生，例如，在压力容器中，由于第二阶段形成的裂纹已使容器泄漏，导致应力下降，不再出现第三阶段。

整个断裂时间与材料性能、介质特征、应力类型有关，短则几分钟，长则达数年。对于大多数结构材料来说，裂纹存在的必然性远远大于腐蚀坑形成的必然性，一般情况下裂纹扩展阶段更是人们最关心的，所以为了防止应力腐蚀开裂造成的突然破坏，结构设计时往往通过选择合适的材料来避免应力腐蚀开裂后失稳扩展的发生。

5.2.2 应力腐蚀开裂的机制

关于应力腐蚀开裂机制有着多种不同的看法，从最早的电化学腐蚀和活性通路理论开始，发展到有保护膜破裂理论、腐蚀产物楔入理论、氢脆理论、化学脆化-机械破裂两阶段理论和吸附理论等，这些都归属于阳极溶解型和氢致开裂型两种类型。下面介绍几种多数人接受的应力腐蚀开裂机理。

（1）阳极溶解机理　当应力腐蚀敏感性金属材料置于腐蚀介质中时［图 5-2（a）］，首先会在金属的表面形成一层保护膜，它阻止腐蚀的进行，即所谓的“钝化”［图 5-2（b）］。拉伸应力和保护膜增厚带来的附加应力使局部区域的保护膜破裂，破裂处金属表面直接暴露在腐蚀介质中，相对于未被破坏的钝化表面来说，该处的电极电位低，成为微电池的阳极，金属就会成为离子被溶解下来，产生阳极溶解［图 5-2（c）］。由于阳极比阴极面积小得多，所以阳极电流密度很大，溶解速率很快。腐蚀到一定程度后又形成新的保护膜［图 5-2（d）］，但在拉伸应力作用下，保护膜重新破坏，促使裂纹扩展，发生新的阳极溶解［图 5-2（e）］，随后又形成保护膜［图 5-2（f）］。保护膜反复形成、反复破裂的过程就会使某些局部区域腐蚀加深成为沟形裂纹。

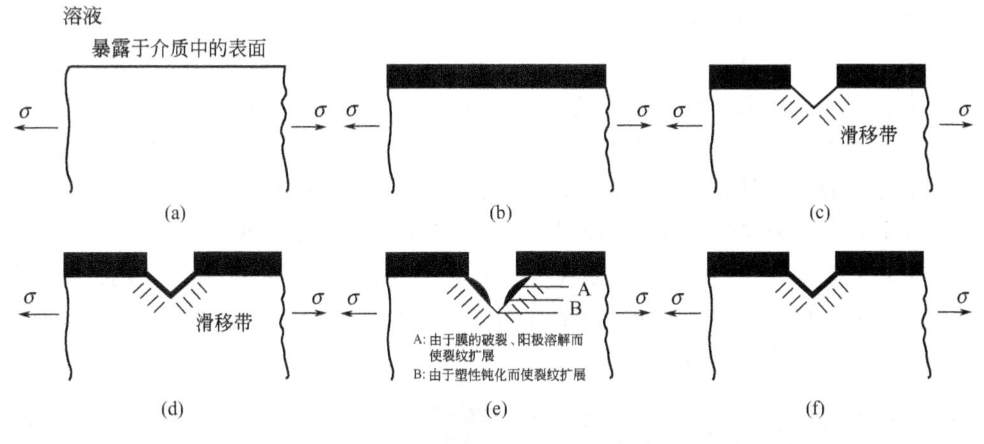

图 5-2　应力腐蚀裂纹形成示意图

近年来，人们从微观角度提出了一系列新机理。

① 应力集中提高原子表面活性　此理论认为晶体受拉力时，空位浓度增加，空位运动到裂纹尖端并代替裂纹尖端的一个原子时，裂纹就会前进一个原子距离而扩展。不过这个机理对 SCC 断口的韧-脆转变却无法解释，也不能解释 SCC 特定晶面的形核和扩展。

② 膜或疏松层导致解理应力腐蚀　该理论认为由于膜的存在使位错阻力增大，从而使位错发射困难，当膜厚使得发射位错的临界应力强度因子大于材料的断裂韧性时，裂纹解理扩展以前并不发射位错，因此应力腐蚀时由于膜的存在导致材料由韧断转变为脆断。

③ 溶解促进局部塑性变形导致 SCC

a. Jones 理论　该理论认为，裂纹尖端较高的应力集中使表面膜破裂，合金暴露在介质中，介质中的离子吸附阻碍合金表面再钝化，使金属溶解。溶解产生过饱和空位，它们结合成双空位向合金内部迁移时会使位错攀移，促进局部塑性变形，松弛表层应变强化，降低断裂应力。

b. Kanfman 理论　该理论认为，溶解使已钝化的裂纹变尖，而裂纹越尖锐，应力集中程度越高，高的应力集中导致局部应变增大，加速了阳极溶解，促进局部塑性变形，使应变进一步集中。这种溶解和应力集中的协同作用就会导致小范围内的韧断，在小范围内的溶解和形变韧断联合作用下导致宏观裂纹扩展。

c. Magnin 理论　滑移使裂纹尖端钝化膜局部破裂，使得新鲜的金属发生局部的阳极溶解。同时腐蚀溶液中的活性离子阻碍金属的再钝化，促进溶解的进行。在裂纹尖端的局部溶解形成滑移台阶，从而导致应力集中。裂纹尖端原子的溶解有利于位错发射，增加了裂纹尖端附近的局部塑性变形。当位错发射到一定程度时，就会在裂纹前端塞积起来，塞积的位错使局部应力升高，达到临界值时，裂纹就在此处形核。

（2）氢脆机理　这个理论认为在腐蚀过程中阴极产生氢，氢原子扩散到裂缝尖端金属内部，使这一区域变脆，在拉应力下发生脆断。目前几乎都认为，在 SCC 过程中，氢起了重要作用。有关氢脆的机理有许多，如氢进入金属内部将降低裂缝前缘原子间结合能，或由于吸附氢使表面能降低，造成很高的内压力，促进位错运动和发射，生成氢化物等。

5.2.3 应力腐蚀开裂的断口特征

应力腐蚀开裂的断口特征比较复杂，它与材料的合金成分、晶体结构、热处理状态、力学性能、环境气氛、温度以及应力状态有关。它大多呈现脆性断口，有时也可看到延性断口，而破断方式既有晶间断裂，也有穿晶断裂。

从宏观上看，应力腐蚀开裂断口一般为平断口，很少或完全没有塑性变形。裂纹扩展以裂纹源为中心，呈弧形向外扩展，最终断裂部分为撕裂或剪切唇断裂。由于腐蚀介质的作用，在断口上可以看到腐蚀特征或氧化现象，断口表面具有一定的颜色，通常呈现黑色或灰黑色。而最终断裂部分具有金属光泽，很少看到腐蚀或氧化现象发生。

从微观上看，应力腐蚀裂纹分为沿晶型、穿晶型和混合型三种。沿晶型裂纹沿晶界扩展，如软钢、铝合金、铜合金、镍合金等，显微断口呈冰糖块状［图 5-3（a）］。穿晶型裂纹穿越晶粒而扩展，如奥氏体不锈钢、镁合金等。混合型如钛合金，微观断口往往具有河流花样、扇形花样、羽毛状花样等形貌特征。

(a) 沿晶扩展的冰糖状断口

(b) 裂纹的穿晶扩展

图 5-3 应力腐蚀裂纹的微观断口形貌

研究表明，应力腐蚀失效不是单一的机制，它随材料系统和介质不同而变化，即在一些材料系统中，腐蚀可能占主要地位，而在另一些系统中，塑性应变和应力可能是主要因素。同一材料，由于介质变化，有时其应力腐蚀断口为晶间断裂，而有时又是穿晶断裂。所以说应力腐蚀是金属材料在介质和应力联合作用下发生断裂的形式的综合。

5.3 断裂力学在应力腐蚀中的应用

5.3.1 断裂力学在应力腐蚀中的适用性

传统的应力腐蚀试验方法是测定光滑试样在特定的腐蚀介质中的持久时间，这种持久时间本身既包括裂纹产生时间，也包括裂纹扩展时间。

对于焊接结构而言，传统的应力腐蚀试验方法得出的结论误差较大，这是因为光滑试样试验得出的结论往往是针对第一阶段裂纹萌生的蚀坑而言。而实际焊接结构中往往存在缺陷，不存在第一阶段，而第二阶段即裂纹扩展阶段是主要的，它决定了结构的应力腐蚀寿命。所以用传统的实验方法不能反映带缺陷的金属构件抗应力腐蚀的性能。

断裂力学在应力腐蚀中的应用弥补了光滑试件传统应力腐蚀试验方法的不足，具有以下一系列优点和工程实用价值。

① 由于试验有预先制备的尖锐裂纹而不需经过蚀坑阶段，消除了与蚀坑相联系的一些易变因素的影响，因而数据分散性小。

② 使用光滑试样的应力腐蚀试验周期长，蚀坑的形成阶段通常需要半年甚至更长的时间，而用带有尖锐预制裂纹的试样可节约 30%以上的时间。

③ 由于人为制造的预制裂纹具有整齐的几何形状，便于通过断裂力学手段进行应力分析和精确计算，可得到定量的结果。

④ 实验证明，采用预制裂纹试件进行试验，所得的结果是安全可靠的。

当然，预制裂纹的应力腐蚀试验尚不能完全代替光滑试件的应力腐蚀试验，也不完全适用于所有材料。因此，应将这两种方法适当地结合起来，互相补充，才可对材料进行更全面的评定。

5.3.2 断裂力学在应力腐蚀中的评定指标

5.3.2.1 应力腐蚀的评定指标

以断裂力学衡量材料应力腐蚀失效的指标有两个：一个是材料在某种介质中的临界应力强度因子 K_{ISCC}，它是判断材料在这种介质条件下是否发生应力腐蚀开裂的准则；另一个是材料在某种介质中的裂纹长大速率 da/dt，由于应力腐蚀开裂是一种与时间有关的延迟性断裂，所以它反映材料在一定环境中抗裂纹扩展的能力。

在拉伸应力和腐蚀介质的共同作用下，材料发生延迟断裂的时间 t 与应力强度因子 K_I 间有如图 5-4 所示的关系。当裂纹尖端的应力强度因子 $K_I=K_{IC}$ 时，裂纹立刻发生失稳断裂，此时的 $t=0$，如同脆性断裂一样；当 $K_I\leqslant K_{I_1}$ 时，必须至少经过 t_1 时间后，裂纹尖端的 K_I 随着裂纹的扩展达到 K_{I_1} 时才发生断裂；同样，当 $K_I\leqslant K_{I_2}$ 时，必须至少经过 t_2 时间后才发生断裂；当 K_I 降低到某一数值后，材料就不会由于应力腐蚀而发生断裂，即材料有无限寿命，此时的 K_I 就称为应力腐蚀的临界应力强度因子，或称应力腐蚀门槛值，用 K_{ISCC} 表示。对于一定的材料在一定的介质中，K_{ISCC} 为一个常数。

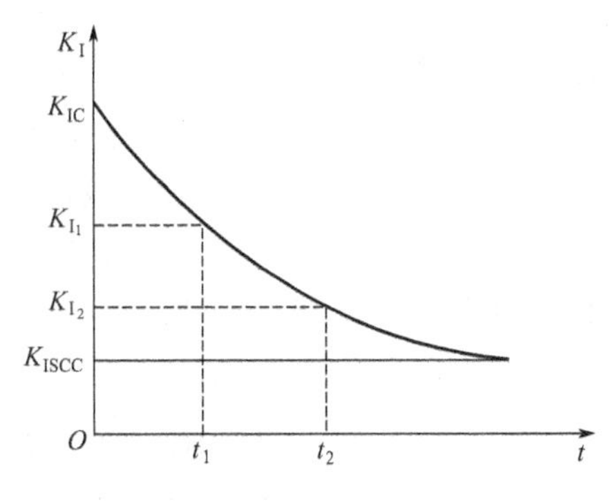

图 5-4 应力强度因子 K_I 与延迟断裂时间 t 的关系

在实际测定 K_{ISCC} 时，试验时间不可能无限长，一般可作出 K_I-t 曲线的渐近线，即为 K_{ISCC}。但也有的材料在相当长的时间内并未获得稳定的 K_{ISCC}，随着时间的延长还有更低的 K_{ISCC}。因此应针对不同材质，确定合理的试验时间，并谨慎使用 K_{ISCC} 试验数据。

5.3.2.2 应力腐蚀开裂判据

可以用 K_{ISCC} 来建立材料发生应力腐蚀开裂的判据。当裂纹尖端的应力强度因子 K_I 大于材料的 K_{ISCC} 时，材料就可能发生应力腐蚀开裂并扩展，用式(5-1) 作为判据。

$$K_{\mathrm{I}} \geqslant K_{\mathrm{ISCC}} \tag{5-1}$$

$$\sigma \geqslant \frac{K_{\mathrm{ISCC}}}{Q\sqrt{\pi a}} \tag{5-2}$$

式中，K_{I} 为裂纹尖端的应力强度因子；K_{ISCC}为应力腐蚀临界应力强度因子；a 为裂纹半长；Q 为应力强度因子系数，由构件的形状和尺寸、裂纹的形状和尺寸、裂纹所在的位置和载荷形式等决定。

当裂纹尖端的 $K_{\mathrm{I}} \geqslant K_{\mathrm{ISCC}}$时，裂纹就会随时间而扩展。单位时间内裂纹的扩展量称为应力腐蚀裂纹扩展速率，用 $\mathrm{d}a/\mathrm{d}t$ 表示，为裂纹尖端应力强度因子的函数，即：

$$\frac{\mathrm{d}a}{\mathrm{d}t} = f(K_{\mathrm{I}}) \tag{5-3}$$

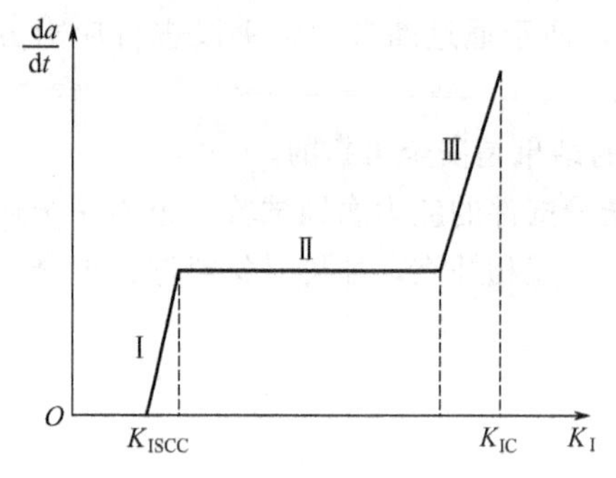

图 5-5　$\mathrm{d}a/\mathrm{d}t$ 与 K_{I} 的关系曲线

在 $\mathrm{d}a/\mathrm{d}t$ 与 K_{I} 的坐标平面上，两者的关系曲线称为裂纹长大的动力学曲线，如图 5-5 所示。曲线一般由三个阶段组成：第Ⅰ阶段，当 K_{I} 刚超过 K_{ISCC} 时，裂纹经过一段孕育期后，突然加速扩展；第Ⅱ阶段，曲线出现水平段，$\mathrm{d}a/\mathrm{d}t$ 与 K_{I} 几乎无关，因为这一阶段裂纹尖端变钝，裂纹扩展主要受电化学过程控制；第Ⅲ阶段，裂纹长度已接近临界裂纹尺寸，$\mathrm{d}a/\mathrm{d}t$ 明显地依赖于 K_{I}，$\mathrm{d}a/\mathrm{d}t$ 随 K_{I} 的增大而加快，这是裂纹走向快速扩展的过渡区，当 K_{I} 达到 K_{IC}时，裂纹便发生失稳扩展，材料断裂。

5.3.2.3　评定指标的试验方法

常用的评定指标试验方法有两种：一种是由美国海军研究所的 Brown 和 Beachem 提出的悬臂梁试验法，为恒应力试验方法；另一种是由美国 Novak 和 Rolfe 提出的楔形张开加载（WOL 型）试验法，为恒应变试验方法。

（1）悬臂梁试验　应力腐蚀悬臂梁试验装置如图 5-6 所示，整个装置由刚性立柱、悬挂载荷的力臂和盛放腐蚀介质的容器等部分组成，并附以计时器和安装在梁末端的千分表。试验时，必须先将试样与悬臂梁的夹头固定，然后再将梁与试样一起与立柱固定，以免试样受预载荷的影响。这种装置设备简单，容易制造腐蚀环境。

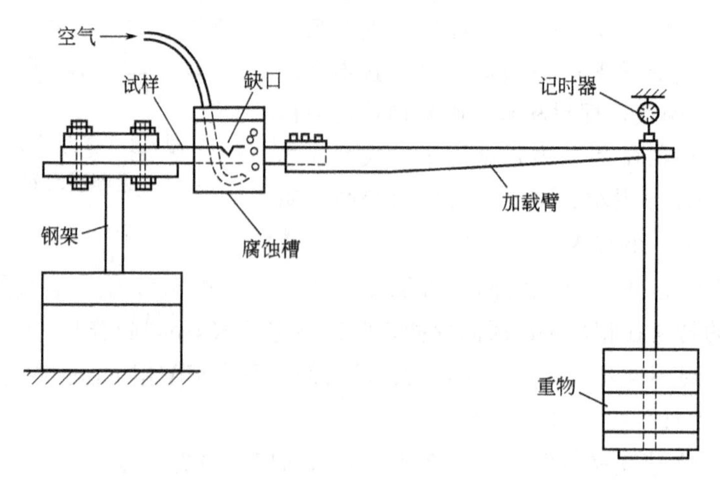

图 5-6　应力腐蚀悬臂梁试验装置

悬臂梁应力腐蚀试样如图 5-7 所示，试样表层开有 5%～10%厚度深的缺口，缺口尖端开有疲劳裂纹。

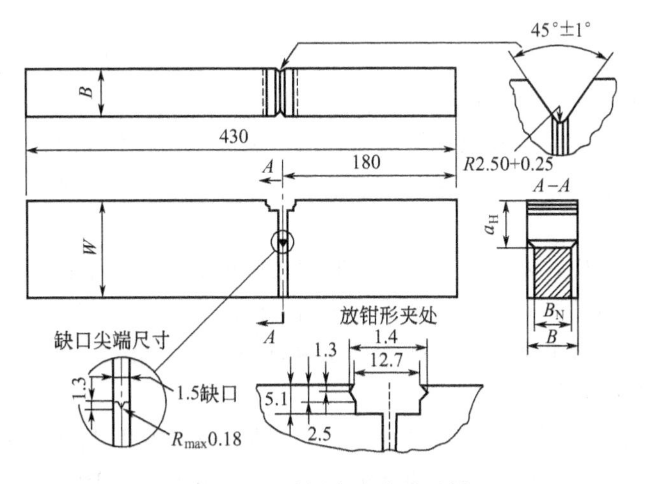

图 5-7　悬臂梁应力腐蚀试样

试验时试样的缺口面朝上，置于盛有腐蚀介质的透明容器中，并在力臂末端悬挂载荷，使试样受到弯曲力矩的作用，此时裂纹尖端应力强度因子 K_I 由下式计算：

$$K_I=\frac{6M}{(BB_N)^{\frac{1}{2}}(W-a)^{\frac{3}{2}}}\times f(a/W) \tag{5-4}$$

式中，K_I为应力强度因子；M 为弯矩；B 为试样水平方向的厚度；B_N 为减去沟槽深度的净截面厚度；W 为试样高度；a 为裂纹总长度；f（a/W）由表 5-2 确定。

表 5-2　$f(a/W)$ 的数值

a/W	0.05	0.10	0.20	0.30	0.40	0.50	≥0.60
$f(a/W)$	0.36	0.49	0.60	0.66	0.69	0.72	0.73

该试验的具体程序如下。

① 首先测定 K_{ISCC}-t_F 曲线。在干燥空气中测出试样的应力强度因子 K_I 值。其方法为将试样装卡好以后，在空气中以连续加载方式增加应力强度因子值，直到试样断裂。经断口测量后把有关数据代入式(5-4)，这个 K_I 可以称为 K_{Ix}，它代表材料断裂韧度的粗略估计值。当然如果材料的 K_{IC}值为已知的话，则可以不测 K_{Ix}值，而直接用 K_{IC}值代替 K_{Ix}作为曲线的上限。

② 用比 K_{Ix}（K_{IC}）略低的应力水平对置于所用腐蚀介质中的应力腐蚀试样加载，并记录断裂时间 t_F，然后逐渐降低载荷应力并确定相应的 K_{Ii}水平，此时每个试样的断裂时间也随之逐渐延长。用每个试样的 K_{Ii}和相应的破坏时间 t_F 绘出 K_{Ii}-t_F 曲线。图 5-8 示出采用此程序所确定的 K_{Ii}-t_F 曲线示意图。

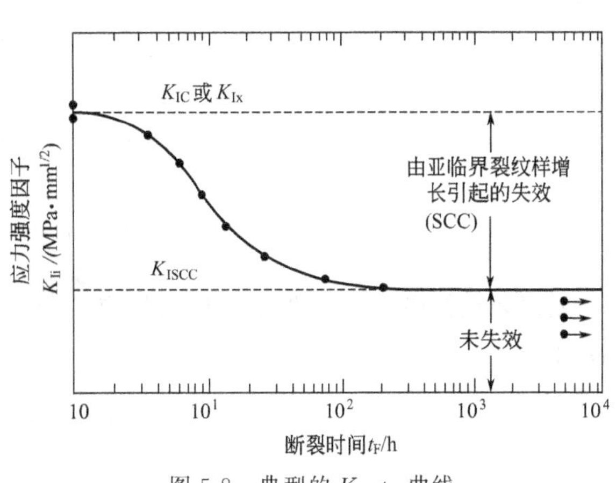

图 5-8　典型的 K_{Ii}-t_F 曲线

K_{ISCC}是与试验持续时间有关的一个近似界限，一般依据 K_{Ii}-t_F 曲线渐近水平线的情况而规定一个适当的截止时间，钢材一般取截止时间为 1000h，铝合金材料的截止时间超过 1000h。

可见 K_{ISCC}是判断材料在某种介质中能否发生应力腐蚀裂纹扩展的应力强度因子极限。应力强度因子超过 K_{ISCC}，材料就可能发生应力腐蚀开裂。特别是 K_{ISCC}与断裂韧度指标 K_{IC}结合起来可以表征材料对应力腐蚀开裂的敏感性。K_{IC}/K_{ISCC}比值越大，说明材料对某一介质的应力腐蚀开裂越敏感；反之则说明越不敏感。因此 K_{ISCC}是材料抗应力腐蚀的一个重要参量。

对于中低强度钢来说，要是运用线弹性断裂力学的方法测量 K_{Ii}-t_F 曲线，所要求的试样尺寸往往相当大，因而试样制备和试验过程都很困难。因此，一些研究者也把 J 积分理论运用到应力腐蚀开裂测试上来，其步骤大体上和测试 K_{ISCC}相似，即用悬臂梁测 J_{IC}，作出 J_{Ii}-t_F 曲线，测定出 J_{ISCC}值。

（2）楔形张开加载（WOL）试验法　如图 5-9 所示是 WOL 测试方法的原理图，如图 5-10 所示是 WOL 试样尺寸。由螺栓所施加的载荷为 F，试样裂纹的张开位移由 g_0 增大到 g，所以，拧入螺钉造成的张开位移值 $V^*=g-g_0$。这个位移量在试验过程中用螺栓固定，使位移保持不变。如果所施加的载荷 F 在裂纹尖端产生的应力强度因子 $K_I>K_{ISCC}$，则裂纹开始扩展。裂纹的扩展使负荷松弛，引起 K_I 值下降，而且由于载荷下降所引起的 K_I 减少超过由于裂纹延长所引起的 K_I 值增大。所以这种试验中总的趋势是随着裂纹扩展，K_I 值不断减少，当载荷下降到某个水平时，裂纹即不再扩展。此时 K_I 值也降到了 K_{ISCC}水平。

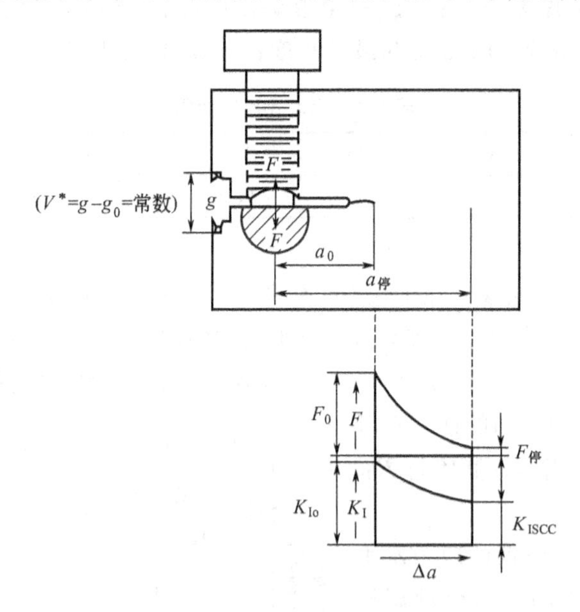

图 5-9　WOL 试验方法的原理图

依据裂纹扩展停止时的载荷 F 和相应的应力腐蚀裂纹长度 a，即可按式(5-5) 计算出 K_{ISCC}值：

$$K_{ISCC}=\frac{Ff(a/W)}{B\sqrt{a}} \tag{5-5}$$

式中，F 为施加载荷；a 为由加载螺栓轴线算起的裂纹长度；B 为截面厚度；W 为由加

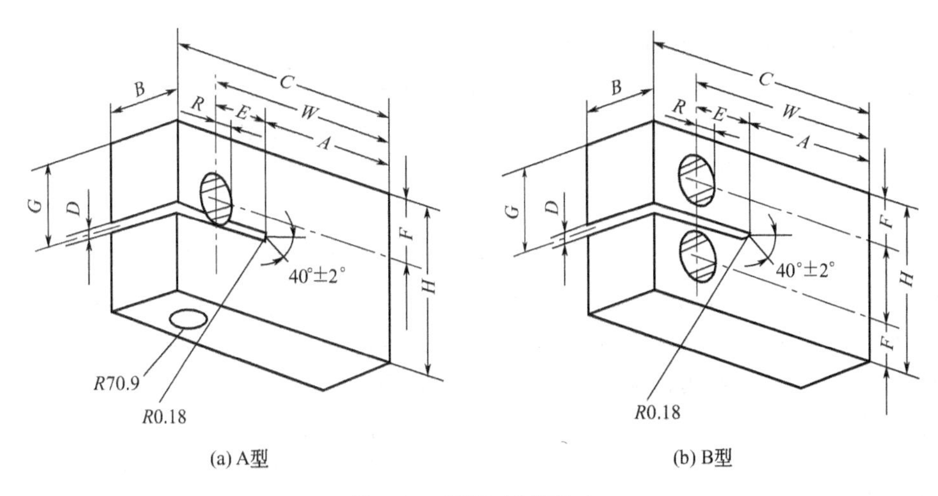

图 5-10　WOL 试样尺寸

载作用力线算起的试样高度；$f(a/W)$ 的数值由式(5-6)确定：

$$f(a/W)=30.96(a/W)-195.8(a/W)^2+730.6(a/W)^3-1186.3(a/W)^4+754.6(a/W)^5 \tag{5-6}$$

该试验方法的具体程序如下。

① 加载，将经过尺寸测量的试样夹持在台钳上，用螺栓对试样加载，为了防止转动螺栓对试样产生切力，螺栓应经过润滑。

② 将加载后产生的位移固定，试样除油后，置于腐蚀环境中进行试验，并且应采取措施消除加载工具可能产生的附加电化学作用。

③ 试验期间，每隔一定时间将试样从介质中取出，用低倍测量显微镜观测裂纹扩展量。在试验中，确定何时终止试验是一个值得讨论的问题，因为应力腐蚀裂纹扩展完全停止的情况是很难达到的，一般可以将裂纹扩展速率低于每天扩展 0.01mm 时的应力强度因子作为 K_{ISCC} 值。实验证明，当 da/dt 达到 0.06～0.07mm/天时，其试验结果已接近于悬臂梁时的试验结果。

④ 试验终止时，将试样由介质中取出冲洗吹干，夹在台钳上，刀刃上放上钳式引申计，拧出加载螺栓，测出裂纹缺口处的位移减少量 ΔV。接着在拉力机上加载试样，测量缺口处产生 ΔV 值所需的载荷 F_a，再拉断试样，测量出 a_a。根据式（5-5）即可算出 K_{ISCC} 值。

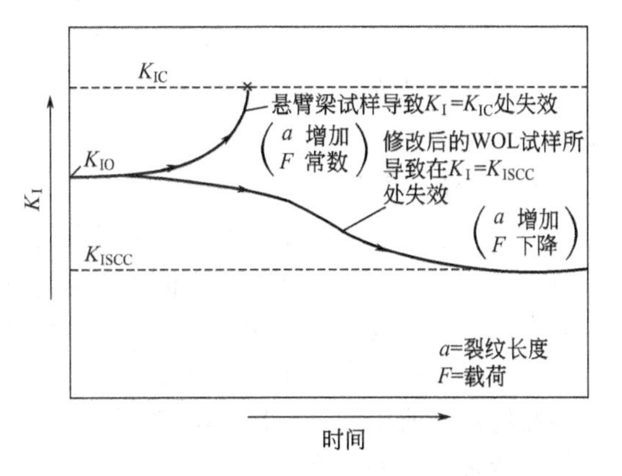

图 5-11　WOL 试验和悬臂梁试验性质的区别

与悬臂梁试验相比，WOL 试验具有需要试样数目少，可以实现现场试验等优点。但要说明，在悬臂梁试验中，随着裂纹增长，应力强度因子增加；而在 WOL 试验中，随着裂纹增长，应力强度因子降低，如图 5-11 所示，这一点在处理数据时应予以注意。同时，WOL 试样的裂纹前沿可能很不规则，因而计算值 K_{ISCC} 可能有较大误差。此外，应力腐蚀裂纹扩展可能会离开预期平面，或产生分叉，使试验失效。

5.3.3 K_{ISCC}和 da/dt 在结构设计中的应用

在实际工作中，一些承受静载或交变载荷（腐蚀疲劳）以及同时承受静载和交变载荷的构件往往在一定的腐蚀介质中长期工作，这就需要根据承受载荷的形式和工作介质的性质，考虑它们对裂纹扩展速率的影响，由此估算构件的安全工作载荷及其寿命。

5.3.3.1 静应力腐蚀

对于承受静载并在腐蚀介质条件下工作的构件，可根据材料的 K_{IC} 和 K_{ISCC} 得出名义应力与裂纹长度的 σ-a 曲线图，如图 5-12 所示。由 K_{IC} 和 K_{ISCC} 两曲线将图分隔成三个区域，K_{IC} 曲线右方为材料在空气中的失稳断裂区；K_{IC} 和 K_{ISCC} 曲线之间为应力腐蚀开裂区；K_{ISCC} 曲线左方为裂纹非扩展区域或称无应力腐蚀开裂区。

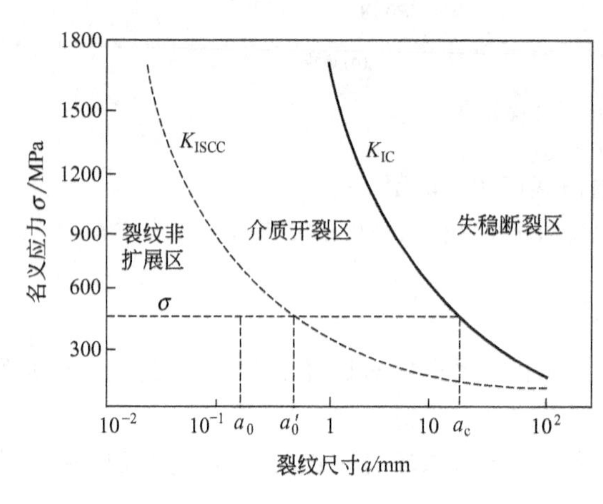

图 5-12 由 K_{IC} 和 K_{ISCC} 作出的 σ-a 曲线图

若构件的设计静应力为 σ，如图 5-12 水平虚线所示，构件在空气中发生失稳断裂的临界裂纹长度为 a_c，这就是说，即使构件上存在着比 a_c 小的裂纹，在空气中工作也不会发生突然的脆性破坏。若此临界值能够用一般的无损检测方法检测出来，则所确定的应力水平在工作中是安全的。

若构件是在潮湿空气或其他腐蚀介质中工作，并且初始裂纹尺寸大于或等于 a_0'，那么在静应力和介质的共同作用下，该初始裂纹 a_0' 将会发生缓慢的亚临界扩展，当裂纹长度达到 a_c 时便发生破坏。由初始裂纹 a_0' 扩展至 a_c 所经历的时间即为应力腐蚀的构件寿命，可根据 da/dt 与 K_I 数据估算，若估算的裂纹扩展寿命 t 不能满足设计规范要求，则必须改换具有更低的 da/dt 和 K_{ISCC} 更高的材料，或者降低静载荷水平，或者减小允许存在的初始裂纹尺寸等，以期达到设计规范的要求。

如果将构件上允许存在的初始裂纹尺寸限制在 $a_0 < a_0'$，从图 5-12 上可以看到，这种裂纹处在非扩展区，即构件具有无限的使用寿命。但对高强度钢来说，这种初始裂纹尺寸一般小于 0.2mm，用一般无损检测方法难以探测出。此外，在制造和检验中这种小裂纹的漏检概率也是比较大的，所以建立在无限寿命基础上的设计往往不切合实际，并且有时是冒险的。

5.3.3.2 疲劳腐蚀

如上所述，静载荷下裂纹尺寸只要满足 $a_0 < a_0'$，或者说构件裂纹尖端的应力强度因子只要满足 $K_I < K_{ISCC}$，裂纹就不扩展。但是在交变载荷情况下（属于腐蚀疲劳问题），即使应力强度因子幅度的最大值 K_{max} 低于材料的 K_{ISCC}，即 $K_{max} < K_{ISCC}$，裂纹仍然发生扩展，在一般情况下腐蚀介质中的 da/dN 比空气中的 da/dN 高几倍到几十倍。因此，这里应根据材料在特定介质中的 da/dN-ΔK 关系，da/dN=C（ΔK）^{m} 可用积分的方法来计算腐蚀介质中的疲劳裂纹扩展寿命。

5.4 焊接结构应力腐蚀的预防措施

由于应力腐蚀涉及材料、应力和环境三个方面，因此控制应力腐蚀的途径，根本上是从内因入手，合理选择材料，然后从外因考虑，控制应力大小和环境介质。

5.4.1　正确选择材料

防止和减轻腐蚀危害的最常用的也是最重要的方法是针对特定腐蚀环境选择合适的金属材料。

对于抗拉强度相同的碳钢和低合金钢材料，含碳量为 0.2%时比 0.4%时的耐应力腐蚀性好，添加 Ti 元素可增加材料的耐蚀性，在材料中添加 Al、Mo、Nb、V、Cr 等元素有改善耐蚀性的效果。P、N、O 等是降低耐蚀性的元素，S 元素的影响不大。

对于不锈钢来说，在含 Cl^- 的溶液中，奥氏体不锈钢耐应力腐蚀最差。含碳量为 0.06%的 18Cr18Ni2Si 在高浓度 Cl^- 溶液中耐应力腐蚀性较好，而在低浓度 Cl^- 溶液中耐应力腐蚀性则不好。奥氏体铁素体双相钢 Cr20Ni18 对含低 Cl^- 的介质则有较好的耐应力腐蚀性，在奥氏体不锈钢钢中加入少量的 Mo 或 Cu，可增大其耐应力腐蚀能力。

总之，在选取合金材料时，应尽量选用较高的 K_{ISCC} 的合金，以提高构件抵抗应力腐蚀的能力。

5.4.2　合理设计结构

① 在焊接结构设计中，除了要考虑强度上的要求外，同时还要考虑耐腐蚀性的需要。在设计压力容器、管道及其他结构时，需要对壁厚增加腐蚀裕度。

② 在焊接结构设计时，应尽量避免和减小局部应力集中，尽可能地使截面过渡平缓，应力分布均匀。可以采用流线型设计，将边、缝、孔等置于低应力区或压应力区，并避免在结构上产生缝隙、拐角和死角，因为这些部位容易引起介质溶液的浓缩而导致应力腐蚀破坏倾向。如图 5-13 所示为结构设计改进前后对比。

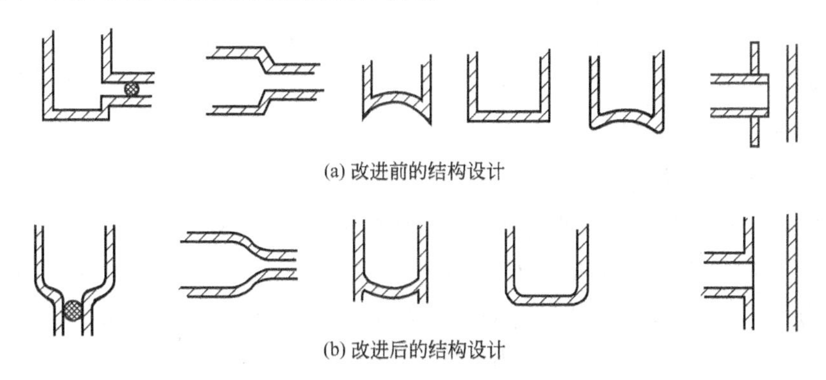

(a) 改进前的结构设计

(b) 改进后的结构设计

图 5-13　结构设计改进前后对比

③ 设计槽及容器时，采用焊接不用铆接，对施焊部位用连续焊而不用断续焊，则可以避免产生缝隙，增加结构抗应力腐蚀的能力。

④ 设计槽及容器时，应考虑易于清洗和将液体排放干净。槽底与排液口应有坡度，使其放空后不致积留液体。设计中要防止有利于应力腐蚀的空气混入，如对于化工设备，特别要注意可能带进空气的搅拌器、液体进口和其他部位的设计。

⑤ 避免不同金属接触以防止由于腐蚀电位不同引起的电偶腐蚀。可能时，全部体系选用同类材料，或将不同材料之间绝缘。

⑥ 换热操作中应避免局部过热点，设计时应保证有均匀的温度梯度。因为温度不均会引起局部过热和高腐蚀速率，过热点产生的应力会引起应力腐蚀破坏。

综上所述，设计时要避免不均匀性。不同的金属、气相空间、热和应力分布不均匀等差别，都会引起腐蚀破坏。因此，设计时应努力使整个体系的所有条件尽可能地均匀一致。

5.4.3 调控焊接残余应力

统计数据表明焊接残余应力所引起的应力腐蚀破坏事故占总数的 80%以上，所以在焊接结构设计、制造和安装时，应尽可能地减小焊接残余应力，尤其是残余拉伸应力，以防止应力腐蚀破坏事故的发生。具体方法可以参见第 2 章焊接残余变形和应力的调控措施。

5.4.4 构件表面防护措施

① 涂料保护 用一些耐腐蚀涂料对金属材料进行防腐，从而使介质不能和金属材料表面直接接触，也就避免了金属材料的腐蚀。

② 衬里防护 有些介质的腐蚀性特别强，又没有合适的耐蚀金属材料或者材料特别昂贵时，对于这种情况可采用衬里防腐措施，一般设备、管道的衬里有不锈钢、钛、橡胶、玻璃钢、聚四氟乙烯、搪玻璃等。

③ 阴极保护 采用外加电流的阴极保护或牺牲阳极的阴极保护方法可以防止应力腐蚀，而且在裂纹形成后还可使其停止扩展。

④ 添加缓蚀剂 在生产条件允许的情况下，添加缓蚀剂、抗垢剂来减轻或抑制腐蚀，从而提高设备、管道的抗应力腐蚀性能。

5.5 焊接结构应力腐蚀的安全评定

焊接结构在其制造、安装和使用过程中，焊缝及近缝区不可避免地会存在各种形式的焊接缺陷和较大的残余应力，而且处于大气或其他环境介质中，具备了发生应力腐蚀的条件。因此为了保证焊接结构的正常运行，有必要对其应力腐蚀行为进行研究并根据腐蚀性能对其安全性进行评定。

5.5.1 采用 *K* 准则的缺陷评定方法

为了评定已知应力腐蚀缺陷的安全性，国际焊接学会（IIW）提出的 IIW/IIS-SST-1157 标准采用 K 准则的缺陷评定方法，把施加载荷的应力强度因子 K_I 与表示应力腐蚀开裂敏感性的临界应力强度因子 K_{ISCC} 相比较。如果下式成立，则缺陷是可以接受的。

$$K_I < (1/\alpha) K_{ISCC} \tag{5-7}$$

上式中 α 为大于 1 的安全系数。如果施加载荷的应力强度因子 K_I 超过（$1/\alpha$）K_{ISCC}，应承认应力腐蚀裂纹扩展的可能性，此时应仔细考虑采取恰当的拯救措施（改善环境、消除缺陷或消除残余应力）及其应用的可能性。

这种方法是建立在线弹性断裂力学基础上，适用于在裂纹尖端只有很小的塑性区的情形。在实际情况中，只有在高强度钢厚壁容器或低温的条件下才可能出现。由于理论严密，在防止厚壁容器脆断的缺陷评定问题中得到了有效的应用。对于一些采用中低强度钢的焊接结构，由于钢材的韧性较好，线弹性断裂的行为不多，限制了 K 准则的有效应用。

在应力腐蚀过程中，K_{ISCC} 对试验条件的微小变化是很敏感的，特别是环境本身是一个重要变量，必须给予足够的重视，以保证很好地模拟服役条件。一般是在静载条件下进行 K_{ISCC} 试验，但是结构很少承受纯静载作用。即使是很小的循环应力范围，加在静载上，

K_{ISCC}值也会显著降低。因此更适合的办法常常是在所涉及的环境和加载条件下，用应力强度因子门槛范围 K_{th}来评定缺陷的作用。

5.5.2　应力腐蚀裂纹扩展速率评定方法

确定结构在设计寿命期限内或在恰当检验周期内，缺陷是否能扩展到不允许尺寸，尚需进行评定。评定应以所测出的应力腐蚀裂纹扩展速率的数据为依据。应力腐蚀裂纹扩展速率通常是在带预制裂纹的断裂力学试样上，在应力腐蚀试验中，通过监测裂纹扩展速率来获得。应力腐蚀裂纹扩展速率 $\mathrm{d}a/\mathrm{d}t$ 与应力强度因子 K 的关系示于图 5-5 中，该图可以反映材料抗应力腐蚀能力，因此可用于估算构件的使用寿命和确定安全检查周期。其关系式为：

$$\frac{\mathrm{d}a}{\mathrm{d}t}=C'K^{\lambda} \tag{5-8}$$

式中，C'、λ 均为材料常数。

材料在应力腐蚀破坏过程中，其破坏寿命由裂纹扩展前的孕育期和裂纹扩展期两部分组成。该评定方法是将实际缺陷理想化为尖锐的裂纹，如果决定通过应力腐蚀开裂机制评定缺陷扩展，可对上述表达式(5-8) 进行数值积分。

$$\int_{a_0}^{a_\mathrm{f}}\mathrm{d}a=\int_0^T C'K^{\lambda}\,\mathrm{d}t \tag{5-9}$$

式中，a_0 为裂纹初始尺寸；a_f 为裂纹极限尺寸。

计算出裂纹的扩展时间为：

$$T=(a_\mathrm{f}-a_0)C'K^{\lambda} \tag{5-10}$$

所以可以用下列方法估算构件的使用寿命：

$$N=\text{孕育期}+\text{裂纹扩展时间}(T)$$

如果其结果是缺陷未能达到其他失效机制（脆性断裂或延性断裂）的最大允许尺寸，则此缺陷是允许的；相反，如果在设计寿命或检验周期的最后时刻所计算的裂纹尺寸超过了其他失效机制的允许尺寸，则此缺陷是不允许的。

习题与思考题

1. 简述应力腐蚀的概念及其发生条件。
2. 简述应力腐蚀开裂机制及其断裂过程。
3. 解释应力腐蚀中 K_{ISCC}和 $\mathrm{d}a/\mathrm{d}t$ 的含义和测试方法。
4. 分析应力腐蚀裂纹扩展速率 $\mathrm{d}a/\mathrm{d}t$ 与 K_I 的关系曲线，并与疲劳裂纹扩展速率曲线进行比较。
5. 分析 K_{ISCC}和 $\mathrm{d}a/\mathrm{d}t$ 在结构设计中的应用。
6. 论述焊接结构应力腐蚀的预防措施。
7. 描述焊接结构应力腐蚀安全评定的意义和程序。
8. 了解海洋工程焊接结构应力腐蚀的防治措施。
9. 收集和讲述一些由于应力腐蚀所引起的焊接结构失效事故及其产生。

第6章 焊接结构高温力学性能

本章学习要点

知识要点	掌握程度	相关内容
蠕变机理	了解高温材料的力学性能，掌握蠕变的基本概念、蠕变机理及其影响因素	蠕变变形、蠕变曲线、蠕变应变速率曲线；初始、稳态、加速三个蠕变阶段；扩散蠕变和位错蠕变机理；蠕变断裂机制；蠕变本构方程
蠕变性能指标蠕变寿命预测方法	熟知蠕变性能指标，了解蠕变寿命预测方法	蠕变极限、蠕变持久强度；等温线法、时间-温度参数法
蠕变损伤	了解焊接接头蠕变损伤概念，熟悉蠕变裂纹扩展速率及其影响因素	蠕变应变速率、蠕变损伤速率、蠕变断裂力学参量；蠕变裂纹扩展速率及其影响因素
焊接接头蠕变性能	了解焊接接头的蠕变特性，掌握焊接蠕变四种类型，熟悉显微组织和残余应力对高温蠕变的影响规律	焊接接头蠕变特性，Ⅰ、Ⅱ、Ⅲ、Ⅳ四种蠕变类型；显微组织对蠕变的影响；残余应力对蠕变的影响
焊接结构高温完整性评定方法	了解焊接接头高温性能的研究方法，熟悉蠕变试验方法，掌握高温完整性评定方法的内容和程序	蠕变试验、蠕变持久试验、蠕变裂纹扩展试验；高温焊接结构完整性评定流程、评定级别

焊接结构越来越多地被应用于高温、高压等极限条件的工作环境中。焊接接头成分、组织和力学性能不均匀，以及焊接残余应力变形、焊接缺陷和其造成的应力集中，更使得焊接接头在高温环境中成为焊接结构的薄弱环节，焊接接头的先行开裂使高温失效破坏的概率大幅度增加。实现高温焊接结构的最优设计，准确地预测焊接接头的高温失效，保证高温焊接结构的完整性，也逐渐成为焊接技术与工程界所关注的重大问题。

6.1 材料高温力学性能

6.1.1 力学性能的变化

高温是指材料或构件的服役温度超过金属材料的再结晶温度，即（0.4～0.5）T_m（T_m为金属的熔点）。在高温下材料内部分子运动加剧，甚至运动方式改变，其微观结构、形变机制、力学性能和断裂机理都会发生变化，致使材料性质和常温下的有很大不同，材料强度大幅度降低和蠕变现象是高温下材料性质变化的主要宏观表现。室温下具有优良力学性能的材料，不一定能够满足构件在高温下长期服役对力学性能的要求。

随着温度的升高，金属材料的弹性模量、屈服强度和拉伸强度等都会发生变化。表6-1列出了2.25Cr-1Mo钢和1Cr5Mo钢的弹性模量随温度的变化情况，表6-2显示了5Cr-0.5Mo钢力学性能随温度的变化情况。屈服强度和抗拉强度随温度升高而降低，下降幅度超过 50%。

表 6-1　弹性模量随温度的变化情况

温度 T/℃	弹性模量 E/MPa		温度 T/℃	弹性模量 E/MPa	
	2.25Cr-1Mo	1Cr5Mo		2.25Cr-1Mo	1Cr5Mo
20	218000	—	400	191000	—
25	—	211000	425	—	206000
100	213000	—	500	181000	—
200	206000	—	540	—	172000
300	199000	—	600	170000	—
315	—	193000			

表 6-2　5Cr-0.5Mo 钢力学性能随温度的变化情况

温度 T/℃	屈服强度 σ_s/MPa	拉伸强度 σ_b/MPa	伸长率 δ/%	收缩率 ψ/%
20	180	470	39.0	80.0
400	145	365	30.0	77.0
480	140	335	28.0	77.0
540	120	315	28.0	74.0
600	75	180	46.0	91.0

对于材料的高温性能还需要考虑应力作用时间的影响。大多数金属材料在高温短时拉伸试验时，塑性变形机制是晶内滑移，最后发生穿晶的韧性断裂。而在高温长时间应力的作用下，即使应力不超过屈服强度时，也会发生晶界的滑动，导致沿晶界的脆性断裂，这种与时间相关的断裂形式称为蠕变破坏。高温蠕变性能是高温焊接结构的重要力学性能和评价指标，其研究包括两个方面的内容：一方面是从微观角度研究蠕变机理以及蠕变特性的影响因素；另一方面在宏观试验的基础上，分析蠕变试验数据，建立描述蠕变规律的理论，进而为高温结构的设计与寿命预测提供理论基础。

6.1.2　蠕变及蠕变机理

6.1.2.1　蠕变概念

蠕变是指材料在恒定温度、恒定应力及长时间作用下的变形现象，即使载荷应力远低于材料的屈服极限，随着时间的延长，材料仍会缓慢地发生塑性变形直到断裂。高温下材料承受的应力和破断时间之间有一定的比例关系，即蠕变是与时间相关的过程，蠕变时产生的塑性变形称为“蠕变变形”。

材料在较低的温度下也会发生蠕变，但只有温度达到一定时才会变得显著，才会在材料变形中起到主导作用，这一温度被称为“蠕变温度”。对于一般金属材料，蠕变温度在 $0.4T_m$ 左右，表 6-3 列出了常用材料的蠕变温度。

表 6-3　常用材料的蠕变温度　　单位：℃

铅、锡、铅锡焊料	一般轻合金	铝合金	碳素钢、铸铁、低合金钢	高合金钢	奥氏体、铁基高温合金	镍基和钴基高温合金	陶瓷
约 20	约 50	约 205	315～350	400～450	>540	>650	>980

6.1.2.2　蠕变曲线

蠕变曲线是用来描述在恒定温度和恒定应力作用下，材料发生蠕变应变 ε_c 和时间 t 之间的关系的曲线，如图 6-1 所示。相应的蠕变应变速率随时间的变化曲线如图 6-2 所示。

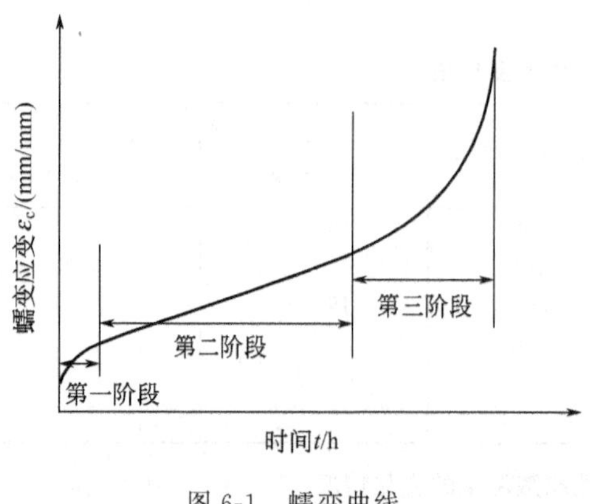

图 6-1　蠕变曲线

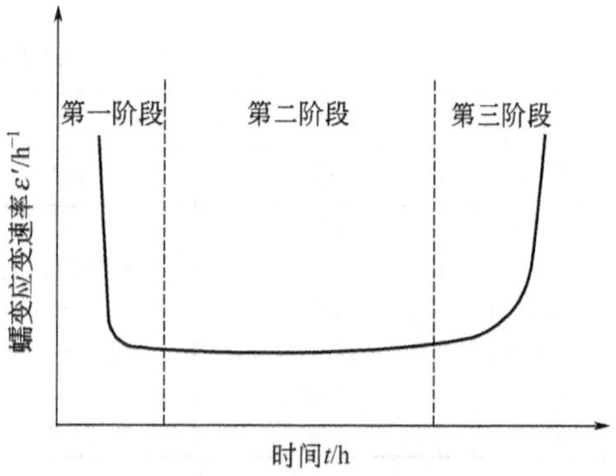

第一阶段
第二阶段
第三阶段
蠕变应变速率 ε'/h^{-1}
时间t/h

图 6-2　蠕变应变速率曲线

根据蠕变曲线和蠕变应变速率曲线的形状，蠕变过程可以分为三个阶段：第一阶段，蠕变应变速率随时间增加不断降低，称为初始蠕变阶段；第二阶段，蠕变曲线近乎直线，蠕变应变速率保持不变，称为稳态蠕变阶段；第三阶段，蠕变应变速率随时间增加而增大，直至断裂，称为加速蠕变阶段。在恒定载荷作用下，蠕变第一阶段和第二阶段的应力是基本恒定的，但在蠕变第三阶段，蠕变应变速率的增加主要是由于变形过程中试样截面积减小的结果，同时材料内部孔洞的出现也会减小材料有效承载截面，因此第三阶段的描述较为复杂。

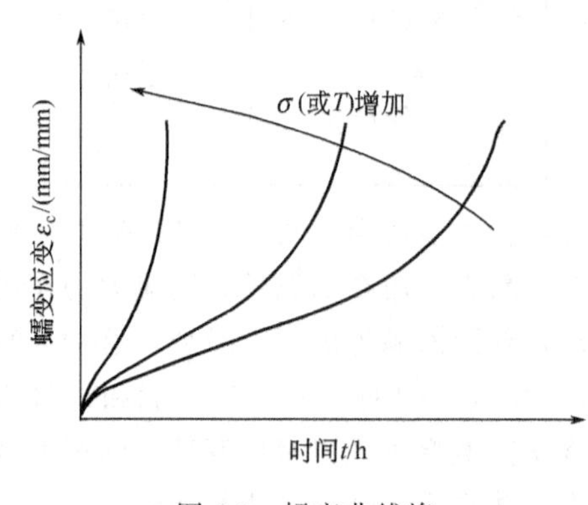

图 6-3　蠕变曲线族

蠕变曲线形状随材料和试验条件的不同也发生改变，对于同一种材料，随着温度和应力的增加，蠕变第二阶段的时间在缩短，甚至会消失，如图 6-3 所示。

6.1.2.3　蠕变机理

在蠕变过程中，金属微观组织结构的变化是很复杂的，不但各个阶段有其特点，而且在同一阶段中往往也有多种机制共同作用。一般认为高温下的蠕变变形由两种物理机制所控制：一是扩散蠕变；二是位错蠕变，它们均与空位或位错的运动相关。

（1）扩散蠕变机理　扩散蠕变发生在较低应力水平和较高温度的情况下，材料内部发生以原子做定向流动为主的蠕变。在拉应力长时间作用下，多晶体内存在不均匀的应力场，一部分晶界受拉应力作用，该处的空位浓度增加，而另一部分晶界受压应力作用，该处的空位浓度减小，这样晶体的各部分形成不同的空位平衡浓度，空位将会从拉应力区域沿着应力梯度扩散到压应力区域，而原子则做相反方向的运动。扩散的路径可能是在晶内，也可能沿晶间进行。

（2）位错蠕变机理　位错蠕变主要发生在较高应力水平、服役温度在 $0.3T_m \sim 0.7T_m$ 之间的情况下。蠕变变形时，位错运动的形式主要是攀移，攀移可以导致非平面内正负位错的湮灭，正攀移吸收空位，负攀移产生空位。空位在位错间的扩散决定着位错攀移及进一步导致反号位错的湮灭速度。位错消失导致恢复和软化，在恒应力下进一步发生变形。这种蠕变速度取决于空位的扩散速率，其中包含着空位产生和空位运动两个过程。

各个阶段的蠕变变形机理也各不相同。在第一阶段，由于金属在加载的瞬间产生大量位错并出现位错的滑移运动，产生快速变形，发生应变硬化导致蠕变应变速率的逐渐减小。第二阶段，主要是应变硬化和损伤弱化的平衡，在外加应力的作用下，材料内部的位错等缺陷增加，使得材料发生强化，同时由于位错的移动以及空位的复合等导致材料内部产生损伤，使得材料发生软化，两种作用同时发生并相互抵消，导致了近乎不变的蠕变应变速率。第三阶段，材料内部或外部的损伤开始起作用，空洞或微裂纹开始出现，导致载荷抗力的减小或材料净截面应力的严重增加，同时与第二阶段损伤弱化相耦合，第二阶段所取得平衡便被打破，从而进入蠕变应变速率迅速增大的第三阶段。

6.1.2.4 蠕变本构方程

蠕变本构方程是描述蠕变应变速率和蠕变应力、时间、温度之间一些关系的方程式。依据应力状态，可以分为单轴和多轴两种情况，在实验室中多用单向加载的试样来描述单轴本构关系，但在实际应用中构件多在多轴应力状态下工作，多轴本构方程比较复杂，在此不详细论述。

对于高温环境下的单轴蠕变拉伸试样，总应变 ε_t 由弹性应变 ε_e、塑性应变 ε_p 和蠕变应变 ε_c 三部分构成，则总应变 ε_t 可以写成：

$$\varepsilon_t=\varepsilon_e+\varepsilon_p+\varepsilon_c \tag{6-1}$$

弹性应变 ε_e 由线弹性材料的虎克定理给出，塑性应变 ε_p 由适当的流动准则来确定，而蠕变应变 ε_c 则可通过试验回归成关于应力 σ、温度 T 以及时间 t 的一个函数。

$$\varepsilon_c=f_1(\sigma)f_2(T)f_3(t) \tag{6-2}$$

由于初期蠕变时间很短，工程上一般不考虑蠕变的第一阶段，而常以稳态蠕变阶段为计算参量，以应力作为蠕变应变的函数变量，稳态蠕变方程可表示为：

$$\dot{\varepsilon}_c=f(\sigma) \tag{6-3}$$

式中，$\dot{\varepsilon}_c$ 为蠕变应变速率；σ 为应力。

对于常用的金属材料，多采用 Norton 方程来描述，如下式。

$$\dot{\varepsilon}_c=B\sigma^n \tag{6-4}$$

式中，B、n 为蠕变性能指数，主要取决于材料在高温下蠕变变形的能力，材料和温度不同，B 和 n 的值也各不相同。

6.1.3 蠕变性能指标

在高温下，材料抵抗蠕变变形能力用蠕变极限和蠕变持久强度两个参数来进行描述。

(1) 蠕变极限　蠕变极限表示材料抵抗蠕变变形的能力，有两种表示方法。

① 在给定温度 T 下和规定时间 t 内，使试样发生规定总应变量 ε_t 或蠕变应变量 ε_c 的极限应力，用符号 $\sigma^T_{\varepsilon_t/t}$ 或 $\sigma^T_{\varepsilon_c/t}$ 表示。例如，某金属材料在 650℃下，经过 100000h 后总应变量达到 1%时所需应力为 70MPa，则它的蠕变极限应力可写为 $\sigma^{650}_{1/100000}=70\text{MPa}$。

② 在给定温度 T 下，使试样产生规定蠕变应变速率 $\dot{\varepsilon}_c$ 时的极限应力，用符号 $\sigma^T_{\dot{\varepsilon}_c}$ 表示。例如，某金属材料在 650℃下，蠕变应变速率为 1×10^{-6}%/h 时所需应力为 70MPa，则它的蠕变极限应力可写为 $\sigma^{650}_{1\times10^{-6}}=70\text{MPa}$。

(2) 蠕变持久强度　蠕变持久强度表示在长时间载荷作用下材料抵抗蠕变断裂的能力，也就是材料在给定温度下和规定时间内发生断裂的应力值，一般用符号 σ^T_t 表示。例如，某金属在 650℃ 时，持续时间为 10000h，断裂应力为 70MPa，蠕变持久强度可表示为 $\sigma_{10^4}^{650}=70\text{MPa}$。

6.1.4 蠕变寿命预测方法

（1）蠕变设计准则　高温构件设计时，首先需选择合适的材料，根据材料的许用应力水平来初步确定构件的尺寸，然后才能对整体构件的可靠性或安全性进行校核验算。材料许用应力水平的确定通常采用强度准则或变形准则。

① 强度准则　是指在构件设计寿命范围内（如 10 万或者 20 万小时），材料发生蠕变断裂所需要的应力水平。

② 变形准则　是指在构件设计寿命范围内（如 10 万或者 20 万小时），产生 0.1%、0.2%、0.3%总应变时所需要的应力水平。

（2）蠕变寿命预测　实际上从时间和经济方面考虑，在实验室所进行的试验很难也很少达到 10 万小时，因此为了确定构件的许用应力水平，必须采用参数外推的方法，即依据短时蠕变试验数据推断出 10 万小时以上的长时蠕变数据。目前工程中常用的参数外推法主要有以下两种。

① 等温线法　在温度一定的条件下，根据高应力水平的短时蠕变试验数据推测低应力水平的长时蠕变数据。在稳态蠕变阶段，蠕变破断时间 t_r 和材料所承受的应力 σ 之间存在如下关系。

$$t_r=B\sigma^{-n} \tag{6-5}$$

即

$$\lg t_r=\lg B-n\lg\sigma \tag{6-6}$$

利用最小二乘数法对多组试验数据进行线性回归，即可得到材料的蠕变指数 B、n，从而利用式(6-5) 可对低应力水平下的构件进行蠕变寿命预测。

② 时间-温度参数法　时间-温度参数法实际上就是加速试验方法，即提高试验温度从而缩短试验时间。把时间-温度表示成一个互相补偿的参数，并把该参数表示为应力的函数 $P(\sigma)=f(t_r,T)$。常用的时间-温度参数法是 L-M 参数法，它是由 Larson 和 Miller 于 1952 年提出的，表示如下。

$$P_{LM}(\sigma)=\frac{Q}{2.3R}=T(C+\lg t_r) \tag{6-7}$$

式中，P_{LM}（σ）为与应力有关的函数；Q 为蠕变激活能，J；R 为波尔兹曼常数；T 为绝对温度，K；C 为材料常数，对于常用金属材料可取为 $C=20$。

对式(6-7) 两边取双对数，并采用最小二乘法进行线性回归，将多组短时应力和破断时间试验数据代入式(6-7) 中获得材料属性系数，从而利用式(6-7) 即可对低应力水平下构件进行蠕变寿命预测。

6.2 蠕变损伤和蠕变裂纹扩展

6.2.1 蠕变损伤

蠕变损伤是指材料在蠕变过程中，内部的孔洞成核和长大以及其相互作用形成微裂纹的过程，也就是材料内部断裂的过程。损伤力学解释了材料内部连续分布的空洞和微裂纹等损伤形式的演变规律，在高温和恒定应力的作用下，蠕变损伤从晶界微裂或空洞处起始并逐渐增长，材料内部的蠕变空洞、蠕变裂纹和疲劳裂纹造成了材料内部结构的不连续，其实质就是材料的内部产生了新的表面，分离的两个表面上的分子或原子间距远大于分子或原子之间的作用范围，从而使材料的宏观力学性能恶化。在微观尺度下，缺陷面附近应力累积使材料产生损伤；在细观尺度上，损伤是指微裂纹或微孔洞的增长以及裂纹的产生；在宏观尺度上则是指裂纹的扩展。损伤力学反映了材料在破断之前的损伤演化过程，能够对材料的寿命进行预测，对材料的损伤状态做出评估。

为了描述这种空洞、微裂纹引起的材料性能的弱化，基于材料内部的微观缺陷使材料的有效面积减少而呈现蠕变第三阶段变化的概念，引入了损伤程度的概念，在此基础上发展形成了蠕变损伤理论。该理论引入一个损伤状态参数 D，其值可以连续地从 0 变化到 1，代表着材料从无损状态到损伤断裂的发展全过程。作为应力 σ、温度 T 和损伤状态 D 的函数，蠕变应变速率 $\dot{\varepsilon}_c$ 和蠕变损伤速率 $\dot{D}$，在单轴应力下应用最为广泛的函数形式为：

$$\dot{\varepsilon}_c=\frac{B\sigma^n}{(1-D)^m} \tag{6-8}$$

$$\dot{D}=\frac{A\sigma^v}{(1-D)^\phi} \tag{6-9}$$

式中，B，A，n，m，v，ϕ 分别表示与温度有关的材料常数。

6.2.2　蠕变断裂

目前的高温设计规范大多数是针对无缺陷结构，是以预防蠕变断裂失效为目标。而含缺陷构件在高温下运行时，从设计角度是无法保证结构完整性的。当需要研究含缺陷结构的蠕变断裂与寿命时，应当建立相应的评价方法，以对现行设计规范做补充。描述含缺陷结构蠕变断裂或蠕变裂纹扩展行为的重要理论之一是蠕变断裂力学。在高温长时间的应力作用下，弹塑性力学中的弹性应力强度因子 K 以及弹塑性 J 积分等都不能很恰当地用来关联蠕变裂纹扩展速率，更不能用于高温构件断裂行为的预测，因此需要引入蠕变断裂力学参量对高温下的蠕变裂纹扩展进行描述，并实现对构件由于裂纹扩展而造成的断裂行为的预测。

（1）蠕变断裂机制　蠕变断裂过程包括裂纹的萌生、稳态扩展和失稳扩展。裂纹的萌生和稳态扩展主要是在蠕变的第二阶段发生，而失稳扩展主要发生在蠕变第三阶段，也是导致蠕变应变速率迅速增加的主要因素。蠕变断裂的特殊性在于裂纹的萌生与稳态扩展和时间是相关的，并可在恒定应力作用下发生。在应力水平较高时，开裂可以是穿晶的，在中、低应力水平下则是沿晶断裂。一般的高温焊接构件均处于中、低应力水平，在这种应力水平下断裂的模式主要体现为空洞型。在高温长时间的作用下，晶粒间发生相互移动，导致在晶粒的间隙中出现空洞，同时晶粒的移动还造成晶格畸变，使得晶体内部产生应力集中。在外加应力和应力集中的双重作用下，使得空洞周围的晶粒和晶界相互隔离开来，晶粒周围的空洞逐渐聚合形成微裂纹，最终导致材料发生断裂。

（2）蠕变断裂力学参量　为了描述蠕变裂纹扩展，首先是要对蠕变情况下裂纹尖端应力-应变-时间关系的理解，确定裂纹尖端应力场的控制参量。在蠕变条件下，裂纹尖端存在蠕变变形区，如果弹塑性变形比较大，弹塑性应变控制着断裂过程，蠕变变形不会改变裂纹尖端应力的分布，在这种情况下一般应力强度因子 K 充当蠕变裂纹扩展的断裂力学参量，对于脆性材料，能够较好地表征蠕变裂纹扩展情况。当断裂过程中伴随着显著的蠕变变形，即蠕变变形在裂纹尖端占主导作用，在稳态蠕变阶段，通常采用断裂力学参量 C^* 来表征高温材料抗蠕变裂纹扩展的性能，C^* 具有与积分路径无关的性质。在蠕变裂纹的稳态扩展阶段，裂纹的扩展速率 $\dot{a}$ 和 C^* 的关系如下所示。

$$\dot{a}=D(C^{*})^{\phi} \tag{6-10}$$

式中，D 和 ϕ 为材料的参数，取决于材料本身的性能和服役的温度。大量的研究表明，尽管应力状态和裂纹尖端损伤区域对蠕变裂纹扩展具有一定的影响，但 C^{*} 仍是描述蠕变裂纹扩展的最合理的断裂力学参量，已经广泛用于描述稳态阶段的蠕变裂纹扩展速率。在实际的结构中，通常利用结构所承受的载荷等计算结构的 C^{*}，从而对结构内部裂纹扩展的情况进行预测及分析。

(3) 蠕变裂纹扩展速率　如图 6-4 所示为蠕变裂纹扩展长度与时间的关系曲线，可以看出蠕变裂纹扩展主要可划分为两个阶段：①孕育（或潜伏）阶段，在此阶段内裂纹几乎不扩展或扩展甚小；②扩展阶段，此时随时间延长裂纹长度逐渐增加，时间再长，则裂纹快速扩展直到断裂为止。许多研究证明随着试验应力降低，其孕育阶段的时间延长，裂纹扩展速度逐渐趋于缓慢。

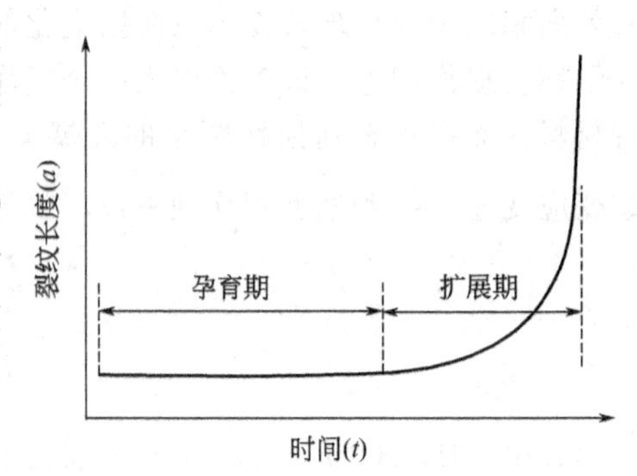

图 6-4　蠕变裂纹扩展与时间的关系曲线

(4) 影响蠕变裂纹扩展速率的因素

① 温度的影响　温度对蠕变裂纹扩展有显著的影响，对于同种材料而言，随着温度提高蠕变裂纹扩展速率增加。蠕变裂纹扩展速率与温度间的关系为：

$$\dot{a}=AK^{D}\mathrm{e}^{-\frac{Q}{RT}} \tag{6-11}$$

式中，A、D 为材料常数；Q 为裂纹扩展时激活能，kcal/mol，1kcal=4.18kJ；R 为气体常数；T 为热力学温度，K。

② 环境介质的影响　环境介质对含裂纹高温结构寿命有重要影响，特别是对表面裂纹，因为高温零件一般都在高温腐蚀和高温氧化的情况下工作，腐蚀和氧化会促使裂纹加速扩展。在室温下，裂纹扩展速率几乎不受氧化的影响，但在高温空气条件下，氧化起主导作用，氧化在高温裂纹扩展中扮演着十分复杂的角色，但无疑是加快蠕变裂纹扩展的一个重要因素。一方面氧化造成晶界脆化，有利于晶界空洞的形核和长大；另一方面，氧原子可以在晶界偏聚，和其他活泼元素在晶界上形成氧化物，加剧空洞的形核和长大，导致裂纹扩展速率加大。

③ 显微组织的影响　与铁素体和珠光体组织相比，上贝氏体组织具有较高的蠕变持久强度，但其持久塑性却相当低，这表明上贝氏体组织有脆性特性。贝氏体含量增加能够显著缩短蠕变裂纹开裂时间，并提高蠕变裂纹扩展速率。焊接接头具有明显的组织不均匀性，不同区域的微观组织结构不相同，因此各微区蠕变裂纹扩展的能力各不相同，其中热影响区的细晶区裂纹扩展速率比较快，在高温长时间的运行中，裂纹尖端蠕变损伤积累速度会加快，若裂纹出现在细晶区会导致焊接结构早期失效，其失效寿命远低于其设计寿命。

6.3　焊接接头的蠕变性能

6.3.1　焊接接头蠕变特性

焊接接头由焊缝金属（weld metal）、粗晶区（CGHAZ）、细晶区/临界区（FG/

ICHAZ）和母材（base metal）组成，焊缝蠕变性能与母材金属存在着明显差异。为此，根据焊缝金属蠕变强度与母材蠕变强度的大小，焊接接头可以分为以下几类。

① 蠕变匹配焊缝　在相同的应力水平下，焊缝金属具有与母材相近的蠕变性能。

② 蠕变软焊缝　在相同的应力水平下，焊缝金属的蠕变性能低于母材的蠕变性能。

③ 蠕变硬焊缝　在相同的应力水平下，焊缝金属的蠕变性能高于母材的蠕变性能。

焊接接头由于具有复杂的微观组织结构，在高温蠕变过程中，即使在承受单轴拉伸的情况下，各个微区具有不同的蠕变性能。应力会随着蠕变时间的延长发生再分布，抗蠕变性能低的区域由于蠕变应变速率比较大，蠕变变形比较大，而与之相邻的区域蠕变应变速率比较小，蠕变变形也比较小，导致其变形受到周围区域的拘束，从而使其应力减小；相反，抗蠕变性能好的区域应力将增大。综上分析，焊接接头上存在着复杂的应力分布及应力集中等，这些因素都导致焊接接头的断裂形式与母材相比更复杂，在不同的服役条件下，蠕变失效区域也有变化，如对于 9%Cr 的耐热钢焊接接头，在比较高的应力水平下，如应力超过 150MPa 左右，容易在焊接接头的母材区域发生失效；而在比较低的应力水平下，如应力低于 100MPa 左右，反而容易在热影响区发生失效。

6.3.2　焊接接头蠕变断裂类型

根据蠕变裂纹产生的位置，可以把焊接接头蠕变断裂的形式主要分为四种类型，如图 6-5 所示。

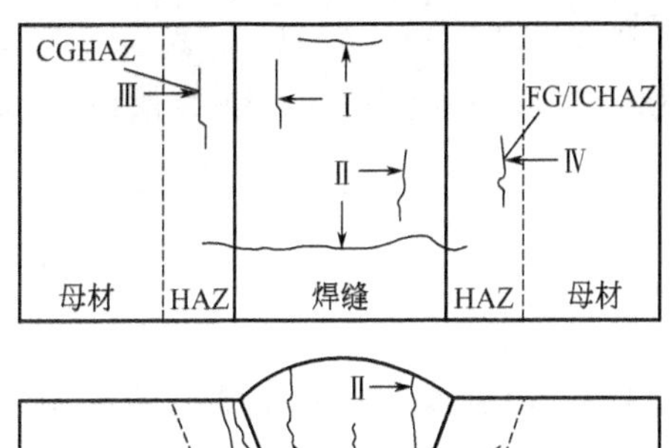

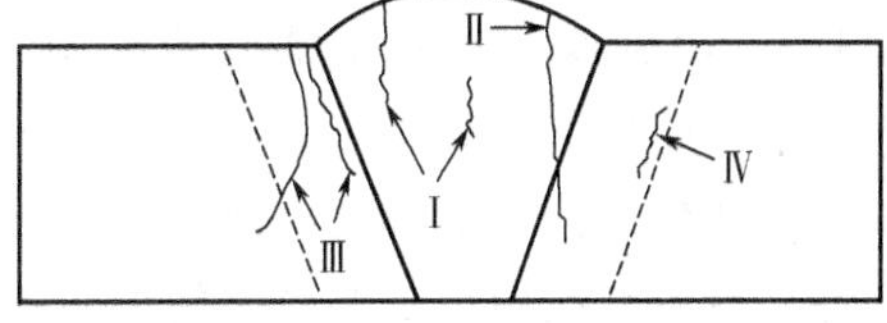

图 6-5　焊接接头蠕变失效类型

Ⅰ型断裂：蠕变裂纹出现在并局限于焊缝金属中。

Ⅱ型断裂：蠕变裂纹出现在焊缝金属中，并从焊缝金属向母材中发展。

Ⅲ型断裂：蠕变裂纹主要出现在粗晶区内。

Ⅳ型断裂：蠕变裂纹在细晶区/临界区内萌生并扩展。

（1）Ⅰ型蠕变断裂机理　Ⅰ型蠕变断裂主要是指在焊缝金属外表面形成许多小裂纹，仅局限于焊缝金属，不向其他区域发展。一般焊接接头在服役 10000～30000h 之后能检测到这种开裂。通过对失效部位的金相分析可知，初始开裂在焊缝金属中粗大柱状晶区以空洞形式出现，蠕变空洞逐渐地连接而形成大量的微裂纹。研究表明其产生原因有两方面：一是焊缝金属粗大柱状晶组织为空洞形成提供了条件；二是焊接残余应力和工作应力共同作用导致在焊缝金属外表面应变增加与聚集，为微裂纹形成提供了能量。这种开裂可以通过焊后热处理方法进行控制，即适当提高焊后热处理温度，使焊缝金属组织得到充分的回火处理，尽可能消除焊接残余应力。

（2）Ⅱ型蠕变断裂机理　Ⅱ型蠕变断裂主要发生在焊缝金属中，并随蠕变时间延长向两侧区域发展。这种断裂大多数是发生在异种钢焊接接头中，由于焊缝金属两侧材料性能差异和焊接残余应力较大，从而容易产生蠕变断裂。

（3）Ⅲ型蠕变断裂机理　这种断裂是在焊接热影响区中形成环向裂纹，主要位于粗晶区中，其产生与粗晶贝氏体组织有关，在短期服役时间内就能形成开裂和扩展。高温下焊接残余应力松弛引起附加变形，而且粗晶区材料具有较低的蠕变韧性，使得粗晶区内的变形超过材料的高温变形的能力，促使蠕变孔洞长大形成微裂纹而导致断裂。通过改进焊接工艺，细化热影响区中的贝氏体组织或减小粗晶贝氏体组织范围，就可以克服这种热影响区的环向断裂。

（4）Ⅳ型蠕变断裂机理　Ⅳ型开裂首次由德国研究人员报道，出现在 Cr-Mo 钢的焊接管件服役过程中，如图 6-6 所示。工程实践也表明 Cr-Mo 钢的焊接结构在 40000～80000h 的高温服役期间经常出现此类开裂，具有相当的普遍性，处于细晶/临界热影响区（FG/ICHAZ）上且沿环向开裂。Ⅳ型裂纹的扩展方式是通过位于晶界上的一个个蠕变孔洞合并成微裂纹，微裂纹之间连接最终形成宏观裂纹。Ⅳ型蠕变断裂还具有开裂的寿命明显低于母材、具有早期失效性、不易检测性、失效具有脆性断裂等特点。

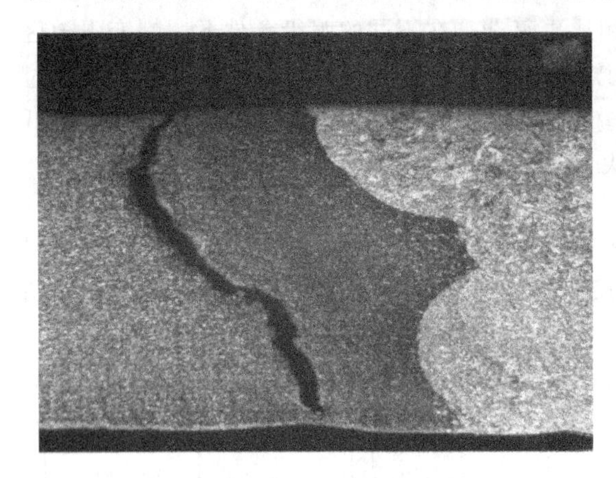

(a) Ⅳ型蠕变开裂宏观形貌

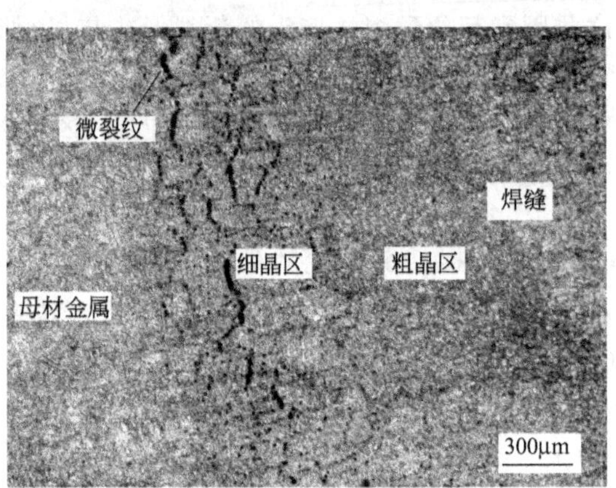

(b) Ⅳ型蠕变开裂微观形貌

图 6-6　Ⅳ型蠕变开裂

6.3.3　显微组织对高温蠕变的影响

在长期的高温和高压的作用下，焊接接头的不均匀性导致焊接构件局部会发生损伤，内部产生蠕变孔洞或微裂纹等缺陷。焊接接头各微区由于焊接过程经历的热循环过程不同，导致焊接后各微区的组织差异比较大。不同的热循环温度，使得不同微区内部的碳化物的溶解和晶粒长大趋势也不相同。热循环温度高的区域如靠近焊缝的区域，碳化物溶解比较彻底，晶粒长大约束比较小，焊接后容易形成比较粗大的组织，而在高温下，粗大的组织对蠕变抗力比较大，其蠕变变形就比较小。热循环温度低的区域如靠近母材的细晶区，碳化物不能完全溶解，会抑制晶粒的长大，焊后易形成细小的晶粒，晶粒越细小，抗蠕变变形能力越差，蠕变变形越大。由于在这个区域形成了细小的马氏体，导致晶界增多，同时使得晶界内部的位错缠结增多，使得晶界内部的激活能增大，使晶界容易在较小的能量下发生移动。由于晶界的移动降低内部材料各向异性产生的约束，使得蠕变损伤容易在该区域发生，加速了蠕变试样的断裂。

此外，细晶区的碳化物在焊接过程中没有充分的溶解，导致这些碳化物在蠕变过程中发生粗化，粗大的碳化物有利于蠕变孔洞的形核和长大，促进了蠕变损伤在细晶区的积累，导致在这个区域易发生断裂。而未受焊接热循环影响的焊缝区和母材区抗蠕变变形能力变化不大。对于合金钢而言，在室温或较低温度下，可采用加工硬化和沉淀硬化等对金属材料进行强化。但这些强化方法造成金属的组织在高温下会发生转变，从而引起其强度的迅速降低，也会导致在高温运行下材料发生失效。

为了保证焊接构件在高温下长期的安全运行，目前常采用提高焊接构件蠕变强度的方法防止焊接构件发生蠕变开裂。主要方法有：调整焊缝的化学成分，提高焊接接头高温强度；通过改进焊接工艺，提高耐热钢蠕变断裂强度；通过热处理来提高蠕变断裂强度。

6.3.4 焊接残余应力对高温失效的影响

在高温下，焊接残余应力对高温构件的蠕变具有很大的影响。在高温下，随着时间的延长，蠕变变形的增加，弹性变形相对地减小，应力随时间的增长而降低。而这种应力松弛仅在开始的几小时内比较显著，随着时间的延长应力的变化变得比较平缓。残余应力无论是拉应力还是压应力都会导致这个区域的应力增大，从而导致蠕变变形的增加，使材料发生劣化，并且由于焊接残余应力的存在，焊接构件初始的累积损伤加剧。当该焊接构件在高温环境下运行时，尽管焊接残余应力在短时间内发生应力松弛，但由于初始时刻残余应力的作用，焊接部位材料严重劣化。

当高温构件在残余应力以及外加负载共同作用下运行时，会在裂纹尖端形成一个有残余应力及外加载荷共同作用下的应力场分布，而且这种复杂的应力场分布将导致断裂力学参量如 K、C^* 等发生改变，从而影响高温构件的安全评定。当裂纹尖端的残余应力为拉伸应力分布时，将会提高早期的蠕变裂纹扩展速率，相反裂纹尖端的残余应力为压缩应力分布时，将会阻碍早期的蠕变裂纹扩展速率。此外残余应力的产生过程以及构件高温运行时蠕变松弛现象，也会加剧裂纹尖端的损伤。

6.4 焊接接头高温性能的研究与试验方法

6.4.1 焊接接头高温性能的研究方法

焊接结构高温性能研究的主要目的是分析在长时间高温作用下，焊接接头不同区域蠕变变形、内部缺陷产生和裂纹扩展情况。焊接接头蠕变性能的研究方法有以下三种。

第一种方法：针对所应用材料焊接接头微观组织状况，采用热模拟方法获得 HAZ 各个区域的模拟组织，并分别通过单一母材、均质焊缝金属和 HAZ 各区域的单轴蠕变试验进行材料的蠕变强度与断裂研究。主要比较母材、焊缝金属及 HAZ 各区域之间的蠕变性能差异，对焊接接头的失效行为进行分析和评价。

焊接结构在高温服役过程中，大量的使用经验表明焊接结构件的失效多发生在热影响区，而热影响区尺寸比较小，微观组织状况也比较复杂，因此焊接结构热影响区的蠕变性能的研究，主要是采用热模拟机或者热处理的方法模拟焊接过程热循环，获得热影响区的粗晶区、细晶区等组织，并制备成蠕变试样或者蠕变持久试样，进行蠕变试验，即可获得焊接结构热影响区的蠕变性能。

另外，为了很好地分析焊接结构在高温服役下失效的过程，除了上述对单独的母材金属、焊缝金属以及热影响区的试验外，还常采用带焊缝的试样进行蠕变试验或者蠕变持久试验，研究焊接结构整体的强度，以及分析焊接结构失效的机理。

第二种方法：对整体焊接接头进行蠕变研究，对其断裂蠕变位置和断裂机理有很好的表征作用，进一步与母材、焊材的蠕变性能做直观的比较。同时利用母材、均质焊缝金属材料和 HAZ 各个区域的单轴蠕变性能研究，如最小蠕变应变速率、蠕变破断时间和蠕变断裂韧性等，借助有限元数值模拟方法，分析焊接接头的蠕变规律，解释焊接接头蠕变失效的宏观原因。这是目前高温焊接接头蠕变强度、断裂性能和寿命评价研究中最常用的方法。

第三种方法：依据实际高温焊接构件的工况条件，研究多轴应力作用下的焊接接头蠕变性能。目前精确的方法是对实际构件进行蠕变性能的研究，通过比较整体强度的差异得到对焊接结构完整性的影响。但这种方法难度大，试验费用昂贵，可行度不高。目前利用数值计算并结合蠕变损伤断裂力学的方法进行研究，对构件发生损伤最大的部位进行预测，成为保证焊接构件高温下安全运行的重要方法。

6.4.2 焊接接头高温性能的试验方法

6.4.2.1 蠕变试验

蠕变试验是指在恒定温度和在不同应力水平下，测定试样伸长率和时间的关系，从而确定总应变量、指定应变量、最小蠕变应变速率与应力之间的关系，由此可以计算出材料的蠕变极限。蠕变试验所需时间常常也是几百、几千甚至上万小时，具体的试验方法参照国标 GB/T 2039—1997。

图 6-7 蠕变试验机

蠕变试验是在蠕变试验机上进行的。蠕变试验机由以下几部分组成：高温炉、测温控温系统、加载装置、蠕变变形测量系统、试样固定装置，如图 6-7 所示。

标准规定的蠕变试样分为两种，如图 6-8 所示：圆棒试样，直径为 5～10mm，原始长度为 $5d_0$ 或者 $10d_0$（d_0 是指蠕变试样的直径）；板材蠕变试样的一般为厚度 1～5mm、宽度 6～15mm、标距为 50～100mm。在特殊焊接接头的情况下，也可以采用其他形状和尺寸的非标准试样。

蠕变试验的主要步骤如下：安装试样；安装热电偶，使热电偶紧贴试样表面，并应防止炉壁的热辐射；装卡引申计，保证能真实地测量试样轴线方向上的伸长，并应使变形读数受室温变化和气流影响最小；加预载荷，施加一不大于总负荷 10%的初负荷；将试样加热到规定温度，并保持适当的时间，保温时间根据试样的厚度进行选择，且温度的波动范围不能超过标准规定的范围；调整并确定引申计起始读数，并开始加载。最后记录加载后的变形及温度，应保证准确地作出整个试验期间的蠕变变形和时间的曲线。

蠕变试验主要利用试验过程中的试验曲线，获得材料在不同温度以及不同载荷下的稳态蠕变应变速率、破断时间以及蠕变极限强度。利用上述蠕变极限强度等，就可以对构件进行高温强度校核。

6.4.2.2 蠕变持久试验方法

蠕变持久试验是在给定温度和给定应力下测定材料的破断时间，直至做到试验断裂为止。可按 GB/T 2039—1997《金属拉伸蠕变和持久试验方法》操作。主要是用来获得材料

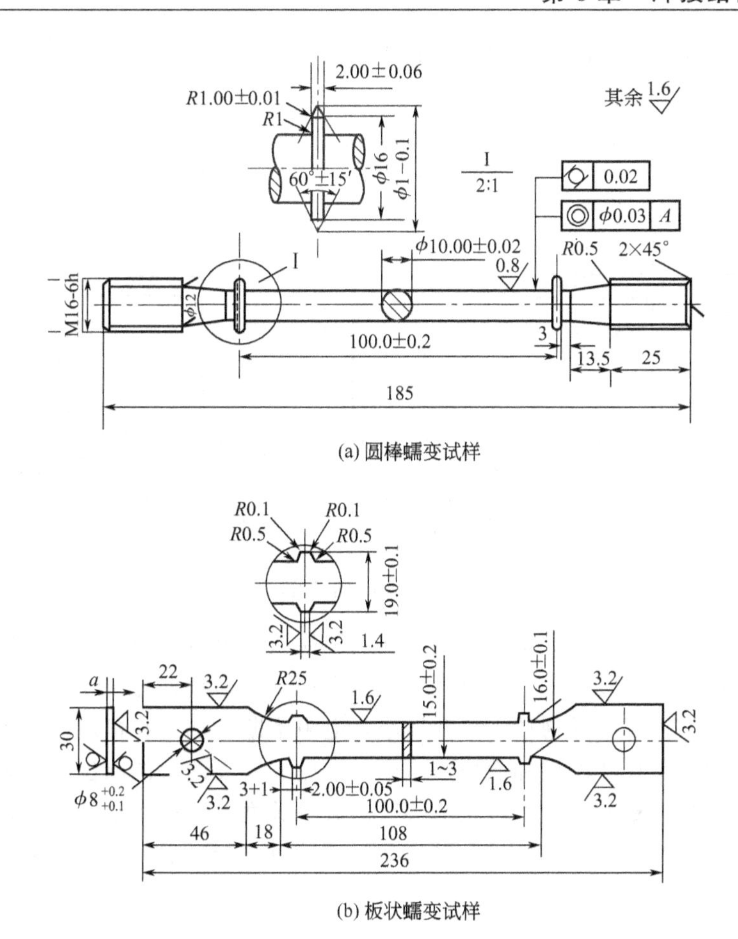

(a) 圆棒蠕变试样

(b) 板状蠕变试样

图 6-8 标准规定的蠕变试样

在给定的温度下的蠕变持久强度 σ_t^T。

标准规定的拉伸持久蠕变试样为圆形试样，如图 6-9 所示，直径为 5mm 或者 10mm，标距为 25mm 或者 50mm，与蠕变试样相比，缺少了装夹引申计的凸台，试验设备与蠕变试验基本相同。

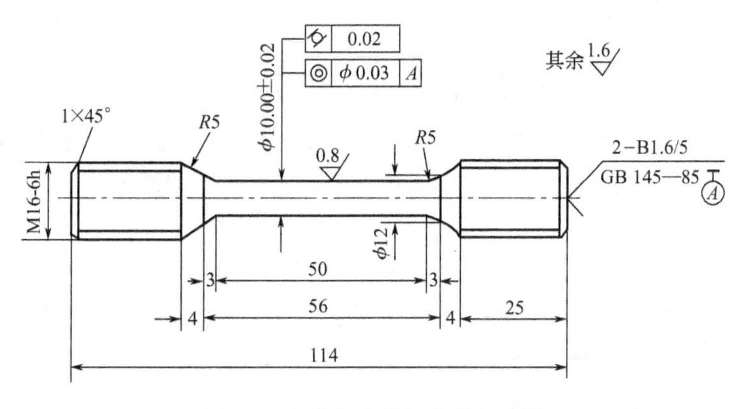

图 6-9 标准规定的蠕变持久试样

6.4.2.3 焊接接头蠕变裂纹扩展试验

蠕变裂纹扩展试验主要是用来测量蠕变裂纹扩展参量 C^*。在蠕变裂纹扩展试验中，一般采用标准紧凑拉伸试样（CT 试样），试样形状尺寸如图 6-10 所示。而蠕变裂纹扩展速率的测量常采用直流电位法。

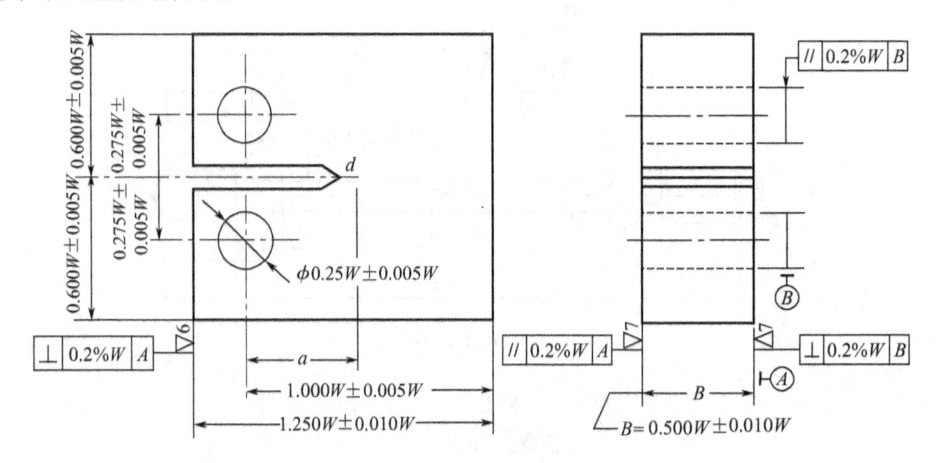

图 6-10　CT 试样的标准尺寸

直流电位法测量裂纹长度原理是：在试样的两端施加恒定电流，使之在试样厚度方向上产生恒定的二维电场，含裂纹试样的电场是试样几何尺寸，特别是裂纹尺寸的函数。在试验过程中，随着裂纹的扩展，导通截面不断缩小，电阻不断增加，在恒定电流下，裂纹面两端的电位或电压降随裂纹尺寸的增加而增加。因此利用裂纹面两端的电位差与裂纹扩展长度之间的函数关系，将所测量的电位值转换成等效的裂纹长度。这种函数关系式，也可以通过分析或试验进行标定。按照 ASTM 1457-00 标准，裂纹长度与试样裂纹扩展中的试样的电位具有以下关系。

$$a=\frac{W}{\pi}\arccos\left\{\frac{\mathrm{ch}(\pi Y_0/W)}{\mathrm{ch}\left\{\frac{U}{U_0}\cosh^{-1}\left[\frac{\mathrm{ch}(\pi Y_0/W)}{\cos(\pi a_0/W)}\right]\right\}}\right\} \tag{6-12}$$

式中，a 为裂纹尺寸；a_0 为初始裂纹尺寸；W 为试样宽度；U 为测量的裂纹端电压；U_0 为对应于 a_0 的测量电压；Y_0 为裂纹面到电压测量引线的跨距。

利用上述的关系，可以通过电压的变化获得蠕变裂纹扩展的情况。另外，试验过程中的 C^* 的一般通过式(6-13) 计算，如：

$$C^*=\frac{P\dot{V}_c}{B_N(W-a)}\times\frac{n}{n+1}\left(\frac{2}{1-a/W}+0.522\right) \tag{6-13}$$

式中，$\dot{V}_c$为蠕变引起的加载点的线位移速率；P 为试验载荷；a 为蠕变裂纹长度，通过直流电位法测得；W 为试样宽度；B_N 为试样厚度；n 为材料的蠕变指数，通过单轴蠕变试验获得。

利用式(6-12) 和式(6-13) 就可以获得不同材料在不同的温度下裂纹扩展的情况以及 C^* 的值，并利用式(6-11) 获得蠕变裂纹扩展速率和 C^* 的关系，就可以用来对实际焊接结构的蠕变裂纹扩展情况进行预测及分析。

6.4.3　焊接结构高温完整性评定方法

随着对焊接结构蠕变性能和断裂过程的科学理解，逐步完善和建立了高温焊接构件的设计及寿命评价规范，以便保证高温下构件的使用寿命及结构的完整性。焊接结构高温完整性评定的目的：①对高温焊接构件的设计、制造、安装和安全运行进行指导；②对在役高温焊接构件推断其安全性和剩余寿命。

早期的高温结构寿命评定方法是基于构件无缺陷的前提下发展的，如美国 ASME 规范和法国 RCC-MR。现代的评定方法开始考虑构件中含有缺陷的情况，尤其是针对焊接接头中的缺陷，如英国 R5-高温下结构响应的评定规程、法国 RCC-MR 的附录 A16、英国的 BS7910、德国 FBH 方法和双判据图（2CD）法。目前我国常用的高温含缺陷压力容器完整性评定方法为 GB/T 19624—2004，采用“三级评定”技术路线，三个不同级别的评定方法可以得到的计算精度由低到高，而其设计方法要求的材料性能和参数也由简单到复杂，可以根据所评定高温结构的重要性和安全性选择不同的级别进行评定。

(1) 高温焊接构件评定的程序　高温构件缺陷安全性评定内容包括：对评定对象的状况调查（包括历史、工况、服役环境等）、缺陷检测、缺陷成因分析、失效模式判断、材质检验（包括性能、损伤与退化程度等）、工作应力分析、必要的试验与计算，然后选择某一方法对评定对象进行分析。高温构件缺陷安全性评定流程如图 6-11 所示。

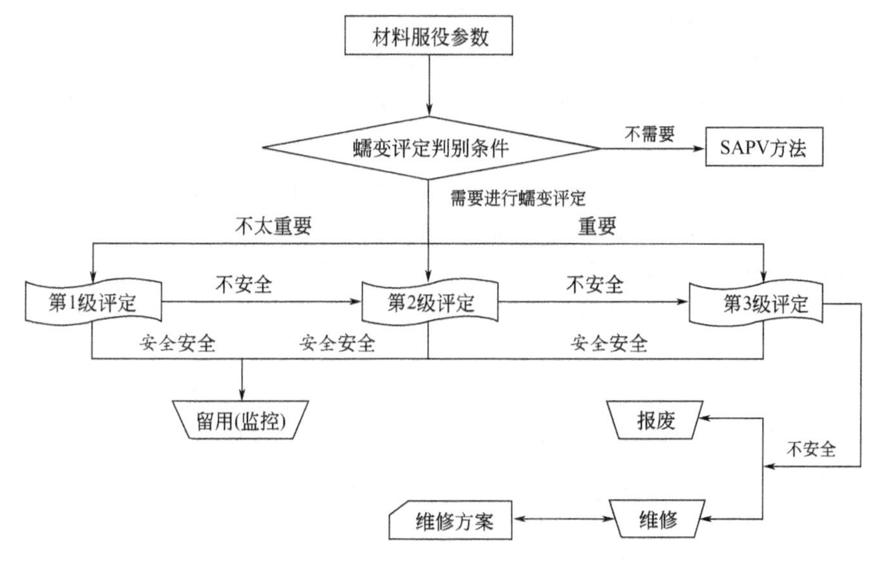

图 6-11　高温构件缺陷安全性评定流程

① 确定材料服役参数。

② 判别是否需要蠕变失效评定，在排除由于弹塑性断裂、疲劳以及腐蚀等主控失效模式的前提下，判定构件是否满足蠕变失效的条件。如果不满足判别条件，则可以按照常温下的缺陷评定方法（SAPV 方法）进行评定，如果满足蠕变评定条件，则要进行蠕变失效评定。

③ 进行蠕变条件下的安全性评定，如果评定结果安全，则可以留用并估算剩余寿命；如果不安全，则需要进行更精确的安全性评定或对设备进行维修或报废，并拟定维修方案。

(2) 高温完整性评定需要的数据　进行完整性评定前，首先依据同类压力容器或构件的失效分析和安全评定案例与经验、被评定构件的具体制造和检验资料、使用工况以及对缺陷的理化检验和物理诊断结果等资料信息，判定含缺陷构件的失效模式，应充分考虑可能存在的化学腐蚀、应力腐蚀、温度环境和系统状况等对失效模式和安全评定的影响。而随后的进行高温构件中缺陷的安全性评定，需要已知的基础数据有：

① 缺陷的类型、尺寸和位置；

② 构件的几何形状和尺寸；

③ 材料的化学成分、力学性能，包括评定条件（温度、时间）下的屈服应力 $\sigma_{0.2}^{T}$、弹性模量 E 和蠕变破断应力 σ_{f}^{T} 等；

④ 载荷引起的应力分析，以及是否需要考虑残余应力。

上述数据和信息都需要确保准确、真实、可靠，在无法得到准确数据的情况下，必须按照偏于保守的原则确定缺陷尺寸和所需材料的性能数据。

（3）高温焊接构件评定级别的划分　考虑到不同构件所要求保证安全程度的不同，比较现实的蠕变安全评定方法是提供具有不同评定精度的选项，能够根据实际要求采用不同的评定级别。简单的评定方法需要很少甚至不需要进行材料试验，由此而得到的评定结果偏于保守，复杂的评定方法需要更多的材料进行试验，但可以给出精确的评定结果。根据所需材料的性能数据和评定结果精度，高温缺陷评定方法的 3 个级别如下。

第 1 级（简化评定）：评定时不需要进行材料参数试验。所需评定条件下的材料屈服应力可以从设计标准（如 GB 150—1998 等）查到，高温流变应力取屈服应力和蠕变破坏应力之和的 1/2，这里蠕变破坏应力可以由 L-M 方程简单计算或手册查得。材料的蠕变断裂韧性由相关手册（例如 R66 和 BS7910）提供的蠕变裂纹扩展常数的下限值估算得到。这一级评定可以给出足够保守的结果。

第 2 级（常规评定）：在条件允许的情况下，推荐采用常规评定方法进行蠕变失效评定。采用这一级别进行评定时需要进行服役温度下材料的蠕变断裂韧性试验，材料的等时应力-应变曲线可由有关资料得到，如 R5 或 ASMEN47 提供的资料。材料的屈服应力定义为等时应力-应变曲线上对应于 0.2%非弹性应变的应力，高温流变应力取屈服应力和蠕变破坏应力之和的 1/2。

第 3 级（高级评定）：上述两级评定结果精度不能满足要求的情况下，可以采用第 3 级评定方案进行评定。这一级别需要评定一定温度下不同应力水平的材料蠕变拉伸试验和蠕变裂纹扩展试验（C^* 及参考应力），对试验时所需材料，建议选用服役状态下的材料。由此方法得到的评定结果最精确，但耗时最长、代价最高。

综上所述，我国的高温含缺陷焊接构件的完整性评定方法，不仅满足了不同行业高温设备安全性要求的差异，同时兼顾了安全评定方法的工程性（简便）和科学性（准确）。

习题与思考题

1. 蠕变的基本定义以及蠕变曲线的三个阶段划分分别是什么？
2. 蠕变变形的机理有几种？请分别叙述。
3. 蠕变的性能指标有几种？分别是什么，并举例说明。
4. 焊接接头蠕变失效的类型有几种？不同失效类型失效的位置有哪些？
5. 根据本章中的设计的试验方法，请设计获得 P92 钢 650℃ 蠕变裂纹扩展速率和 C^* 的关系所需要的试验方案、步骤并注明所需要的公式。

第7章　焊接结构力学特征及结构设计

本章学习要点

知识要点	掌握程度	相关内容
焊接结构的特点、类型	熟悉焊接结构的优点和不足，了解其分类方法，熟悉其所涉及的力学性能	焊接结构优点、不足；按用途、结构形式、制造方法分类；静载力学性能、断裂性能、疲劳性能、应力腐蚀性能、高温力学性能
焊接结构力学特征	了解三种类型焊接结构的力学特征	桁架结构、板壳结构和实体结构的力学特征
焊接结构设计	熟悉焊接结构设计的基本特点、基本要求、基本方法和合理性分析；结合典型焊接结构实例分析，掌握焊接接头的设计要点	设计基本要求：以实用性为核心，以可靠性为前提，以工艺性和经济性为制约条件，从实用性、可靠性、工艺性和经济性四方面进行焊接结构设计的合理性分析

由于焊接结构的使用目的不同，所用的材料种类、结构形式、尺寸精度、焊接方法和焊接工艺也不相同，这就使得焊接结构种类颇多。但焊接结构的主要作用是一致的，那就是能够长时间承受自身重量及外部载荷而保持其形状和性能不变。本章只从大型焊接结构的角度考虑，讨论焊接结构的特点、类型、力学特征和设计思路，进一步对典型焊接结构产品进行力学特征和焊接接头设计分析。

7.1　焊接结构的特点及分类

7.1.1　焊接结构的特点

（1）焊接结构的优点　焊接结构的原材料多为经过轧制的板材和各种断面形状的型材，这些材料的强度高、韧性好、易于加工，因此焊接结构工艺性能和力学性能都非常好，承受动载荷时的疲劳强度也令人满意。与铆接和栓接结构相比，焊接结构具有如下力学特点。

① 强度高、重量轻　铆接或栓接结构的接头须预先在母材上钻孔，钉孔减小了连接接头的工作截面，连接接头的强度只有母材强度的80%左右。现代焊接技术已经能够使得焊接接头强度等于甚至高于母材的强度，也具有良好的疲劳性能和抗断裂性能。焊接结构多为空心结构或框架结构，与铸造和锻造结构相比，当承受的载荷和工作条件相同时，焊接结构自重较轻、节省材料，运输和安装也较方便。

② 塑性和韧性好　轧制钢板具有良好的塑性，在一般情况下，不会因为局部超载造成突然断裂破坏，而是事先出现较大的变形预兆，以便采取补救措施。轧制钢板还具有良好的韧性，对作用在结构上的动载荷适应性强，为焊接结构的安全使用提供了可靠保证。

③ 整体性强、刚性大　焊接结构为一个整体，具有较大的抗变形能力，因此可以长期保持原有设计形状不变。但是这个优点在结构失效时就变成了缺点，容易造成脆性断裂和整

体断裂。

④ 结构计算准确可靠　钢板和型材的内部组织均匀，各个方向的力学性能基本相同，在一定的应力范围内，钢板和型材处于理想弹性状态，与工程力学所采用的基本假定相吻合，故焊接结构承载能力计算结果准确可靠。

⑤ 结构密封性好　采用焊接方法连接容易做到紧密不渗漏，密封性好，适用于制造各种容器，尤其是压力容器。

此外，大型焊接结构适用于工厂制造、工地安装的施工方法，结构部件形状尺寸精度高，铆焊和栓焊结构共同存在，使焊接结构综合力学性能得到最大限度的发挥。

（2）焊接结构的不足之处　经过短时高温快速冷却的焊接热循环作用，使得焊接结构具有自身独特的力学特点：

① 较大的残余变形和应力；

② 应力集中系数较大；

③ 焊接接头性能不均匀；

④ 对材料敏感性强，易产生焊接缺陷。

只有正确认识并掌握了这些特点，做到合理的结构设计、正确的材料选择、优质的焊接设备、合理的焊接工艺和严格的质量控制，才能生产出综合性能优良的焊接结构。

7.1.2　焊接结构的分类

焊接结构类型众多，其分类方法也不尽相同，各分类方法之间也有交叉和重复现象。即使同一焊接结构之中也有局部的不同结构形式，因此很难准确和清晰地对其进行分类。通常可以从用途（对使用者而言）、结构形式（对设计者而言）和制造方式（对生产者而言）来进行分类，见表 7-1。

表 7-1　焊接结构的类型

分类方法	结构类型	焊接结构的代表产品	主要受力载荷形式
按用途分类	运载工具	汽车、火车、船舶、飞机、航天器等	静载、交变载荷、冲击载荷
	存贮容器	气罐、油罐、料仓等	静载
	压力容器	锅炉、钢包、反应釜、冶炼炉、气罐等	静载、热疲劳载荷、高温载荷
	起重设备	建筑塔吊、车间行车、汽车吊等	静载、低周疲劳载荷
	建筑设施	桥梁、钢结构的房屋、厂房、场馆等	静载、风雪载荷、低周疲劳载荷
	海洋设施	船舶、港口起重设备、海洋钻井平台等	静载、疲劳载荷、应力腐蚀
	焊接机器	减速机、机床机身、旋转体等	静载、交变载荷
按结构形式分类	桁架结构	桥梁、网架结构等	静载、低周疲劳载荷、大气腐蚀
	板壳结构	压力容器、锅炉、管道等	静载、交变载荷、应力腐蚀
	实体结构	机床机身、机器、旋转体等	静载、交变载荷
按制造方式分类	铆焊结构	小型机器结构等	静载、交变载荷
	栓焊结构	桥梁、轻钢结构等	静载、风雪载荷、低周疲劳载荷
	铸焊结构	机床机身等	静载、交变载荷
	锻焊结构	机器零件、大型厚壁压力容器等	静载、交变载荷
	全焊结构	起重设备、船舶、压力容器等	静载、交变载荷、应力腐蚀

从使用者的角度考虑，主要按焊接结构用途进行分类。这样的分类方法可以使使用者清晰地了解焊接结构的形状尺寸、功能作用、承受载荷类型以及对焊接结构的要求，有利于对所用材料的选择和结构设计。例如，提起交通运载工具，人们自然想到的是轻质、高速、安全、能耗等问题。这也是焊接结构设计者和制造者首先考虑的分类方法。

从设计者的角度考虑，主要按焊接结构形式进行分类。这样的分类方法有利于设计人员对结构进行受力分析、结构设计和材料选择。主要结构形式有桁架结构、板壳结构和实体结构，其具体选择依赖于焊接结构的用途、承受载荷的能力和自身重量等。如板壳结构比桁架结构的承载能力大，而实体结构主要用于机器和机床机身等结构。

从生产者的角度考虑，主要按焊接结构制造方式进行分类。这样的分类方法主要适用于制造工艺人员，要从焊接结构的使用性能、形状大小、生产规模、制造成本以及材料的加工工艺性能等方面考虑，以便在保证满足使用性能的要求下，提高生产效率，降低制造成本。例如，桥梁多为栓焊结构，其梁柱构件均在工厂内采用焊接方法制造、在工地现场只进行螺栓连接。铸焊结构和锻焊结构是指铸造或锻造部件通过焊接形成尺寸更大、不能一次铸造和锻造的结构，这些方法在大型厚壁重型结构中得到应用。随着焊接技术水平的不断提高，全焊焊接结构得到了快速发展，如船舶、压力容器和起重设备等。

7.1.3　焊接结构涉及的力学性能

在自身重力载荷、外部载荷和自然力载荷的作用下，焊接结构应具有保持其自身形状不变的能力，即具有抵抗变形和破坏的能力，因此焊接结构必须具有满足使用要求的力学性能。焊接结构主要涉及的力学性能见表 7-2。

表 7-2　焊接结构涉及的力学性能

力学性能	具体指标	涉及的焊接结构或部件	主要试验方法
一般静载力学性能	屈服强度	所有焊接结构	拉伸试验
	拉伸强度	所有焊接结构	拉伸试验
	临界失稳压应力	承受压力的支柱、薄板结构	失稳试验
	硬度	焊接接头	硬度试验
	刚度	梁、机床机身	拉伸试验
	抗弯刚度	梁、板壳结构	弯曲试验
	抗扭刚度	梁、柱结构	扭曲试验
断裂力学性能	缺口韧度	所有焊接结构，尤其是低温结构	缺口冲击试验
	断裂韧度	厚板和重要焊接结构、低温结构	断裂韧性试验
疲劳力学性能	疲劳强度	承受交变载荷的焊接结构	疲劳试验
	裂纹扩展速率	承受交变载荷的焊接结构	疲劳裂纹扩展试验
应力腐蚀性能	应力腐蚀门槛值	腐蚀环境下的焊接结构	应力腐蚀试验
	应力腐蚀裂纹扩展速率	腐蚀环境下的焊接结构	应力腐蚀试验
高温力学性能	蠕变强度	高温焊接结构，如电站锅炉	蠕变试验
	蠕变速率	高温焊接结构，如电站锅炉	蠕变试验
	蠕变持久强度	高温焊接结构，如电站锅炉	蠕变持久强度试验
	蠕变裂纹扩展速率	高温焊接结构，如电站锅炉	蠕变裂纹扩展速率试验

7.2　焊接结构力学特征

了解焊接结构的类型和力学特征，有利于焊接结构的设计、制造、安装和使用。下面以结构形式的分类方法，分别叙述桁架结构、板壳结构和实体结构的力学特征。

7.2.1　桁架结构及其力学特征

7.2.1.1　桁架结构及适用范围

桁架结构又称为杆系结构，是指由长度远大于其宽度和厚度的杆件在节点处通过栓焊工艺相互连接组成的结构，其杆件按照一定的规律组成几何不变结构。

焊接桁架结构广泛应用于建筑、桥梁、起重机等，如图 7-1 所示。根据承受荷载大小的不同，又可分为普通桁架 [图 7-1 (c)]、轻钢桁架 [图 7-1 (a)] 和重型桁架 [图 7-1 (b)、(d)、(e)]。

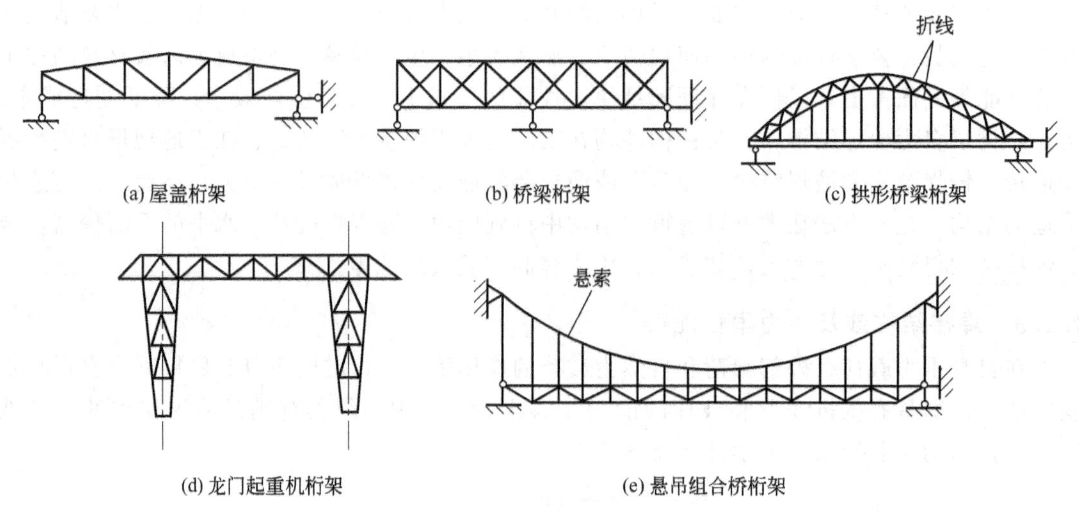

图 7-1 基于用途的桁架种类

网架结构是一种高次超静定的空间杆系结构，其空间刚度大、整体性强、稳定性强和安全度高，具有良好的抗震性能和较好的建筑造型效果，同时兼有重量轻、省材料、制作安装方便等优点，因此是一种适用于大、中跨度屋盖体系的结构形式。网架结构按外形可分为平板网架 [简称网架，图 7-2 (a)] 和曲面网架 [简称网壳，图 7-2 (b)、(c)]。网架可布置成双层或三层，双层网架是最常用的一种网架形式。

7.2.1.2 桁架结构组成及杆件截面形式

桁架结构由上弦杆、下弦杆和腹杆三部分组成。

桁架结构中常用的型材有工字钢、T 形钢、管材、角钢、槽钢、冷弯薄型材、热轧中薄板以及冷轧板等，图 7-3 给出了常用上弦杆的截面形式。上弦杆承受以压应力为主的压弯力，尤其上部承受较大的压应力，因此构件应具有一定的受压稳定性，结构部件必须连续，必要时加肋板 [图 7-3 (d)、(e)]。图 7-4 给出了常用的下弦杆的截面形式，下弦杆承受以拉应力为主的拉弯力，结构相对简单。可以看出，桁架结构中上、下弦杆截面形式基本相同，只是考虑到受力情况不同，主受力板位置有所变化。一般情况下，缀板加于受拉侧，肋板加于受压侧。腹杆截面形式与上、下弦杆截面形式也基本相同，腹杆主要承受轴心拉力或轴心压力，所以腹杆截面形式应尽可能对称。

7.2.1.3 桁架结构的焊接节点形式

焊接节点是指用焊接方法将各个不同方向的型材组合成整体并承受应力的结构。图 7-5 (a) ～ (c) 给出三种将型材直接焊接在一起的节点，这些焊接节点虽然具有强度高、节省材料、重量轻和结构紧凑等优点，但焊接节点处焊缝密集，焊后残余应力高，应力复杂，容易产生严重的应力集中。如果结构承受的是动载荷，则焊接节点应尽量采用对接接头，否则会降低钢结构的使用寿命。管材焊接节点相贯较多，制造比较困难，可采用插入连接板 [图 7-5 (d)] 或部分插入连接板 [图 7-5 (e)] 的形式。目前多用球形节点，即将各个方向的管

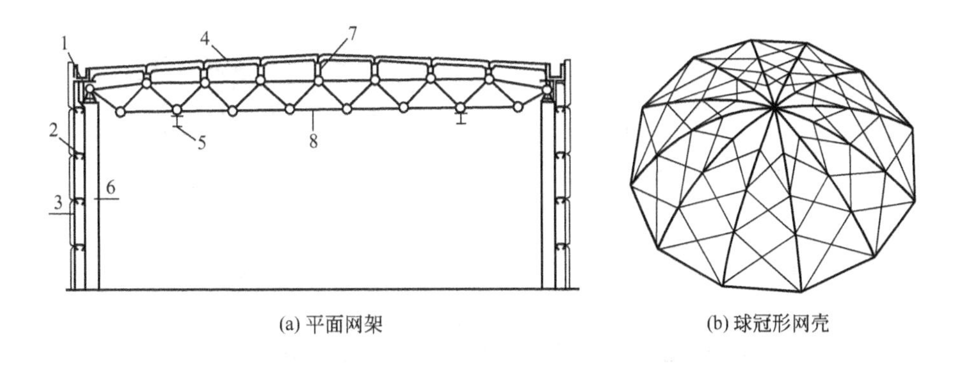

1—内天沟；2—墙架；3—轻质条形墙板；4—网架板；5—悬挂吊车；
6—混凝土柱；7—坡度小立柱；8—网架

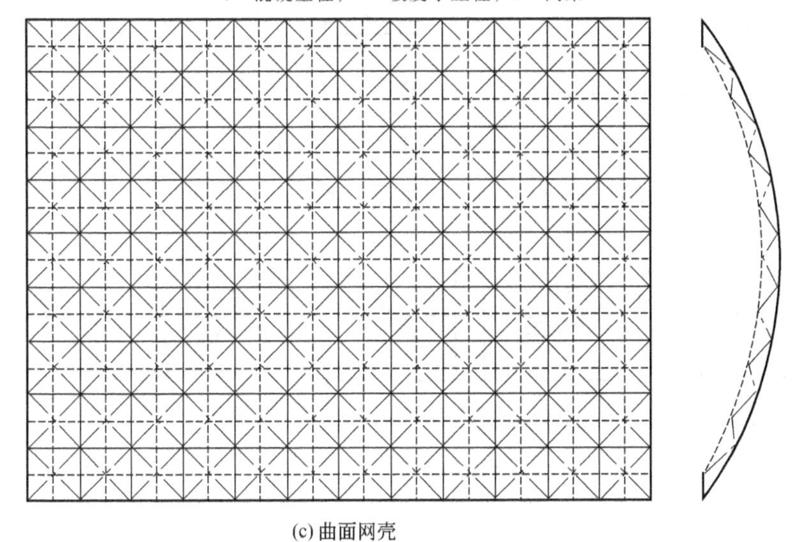

图 7-2　网架结构

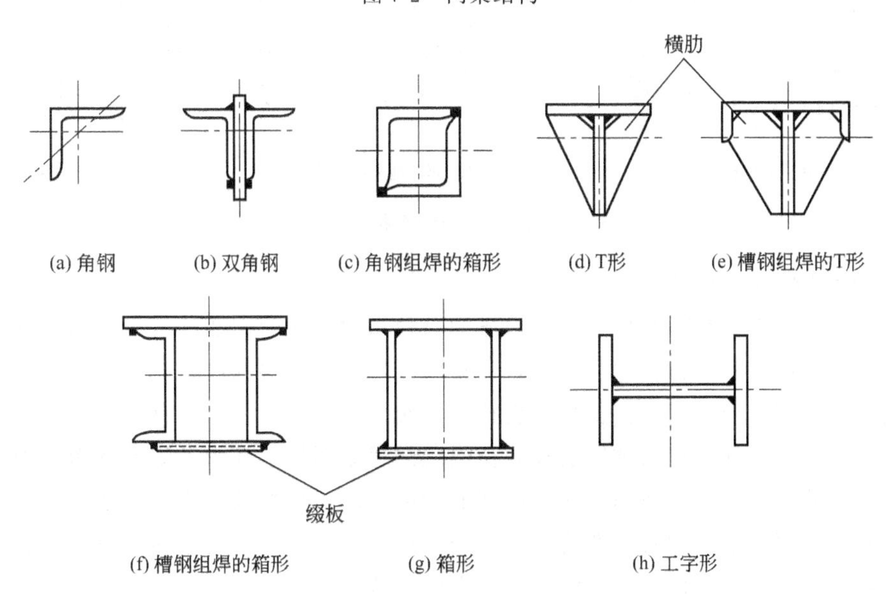

图 7-3　常用上弦杆的截面形式

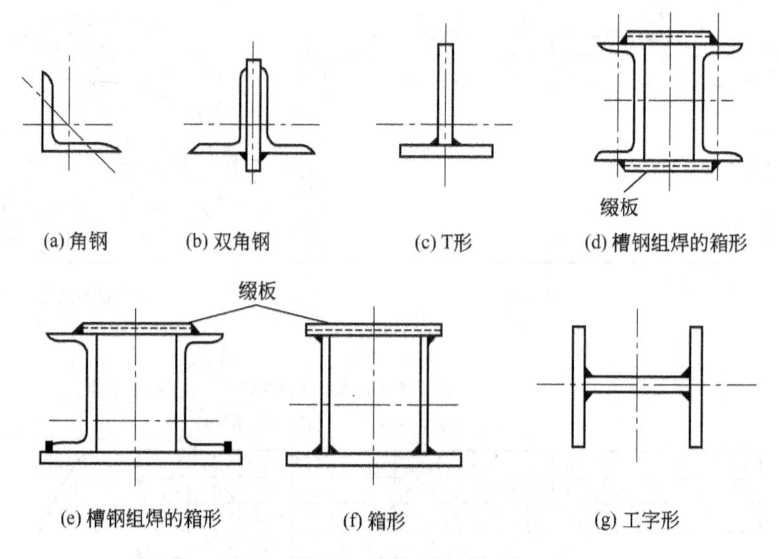

图 7-4 常用的下弦杆的截面形式

材焊在一个空心钢球上，结构强度高，受力合理［图 7-5（f）］。

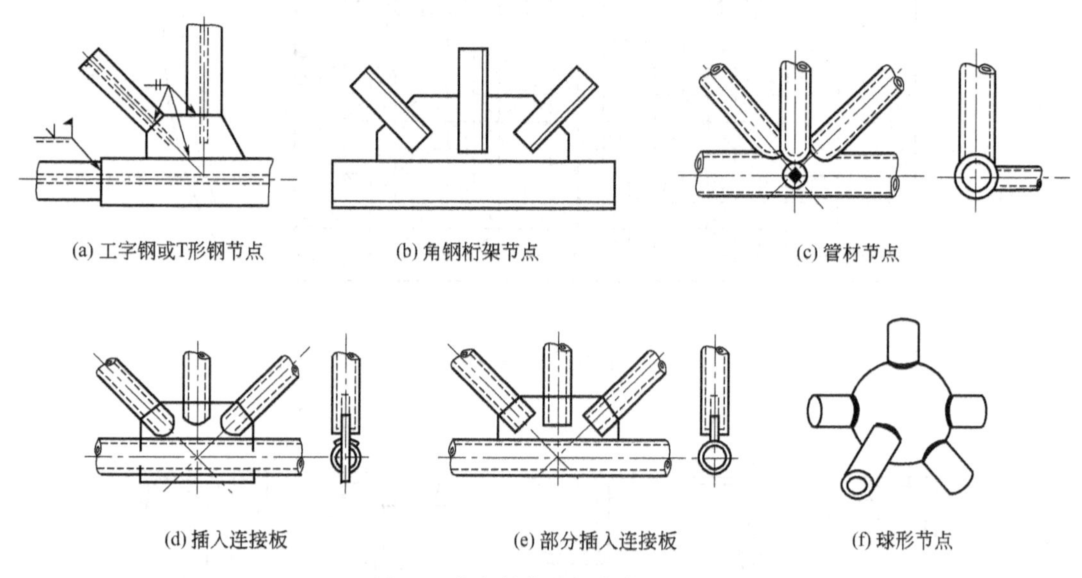

图 7-5 桁架结构的焊接节点形式

7.2.1.4 桁架结构的力学特征

桁架结构杆件承受有轴心拉力、轴心压力、拉弯力和压弯力四种载荷，而大部分杆件只承受轴心力的作用，其受力合理、自重轻、材料利用率高。腹杆布置应尽量避免非节点载荷引起受压弦杆局部弯曲，尽量使长腹杆受拉，短腹杆受压，腹杆数量宜少，总长度要短，节点构造要简单合理。外形轮廓越接近外载荷引起的弯矩图形，其弦杆受力越为合理。

桁架形式的确定一般与使用要求、桁架的跨度、载荷类型及大小等因素有关。焊接桁架的设计应满足刚度、强度和稳定性的要求。一般桁架的刚度多由桁架的高跨比控制，桁架结构的承载力主要靠各组成杆件的强度和稳定性以及节点的强度来保证，桁架的整体稳定性通过合理的布置支撑体系或横向联系结构来保证。

桁架结构中焊缝强度计算比较简单，只需确定焊缝有效截面后，按照承受拉力或压力计算公式，求出最大应力，满足许用应力的要求即可。

7.2.2　板壳结构及其力学特征

(1) 板壳结构分类及适用范围　板壳结构是由板材焊接而成的刚性立体结构，钢板的厚度远小于其他两个方向的尺寸，所以板壳结构又称薄壁结构。

① 按照结构中面的几何形状分类，板壳结构又分为薄板结构和薄壳结构，薄板结构的中面为平面，薄壳结构的中面为曲面。

② 按照用途分类，板壳结构可分为贮气罐、贮液罐、锅炉压力容器等要求密闭的容器，大直径高压输油管道、输气管道等，冶炼用的高炉炉壳，交通运载工具的轮船船体、飞机舱体、客车车体等。另外还有以钢板形式为主要制造原材料的箱体结构也属于板壳结构，如汽车起重机箱形伸缩臂架、转台、车架、支腿，挖掘机的动臂、斗杆、铲斗，门式起重机的主梁、刚性支腿、挠性支腿等。

③ 按照形状分类，板壳结构可分为箱形、圆筒形、球形、椭圆形等。

④ 按照厚度结构分类，板壳结构可分为单层、双层、多层和板架结构等。

(2) 板壳结构的基本形式

① 单壁结构　单壁结构只由一层钢板拼接而成，承受拉伸应力的能力较强，而承受压缩应力的能力较弱。对于有密封要求的压力容器，为了避免较大应力集中的作用，主体结构往往采用单壁结构，其连接处均采用对接接头。

② 板架结构　为了提高板壳承受弯曲应力、扭曲应力和压缩应力的能力，提高结构刚度和稳定性，往往在结构钢板的内侧加装有肋板支撑，形成板架结构［图 7-6 (a)］，其骨架多为 T 形截面梁［图 7-6 (b)］。板架结构可以承受多种类型的复杂载荷。

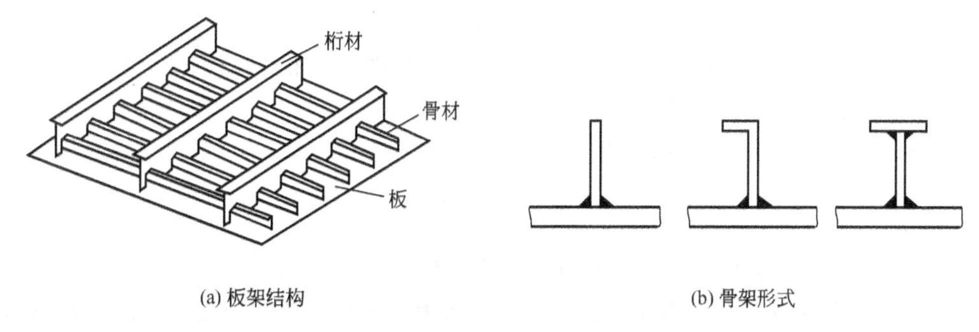

图 7-6　板壳结构的骨架形式

③ 箱形结构　箱型板壳结构主要是以板材经过冷或热加工后形成截面为方形、长方形、圆形，具有纵向焊缝的结构形式，也可以采用型材焊接而成，其抗弯能力和稳定性较强。在较大尺寸和特殊情况下，内部也可以加焊肋板以进一步提高其抗弯能力。

(3) 板壳结构的力学特征　板壳结构具有优异的综合力学特征，能够承受多方向的拉、压、弯、扭等形式的静载、动载和疲劳载荷，具有较强的形状稳定性和抗变形能力。板壳结构类型不同，其力学特征也不尽相同。

① 压力容器主要以单壁结构为主，承受较大的内部压力。在壳体壁板上形成以拉伸应力为主的多种应力，如内部压力引起的薄膜应力、附加载荷引起的弯曲应力、几何形状不连续引起的二次弯曲应力、温度差引起的温度应力和焊接过程引起的残余应力。这些拉伸应力

有可能使得局部应力达到材料的屈服强度和断裂韧性指标，造成变形和断裂。

② 梁柱结构是典型的板壳焊接结构形式，为了减轻自身的重量，往往采用薄板制造。梁柱的截面形状大多数为箱形、工字形、圆形、T形等。

一般的梁承受均布或集中横向弯矩力的作用。梁横截面上存在正应力和切应力两种应力，一般情况下，正应力是支配梁强度计算的主要因素，只有在某些特殊情况下，才需进行切应力强度校核。

在横向弯矩应力的作用下，横截面上的正应力由下列公式计算：

$$\sigma=\frac{My}{I_z} \tag{7-1}$$

式中，σ 为横截面上任意点处的正应力；M 为横截面上的弯矩；y 为横截面上任一点的纵坐标；I_z 为横截面对水平中性轴 z 的惯性矩。

由式(7-1) 可知，横截面上的正应力沿截面高度方向呈线性分布，在中性轴处的正应力为零，中性轴的上、下两侧截面分别受拉和受压，在上、下边缘处的正应力最大。这些拉应力一般都远小于薄板的拉伸强度，不会使板材产生拉伸屈服或断裂，而有利的作用是使薄板更加平整和美观。但压应力却会给薄板带来稳定性的问题，如果薄板构件所受轴向压应力小于临界失稳压应力，即 $\sigma_a<\sigma_{cr}$，则可以认为薄板构件不会发生局部失稳；反之则薄板结构将发生失稳。轻者引起板材变形，重者导致薄板结构的失效。

一般的柱主要承受轴向压力和受到偏心外力的弯曲力，应力是两者产生的应力之和。细长压杆的承载能力并不取决于轴向抗压强度，而取决于受压时是否能保持直线形态的平衡。若将外加压力考虑成与轴线重合的理想长柱力学模型，则将长柱由直线稳定平衡转化为不平衡时所受到的轴向压力的极限值称为临界失稳压应力，其计算公式为。

$$\sigma_{cr}=\frac{\pi^2E}{\lambda^2} \tag{7-2}$$

式中，λ 称为压杆的柔度或长细比，反应杆端约束情况、压杆长度、截面形状和尺寸等因素对临界失稳压应力的综合影响。

③ 板材所具有的临界失稳压应力为：

$$\sigma_{cr}=K\left(\frac{\delta}{B}\right)^2 \tag{7-3}$$

式中，δ 为板厚；B 为板宽；K 为与拘束情况有关的系数。

可见板的厚宽比越小，越易发生失稳。设计薄板结构最重要的问题是要保证其局部稳定性，提高局部稳定性的主要办法是：合理设计构件的截面形状、设置加强肋板、增加板厚或把薄板压制成为带凸肋或波纹形的构件，以期提高构件的临界失稳压应力 σ_{cr}。

7.2.3 实体结构及其力学特征

(1) 实体结构分类及适用范围　实体结构又称为实腹式结构，其工作截面组成是连续的，一般由轧制型钢制成，常采用角钢、工字钢、T形钢、圆钢管、方形钢管等。构件受力较大时，可用轧制型钢或钢板焊接成工字形、圆管形、箱形等组合截面。

实体结构主要按照其用途进行分类。在焊接结构产品中，实体结构主要应用于各种机器的机身和旋转构件，如机床机身、锻压机械梁柱、减速器箱体、柴油机机身、齿轮、滑轮、皮带轮、飞轮、鼓筒、发电机转子支架、汽轮机转子和水轮机工作轮等。

(2) 实体结构的基本形式　实体结构的主体形式是箱型结构，其断面形状为规则或不规则的三角形、四边形或多边形，也有圆形。典型实体结构是内燃机车柴油机焊接机身，其结构是由与主轴垂直和平行的许多钢板焊接而成的，见图 7-33。与主轴平行的板状元件有水平板、中侧板、支承板、内侧板和外侧板，这些纵向的钢板贯穿整个机身长度，内侧板、中侧板和外侧板上端和顶板焊在一起，下端和主轴承座焊在一起。与主轴垂直的钢板下端和主轴承座焊在一起，上端与左右顶板焊在一起。这些纵横交错的板材形成了大小不一、形状各异的箱格结构。

实体结构焊接接头形状多样，常有 T 形接头和角接接头，采用角焊缝连接。实体结构壁厚变化较大，不同厚度板材的对接接头，在厚板上采取平缓过渡措施。由于实体结构中各部位的力学性能要求不一样，常常采用铸造或锻造部件，因此实体结构多为铸焊联合结构、锻焊复合结构，或异种材料焊接形成的复合结构。

（3）实体结构的力学特征　实体结构多为机器部件，受力复杂。由于承受负载重量、运动部件之间的作用力和运动时产生的惯性力，尤其部件之间的作用力往往是高周或低周循环的交变载荷，因此实体结构要具有较高的静载强度和动载强度。实体结构也必须有足够的刚度，以保证机器运行时，在承受各种作用力的情况下不致发生不可接受的变形。

实体结构中的焊缝数量较多，且分布集中，不可避免存有严重的焊接残余应力，这对结构尺寸的稳定性有较大的影响，尤其是切削机床的机身要求尺寸稳定性更高，所以这类焊接机身必须在焊后进行消除残余应力处理。

实体结构的板材或型材厚度比较大，对断裂韧性有较高的要求，一般采用韧性比较高的低碳钢和低合金高强度钢材料。采用对接接头和全焊透的 T 形接头，承受各种拉、压、剪切、弯矩力的作用。对于承受动载的结构，在焊接接头设计上要考虑疲劳设计。

7.3　焊接结构设计

当金属结构采用焊接方法制造时，必须进行该产品的焊接设计。焊接产品设计包括焊接结构设计、焊接工艺设计、焊接设备设计、焊接工装设计、焊接材料设计、焊接车间设计等，每一项设计都有其详细的具体内容。焊接结构设计是焊接产品设计的中心内容，是在全面考虑了焊接接头静载力学性能、焊接变形与应力、焊接结构断裂性能、疲劳性能、应力腐蚀破坏、高温性能和焊接结构力学特征等特点的基础上进行的。

7.3.1　焊接结构的设计方法

（1）焊接结构设计的基本特点　焊接结构具有下列设计上的特点。

① 焊接结构的几何形状不受限制　只要具有足够操作空间的金属结构，都可以采用焊接结构。

② 焊接结构的外形尺寸不受限制　任何大型的金属结构，只要在起重和运输条件允许的尺寸范围，就可以把它划分成若干部件分别制造，然后吊运到现场组装焊接成整体。

③ 焊接结构的壁厚不受限制　被焊接的两构件的材料厚度，可厚可薄，厚与薄相差很大的两构件也能互相焊接。

④ 焊接结构的材料种类不受限制　在同一个结构上，可以按实际需要在不同部位配置不同性能的金属材料，做到物尽其用，如复合齿轮等。

⑤ 可以充分利用轧制型材组焊成所需要的结构　这些轧制型材可以是标准的，也可以

按需要设计成专用的，这样的结构重量轻、焊缝少。

⑥ 可以和其他工艺方法联合制造　如设计成铸-焊结构、锻-焊结构、栓-焊结构、冲压-焊接结构等。

(2) 焊接结构设计的基本要求　所设计的焊接结构应当满足下列基本要求。

① 实用性　焊接结构必须达到产品所要求的使用功能和预期效果。

② 可靠性　焊接结构在使用期内必须安全可靠，受力必须合理，按需要能满足静载强度、疲劳强度、韧性、刚度、稳定性、抗振性和耐蚀性等各方面的要求。

③ 工艺性　金属材料应具有良好的焊接性能，焊接结构必须能够方便地进行焊接操作，能够进行焊前预加工和必要的焊后处理，也具有焊接与检验操作的可达性。此外，焊接结构设计也应考虑机械化和自动化焊接的要求。

④ 经济性　制造焊接结构时，所消耗的原材料、能源和工时应最少，其综合成本尽可能低。

对一个具体焊接产品来说，这些基本要求必须统筹兼顾，它们之间的关系是：以实用性为核心，以可靠性为前提，以工艺性和经济性为制约条件。此外，在可能的条件下还应注重结构的造型美观。

(3) 焊接结构设计的基本方法　对于大型复杂的焊接结构设计，一般分为初步设计、技术设计和工作图设计三个工作阶段，其中最重要的确定焊接结构形状和尺寸的任务是在技术设计阶段完成。从发展的角度来分，设计方法有传统设计方法和现代设计方法，焊接结构设计目前大量采用的仍然是传统设计方法，如许用应力设计法；大型或重要的焊接结构设计，逐渐采用现代设计方法中的可靠性设计法；随着计算机和有限元方法的发展，对于焊接结构局部细节，已经开始采用有限元数值模拟辅助设计方法。

① 许用应力设计法　许用应力设计方法又称安全系数设计法或常规定值设计法，是以满足工作能力为基本要求的一种设计方法。对于一般用途的构件，设计时需要满足的强度条件或刚度条件分别为：

工作应力≤许用应力

工作变形≤许用变形

或者　　安全系数≥许用安全系数

许用应力、许用变形和许用安全系数一般由国家工程主管部门根据安全和经济的原则，按照材料的强度、载荷、环境情况、加工质量、计算精确度和构件的重要性等予以确定。在我国，锅炉、压力容器、起重机、铁路车辆、桥梁等行业都在各自的设计规范中确定了各种材料的许用应力、许用变形和许用安全系数。

② 可靠性设计法　在机械工程中可靠性设计是保证机械及零部件满足给定的可靠性指标的一种机械设计方法。与上述许用应力设计法不同，可靠性设计把与设计有关的载荷、强度、尺寸和寿命等数据如实地当作随机变量，运用了概率理论和数理统计的方法进行处理，因而其设计结果更符合实际，做到既安全可靠而又经济实用。对于重要的机械或要求质量优、可靠性高的构件都应采用这种设计法。

可靠性设计是一门新兴学科，目前正处在积极发展和完善阶段，设计所需的呈分布状态的各种数据，有些还需试验、采集和积累。在我国，按照 GB 50017—2003《钢结构设计规范》规定，工业与民用房屋和一般构筑物的钢结构设计，除疲劳强度计算外，应采用以概率理论为基础的极限状态设计方法，这是为了保证所设计的构件能满足预期的可靠度要求，必须使载荷引起在构件截面或连接中的应力效应小于或等于其强度设计值。

③ 有限元数值模拟辅助设计法　上述两种方法都属于数学中的解析方法，适用于焊接结构的整体形状和尺寸的设计。对于焊接结构的局部细节来说，计算起来烦琐而又不准确。近年来，有限元数值模拟方法在焊接结构设计中的应用得到快速发展，逐渐形成了独具特色的有限元数值模拟辅助设计法。与许用应力设计法或可靠性设计方法共同使用，弥补了这两种方法的细节问题处理的不足，使得焊接结构更加安全可靠。

采用有限元数值模拟辅助设计方法来分析已设计焊接结构静态或动态的物理系统，可以得出焊接结构局部区域的工作应力分布，尤其是焊接接头的工作应力分布和应力集中状态，从而改进连接节点和焊缝的形状及尺寸设计。结合焊接热过程知识，可以模拟焊接过程中焊接应力和变形的演变过程，改进焊接接头位置和焊接顺序的设计，进一步通过重新设计，调控焊接残余应力分布。结合断裂力学知识，可以分析焊接缺欠甚至潜在缺陷区域的塑性变形范围，评价焊接接头的安全可靠性，改进焊接结构的局部设计。目前，常用的有 ANSYS、ABQUS、SAP2000、SYSWELD 等商业性有限元软件，也可以针对特定的焊接结构在此基础上进行二次开发。

7.3.2　焊接结构设计的合理性分析

7.3.2.1　从实用性和可靠性分析焊接结构的合理性

焊接结构种类繁多，焊接接头形式多样，焊接方法数以百计，设计者在设计时有充分的选择余地。应当从焊接结构实用性和焊接接头可靠性角度出发进行设计，尽可能发挥焊接结构的承载能力，提高使用寿命。

(1) 合理选择基体材料和焊接材料　所选用的金属材料必须同时能满足结构使用性能和加工性能的要求。使用性能包括材料强度、塑性、韧性、耐磨性、抗腐蚀性、耐高温、抗蠕变性能等。对承受交变载荷的结构，要考虑材料的疲劳性能；对大型构件和低温环境的材料还需考虑断裂韧性的要求。加工性能主要是指材料的焊接性能，同时也要考虑其冷、热机械加工的性能，如金属切削、冷弯、热切割、热弯和热处理等性能。

全面考虑结构的使用性能，有特殊性能要求的部位可采用特种金属，其余部位采用能满足一般要求的廉价金属。例如，对于大型齿轮，齿面是工作面，要求具有较高的强度和耐磨性，可以用价格较高的合金材料，而轮辐及轮毂则可用一般的碳钢材料。应当充分发挥异种材料可以焊接的优势。

焊接材料的选择取决于与基体材料的匹配状态，一般有成分匹配和强度匹配两种形式。对于具有抗腐蚀性能要求的结构，按照成分匹配选择焊接材料，即要求焊接材料熔敷金属的化学成分与基体材料的化学成分相当，可以抵抗化学腐蚀、电化学腐蚀。大多数焊接结构是以强度匹配要求为主，依照焊缝金属与母材金属的屈服或断裂强度的大小，分为高强匹配、等强匹配和低强匹配三种形式，这要依据材料的钢种和具体结构形式而选择。

(2) 合理设计焊接接头形式　在各种焊接接头中，对接接头应力集中程度最小，是最为理想的接头形式，应尽可能采用，质量优良的对接接头可以与母材等强度。但用盖板“加强”对接接头［图 7-7 (a) 和 (b)］是不合理的接头设计，尤其是单盖板接头的动载性能更差。角焊缝接头应力分布不均匀，应力集中程度大，动载强度低，但这种形式接头是不可避免的，采用时应当采取适当措施提高其动载强度。单面焊丁字接头［图 7-7 (c)］是不合理的接头设计，难以承受横向力 F_y 和弯矩 M 的作用，应改为双面焊丁字接头，这样承载能力会大幅度提高。搭接接头装配简单，但应力集中程度大，多数情况下搭接接头是可以改为对接接头的。

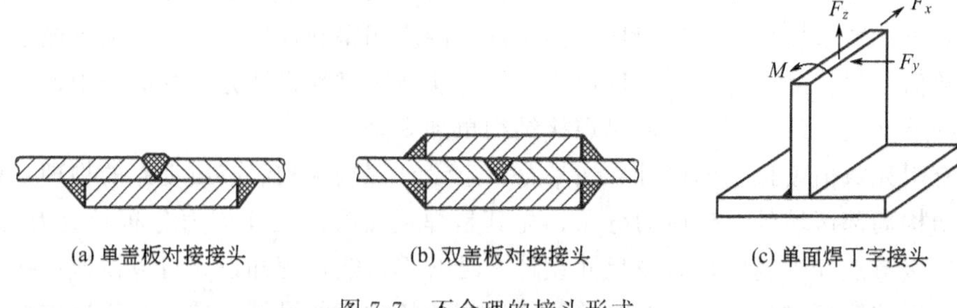

图 7-7　不合理的接头形式

（3）合理布置焊接接头位置　尽管质量优良的对接接头可以与母材等强度，但是考虑到焊缝中可能存在的工艺缺陷会减弱结构的承载能力，设计者往往把焊接接头避开工作应力最高位置。对于工作条件恶劣的结构，焊接接头尽量避开截面突变的位置，至少也应采取措施避免产生严重的应力集中。例如，小直径的压力容器采用大厚度的平封头，如图 7-8（a）所示的角接接头应力集中严重，承载能力低。如果在平封头上加工一个槽［图 7-8（b）］，角接接头就成为准对接接头，这样就改善了接头的工作条件，避免在焊缝根部产生严重应力集中。

在集中载荷作用处，必须有较高刚度的依托，例如两个支耳直接焊在工字钢的翼缘上［图 7-9（a）］，背面没有任何依托，在载荷作用下支耳两端的焊缝及母材上应力很高，极易产生裂纹。若将两个支耳改为一个，焊在工字钢翼板的中部，支耳背面有腹板支撑［图 7-9（b）］，在受力时有可靠的依托，则应力分布较为均匀，其强度得到保证。

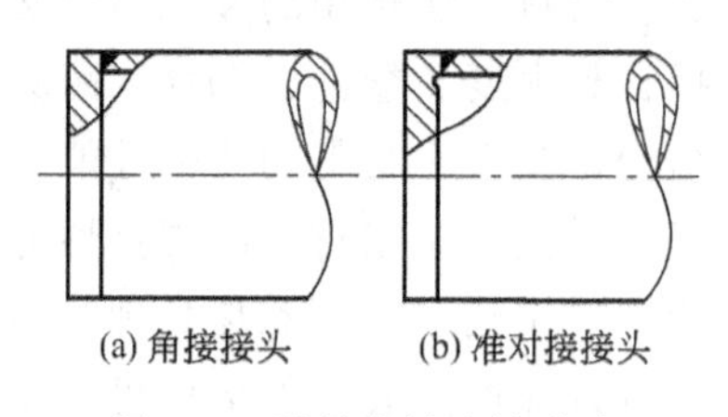

图 7-8　平封头的连接形式

两个工字钢垂直连接时，如果两者直接连接而不加肋板［图 7-10（a）］，则连接翼缘和柱的焊缝中应力分布不均，焊缝中段应力较高。如果按应力均匀分布进行设计，焊缝中段可能因过载而发生断裂。若在柱上加焊肋板［图 7-10（b）］，则应力分布均匀，承载能力将大大提高，是比较合理的结构形式。

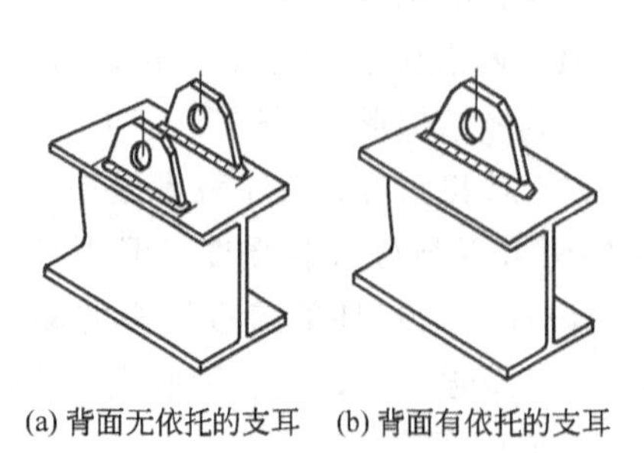

图 7-9　支耳的布置形式

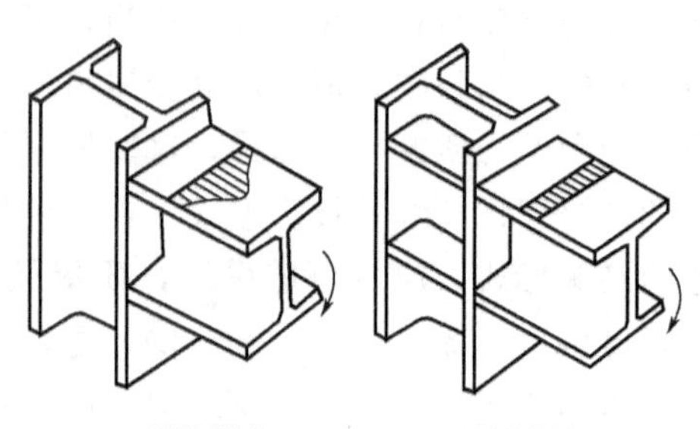

图 7-10　工字梁的垂直连接

工字梁的对接方式有多种形式，最简单的对接方式如图 7-11（a）所示，焊接顺序 1→2→3→4→5。但这种对接方式有一个最大的缺点，就是由于焊缝金属不可避免地存在焊接缺陷，焊缝金属集中在一个横截面上，一旦局部出现问题，很容易影响整个截面的安全性。采用如图 7-11（b）所示的对接方式，焊缝金属互相错开，出现问题互不影响，这就使得对接区域的安全性得到较大提高。焊接顺序 1→2→3→4→5 可以使得下翼板预制压应力，上翼板预制拉应力，使工字梁承受更大的外载荷或提高安全性。

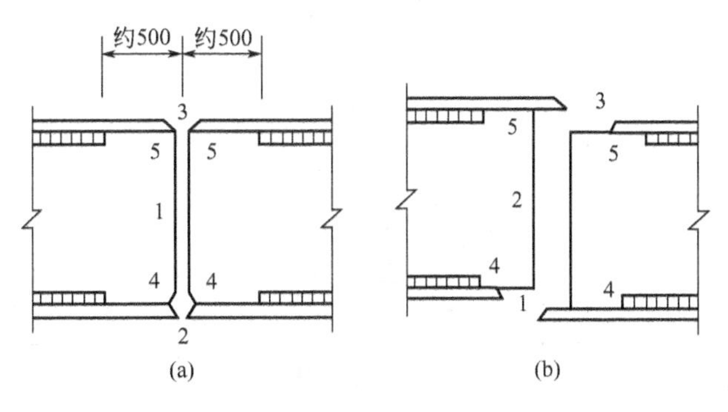

图 7-11 工字梁的水平对接

总之，合理的焊接接头设计不仅能保证结构的焊缝和整体的强度，还可以简化生产工艺、降低制造成本。设计焊接接头时应掌握以下原则：焊缝位置不要布置于最大应力处、载荷集中处、截面突变处；焊缝位置尽量能够处于平焊位置；焊接变形和应力小；焊接接头位置便于检验。部分不合理的焊接接头设计及改进后的设计形式见表 7-3。

表 7-3 焊接接头的合理性

接头设计原则	易失效的设计	改进后的设计
增加正面角焊缝		
设计的焊缝位置应便于焊接和检验		
搭接焊缝处为减小应力集中，应设计成有一定缓和应力的接头		
切去加强筋端部的尖角	$\alpha<30°$	
焊缝应分散布置		
避免交叉焊缝		
焊缝应设计在中性轴或靠近中性轴对称的地方		

续表

接头设计原则	易失效的设计	改进后的设计
受弯曲的焊缝应设计在受拉的一侧，不能设计在受压未焊的一侧	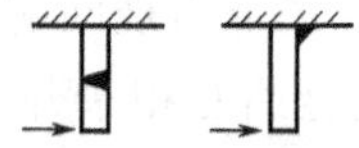	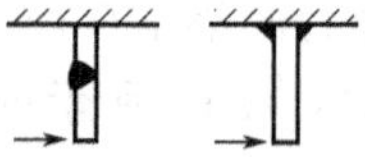
避免焊缝布置在应力集中处	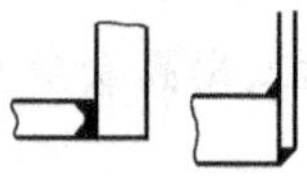	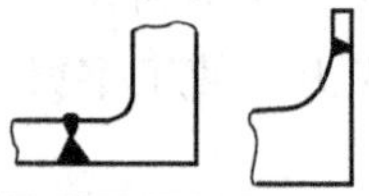
焊缝应避开应力最大处	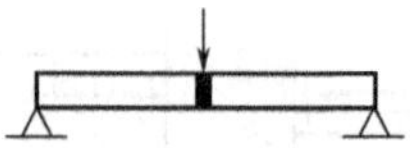	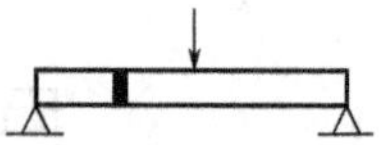
加工面应避免有焊缝	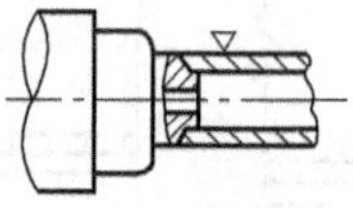	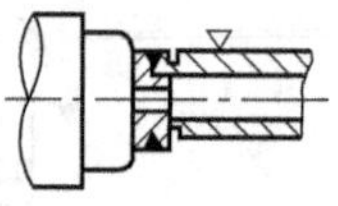
自动焊的焊缝位置应设计在焊接设备调整次数和工件翻转次数最少的部位	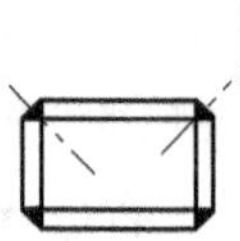 自动焊机机头轴线位置	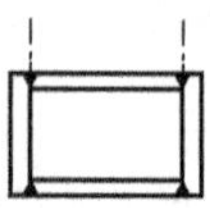 自动焊机机头轴线位置

7.3.2.2 从工艺性及经济性分析焊接结构的合理性

焊接结构的制造工艺性和经济性是紧密相关的，工艺性不好的结构不仅制造困难，而且往往提高产品的制造成本。它们与备料工作量、结构形状尺寸、焊接操作可达性、产品的批量、设备条件、制造工艺水平和技术人员水平等许多因素有关。

（1）焊接结构的备料工作量　焊接结构制造工艺及成本在很大程度上与备料工作有关。以厚度为 40mm 的对接接头坡口加工为例，对接焊缝的每米长焊缝金属量随坡口形式而异，V 形坡口需要 14kg，X 形坡口需要 7.6kg，U 形坡口需要 8.3kg，双 U 形坡口需要 7.2kg。从填充材料量和焊接工作量来看，双 U 形坡口最经济，但是从坡口加工方法来看，双 U 形坡口必须机械切削加工，而 X 形坡口可以气割加工，所以双 U 形坡口加工费用较高，直边坡口加工容易。综合考虑，采用 X 形坡口较好。

对于要求焊透的厚板，不管是对接接头、T 形接头还是角接接头等，都要求开坡口。坡口的形式和尺寸主要根据钢结构的板厚、选用的焊接方法、焊接位置和焊接工艺等来选择和设计。总体原则是：焊缝金属填充量尽量少，具有良好的可达性，坡口的形状容易加工，便于调控焊接变形。

（2）焊接结构形式与焊接工艺选择　如图 7-12 所示的带锥度的弯管，可以分别采用铸造、锻造和焊接的方法制造。如图 7-12（a）所示的结构形式适于铸造方法制造，尺寸小、批量大时，较为经济。采用焊接方法制造时，如图 7-12（b）所示的结构形式比较适合，且适合于大尺寸、小批量生产。如果生产批量很大，则可以将弯管分成两半压制成形，然后拼焊，这个方案焊接工作量可以减少。从这个实例也可以得出结论，结构的合理性和生产条件密切相关。

（3）焊缝的可焊到性和可检测性　又综合称为可达性，即必须使结构上每条焊缝都能方便地施焊和方便地进行质量检查。保证焊缝周围有供焊工自由操作和焊接装置正常运行的条件，需要质量检验的焊缝，其周边应该能有足够的空间进行探伤操作。尽量使焊缝都能在工厂中焊接，减少工地焊接量；减少焊条电弧焊焊接工作量，扩大自动焊焊接工作量；双面对接焊时，操作较方便的一面用大坡口，施焊条件差的一面用小坡口。必要时改用单面焊双面成形的接头坡口形式和焊接工艺。

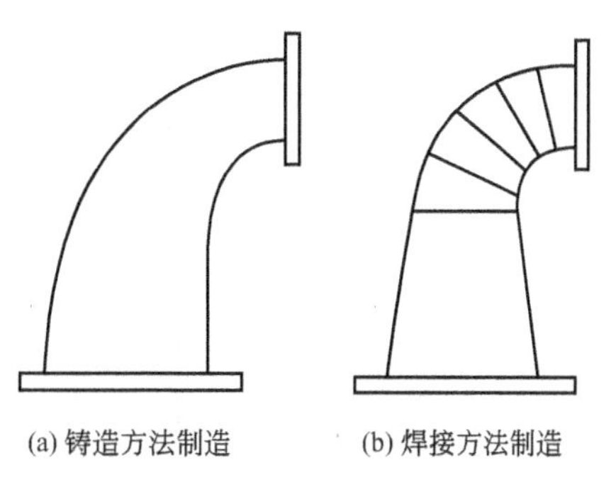

图 7-12　弯管头形式

每条焊缝都应当安排在便于施焊的位置上，但实际结构中往往有的焊缝处于不便施焊的位置。例如，如图 7-13 所示的 3500t 压力机的活动横梁，梁的长度为 9m，纵向肋板与腹板距离太近，底部焊缝施焊不便，焊工处于不方便的操作位置。设计者往往忽略了这个问题，不仅造成施焊劳动条件很差，而且难以保证焊接质量，这需要改进原始设计方案。如图 7-14（a）所示是一些可焊到性较差的焊缝位置，如图 7-14（b）所示是改进后的焊缝位置，其可焊到性提高，但这还依赖于构件的大小和施焊空间的位置。

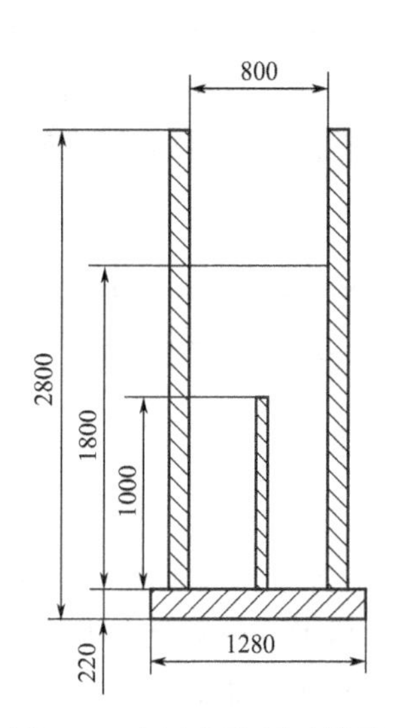

图 7-13　压力机的活动横梁

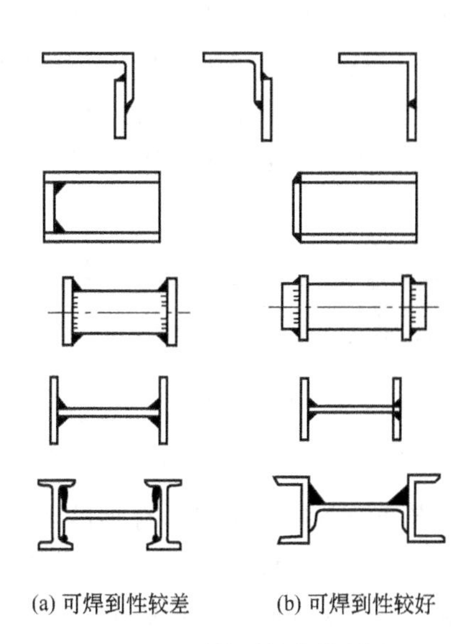

7-14　可焊到性的举例

必须充分考虑装配焊接次序对可焊到性的影响，以保证装配工作能顺利进行。例如，采暖锅炉的前脸，由两块平行的钢板组成，两块钢板相距 100mm，板间用许多拉杆支承，内部承受压力。如果把拉杆与两块钢板连接设计成如图 7-15（a）所示的形式，则工艺性极差很不合理，试想把数百个拉杆焊在钢板上，必然引起严重的翘曲变形，焊后再把数百个拉杆同时对准另一块钢板上的数百个孔，这显然是难以实现的。把拉杆和钢板的连接形式改成如图 7-15（b）所示的形式，则装配和焊接方便，焊后变形也很小。

（4）减少焊接工作量　减少焊接工作量有利于降低焊接应力、减小焊接变形和焊接缺陷的可能性，它包括减少焊缝的数量和焊缝填充金属量。在保证焊透的前提下对接焊缝选用填充金属量最少的坡口形式。在保证强度要求的前提下，角焊缝尽可能用最小的焊脚尺寸。尽量选用轧制型材，利用冲压件代替一部分焊件，角焊缝多且密集的部位，可用铸钢件代替。

（5）焊接变形的控制　焊接变形是生产上常遇到的问题，合理的焊接结构设计焊后应变

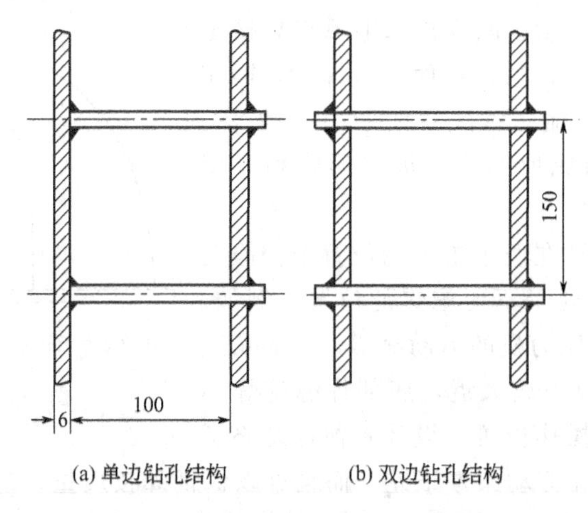

图 7-15 锅炉前脸拉杆连接形式

形较小。把复杂的结构分成为几个部件制造，尽量减少最后总装配时的焊缝，对于防止结构总体变形是有利的。例如货车底架的横梁与中梁装配，按如图 7-16（a）所示的结构形式来总装配，上、下板是一块通长的钢板，上翼板与腹板间的翼缘焊缝必须在装配之后焊接，焊后横梁两端向上翘起。如果把横梁上翼板分成为两段，则横梁可以分成两个部件制造，总装时把上翼板用对接焊缝连接起来［图 7-16（b)］，这样既降低了总装时的焊接工作量，也减少了焊接变形。

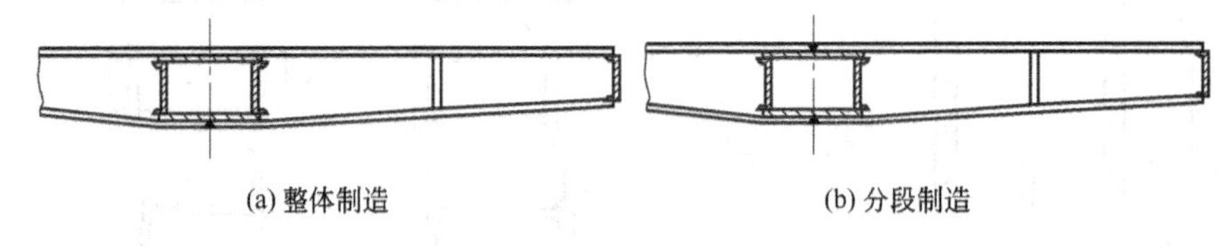

图 7-16 火车横梁连接形式

（6）操作者劳动条件的改善　合理的焊接结构设计还应保证焊接工作有良好的劳动条件。处于活动空间很小的位置施焊，或者在封闭空间操作，对操作者健康十分有害，也难以保证焊接质量。容器设计时应尽量选用单面 V 形或 U 形坡口，并用单面焊双面成形的工艺方法确保焊透，使焊接工作在容器外部进行，把在容器内部施焊的工作量减少到最低限度。

（7）材料的合理利用　合理利用材料就是要力求提高材料的利用率，降低结构的成本，设计者和制造者都必须考虑这个问题。在划分结构的零部件时，要合理安排、全面考虑备料的可能性，尽量减少余料，可以采用现代化的数控排料软件和下料设备进行备料工作。尽可能选用轧制的标准型材和异型材，这样不仅减少了许多备料工作量，还减少了焊缝数量，可以降低焊接应力、减小焊接变形。

节省材料与制造工艺有时发生矛盾，在这种情况下必须全面分析。例如降低结构的壁厚可以减轻重量，但是为了增强结构的局部稳定性和刚性必须增加更多的加强肋，因而增加了焊接和矫正变形的工作量，产品的成本很可能反而提高。一些次要的零件应该尽量利用一些边角余料。例如，桥式起重机主梁的内部隔板可以用边角余料拼焊而成（图 7-17)，虽然增加了几条短焊缝，但是节省了整块钢板。

充分挖掘材料潜力也可以节省材料。例如，把轧制的工字钢按锯齿状切开［图 7-18（a)］，然后再按如图 7-18（b）所示的结构形式焊接成为锯齿合成梁，在重量不变的情况下

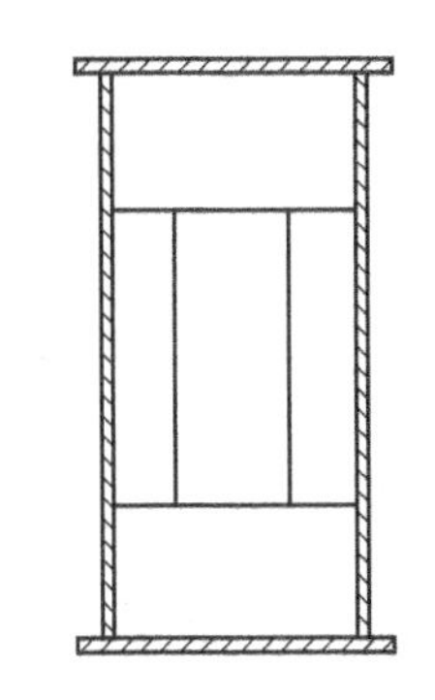

图 7-17　箱型梁的拼焊隔板

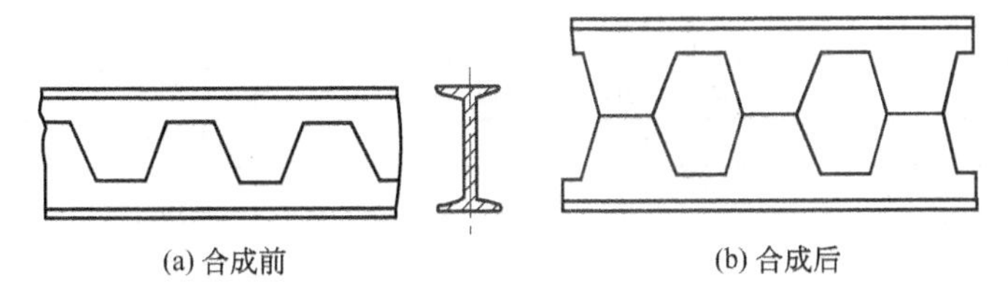

图 7-18　锯齿合成梁

刚性可以提高几倍。这种梁适用于跨距较大，而载荷不高的情况。

7.3.3　焊接结构设计中应注意的问题

（1）考虑自动化焊接的结构设计　近年来，焊接过程自动化得到飞速发展，自动化、智能化、机器人焊接技术已经应用于焊接结构的制造中。因此，焊接结构的设计应当考虑这些技术的特点，在焊缝位置、接头形式、焊接顺序、操作空间等方面给予支持，不仅提高了焊接质量，也极大地提高了焊接生产效率。

（2）考虑现代化生产管理的结构设计　大型焊接结构采用部件组装的生产方式有利于工厂的组织与管理。要合理进行分段，要综合考虑起重运输条件、焊接变形的控制、焊后处理、机械加工、质量检查和总装配等因素，力求合理划分、适于组织、便于管理。

随着计算机技术与信息化的快速发展，部分大中型企业已经建立了基于网络信息的现代生产管理系统，实现了从产品设计、任务下达、任务分解到班组生产的无纸化信息传递，极大地提高了生产效率，降低了产品生产周期，促进了全面质量管理水平提高。焊接结构设计应当主动适应现代生产管理系统的要求，更加有利于生产组织与管理。

7.4　焊接结构实例分析

焊接结构的应用实例数以千计，结构类型多种多样，仅全焊焊接结构的产品就不胜枚举。本节列举工程应用中常见的具有代表性的大型全焊焊接结构，论述其结构类型、力学特征、焊接接头设计要点以及介绍典型的焊接结构产品。

7.4.1　压力容器

压力容器结构形式属于板壳结构。基于压力容器承受压力大、使用环境恶劣和密封性强的要求，焊接技术成为制造压力容器的最佳方法，对于大型压力容器而言也可以说是唯一的方法。

（1）压力容器的分类　压力容器的分类方法很多，常用的分类见表 7-4。

表 7-4　压力容器常用的分类

分类	类别				
工作温度	低温容器	常温容器	高温容器	一般容器	
	$T\leqslant-20℃$	$-20℃<T<350℃$	$T\geqslant350℃$	常温常压容器	
工作压力	常压容器	低压容器	中压容器	高压容器	超高压容器
	$p<0.1$MPa 非密封容器	0.1MPa$\leqslant p<$1.6MPa	1.6MPa$\leqslant p<$10MPa	10MPa$\leqslant p<$100MPa	$p\geqslant$100MPa
工作用途	贮罐类	锅炉类	化工反应釜类	冶金行业类	特殊用途类
	立、卧贮罐以及球罐、贮气罐等	工业锅炉和电站锅炉及其锅筒等	反应器（罐）、蒸煮球、合成塔、洗涤塔等	高炉、平炉、转炉、热风炉、水泥窑炉等	核容器、潜艇、航空航天器等
形状	圆筒形容器	球形容器	水滴状容器		
	卧式、立式容器	球罐，同等容积表面积最小，装气体时，表面受力均匀	装液体时，表面受力均匀一致		
钢板厚度	薄壁容器	厚壁容器	多层容器		
	$\frac{\delta}{D_n}\leqslant0.1$ 或 $K=\frac{D_w}{D_n}\leqslant1.1$	$\frac{\delta}{D_n}>0.1$ 或 $K=\frac{D_w}{D_n}>1.1$	采用几层或十几层叠加制造		
安全管理	第一类压力容器	第二类压力容器	第三类压力容器		
	综合考虑设计压力、容积大小和介质的危害程度等因素而进行划分的，其中第三类压力容器对设计、制造和检验的要求最严格				

注：δ 为钢板厚度；D_w 为容器外直径；D_n 为容器内直径。

（2）压力容器的力学特征

① 强度计算　薄壁容器的壁厚比其直径小很多，应力在壁板厚度上可视为均匀分布，按薄膜应力计算。厚壁容器壁厚较大，厚度上的应力分布不可忽视，按最大应力计算。计算方法见表 7-5。

表 7-5　压力容器的强度计算

类型	薄壁球形容器	薄壁圆筒形容器	厚壁容器
示意图	σ σ	σ_θ σ_t	P σ_θ σ_p
受力特点	厚度上应力分布均匀，壁板中各方向应力相等	厚度上应力分布均匀；环向应力 σ_θ 是轴向应力 σ_t 的 2 倍	壁厚较大，厚度上的应力分布不可忽视。在厚度方向上，σ_t 为恒值拉应力，σ_θ 为变拉应力，σ_p 为变压应力，在简壁内侧面处，两者同时达到最大值
基本公式	$\sigma=\frac{PD_n}{4\delta}\leqslant[\sigma']$	$\sigma_\theta=\frac{PD_n}{2\delta}\leqslant[\sigma']$ $\sigma_t=\frac{PD_n}{4\delta}\leqslant[\sigma']$	$\sigma_{\theta_{max}}=\frac{PD_n^2}{D_w^2-D_n^2}\left(\frac{D_w^2}{D_n^2}+1\right)\leqslant[\sigma_t']$ $\sigma_{p_{max}}=-\frac{PD_n^2}{D_w^2-D_n^2}\left(\frac{D_w^2}{D_n^2}-1\right)\leqslant[\sigma_a']$

注：σ_θ 为环向应力（MPa）；σ_t 为轴向应力（MPa）；σ_p 为厚度方向应力（MPa）；D_w 为外径；D_n 为内径。

② 焊接接头力学特征　压力容器的焊接接头承受着与壳体相同的各种载荷、温度和工作介质的物理化学作用，不仅应具有与壳体基体材料相等的静载强度，而且应具有足够的塑性和韧性，以防止这些受压部件在加工过程中以及在低温和各种应力的共同作用下产生脆性破裂。在一些特殊的应用场合，接头还应具有抗工作介质腐蚀的性能。因此，对焊接接头性

能要求的总原则是等强度、等塑性、等韧性和等耐蚀性。

(3) 压力容器焊接接头设计　单层受压壳体上的焊接接头按其受力状态及所处部位可以分成 A、B、C、D、E 五类，如图 7-19 所示，其设计要求见表 7-6。

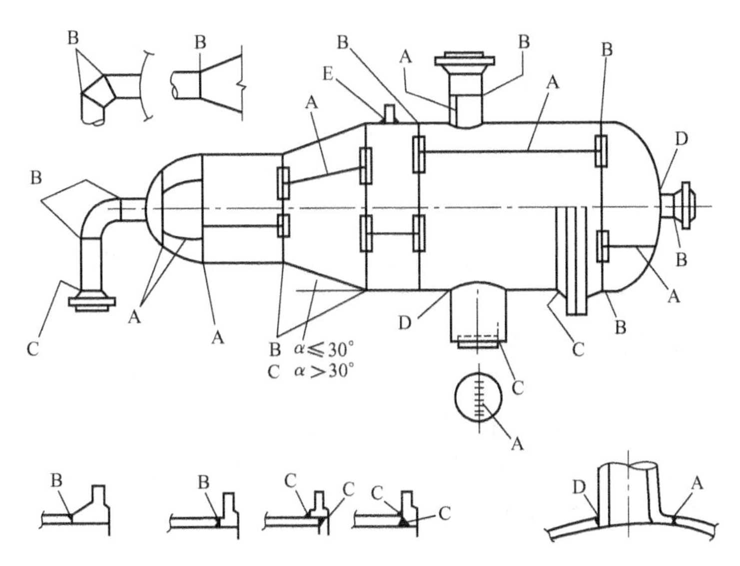

图 7-19　压力容器焊接接头的分类示意图

表 7-6　压力容器中的设计要求

分类	接　头　类　型	焊接接头设计要求
A 类	指圆柱形壳体筒节的纵向对接接头，球形容器和凸形封头瓜片之间的对接接头，球形容器的环向对接接头，镶嵌式锻制接管与筒体或封头间的对接接头，大直径焊接三通支管与母管相接的对接接头	A 类和 B 类焊缝必须为全焊透对接焊缝的接头形式，一般为双面焊接头形式，也可采用单面开坡口的接头形式。单面开坡口的接头应采用氩弧焊完成全焊透的封底焊道，或在焊缝背面加临时衬垫或固定衬垫，采用适当工艺保证根部焊道与坡口两侧完全熔合
B 类	指圆柱形、锥形筒节间的环向对接接头，接管与筒节间及其与法兰相接的环向对接接头，除球形封头外的各种凸形封头与筒身相接的环向接头	为避免相邻焊接接头残余应力的叠加和热影响区的重叠，焊缝之间的距离至少应为壁厚的 3 倍，且不小于 100mm。焊缝及其附近不应直接开管孔，焊缝应布置在不直接受弯曲应力作用的部位
C 类	法兰、平封头、端盖、管板与筒身、封头和接管相连的角接接头，内凹封头与筒身间的搭接接头以及多层包扎容器层板间纵向接头等	不必要求采用全焊透的接头形式，而采用局部焊透的 T 形接头。低压容器中的小直径法兰甚至可以采用不开坡口的角焊缝来连接，但必须在法兰内外两面进行封焊，这可以防止法兰的焊接变形
D 类	接管、人孔圈、手孔盖、加强圈、法兰与筒身及封头相接的 T 形或角接接头	常用接头形式有：插入式接管全焊透 T 形接头、局部焊透 T 形接头、带补强圈接管 T 形接头、安座式接管的角接接头以及小直径法兰和接管的角接接头
E 类	吊耳、支撑、支座及各种内件与筒身或封头相接的角接接头，即非受压件与受压部件相连接的搭接接头	采用双面开坡口的全焊透角焊缝的接头形式，主要用于吊耳、支架、角撑等承载部件与壳体的连接

(4) 圆筒形容器结构与接头的设计

① 圆筒形容器的结构组成　锅筒是水管锅炉中最重要的受压部件之一，是典型的圆筒形容器，如图 7-20 所示，主要由筒体、封头、下降管和接管等组成。

② 圆筒形容器焊接接头的设计

a. 纵向焊缝和环向焊缝　设计和制造这种容器应尽量避免应力集中，全部采用全焊透对接接头，并且使焊缝和母材之间平滑过渡。为了保证焊缝双面成形良好，施焊时应在焊缝背面设置可拆卸式的临时垫板。圆筒形容器的纵向焊缝必须与母材等强度，环向焊缝的工作

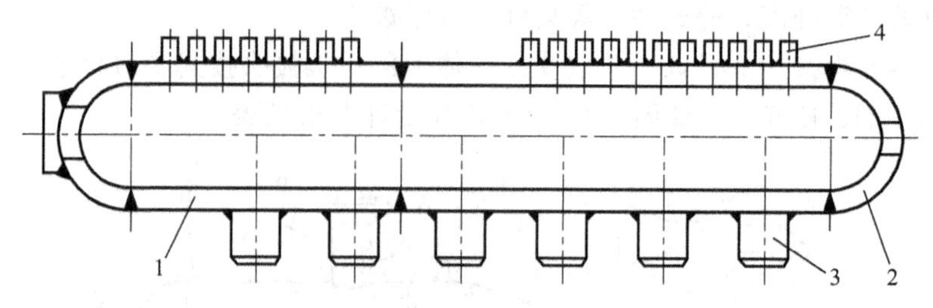

图 7-20 锅筒的典型结构

1—筒体；2—封头；3—下降管；4—接管

应力只有纵向焊缝的一半，因此对环向焊缝的强度要求较低。各筒节间的环向焊缝以及筒节和封头间环向焊缝一般都采用埋弧自动焊方法施焊。

b. 容器上的支管连接　在锅炉汽包、压力容器、球罐等容器上，需要焊接各种类型的管道、支管等。

下降管管接头与筒体的连接，由于接头的拘束度较大，焊接残余应力较高，受力状态较复杂且应力集中系数高，故应采用如图 7-21（a）所示的全焊透接头形式。对于直径小于 133mm 的接管允许采用局部焊透的接头形式，但坡口的形状和尺寸必须保证足够的焊缝厚度，如图 7-21（b）所示。

对于薄壳容器采用如图 7-21（c）所示的加强板插入式接管。当壁厚较大或支管直径较小时，可采用如图 7-21（d）所示的贯穿型直接插入，双面焊缝焊透为佳，也可以采用如图 7-21（b）所示平置式安座式接管，焊缝单面焊透。

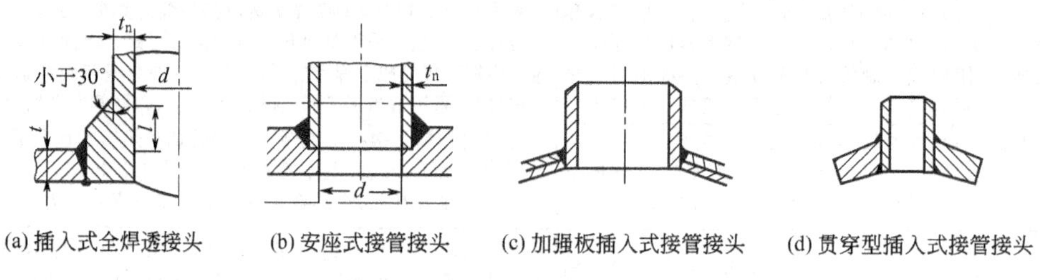

图 7-21 容器上支管焊接方式

c. 管板连接　管子与管板之间的接头形式有如图 7-22 所示的各种方案，大多数方案是把管子穿入管板的孔中，从外面施焊，为了降低焊缝的拘束度，在管板上加工出来一个环形沟槽［图 7-22（a）］。为使管子与管板更紧密配合，在施焊之前把管子端部向外扩张［图 7-22（b）］，焊后管子端部再向外扩张一次，以降低残余应力，更加有利。管板接头在工作中可能受到较大的弯曲应力，最大应力处于管板表面，将焊缝置于管板中间，焊缝将处于低应力区［图 7-22（c）］。如图 7-22（d）、（e）所示的接头采用对接焊缝，受力情况最好，但装配工艺复杂，并且需要用特殊的气体保护焊炬施焊。在图 7-22 中，每个图的中心线左侧表示焊前，右侧表示焊后。

d. 开孔与补强　筒体与封头上开设孔后，开孔部位的强度被削弱，一般应进行补强。补强措施有管补强，即管子的壁厚增加［图 7-23（a）］；补强圈，即外加钢圈［图 7-23（b）］；孔补强，即孔周边基体材料壁厚增加［图 7-23（c）］。如果不采取对孔的补强措施，就必须增加基体壁厚才能保证强度要求，但这样浪费材料。

（5）多层容器结构与接头的设计　大型高压容器随着壁厚增加，其脆断的危险性也增

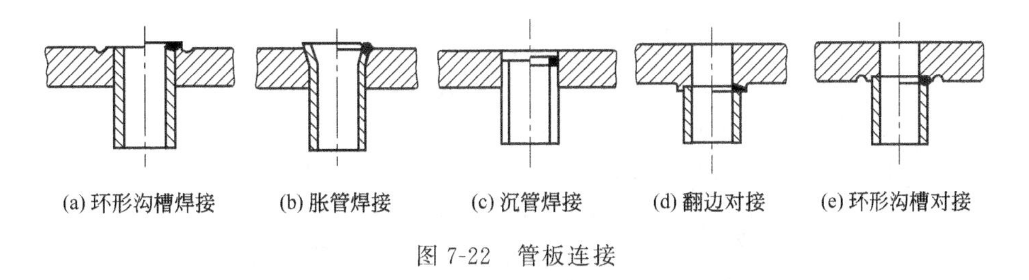

图 7-22　管板连接

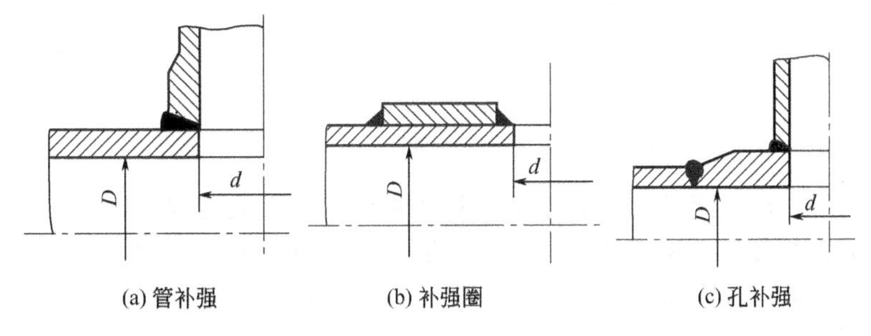

图 7-23　开孔与补强

加，采用较薄的材料多层制造可以避免脆断的发生。多层高压容器的实例如图 7-24 所示，封头和法兰是单层的，环向焊缝用埋弧焊多层焊对接。多层容器抗脆断性能好，爆破试验表明，破断是塑性的。多层容器焊后不进行热处理，所以大型容器可以在工地上施焊。多层容器中存在的残余应力有紧箍作用，对于整体强度有利，可以提高容器的承压能力。在多层容器的筒体上开孔接管不太方便，在多数情况下把管接头设置在单层的封头和法兰上。多层容器制造方法有许多种，常用的有层板包扎法、绕板法、热套法、绕带法等。

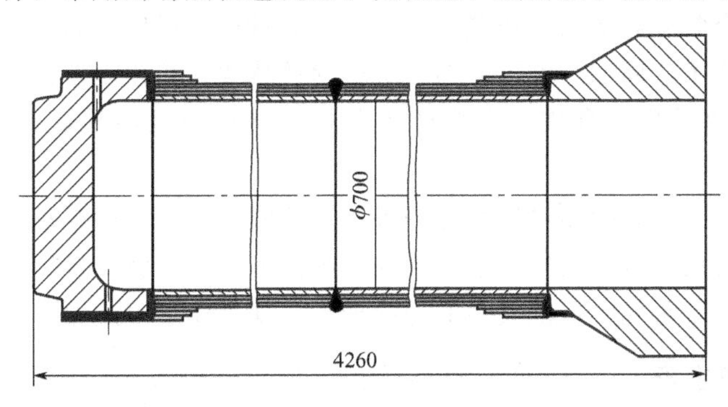

图 7-24　多层高压容器的实例

(6) 球形容器结构及其焊接制造

① 球形容器的结构　球形容器在工程上也称为球罐。典型球形容器的结构如图 7-25 所示，通常分为南极带、南温带、赤道带、北温带和北极带等部分，也有以赤道环缝为界将球体分为南北两个半球的。每一圈带板均由若干块“橘瓣”形或足球壳块形钢板（又统称瓜片）组焊而成［图 7-25（a）和（b）］。当球体焊接完成后，由若干支承将其架设在空间即可供使用。

球罐纵焊缝对接接头如图 7-25（c）所示。由于钢板要焊透并要尽量降低角变形，因此采用不对称对接坡口形式。

② 球形容器的制造　球罐生产工艺方案通常有下列三种。

a. 分片预制、现场整体装焊方案　将每一带板中的相邻三块（块数多少取决于尺寸及

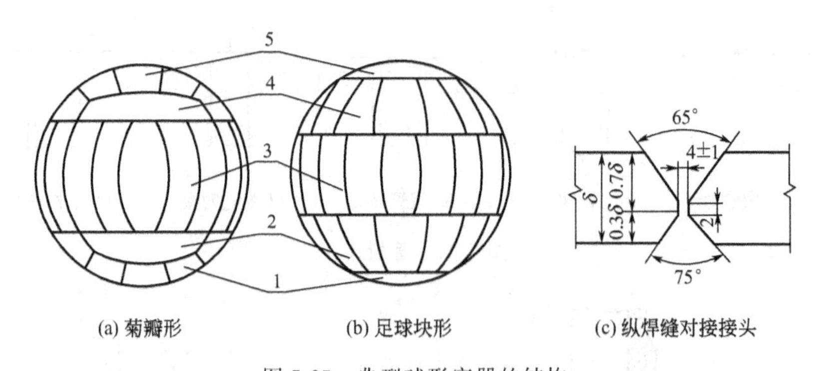

图 7-25　典型球形容器的结构

1—南极带；2—南温带；3—赤道带；4—北温带；5—北极带

便于运输）在工厂装焊成组件，运到施工现场后再将各组件装配成球体，先点固后再全面焊接。这一方案可相对降低现场焊接量，但分片预制生产周期较长，整体焊接时采用立、横、仰、平各种焊法在球罐内部进行，劳动强度较大，质量保证较难。大容积厚壁球罐多用这种方案。

b. 吊轴旋转整体装焊方案　先将球罐组成球体，后在赤道带上对称中心装焊两根吊轴。此时先焊上半球的外表面和下半球的内表面焊缝，成为较易操作的上坡立焊位置。然后利用吊轴将球体吊起并旋转 180°，再焊上半球的内表面和下半球的外表面焊缝，仍为上坡立焊。这一方案用于中、小型球罐是合适的。

c. 分带预制、整体叠装焊接方案　将南极带-南温带、北极带-北温带和赤道分别装焊成三大组件。预制这些大组件时可将其各翻转一次，使之成为上坡立焊位置，然后以南极带为装配基准逐层往上叠装并焊接两条环缝。这可避开质量最难保证的仰焊位置，减少了容器内部的焊接量，缩短了生产周期，但该方案最适合薄壁球罐。在预制各带板环时，一旦变形不匀并导致各带板环间对缝不合拢，则将产生严重的错边而且不易修正，对厚壁球罐更应注意。

在安装施工情况下，焊接顺序应是先焊各块瓜片间的纵缝，后焊各带板之间的环缝。例如，在焊接赤道带与南温带间的环缝前，需先装配南温带板与南极带板，以便利用构件本身的点装刚性来限制焊接环缝时可能发生的焊接变形，并避免了由此而可能导致的强力装配。

7.4.2　桥式起重机主梁

桥式起重机是工业生产中重要的起重装备，由钢板焊接而成，是典型的板壳式全焊焊接结构。整体桥架结构主要是由两根主梁、两根端梁和行走小车组成，如图 7-26 所示，其中主梁的结构和制造能够较全面反映焊接结构的工艺特点。

7.4.2.1　主梁的结构形状

桥式起重机的箱型主梁由上下翼板、左右腹板、长隔板、短隔板、角钢肋板、扁钢肋板、钢轨组成，起重机箱型主梁的构造如图 7-27 所示。一般箱型主梁的腹板是 6mm 左右厚，大跨距的桥式起重机的主梁高度在 1500mm 左右，这种高度和厚度的腹板存在局部失稳问题，必须合理布置加强肋板以增强腹板局部稳定性。

起重小车的轮子在钢轨上运行，小车轮压通过钢轨作用在上翼板上，上翼板的背面有横隔板起着支承钢轨的作用。横隔板有两种：一种是短隔板，其高度 $h_2=\frac{h}{3}\sim\frac{h}{4}$；另外一种

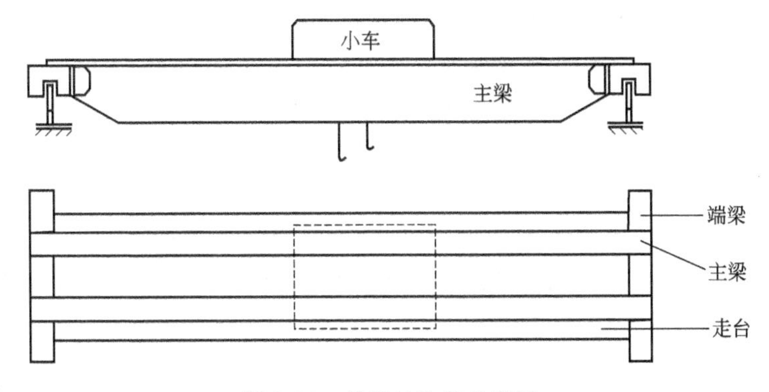

图 7-26　桥架的构造示意图

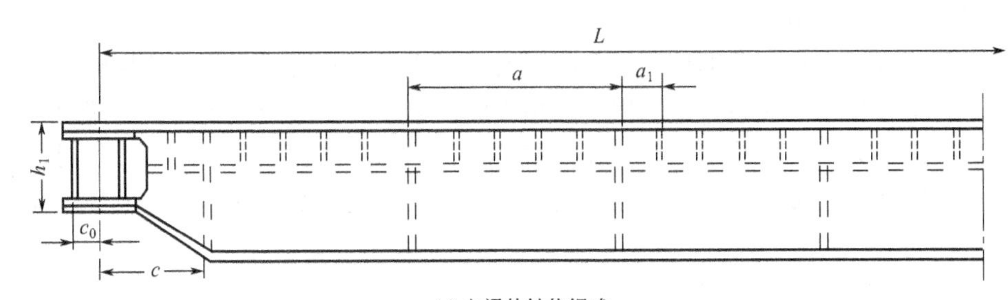

(a) 主梁的结构组成

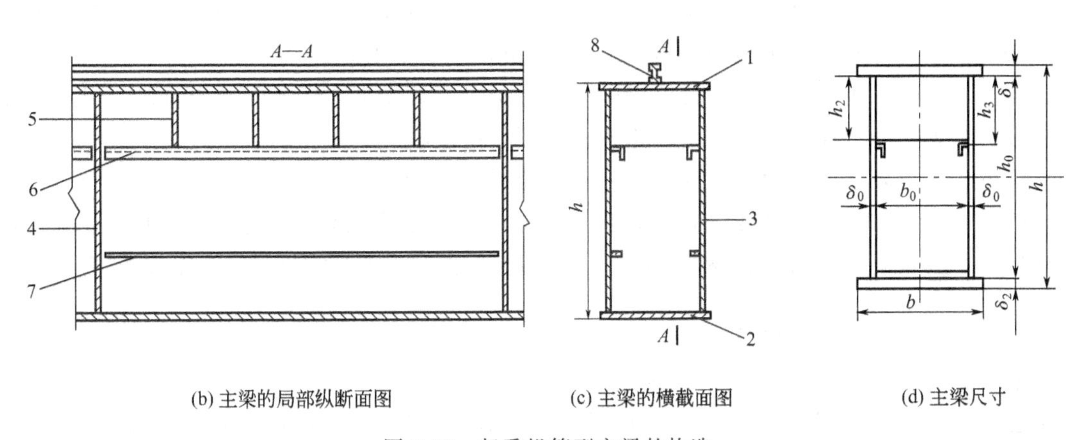

(b) 主梁的局部纵断面图　(c) 主梁的横截面图　(d) 主梁尺寸

图 7-27　起重机箱型主梁的构造

1—上翼板；2—下翼板；3—腹板；4—长隔板；5—短隔板；6—角钢肋板；7—扁钢肋板；8—钢轨

是长隔板，与腹板等高。长隔板除了支承钢轨之外，还起增强腹板局部稳定性的作用，它把腹板分隔为若干区段，每一区段内在短隔板的下端设置一根角钢作为纵向加强肋，它对于增强薄腹板的局部稳定性起重要作用。在腹板下半部拉伸区安置的一根纵向板条，是从工艺角度而设的，用以克服腹板的焊接波浪变形。

通常按刚度和强度条件，并使截面积最小的原则来确定梁的高度、宽度，然后初步估算梁的腹板、盖板厚度，进行截面几何特征的计算。一般情况下，主梁中部高度 $h=(\frac{1}{14}\sim\frac{1}{16})L$，腹板的壁间距 $b_0\geqslant\frac{h}{3}$ 且 $b_0\geqslant\frac{L}{50}$，腹板厚度 $\delta_0=6\sim8\text{mm}$，盖板厚 $\delta_1>\frac{b_0}{60}$。为了减少主梁在受载工作时的实际下挠变形，以利于起重小车和大车运行机构的正常工作，制造时把主梁做成向上弯曲的弧线形，主梁上拱弧线一般采用二次抛物线或正弦曲线，并且规定梁跨度中央的最大上

拱度 $f_s=L/1000$。其腹板的高度与其厚度之比常达 200 以上。

7.4.2.2 主梁及其焊缝金属的受力分析

桥式起重机的箱型主梁不仅承受自身重量，而且承受吊运货物的重量和运动惯性力。主梁截面所受到的载荷力有垂直固定载荷和活动载荷引起的弯矩和剪力，水平方向上的弯矩和剪力。腹板同时承受弯矩和切力，在腹板上部产生压应力和切应力，在腹板下部产生拉应力和切应力。强度、刚度和稳定性是主梁的三个主要指标，前两者是对拉应力区即下部腹板而言，不能发生超过规定的变形和断裂，后者是对压应力区即上部腹板而言，不能发生失稳。

盖板与腹板的角焊缝是主要工作焊缝之一。角焊缝同时承受三种应力：由集中载荷产生的剪应力；由弯矩产生的正应力；由于腹板和盖板未靠紧，集中载荷的压力通过角焊缝传递，在角焊缝中产生的剪应力。

除肋板和腹板的连接焊缝部分、横向间隔肋板及纵向肋板有时采用断续角焊缝外，全部支承肋板、大部分横向间隔肋板都采用连续角焊缝。验算支承肋板与腹板的连接焊缝是假定它承担全部支座应力与集中载荷，并且在焊缝全长上均匀分布。主梁在起吊货物时，受到向下的拉力，从而使上盖板受压而下盖板受拉，故上盖板焊缝不必校核，只需校核下盖板对接焊缝。

7.4.2.3 主梁的制造工艺过程

（1）上、下盖板的拼接　上盖板对接接头形式：板厚 6～8mm 时，采用 I 形坡口；板厚 10～20mm 时，采用单 Y 形坡口；板厚 20～30mm 时，采用双 Y 形坡口。

盖板焊接可采用自动焊或半自动焊进行，焊接时，要在工艺板上引弧和熄弧，焊后去掉工艺板，与工艺板相连的两侧要用砂轮磨光，不得有缺陷。

焊后要进行外观质量检验和 X 射线或超声波检验，合格后进行下道工序。

（2）腹板的拼接　板材波浪变形值不应太大，否则使用辊式矫正机矫正；板料不应有划伤现象；如腹板高度方向上需要拼接时，应先拼接，焊后在平板矫正机上矫正。腹板下料应该有拱度 $f_s=\left(\frac{1}{1000}\sim\frac{3}{1000}\right)L$。

采用卷板料，小于等于 22.5m 的腹板不用拼接；焊接腹板时，焊缝两端应有引弧和熄弧工艺板，工艺板上应有同样坡口；对接焊时采用埋弧自动焊，焊接方向一般为自下而上；反面焊接，当板厚大于 10mm 时，应清根后焊接；焊接后修理接头变形和腹板波浪。拼焊后的腹板应进行 X 射线或超声波探伤，检验合格后，然后矫平。

（3）主梁的焊接顺序　起重机主梁焊接的一般顺序如图 7-28 所示。

a. 上盖板置于支撑平台上，并加压板固定在地上铺好已拼接好的上盖板，如图 7-28（a）所示。使其中间向下弯曲，弯曲程度等于预制的上拱度，即中点处向下挠 L/1000。

b. 装配焊接大隔板和小隔板，如图 7-28（b）、（c）所示。焊接时两个工人同时由大梁的中部向盖板边缘焊接。隔板与上盖板的角焊缝，为保证预置旁弯，焊接方向从无走台侧向有走台侧焊接，焊接时应尽量分散进行。

c. 腹板与隔板用断续焊先将腹板与上盖板点焊住，把腹板装配好，如图 7-28（d）所示。由于腹板有预制上挠，装配时需使盖板与之贴合严密，然后开始焊接，形成无下盖板的 Π 形梁，如图 7-28（e）所示。腹板与大隔板焊接用断续焊，与小隔板焊接为连续焊。

d. 将装配好的腹板进行焊接将点焊后的 Π 形梁侧放躺下，如图 7-28（f）所示，焊接腹板与隔板之间的焊缝，先集中焊接一侧，以造成向另一侧的有利旁弯。

e. 焊接角钢：腹板装配焊接完成之后，将角钢（加强肋板）断续焊接到腹板之上，如图 7-28（f）所示。

f. 装配下盖板：在装配压紧力作用下预弯成所需形状。由于长隔板规定了矩形形状公差，较容易控制盖板的倾斜度和腹板的垂直度，然后点固焊，如图 7-28（g）所示。

g. 焊接四条长角焊缝：盖板与腹板的角焊缝是主要工作焊缝之一。一般情况下，采用的是不开坡口的角焊缝，采用 80%Ar+20%CO_2 混合气体的 MAG 焊，工件运动，焊枪不动，左右焊枪同时焊接。上拱度不够时，应先焊下盖板左右两条纵缝 3、4；上拱度过大时，先焊上盖板左右两条焊缝 1、2，如图 7-28（h）所示。

h. 主梁制成后，如图 7-28（i）所示，如有超出规定的挠曲变形，需进行修理，可用捶击法，但应用最多的是火焰矫正。

i. 用超声波探伤、射线探伤等进行焊缝焊接质量检验，焊缝表面的缺陷如烧穿、裂纹等可用肉眼或放大镜观察。同时，焊后也应对焊缝外形尺寸如余高、角焊缝焊脚尺寸进行检验，如图 7-28（j）所示。

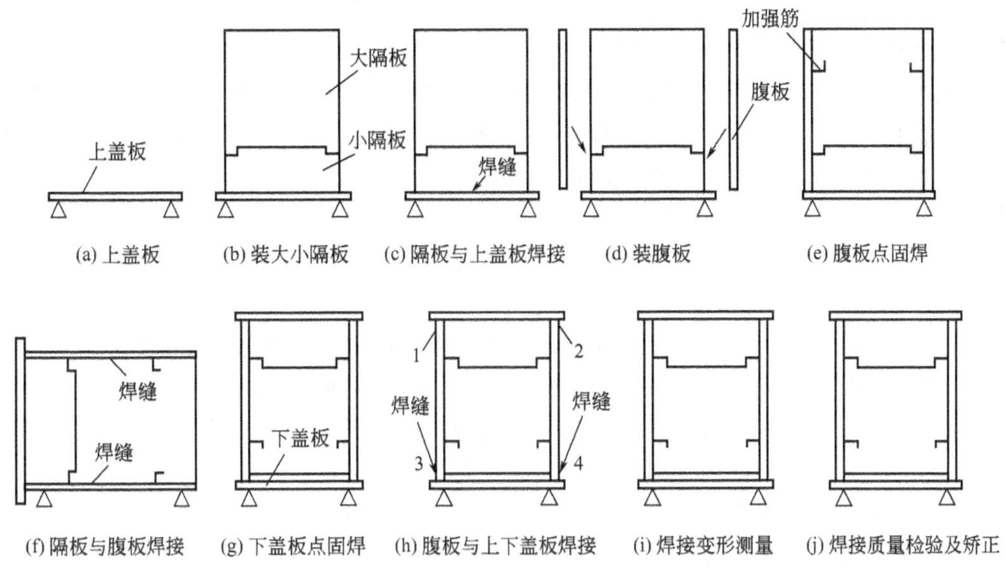

图 7-28　起重机主梁焊接的一般顺序

7.4.3　焊接机床机身

（1）焊接机床机身的分类　机身是机器架体结构的简称，是各种动力设备和传动机构的支撑结构或主体部件。在机身上，一般要安装各种运动部件，并承受各部件的重量、运动部件之间的作用力和运动时产生的惯性力。从结构形式上来看，机床机身结构属于实体结构，由形状各异、大小不同的箱格式结构组成，局部也具有板壳结构的特征。按照用途来看，机床机身可以分为以下几种类型。

① 铣削机床　车床、铣床、磨床、刨床、镗床等。

② 锻压设备　各种锻锤、机械压力机、液压机、剪切机、折边机等。

③ 动力装备　减速器机壳、柴油发动机机身等。

（2）焊接机床机身的力学特征　机床在工作时所承受的力有切削力、重力、摩擦力、夹紧力、惯性力、冲击或振动干扰力、热应力等，因此，机床在静力作用下可能发生本体变形、断面畸变、局部变形、接触变形等类型的变形，有些只发生其中一种，有些可能是几种变形的组合。在工作时床身的变形有主体的弯曲变形、扭转变形和导轨的局部变形，其中扭转变形占总变形的50%～70%。设计床身结构应满足一般机床大件所要求的静刚度、动刚度、尺寸稳定性等。

① 强度　由于承受负载重量、运动部件之间的作用力和运动时产生的惯性力，焊接机身要具有较高的强度。尤其部件之间的作用力往往是高周或低周循环的交变载荷，因此，焊接机身设计时，必须考虑疲劳强度设计，尽量避免应力集中大的焊接接头，焊接接头过渡要平缓。

② 刚度　焊接机身必须有足够的刚度，以保证机器运行时，在承受各种作用力的情况下不致发生不可接受的变形。焊接机身形式繁多，设计者可以选择较为合理的结构形式，完全能做到满足刚度要求。钢的弹性模量比铸铁高，在保证相同的刚度情况下焊接的钢质机身比铸铁机身轻很多。对于切削机床则要求具有更高的刚度和减振性，以保证机械加工精度。

③ 尺寸稳定性　要特别注意焊接机身尺寸稳定性的问题。因为焊接结构中不可避免地存有较严重的残余应力，这对结构尺寸的稳定性有较大的影响，尤其是切削机床的机身要求尺寸稳定性更高，所以这类焊接机身必须在焊后进行消除残余应力处理。

④ 减振性　结构的减振性不仅取决于选用的材料，而且还与结构本身有关，故可分为材料的减振性和结构的减振性。焊接机身的材料减振性较差，必须从结构设计上采取措施提高结构减振性。利用接触面的微量相对运动引起的能量消耗的方法，在提高结构减振性方面已经取得了很好的效果。实验表明，焊接钢质梁的腹板嵌在翼板的槽里，虽然钢的减振性能不如铸铁，但是由于构造上采取措施，焊接的钢质梁的阻尼指数反而比铸铁梁高50%。

(3) 焊接接头的设计　焊接接头的设计，主要考虑焊接机身减振性能的要求。

① 采用T形焊接接头　不同的焊接接头型式，具有不同的减振性能。采用角焊缝的T形焊接接头，由于焊缝冷却时的收缩，在未焊透的接合面处，存有一定程度的接触压应力。当结构振动时，在未焊透的接合面上会产生微小的相对位移，形成摩擦，从而产生了阻尼作用。实验证明，单面角焊缝比双面角焊缝的减振性能好，单面坡口焊缝比双面坡口焊缝的减振性好，不完全焊透的坡口焊缝比完全焊透的减振性好。但T形接头的工作焊缝应该焊透，焊缝表面应向母材平滑过渡，减少应力集中，以提高疲劳强度。

② 采用断续焊缝　断续焊缝中未焊部分的接触面具有减振作用，减振能力比连续焊缝的高。在断续焊缝中，又以焊缝比较短的减振性能为最好，所以在强度和刚度允许的情况下，应尽量采用断续焊缝来提高焊接结构的减振能力。

③ 加强肋板的应用　长宽尺寸大于板厚10倍以上的板结构一般为薄壁结构。为了防止薄壁振动，一般是在光壁钢板上布置加强肋板，以提高板壁的固有频率，避免结构固有频率等于或接近激振频率，以防止共振现象的出现。可以设计出增加阻尼的接头，如带折线肋板的梁具有较好的刚度和减振性能，由于肋板和翼板之间的焊缝收缩，使接触面产生压力，因而使梁的阻尼指数提高，所以现在焊接机床的机身肋板设置多采用折线形式。

④ 焊接接头的位置　避免在加工表面和配合面上布置焊缝，配合面的加工精度较高，加工余量难以控制，加工后尺寸不稳定性明显影响配合面的精度，所以应尽量避免在配合面上布置焊缝。

（4）典型的焊接机床机身　大型铣削机床、锻压设备、大型减速器和铁路机车用柴油机等一般都通过焊接加工而成，它们的结构形式主要是箱格结构，由大量的搭接接头、T 形接头、十字接头和角接接头组成，依据不同的位置确定其是否开坡口焊接。下面列举了一些焊接机床机身的结构示意图，如图 7-29 至图 7-33 所示。

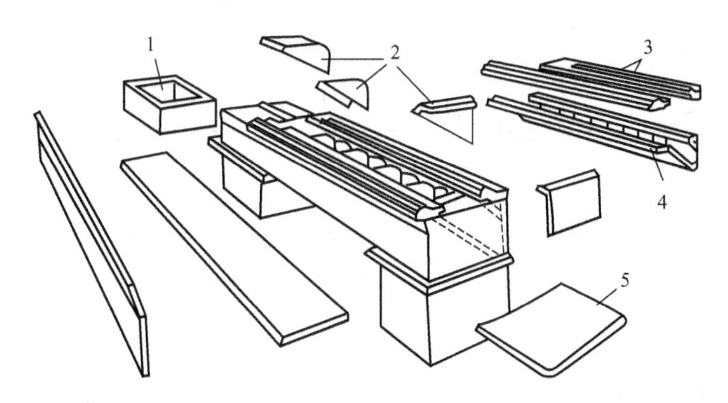

图 7-29　普通车床的焊接床身及其零部件

1—箱形床腿；2—Π 形肋；3—导轨；4—纵梁；5—液盘

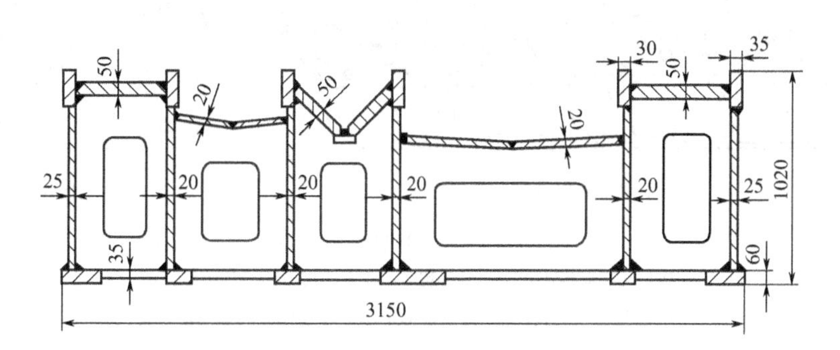

图 7-30　大型龙门铣刨床焊接床身断面结构

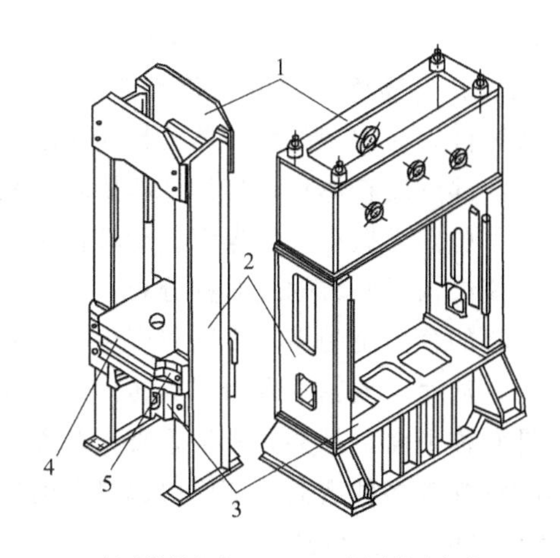

(a) 闭式整体机身　　(b) 闭式组合机身

图 7-31　压力机机身结构形式图

1—上横梁；2—立柱；3—下横梁；4—活动横梁；5—滑块

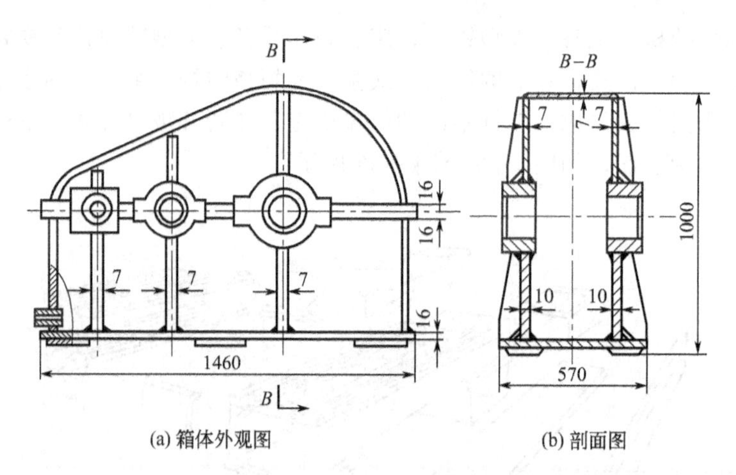

(a) 箱体外观图　　(b) 剖面图

7-32　单壁板的焊接减速器箱体

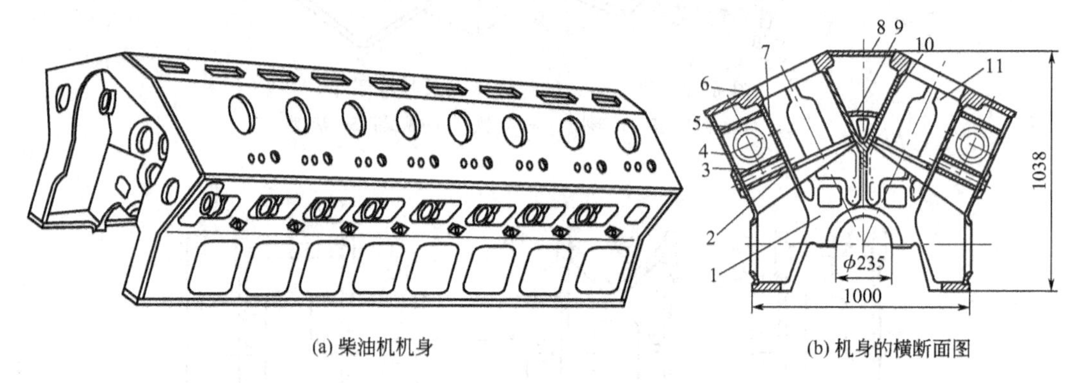

(a) 柴油机机身　　(b) 机身的横断面图

图 7-33　机车用柴油机机身

1—主轴承座；2—水平板；3—支承板；4—外侧板；5—支承板；6—顶板；
7—中侧板；8—中顶板；9—盖板；10—内侧板；11—垂直板

7.4.4　焊接旋转体

（1）旋转体的分类　在机器中绕某固定轴线旋转的运动件，通称为旋转体。这些旋转体包括齿轮、滑轮、皮带轮、飞轮、卷扬筒、发电机转子支架、汽轮机转子和水轮机工作轮等。小型的旋转体多为锻件或铸件，而大型的旋转体已越来越多地改用焊接方法来制造。

（2）旋转体的受力特点　大部分旋转体对结构设计的要求都是强度高、质量小、刚性大和尺寸紧凑，并要求旋转过程平稳，无振动、无噪声。旋转体是一个动、静平衡体，形状的轴对称是最基本的要求，务必使结构对回转轴线对称分布，即尽可能使旋转体上产生离心惯性力系的合力通过质心，对质心的合力矩为零。否则将产生不平衡的惯性力和力矩，就会对轴承和机架产生附加的动压力，从而降低轴承寿命。旋转体的几何形状多为比较紧凑的圆盘状或圆柱状，每个横截面都是对称平面，都共有一根垂直于截面的几何轴线。旋转体结构特殊，工作条件复杂，在工作时承受着多种载荷，从而引起复杂的应力，常受到下列作用力：

① 旋转体传递功率而受到扭矩，引起切应力；

② 旋转体自重产生弯矩，引起弯曲应力，对转动的旋转体来说，这是交变应力；

③ 旋转体高速转动时产生的离心力，在其内部产生切向和径向应力；

④ 由于工作部分结构形状和所处的工作条件不同而引起的轴向力及径向力；

⑤ 由于各种原因引起的温度应力、振动和冲击力；

⑥ 旋转体在焊接或焊后热处理过程中所造成的残余应力。

有些旋转体，如斜齿轮，工作时除了受到周向力外，同时还受到轴向力和径向力的作用，径向力能引起轮体轴线挠曲和体内构件径向位移，还能引起轮体歪斜，变形的结果是破坏轮子的机械平衡和工作性能等。因此，旋转体的强度和刚度同样重要。

(3) 典型的焊接旋转体结构

① 轮体　轮体上的轮缘、轮辐和轮毂是按它们在轮体内所处的位置、作用及结构特征来划分的，轮体的制造主要是确定这三者的构造形式以及它们之间的连接关系。如图 7-34 所示为单辐板焊接轮体的组成，如图 7-35 所示为双辐板式焊接齿轮的组成。

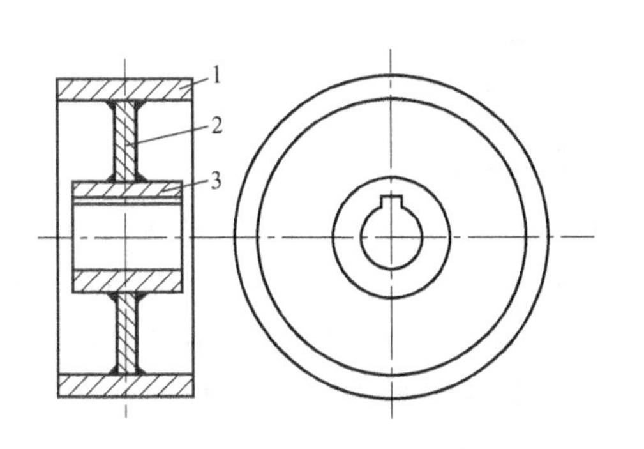

图 7-34　单辐板焊接轮体的组成

1—轮缘；2—轮辐；3—轮毂

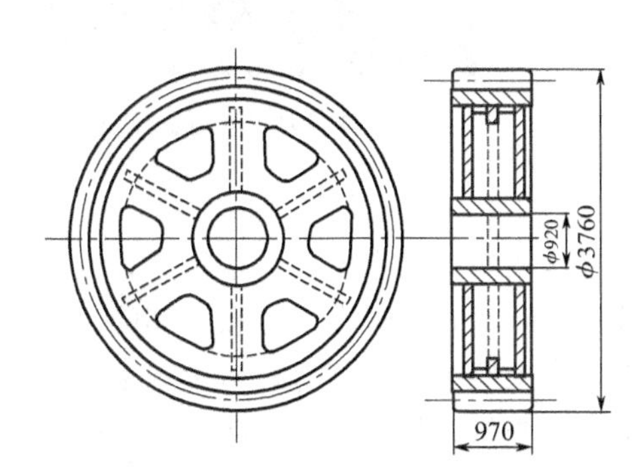

图 7-35　双辐板式焊接齿轮的组成

a. 轮毂和轮辐的焊接　轮毂和轮辐之间的连接通常采用丁字接头，其角焊缝均为工作焊缝。比较起来，轮毂和轮辐之间的环形角焊缝承受着最大的载荷，应进行强度计算。为了提高接头的疲劳强度，焊缝最好为凹形角焊缝，向母材表面应圆滑地过渡。只有对高速旋转的或经常受到逆转冲击负载的轮子才要求全熔透，一般的轮子采用开坡口深熔焊、双面焊来解决，必要时改成对接接头。图 7-36 (a) 适合于负荷不大、不甚重要的轮体；图 7-36 (b) 适合于承受较大载荷，较为重要的轮体；图 7-36 (c) 适合于工作环境恶劣，有冲击性载荷或经常有逆转和紧急刹车等情况。

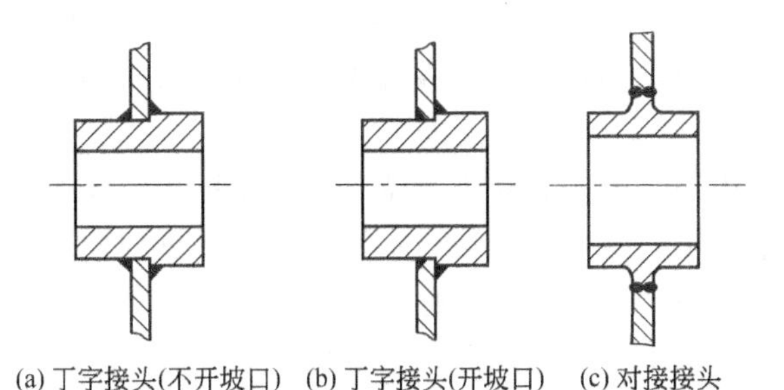

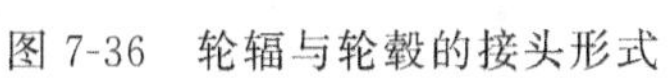

图 7-36　轮辐与轮毂的接头形式

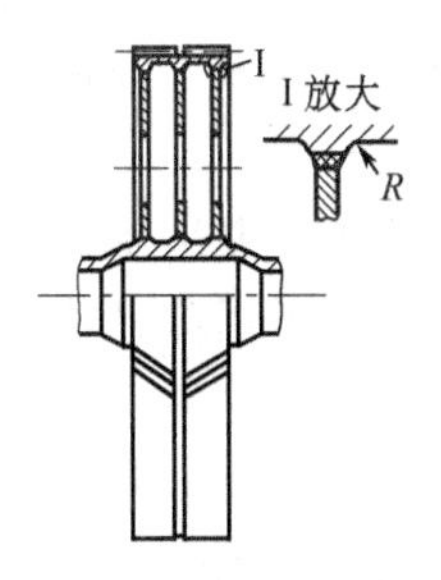

图 7-37　轮辐与轮缘的对接接头形式

b. 辐板与轮缘的焊接　辐板与轮缘之间的连接接头，原则上与轮毂连接相同。轮缘和辐板之间的焊缝虽然比轮辐及轮毂之间的焊缝长许多，但实际上应力分布是不均匀的，在力的作用点附近焊缝的工作应力相当高，而且是脉动的，所以轮缘与辐板之间的焊缝焊脚不能太小。尽可能采用对接接头，如图7-37所示是采用对接接头例子。

② 水轮机工作轮　混流式水轮机的工作轮是由上冠、下环和多个叶片组成的旋转体，如图7-38所示。大、中型的工作轮受到工厂铸造能力和运输条件限制，常设计成铸焊联合结构。

(a) 三峡大坝水轮机的工作轮

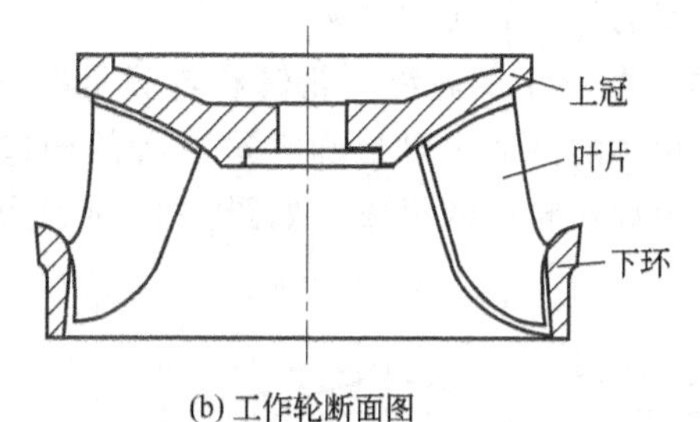

(b) 工作轮断面图

图7-38　混流式水轮机的工作轮

整体式焊接工作轮的基本特点是用焊接方法把上冠、叶片和下环连接成整体，常采用T形接头将叶片直接焊在上冠和下环的过流表面上。分瓣式焊接工作轮是把整个工作轮分成若干瓣，在工厂中分别制造好运到现场进行组装成整体。焊接方法需要根据工作轮的直径大小和工厂的变位条件选择，目前用焊条电弧焊、MAG焊和管状熔嘴电渣焊，前两者均适用于焊接中型工作轮，直径大于6 m的工作轮最好采用熔嘴电渣焊。

工作轮在水下运行过程中，将有汽蚀和泥沙磨损发生，因此要求工作轮具有较高的耐汽蚀、抗腐蚀和抗磨损性能。从材料角度可以采用下面三种方法：一是全部采用不锈钢制造，这样焊接工作量最少，工艺简单，但耗用大量的贵重金属；二是用碳素钢（如20MnSi）制造，在汽蚀和磨损面堆焊不锈钢，这种方法可以节省贵重金属，但工艺复杂，焊接变形难以控制，生产周期长；三是采用异种钢焊接工作轮，在汽蚀和磨损部位用马氏体不锈钢（如0Cr13Ni4Mo）等，其他部位用碳素钢。

在三峡大坝水利发电机组中，我国成功制造了直径10.7 m、高5.4 m、总重量440t的水轮机工作轮［图7-38（a）］，从体积和重量来说都为世界第一，仅焊接材料就耗用12t。

③ 汽轮机转子　在高温高压的气体介质中工作，且转速很高，要求具有高温力学性能、疲劳性能、动平衡以及高度运行可靠性。目前汽轮机转子可用锻造、套装和焊接方法制造。与前两种方法比较，焊接转子具有刚性好、启动惯性小，临界转速高、锻件尺寸小、质量易保证等优点。

焊接转子一般采用盘鼓式的结构，即由两个轴头、若干个轮盘和转鼓拼焊而成的锻焊结构。汽轮机转子用珠光体或马氏体耐热钢制造，这类钢焊接性不好，必须预热到较高的温度才能施焊，焊后尚需进行正火热处理。我国设计的600MW的汽轮机焊接转子（图7-39）由6块轮盘、2个端轴及1个中央环组成，共有8个对接接头，总质量45t以上，连接轮盘的对接焊缝厚度为125mm。汽轮机转子的焊接工艺要求很高，必须保证焊接质量和尺寸精度。

7.4.5　薄板结构

（1）薄板结构的产品分类　薄板结构属于板壳结构，广泛应用于汽车车厢及驾驶室、大小客车的车体、铁路客车车厢、航空航天器的机身、船舶船体及外壳、钢结构建筑以及一些以薄板为主的壳体结构。

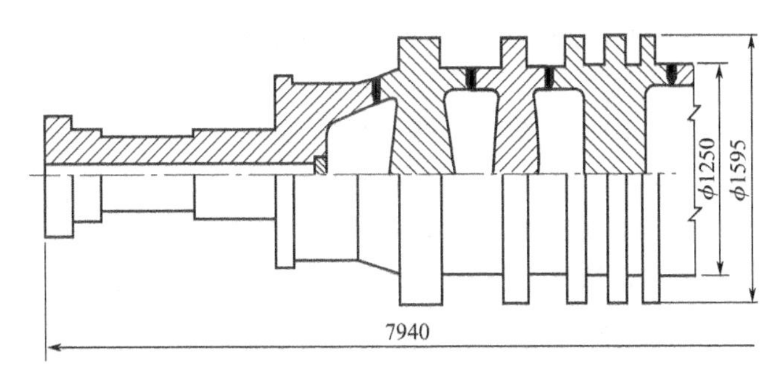

图 7-39　600MW 汽轮机低压焊接转子

（2）薄板结构的力学特征　薄板结构产品中的拉应力一般都远小于薄板的拉伸强度，不会使板材产生拉伸屈服或断裂，而有利的作用是使薄板更加平整和美观。但压应力却会给薄板结构带来稳定性的问题，如果薄板构件所受轴向压应力小于临界失稳压应力，即 $\sigma_a < \sigma_{cr}$，则可以认为薄板构件不会发生局部失稳；反之则薄板结构将发生失稳。轻者引起板材变形，重者导致薄板结构的失效。

此外，薄板结构焊接变形也是一个很突出的问题，在结构设计中应加以重视。薄板结构的焊接应尽量使用点焊、气体保护焊、激光高能束焊以及低应力无变形焊接法等特种焊接方法来控制结构焊后的变形。

（3）基于稳定性的薄板结构设计

① 合理设计截面形状　将薄钢板压制成各种断面形式的杆件，相当于提高公式(7-3) K 值和降低 B 值，有利于提高 σ_{cr}，可以提高构件局部稳定性。常见的薄板构件断面形式如图 7-40 所示，这些断面都会较大地提高薄板构件的 σ_{cr}，其具体尺寸都有一定的要求，可参考相关手册。

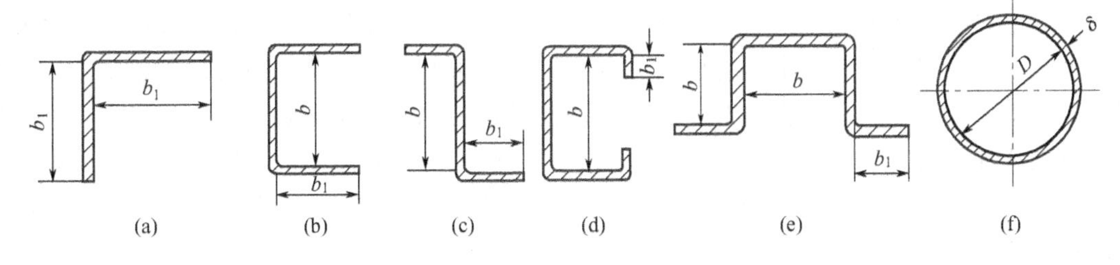

图 7-40　常见的薄板构件断面形式

② 设置加强肋　设置加强肋相当于降低 B 值，因此增加了薄板结构的局部稳定性。加强肋的数量必须适当，设计加强肋时必须分析它的可焊到性，尽量减少施焊不便的加强肋板。设置加强肋板或增加板厚，两者互有利弊。增设太多的加强肋板在工艺方面不利，既费工又易引起焊接残余变形。但是要减少加强肋就必须增加板厚，因而增加结构重量，这也是不利的。必须从两方面分析权衡利弊，既考虑工艺性又要考虑经济性。

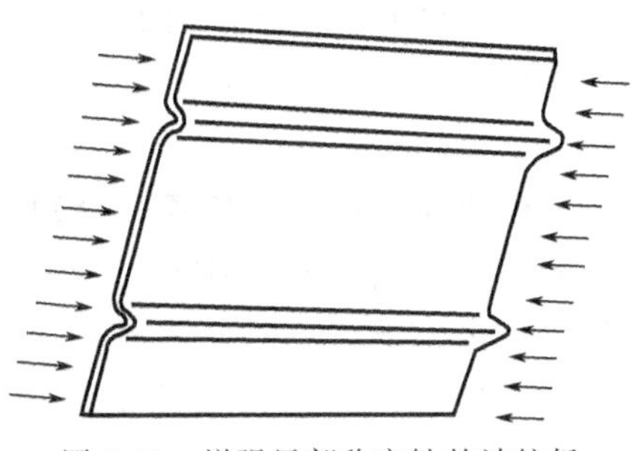

图 7-41　增强局部稳定性的波纹板

③ 薄板压型　为了提高薄板结构的局部稳定性，常把薄钢板压成波纹状（图 7-41），相当于降低 B 值，所以局部稳定性得到提高。波纹的方向应该和

压应力的方向一致，两波纹间的平面宽度应该小于板厚的60倍。

（4）典型的薄板结构

① 汽车车体薄板结构　轻型汽车车身结构是只承受自身重力的薄板结构。这类薄板结构由于不受外载力或受力很小，使用的薄板厚度一般为1～2mm。为了提高结构的局部稳定性，薄板被压制成波纹板，或是在薄板局部卷边，或是在横向焊一些加强肋，这样结构在受到载荷时就不易变形。如图7-42所示为轻型汽车车身的组成，它是一个由许多复杂而又庞大的薄板冲压件焊接、装备的集合体，以提供车身所需的承载能力。

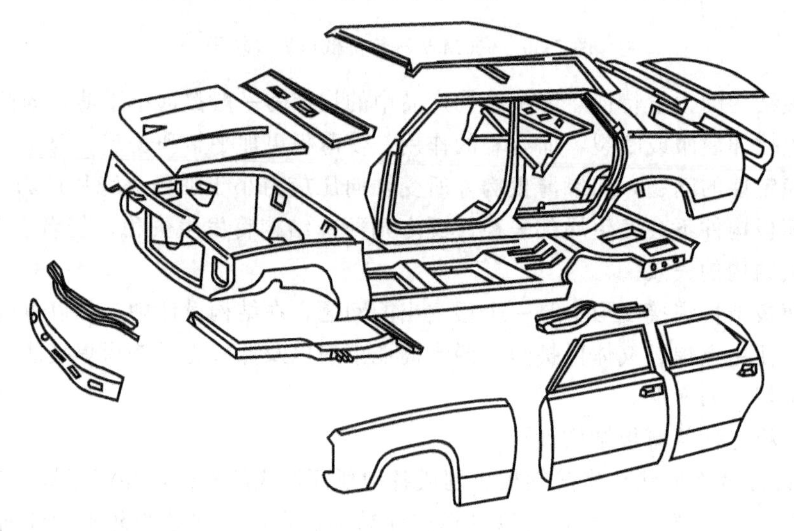

图7-42　轿车车身部件图

② 铁路客车车体结构　铁道运输的车辆，如客车、棚车以及内燃机车的车体等都是承受较小外载力的薄板结构。客车车体的侧壁是由低碳钢钢板拼焊而成，如图7-43所示。侧壁板虽然不厚，由于它的高度大，垂直方向的刚度很大，所以能承受大部分载荷。车底架的中梁虽然是由大尺寸型钢构成，但因为它的高度受到限制，而且跨距很大，所以垂直方向的刚度相对来说比较小，能承受的载荷也就小。侧壁作为承载结构必须保证它的稳定性，在侧壁板上设置加强骨架。侧壁板与水平梁以及立柱之间的焊接是间断的，以便减少侧壁板的焊接变形。整个车体近似一个箱型梁，整个车体除局部受反复冲击外，总体上是一个承受静载荷的结构。

③ 船体薄板结构　船体结构是一个具有复杂外形和空间结构的全焊接结构，如图7-44所示。船体基本上都是由一系列板材和骨架相互连接和相互支持所组成。骨架是板材的支撑结构，可增强壳板的承载能力，提高它的抗失稳能力。壳板与骨架焊在一起，也提高了骨架自身的强度和刚度。船体内的骨架沿船长和船宽两个方向布置，分别称为纵骨架和横骨架，纵横交叉的骨架将壳板分成许多板格，从而保证了整个板架具有很好的抗弯性能和局部稳定性。

按板架在船体上的位置，分别有甲板板架、舷侧板架、船底板架、纵舱壁板架和横舱壁板架等。这些板架把整个船体分隔成许多空间封闭的格子，构成一个箱格结构，即便甲板上有舱口存在，也使得整个船体具有很强的抗扭性能和总体的稳定性。船体首尾的壳体也是利用这种箱格结构来获得很好的强度、刚度、稳定性、抗振和耐冲击等性能。

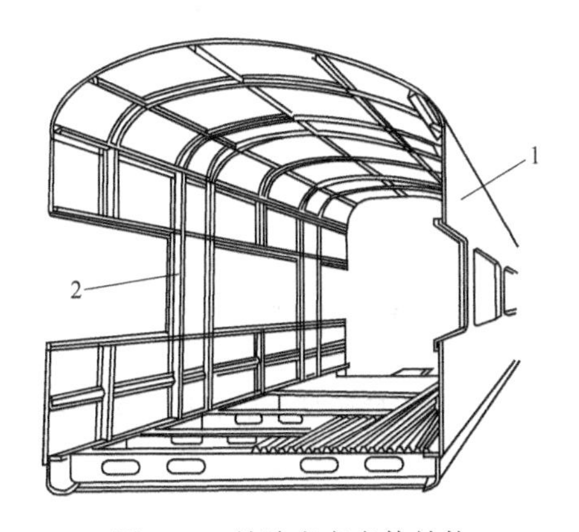

图 7-43 铁路客车车体结构

1—薄板包覆板；2—骨架

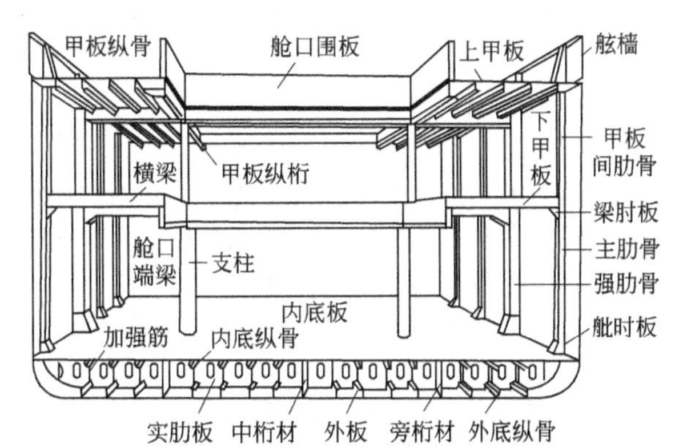

图 7-44 货船舱体结构

④ 桁架中的薄板结构　在大型桁架结构中，简单的杆件体系已经不能满足其力学性能的要求，而采用箱形板壳结构。箱型板壳结构主要是以板材经过冷或热加工后形成截面为方形、长方形、圆形，具有纵向焊缝的结构形式，具有优异的综合力学特征，能够承受多方向的拉、压、弯、扭形式的静载、动载和疲劳载荷，具有较强的形状稳定性和抗变形能力。

2008 年北京奥运会国家体育场“鸟巢”钢结构工程（图 7-45）是典型的箱形板壳桁架结构形式，为全焊接结构。建筑造型独特新颖，顶面为双曲面马鞍形结构，长轴为 332.3 m，短轴为 297.3 m，最高点高度为 68.5 m，最低高度为 40.1 m。结构用钢总量约 53000t，涉及 6 个钢种，消耗焊材 2100t 以上。焊缝的总长度超过了 31 万米，现场焊缝超过 6.2 万米（不含角焊缝），仰焊焊缝有 1.2 万米以上，对接接头焊缝为全熔透 I 级焊缝。采用的钢板规格厚度大于 42mm 的占总用钢量的 24%，达 12800t。

图 7-45 国家体育馆“鸟巢”钢结构工程

主体钢结构由桁架柱、平面主桁架、立体桁架和立面次结构组成，其横截面形状基本一致，为 1～2 m 的矩形板壳结构。本工程存在大量复杂的焊接节点，板件的厚度较大，板件之间的相互约束显著，大量焊缝集中，焊接应力较大。特别是桁架柱柱脚结构复杂，内部肋板多数要求全焊透焊接，焊缝纵横交错，控制焊接应力和焊接变形难度很大。屋盖主结构属于大型大跨度空间结构，其自重产生的内力所占比例较大，主结构的施工和焊接顺序对结构在重力载荷下的内力将产生明显的影响，而主结构不规则的走向，很难排定焊接顺序和安装程序。主体钢结构的安装顺序遵循对称同步的原则，以桁架柱为中心对称施焊，可获得均布应力，采用自由变形的方法可以最大限度的减少焊接应力。

国家体育场“鸟巢”钢结构工程被评为2007年全世界十大建筑之首！

习题与思考题

1. 简述焊接结构的优点和不足之处，在应用中如何利用其优点、避免其不足？
2. 焊接结构通常可以从用途、结构形式和制造方式来进行分类，各适用于什么环境？
3. 焊接结构一般涉及哪些力学性能？
4. 焊接结构有哪三种主要结构类型？分别简述其力学特征。举例说明你曾经见过的焊接结构，并进行归类。
5. 简述焊接结构设计的基本特点和基本要求。
6. 为什么要强调从实用性、可靠性、工艺性和经济性的角度分析焊接结构的合理性？
7. 如何理解合理的焊接接头形式和接头位置？
8. 将两段工字梁进行水平对接焊接，阐述其最优化工艺方案，并从力学特征角度进行分析讨论。
9. 分析锅炉汽包的工作受力特征，简述其焊接生产过程和焊接质量要求。
10. 分析桥式起重机主梁的工作受力特征，简述其结构形式和焊接生产过程。
11. 查阅相关资料，简述国家体育场“鸟巢”钢结构焊接制造技术的应用。

第8章　焊接结构可靠性分析

本章学习要点

知识要点	掌握程度	相关内容
可靠性分析	了解可靠性分析中的不确定性和工程风险的概念，掌握可靠性的定义及表达方式，熟悉可靠性、安全性和完整性的相互关系	不确定性：随机性、模糊性和知识不完善性；工程风险性；可靠性、可靠度、安全性、完整性；合于使用原则
构件焊接性	熟悉焊接结构的构件焊接性及其影响因素，全面了解焊接过程"热-力-组织"之间的相互关联性	材料的焊接适应性、设计的焊接可靠性、制造的焊接可行性；影响焊接接头强度的因素；影响焊接变形和应力的因素；热-力-组织交互作用
焊接结构完整性评定	了解完整性管理的概念，熟悉完整性评定原理和程序，熟知常用评定方法	结构完整性管理、特点和任务；完整性的评定原理和程序；CEGB-R/H/R6、SINTAP、BS7910、API579、GB19624
焊接结构失效分析方法	了解焊接结构断裂类型，熟悉焊接结构断裂的影响因素，熟悉焊接结构失效分析思路、步骤、内容和原因	失效分析思路、步骤、内容、原因；失效类型、断口分析和失效源

对于焊接结构而言，由于焊接过程的热-组织-性能的交叉复杂性和众多非线性影响因素，要正确描述焊接接头的性能不均匀性、焊接变形与应力、应力集中以及焊接缺陷等影响因素，准确把握焊接接头强度、结构稳定、抗断裂和耐持久性等质量问题变得非常困难。可靠性分析方法成为现代焊接结构设计、制造、安装和使用过程中保证结构安全性的重要手段。

8.1　结构可靠性分析的概念

8.1.1　结构设计中的不确定性

在工程结构制造和使用过程中，结构可靠与不可靠是不可预知的，这是因为存在诸多不确定性的因素。不确定性是指事件出现或发生的结果是不能准确确定的，事先不能给出一个明确的结论，事件的不确定性需要采用不确定性理论描述，有时还需通过经验进行分析和判断。按产生的原因和条件，不确定性可分为随机性、模糊性和知识的不完善性。

(1) 随机性　随机性是指由于事件发生条件的不充分性导致最后出现结果的不确定性。但这并不意味着事件发生的结果是不可控制的，而是将其控制在一定范围内，在概率意义上是可以控制的。在结构可靠性理论中，随机性可分为以下几类。

① 物理不确定性　如材料强度的变化、焊接接头的不均匀以及外加载荷的随机性等，

在一定的环境和条件下，这些变量的不确定性是由其内在因素和外在条件共同决定的，称为物理不确定性，属于事物本质上的不确定性。当与制造过程有关时，可通过提高技术水平或控制质量水平来降低物理不确定性，但过分严格控制会提高构件制造的成本，降低生产效率。

② 统计不确定性　在实际设计、制造与使用过程中，许多性能参数都是随机变量。这些随机变量的统计参数与样本的容量有关，理论上只有当样本的容量为无穷时，估计的参数才是准确和确定的。这种由于随机变量样本量的不足而导致统计参数估计值的不确定性称为统计不确定性。降低统计不确定性的手段是增大样本容量，但由于客观条件的限制，很多情况下并不能得到足够多的数据。

③ 模型不确定性　在工程结构设计和分析中，常需要根据一些已知变量通过公式或模型计算另一变量，由计算公式不准确或模型简化而产生的不确定性称为模型不确定性。降低模型不确定性的途径是使计算假定尽量与实际情况相符，并采用先进的计算手段。但这些都要受到科学技术发展水平和经济条件的限制，如许多问题目前还不能建立准确的模型，精确的分析则可能需要更多的费用。

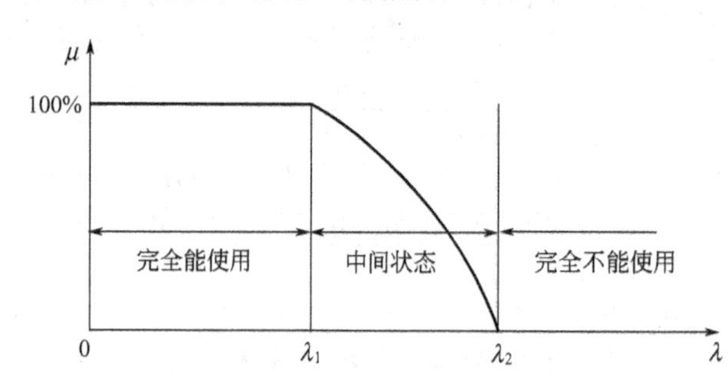

图 8-1　结构使用性能存在的中间过渡特性

(2) 模糊性　模糊性是指事物属性的不分明或中间过渡性所产生的不确定性，即一个事物是否属于一个集合是不明确的。如图 8-1 所示为国际标准 ISO 2394—1998《结构可靠性总原则》给出的关于结构使用性能存在中间过渡特性的图示，当指标 $\lambda_1<\lambda<\lambda_2$ 时，结构是处于可使用和完全不可使用的中间状态，可使用的程度与 λ 的值有关。

(3) 知识的不完善性　知识的不完善性是由于客观信息的不完备和主观认识的局限性而产生的不确定性。知识的不完善性可分为两种：一种是知道事物变化的趋势，但没有数据预测事物未来变化的程度，如我国铁路列车速度不断提高，不同车速对铁路桥梁的要求是不同的，设计桥梁时，需要考虑未来高速列车速度变化，但未来车速会是多少难以确定，需要根据经验和判断给出一个提高系数；另一种是主观认识的局限性，即由于人对自然规律认识的不足而产生的不确定性。

8.1.2　结构使用中的风险性

工程结构在制造和使用过程中都带有一定的风险，风险由两部分组成：一是危险事件出现的概率；二是一旦危险出现，其后果严重程度和损失的大小。危险是可能产生潜在损失的征兆，是风险的前提，没有危险也就无所谓风险。危险是客观存在，是无法改变的，而风险却在很大程度上随着人们的意志而改变，亦即按照人们的意志可以改变危险出现或事故发生的概率。在结构制造和使用过程中，应对风险有足够的认识，要正确识别高风险的区域，确定可能导致结构破坏的主控因素，为可靠性分析和工程结构风险管理提供依据。

工程结构系统的风险性与结构的完整性密切相关，保证结构的完整性是降低技术风险的关键。人们往往认为风险越小越好，实际上这是不现实的，合理的做法是将风险限定在一个可接受的水平上，要接受合理的风险，不要接受不必要的风险，力求在风险与利益间取得平衡。近年来出现的 ALARP（as low as reasonable practicable）原则就是尽可能降低风险而又能实现风险可接受的准则之一，可以认为是风险评估中的“合于使用”原则。ALARP 原则要求在介于可接受风险和不可接受风险之间的风险范围内应尽可能降低风险，能够尽量降低风险的范围称为 ALARP 区域（图 8-2）。

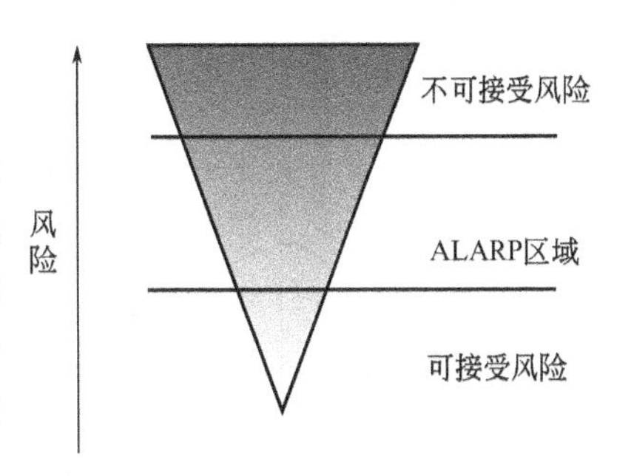

图 8-2　ALARP 原则

风险可接受准则有许多种表述形式，目前多应用可靠指标 β 和失效概率 p_f 来表示，见表 8-1。

8.1.3　工程结构的可靠性

（1）结构可靠性　为保证不同设计状况下、不同极限状态时，结构满足安全、适用、耐久和整体稳定性的要求，需要保证结构具有一定的可靠性。结构可靠性可定义为结构在规定的时间内，在规定的条件下，完成预定功能的能力。

所谓规定的时间为结构设计使用年限。在不同的使用年限内，结构材料性能的变化、可能出现的最大荷载是不同的，所以结构可靠度要规定设计考虑的时间段。设计使用年限为结构或结构构件不需进行大修即可按其预定目的使用的时段，规定结构设计使用年限需考虑结构的形式、使用目的、使用环境及维修的难易程度、费用和重要性等。

所谓规定的条件是指对结构设计、施工和使用方面的规定。具体来讲，结构应由具有设计资质的单位及具有设计资格的人员按照设计规范进行设计；由具有施工资质的单位及具备相关知识、相关技能的技术人员按设计图样和国家施工规范进行施工；对于用户来说，应按设计规定的用途使用，并进行日常维护。如果不符合上述条件，都不能保证结构具有可靠性。

所谓预定的功能指结构的安全性、适用性、耐久性和抗连续倒塌能力，一般是以结构是否达到“极限状态”为标志的。

由此可以看出，保证结构具有设计的可靠性，不仅是一个技术问题，而且是一个管理问题，可靠性管理是保障结构具有设计可靠度的重要手段。

（2）结构可靠度　结构在规定的时间内和规定的条件下，完成预定功能的概率称为结构可靠度。结构可靠度是结构可靠性的概率度量，工程中一般多用结构失效概率描述结构的可靠度。

（3）失效概率　由于使用中工作载荷的变化和结构设计中的不确定性，载荷效应 S（即工作应力）和抗力 R（即许用应力）都是随机变量。设 S 和 R 为服从正态分布的随机变量且两者为线性关系，其概率密度曲线如图 8-3 所示，S 和 R 的平均值分别为 μ_S、μ_R，标准差分别为 σ_S、σ_R（注：不是应力的概念）。按照结构设计的要求，显然 R 必须大于 S，但由于两者分布的原因，R 曲线和 S 曲线产生了重叠，重叠区是 $R<S$ 的区域，其大小反映了抗力 R 和载荷效应 S 之间的概率关系，即为结构的失效概率，用 p_f 表示。重叠的范围越小，结构的失效概率 p_f 越低；平均值 μ_S 和 μ_R 相差越大，或标准差 σ_S 和 σ_R（离散程度）越小，则重叠越少，失效概率 p_f 越小。

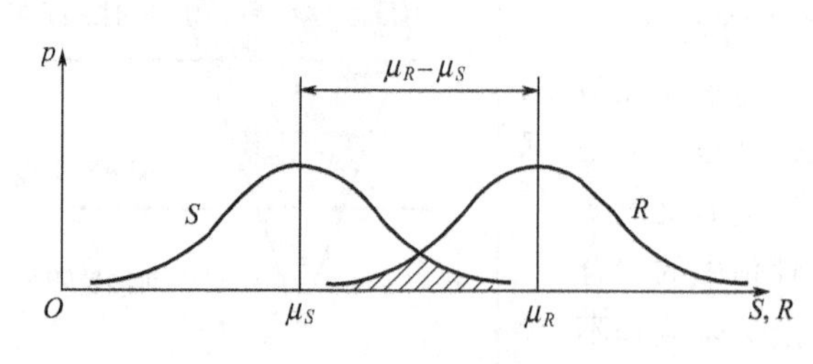

图 8-3　R 和 S 的概率密度分布曲线

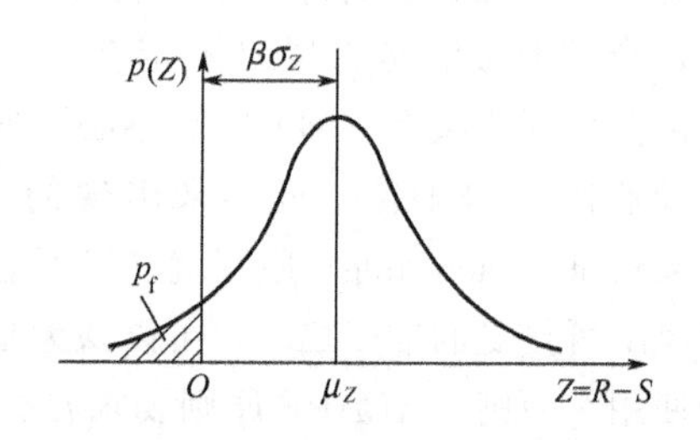

图 8-4　概率密度分布曲线

增加 R 和 S 差值或减小 R 和 S 的离散程度，可以提高构件的可靠程度。以 Z 表示 R 和 S 差值，即 $Z=R-S$，Z 也是服从正态分布的随机变量，其概率密度分布曲线如图 8-4 所示，则 $Z<0$ 事件的概率就是构件的失效概率，可表示为：

$$p_f = P(Z) = \int_{-\infty}^{0} f(Z)\mathrm{d}Z \tag{8-1}$$

按上式计算失效概率 p_f 比较麻烦，故又建立了一种可靠指标的计算方法。由于失效概率 p_f 与 Z 的平均值 μ_Z 和标准差 σ_Z 值有关，取其比值可以反映失效概率情况，即为可靠指标，即

$$\beta=\frac{\mu_Z}{\sigma_Z}=\frac{\mu_R-\mu_S}{\sqrt{\sigma_R^2-\sigma_S^2}} \tag{8-2}$$

$\mu_Z=\beta\sigma_Z$，可以看出 β 大，失效概率小。β 和 p_f 一样可作为风险接受准则和可靠性评价指标，已在航空、核电和海洋工程等方面得到普遍应用。表 8-1 列出了常用的结构可靠指标 β 与失效概率 p_f。

表 8-1　结构可靠指标 β 与失效概率 p_f

失效后果	严重程度	失效类型与可靠指标 β 与失效概率 p_f					
		第Ⅰ类失效 塑性失效		第Ⅱ类失效 韧性撕裂失效		第Ⅲ类失效 脆性断裂	
		β	p_f	β	p_f	β	p_f
不严重	对人员伤害，对环境污染程度均很小，经济损失也小	3.09	10^{-3}	3.71	10^{-4}	4.26	10^{-5}
严重	对人员可能造成伤害、甚至导致死亡，对环境可能存在污染，有明显的经济损失	3.71	10^{-4}	4.26	10^{-5}	4.75	10^{-6}
很严重	很大可能性导致一些人员伤害或死亡，明显的环境污染和巨大经济损失	4.26	10^{-5}	4.75	10^{-6}	5.20	10^{-7}

8.1.4　可靠性、安全性与完整性的关系

可靠性与安全性成为现代工程结构的两大关键特性。可靠性与安全性的含义及目的是有差异的，可靠性是指结构在规定的条件下和规定的时间内，完成规定功能的能力，安全性是指结构在各种环境作用下，不发生事故的能力。可靠性研究的对象是故障，其目的是减少故障的发生，安全性研究的对象是危险，其目的是减少事故的发生。对于工程结构而言，一切都不可靠，则系统都是不安全的；一切都可靠，系统也不一定绝对安全；某部分不可靠，系统不一定不安全。可靠性是工程结构安全性的基础，是防范风险的重要保证。

完整性是指结构实现其强度、刚度、损失容限、耐久性、功能性等要求的能力。结构完整性所涉及的内容一方面考虑了传统的刚度和强度的要求；另一方面又强调了耐久性和损失

容限的抗断裂性能，并要求从这两方面同时保证结构的使用性能。结构完整性是由材料性能、结构形式、制造工艺、载荷类型、环境介质以及使用和维护等多种因素所决定的。完整性是结构抵抗破坏的重要属性，结构的可靠性和安全性在很大程度上依赖于结构的完整性。

国际焊接学会推出的焊接结构“合于使用”评定指南中定义：合于使用是指结构在规定的寿命期内具有足够的可以承受预见的载荷和环境条件的能力，即“合于使用”是结构完整性要求所要达到的目标，是完整性评定所要探索的内容。根据工程结构的经济可承受性要求，完整性应保证结构的可用性（适用性或合于使用性），要证明结构的功能或能力是否足够完成使用要求。

针对工程结构而言，可靠性与失效对应，安全性与风险对应，完整性与损伤对应。损伤的程度对结构的完整性产生影响，损伤是结构的功能退化过程，损伤的极限是失效，而造成损伤的原因是结构所承受的载荷与环境等各种构成危险的因素。因此，结构安全性的关键是结构的完整性。

8.2　焊接结构的焊接性分析

为了全方位了解影响焊接结构使用性能和完整性的各种复杂因素和交互作用，了解制造因素和目标性能的关系，可以从焊接结构形成过程的热学、组织和力学三个环节分析构件的焊接性能。

8.2.1　构件焊接性

构件焊接性是指对于一定的材料和结构形状，通过焊接技术手段获得优质使用性能焊接结构的可行性。与“材料焊接性”的概念相比，构件焊接性的含义更广泛，它可以包含以下三方面内容，其关系可用图 8-5 表示。

（1）材料的焊接适应性　这一内容涉及焊接结构所使用的母材和焊接填充材料的种类、化学成分及原始状态等，它们主要影响熔化凝固后形成的焊接接头显微组织和缺陷种类。

（2）设计的焊接可靠性　这一内容涉及焊接结构的形状、尺寸、板材厚度、约束条件、焊缝和焊接接头形式等，它们主要影响焊接接头中的焊接变形和残余应力、应力集中和工作应力分布等。

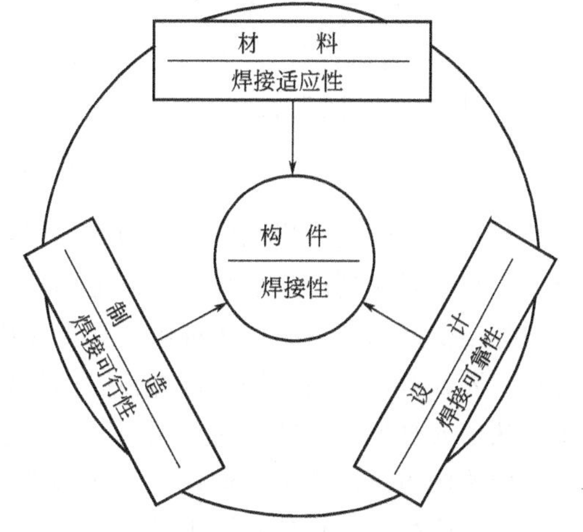

图 8-5　构件焊接性的含义

（3）制造的焊接可行性　这一内容涉及焊接方法、焊接速度、焊接操作方式、坡口形状、焊接顺序、多层焊、定位焊、预热和焊后热处理等，它们主要影响焊接接头的形成能力、缺陷类型和综合力学性能等。

8.2.2　影响构件焊接性的因素

（1）影响强度性能的因素　从狭义上来说，构件焊接性可理解为所需求的强度性能。焊接接头的强度受到化学成分和温度循环等主要影响因素的支配，而这些因素又受到如焊缝类型、预热温度等的影响。强度行为可用一些主要的物理特征值来描述，而这些主要特征值又可能涉及另一些次要的或工艺的特征值，如图 8-6 所示为一幅仅限于影响焊接接头强度性能的不完全的可变因素图，由此可看出“构件焊接性”的复杂性。

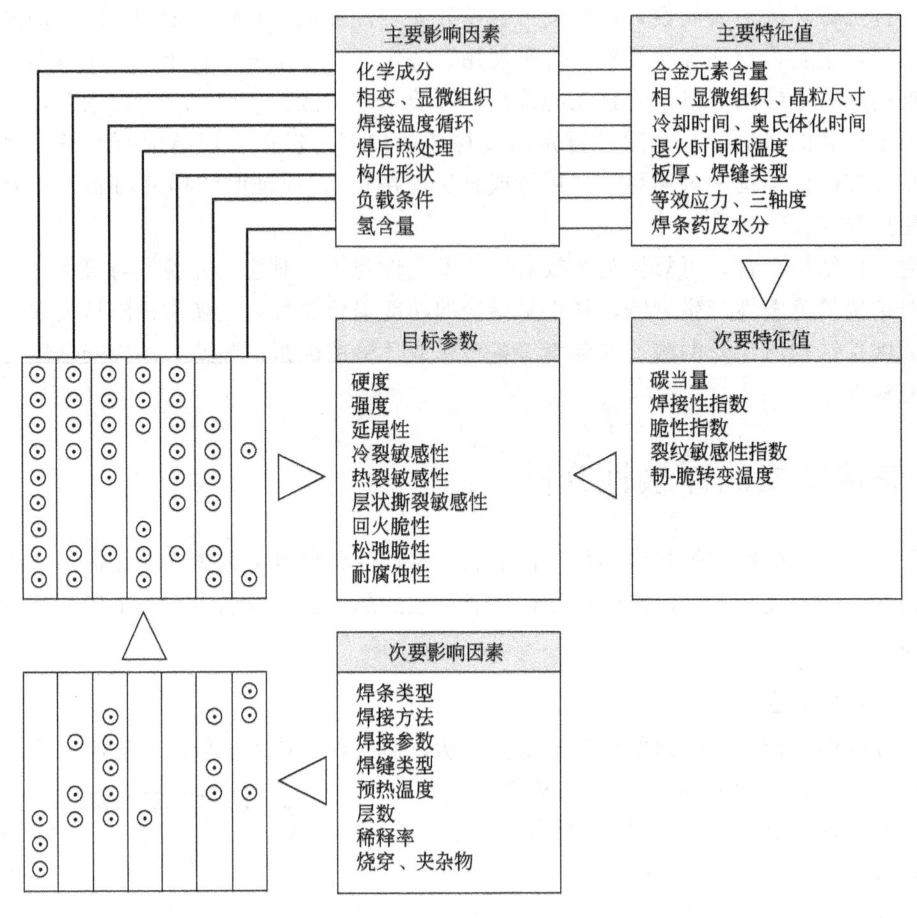

图 8-6　影响焊接接头强度的主要因素

（2）影响焊接变形和应力的因素　焊接残余应力和焊接变形是构件焊接性的重要组成部分，它直接影响到冷、热裂纹的产生和构件的使用性能并妨碍制造过程。

焊接变形与应力是由多种因素交互作用而导致的结果。图 8-7 给出了引起焊接变形和应力的主要因素及其内在联系。焊接时的局部不均匀热输入是产生焊接变形与应力的决定性因素，热输入是通过材料性能因素、制造工艺因素和结构设计因素所构成的内拘束度和外拘束度而影响热源周围的金属运动，最终形成了焊接变形和应力。影响热源周围金属运动的内拘束度主要取决于材料的热物理参数和力学性能，而外拘束度主要取决于制造工艺因素和结构设计因素。

8.2.3　热-力-组织的交互关系

以往对“构件焊接性”的描述多数为定性的语言描述，目前已经发展了一些实验方法，可以针对某一具体情况或特定的性能参数来定量描述，但宏观上全面对焊接性进行定量描述却十分复杂，也十分困难。随着科学技术的发展，特别是计算机和数值模拟技术的进步，可将焊接性分解成温度场、变形和应力场以及显微组织状态场，这对于定量分析焊接问题具有重要意义。

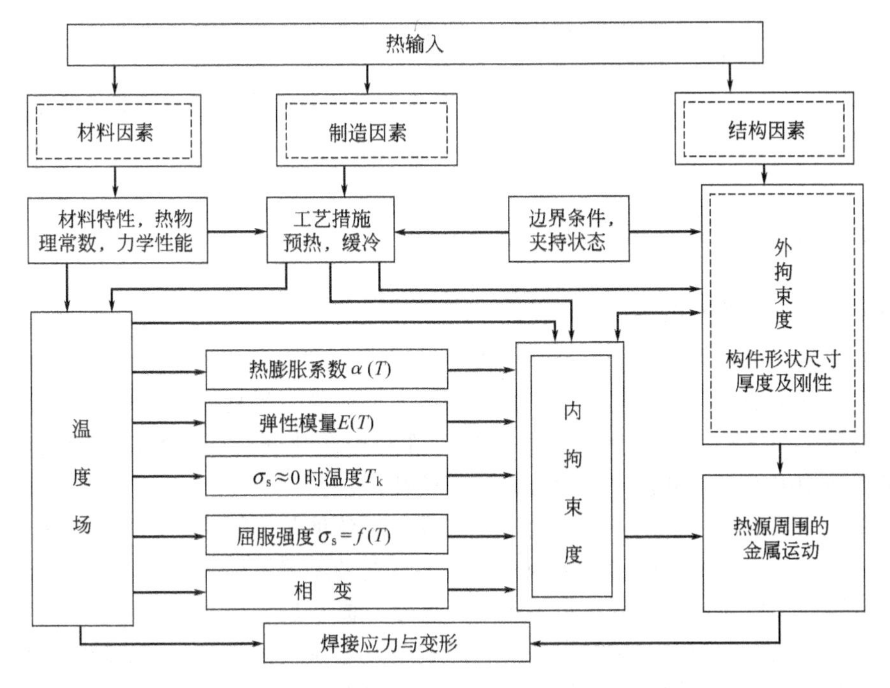

图 8-7　引起焊接变形和应力的主要因素及其内在联系

图 8-8 中的实线箭头表示存在强烈的影响，虚线箭头表示影响较弱，在工程上可以忽略其间的相互关联。

显微组织的转变不仅取决于材料的化学成分，也取决于焊接热循环过程。为强调相变行为的影响，并显示有限元分析中的基本输入和输出参数，可以对图 8-8 加以扩展形成如图 8-9 所示“热-力-组织”的关系图，使各种影响因素之间的关系更为清晰和细致。

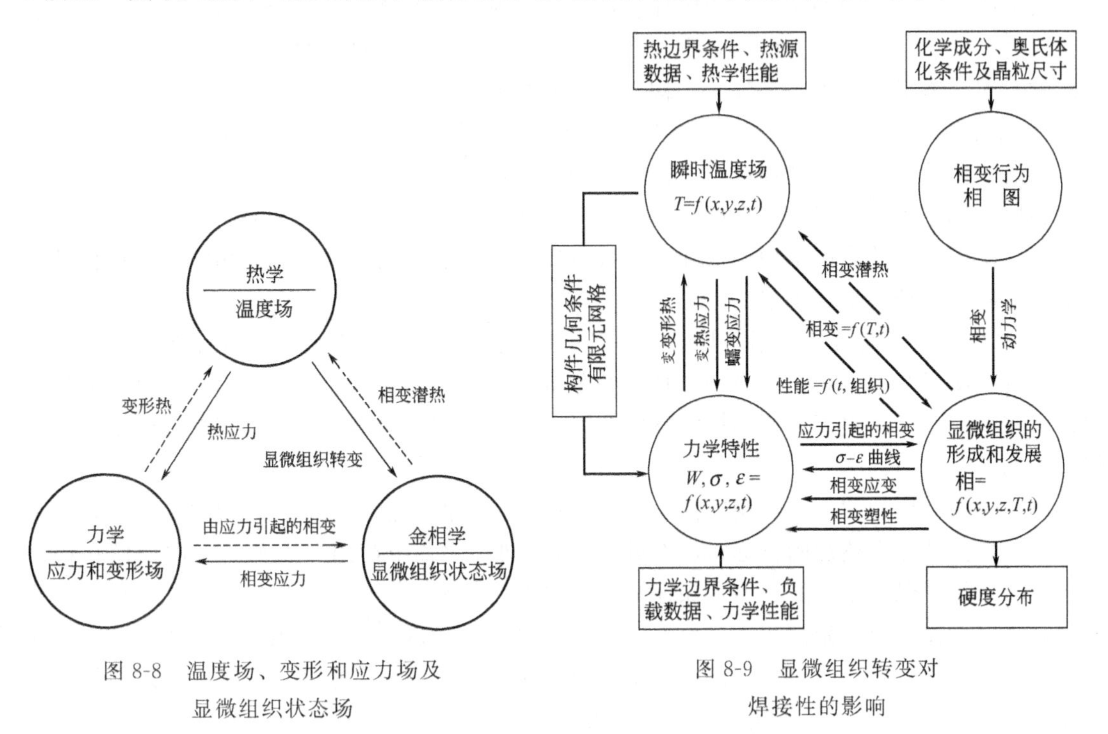

图 8-8　温度场、变形和应力场及显微组织状态场

图 8-9　显微组织转变对焊接性的影响

从前述内容可以看出，焊接结构的性能和质量问题涉及三个主要方面。

① 热场　即温度场，主要涉及传热学知识。

② 变形和应力场　涉及力学知识，包括流体力学、材料力学、弹塑性力学、断裂力学。

③ 显微组织状态场　对应有金相学知识，包括金属学、焊接冶金学、金属力学性能等。

8.3　焊接结构的完整性评定

8.3.1　焊接结构完整性概念

（1）结构完整性管理　基于安全性考虑，工程结构完整性管理在国际上受到高度重视。结构完整性管理特别强调检测的作用，检测如同人的体检，就是检查结构的损伤情况，为完整性诊断提供“病情”。依据结构可靠性、安全性与完整性的辩证关系，结构完整性管理主要任务包括结构失效模式分析、风险分析及完整性评价。

结构在制造及运行过程中不可避免地存在或出现各种各样的缺陷、材料组织性能劣化以及外力损伤等对结构使用性能构成影响的因素。特别是随着结构服役时间的增长，损伤的累积会导致裂纹的形成与扩展，裂纹扩展到临界尺寸形成断裂，这一过程是结构由初始状态向破坏（或失效）状态的演变。结构完整性管理就是要监控结构全寿命周期的完整性状态的变化过程，因此，结构完整性管理也可以称为完整性状态管理。

结构完整性管理是一项系统工程方法，是多学科交叉的集成管理，具有综合性与科学性。积极开展结构完整性管理研究与应用，对保证结构的安全性与经济性具有极其重要的意义。

（2）焊接结构的完整性

① 焊接结构的完整性特点　焊接结构的显著特点之一就是整体性强，焊接结构的完整性就是要保证焊接结构在承受载荷和环境介质作用下的整体性要求。焊接结构的整体性要求包括接头的强度、结构的刚度与稳定性、抗断裂性和耐久性等。焊接接头的性能不均匀性、焊接应力与变形、焊接接头应力集中以及焊接缺陷等因素对焊接结构的完整性都有不同程度的影响，充分考虑这些因素是焊接结构完整性分析的重点内容。

② 焊接结构完整性指标　完整性指标是评价焊接结构完整程度的依据，但目前尚未建立完善的焊接结构完整性指标体系。根据结构完整性的要求，结合焊接结构的特点，焊接结构完整性指标应当包括强度、刚度、断裂韧度、损伤容限、疲劳性能和耐腐蚀性能等。每一项指标都受到焊接接头区不均匀性和焊接残余应力的影响，因此，焊接结构完整性指标的确定要比均质材料结构复杂得多。

③ 焊接结构的完整性计划　焊接结构的完整性计划要根据产品结构的性能要求，在设计、制造、使用及维护各个阶段制定具体的分析方法、试验项目和评价准则等，以保证焊接结构的完整性目标。根据焊接结构完整性的影响因素，可归纳出焊接结构完整性计划的主要任务，见表8-2。

（3）焊接结构的“合于使用”性　焊接结构的完整性与合于使用性之间既有差异，又是统一的。焊接结构完整性的目标力求将风险降到最低，“合于使用”原则是考虑如何在经济可承受的条件下保证结构的功能。保证结构的完整性是确保“合于使用”的基础。焊接结构的绝对完整往往是很难做到的，其完整程度被接受的准则是“合于使用”性，或者说其损伤程度不影响使用性能。合于使用评定就是分析损伤对焊接结构完整性的影响，确定焊接结构的完整程度。因此，“合于使用”评定是焊接结构完整性研究的主要内容之一。

表 8-2 焊接结构完整性计划的主要任务

任务 1	任务 2	任务 3	任务 4	任务 5
设计资料	结构/材料	制造与质量控制	疲劳与断裂控制	使用与维护
• 焊接结构完整性总计划 • 设计使用寿命与使用要求 • 结构与焊接热力分析 • 服役条件 • 使用寿命	• 结构类型与力学分析 • 接头设计 • 焊接条件 • 材料强度与韧性 • 转变温度 • 焊接性分析 • 可检测性分析	• 材料验收 • 焊接工艺评定 • 工艺规程 • 焊接应力与变形控制 • 焊接缺陷预防 • 焊接检验 • 返修	• 载荷与环境条件 • 强度与应力分析 • 缺陷容限分析 • 疲劳寿命评估 • 结构件模拟试验 • 全尺寸结构过载试验	• 运行试验 • 损伤监测 • 完整性评价 • 维修规程 • 员工培训 • 操作规程 • 安全守则 • 措施改进

目前，焊接结构完整性评定方法都是建立在“合于使用”原则的基础上。在焊接结构的发展初期，要求结构在制造和使用过程中均不能有任何缺陷存在，即结构应完美无缺，否则就要返修或报废。后来大量研究表明，即使焊接接头中存在一定的缺陷，对焊接接头的强度的影响也很小，而返修却会造成结构或接头使用性能的降低，因此，出现了“合于使用”的概念。在断裂力学出现和广泛应用后，这一概念更受到了人们的注意与重视，成为焊接结构完整性研究的重要课题。

“合于使用”评定又称工程临界分析（engineering critical assessment，ECA)，是以断裂力学、弹塑性力学及可靠性系统工程为基础的工程分析方法。在制造过程中若出现缺陷，可根据“合于使用”原则确定该结构是否可以验收；在使用过程中，评定所发现的缺陷是否允许存在；在设计新的焊接结构时，规定了缺陷验收的标准。国内外长期以来广泛开展了断裂评估技术的研究工作，形成了以断裂力学为基础的“合于使用”评定方法。多个国家建立了适用于焊接结构设计、制造和验收的“合于使用”原则的标准。

8.3.2 含缺陷焊接结构评定原理和程序

(1) 评定原理 含缺陷焊接结构安全评定均是基于断裂力学的原理和“合于使用”评定的要求进行的。在建立载荷应力、当量缺陷尺寸和材料断裂韧度的关系基础上，比较当量缺陷尺寸与允许缺陷尺寸的大小，从而得出缺陷是否安全的结论，其具体过程如下。

① 通过表观和无损检测方法分析结构中缺陷是否存在，明确缺陷类型。根据缺陷的性质、形状、位置和尺寸将具体缺陷换算成贯穿板厚的裂纹，称为当量或等效裂纹，用贯穿裂纹的长度表示当量缺陷的尺寸 $\bar{a}$。

② 通过力学实验或有限元计算方法确定当量裂纹所承受的工作应力，用 σ 表示。

③ 通过断裂力学实验测试材料的断裂韧度，例如 K_{IC}、CTOD、J 积分等。

④ 利用断裂力学公式，如 $K_I=\sigma\sqrt{\pi a}\leqslant K_{IC}$，来计算出允许缺陷尺寸 $\bar{a}_m$，对 $\bar{a}$ 和 $\bar{a}_m$ 进行比较，如果 $\bar{a}<\bar{a}_m$，则此缺陷是安全的，或说是可以验收；反之，则此缺陷是不安全的，或说是不可以验收。这一过程可以用图 8-10 来表示。

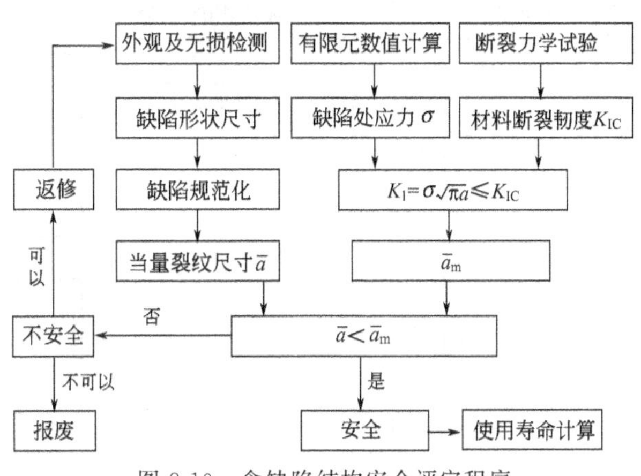

图 8-10 含缺陷结构安全评定程序

同样，在获得缺陷当量裂纹尺寸 $\bar{a}$ 和断裂韧度 K_{IC} 后，也可以通过 $K_I=$

$\sigma\sqrt{\pi a}\leqslant K_{IC}$计算出许用应力$\sigma_m$，对现有工作应力$\sigma$和许用应力$\sigma_m$进行比较，如果$\sigma_{工作}<\sigma_m$，则此缺陷是安全的，或说是可以验收。更广义地说，就是比较裂纹驱动力和材料阻力的大小，来判断缺陷的安全与否。

（2）典型评定程序　实际上，由于结构中的缺陷种类很多、位置关系复杂，载荷应力多种多样，并且焊接接头性能不均匀，使得缺陷的安全评定并非如上所述那样简单，而是变得非常复杂。如图8-11是较为广泛应用的英国中央电力局《带缺陷结构的完整性评定方法》

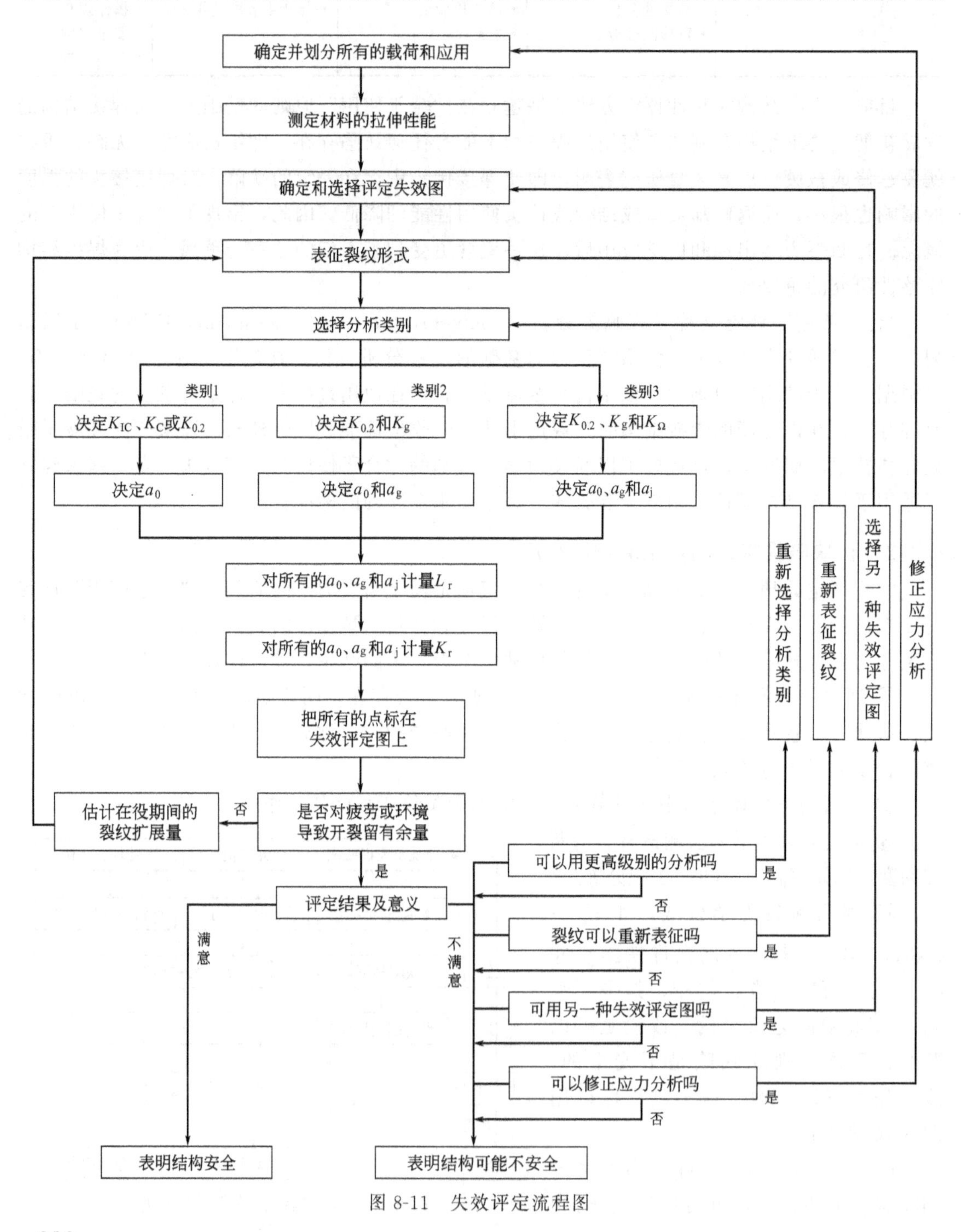

图8-11　失效评定流程图

CEGB-R/H/R6 失效评定程序图，可以看出其复杂性。

图 8-11 中，a 为实际裂纹尺寸；a_0 为初始裂纹尺寸；$a_g = a_0 + \Delta a_g$；$a_j = a_0 + \Delta a_j$；Δa 为裂纹延性扩展量；Δa_g 为裂纹延性扩展的最大值；Δa_j 为裂纹延性扩展的假定值；K_{IC} 为脆断起始时的线弹性平面应变断裂韧性；K_C 为脆断起始时的断裂韧性（非标准值）；$K_{0.2}$ 为条件断裂韧性；K_g 为裂纹延性扩展 Δa_g 后的断裂韧性；K_Ω 为裂纹延性扩展 Δa_j 后的断裂韧性。

8.3.3　焊接结构“合于使用”评定方法

近年来国际上广泛地将缺陷评定及安全评定称为完整性评定或“合乎使用”评定，它不仅包括超标缺陷的安全评估，还包括环境（介质与温度）的影响和材料退化的安全评估。按“合乎使用”原则建立的结构完整性技术及其相应的工程安全评定规程（或方法）越来越走向成熟，形成了一个分支学科，在广度和纵深两方面均取得了重大发展。在广度方面新增了高温评定、各种腐蚀评定、塑性评定、材料退化评定、概率评定和风险评估等；在纵深方面增加了弹塑性断裂、疲劳、冲击动载、止裂评定、极限载荷分析、微观断裂分析等。表 8-3 列出了常用焊接结构“合于使用”评定方法。

表 8-3　常用焊接结构“合于使用”评定方法

名称	制定单位	应用及特点	评定选择
CEGBR/H/R6 带缺陷结构的完整性评定方法	英国中央电力局	采用失效评定曲线对含缺陷结构的完整性进行评定 也适于裂纹止裂法、接头匹配效应、局部方法和有限元方法等	用代表断裂驱动力与断裂韧性的比率 K_r 和施加载荷与塑性失稳载荷的比率 L_r 形成的失效评定曲线进行。有三种评定选择 选择 1：当仅知道材料屈服应力时 选择 2：要知道材料的应力-应变关系曲线 选择 3：要有材料性能、裂纹尺寸等详细数据，可降低评定结果的保守性
SINTAP 欧洲工业结构完整性评定规程	欧洲工业委员会	由欧盟 9 个国家的 17 个组织共同完成。适用于一般工业结构缺陷的安全评定 对脆性断裂、延性撕裂和塑性失稳等进行评定	分 7 个评定水平 水平 0：只知道材料屈服应力时 水平 1：当材料屈服应力、最大拉伸应力以及焊缝强度非匹配程度小于 10%时 水平 2：考虑焊缝强度非失配的评定 水平 3：知道材料的应力-应变曲线 水平 4：需要对裂尖拘束状况的断裂韧性进行估计 水平 5：J 积分评定 水平 6：破裂前泄漏(LBB)评定，可对部分穿透及穿透裂纹的稳定与扩展进行评定
BS7910 金属结构中缺陷验收评定方法导则	英国标准委员会	适用于一般金属结构中平面型缺陷的安全评定 主要在断裂、疲劳、蠕变裂纹扩展、腐蚀、鼓胀、泄漏、屈服等方面进行评定	分三个级别评定 1 级评定：简单评定，适用于材料性能数据有限时的评定，包括 1A(失效评定图法)和 1B(当量裂纹法) 2 级评定：常规评定，包括 2A(不需要应力-应变数据)和 2B(需要应力-应变数据) 3 级评定：高级评定，主要对高应变硬化指数的材料或分析裂纹稳定撕裂断裂。包括 3A(不需要应力-应变数据)、3B(需要应力-应变数据)和 3C(J 积分方法)

续表

名称	制定单位	应用及特点	评定选择
API579推荐用于“合乎使用”的实施方法	美国石油学会	对石油化工压力容器、管道和贮罐等在役设备缺陷及其材料的退化损伤进行安全评估 主要评定均匀腐蚀、局部减薄、槽坑缺陷、点蚀、鼓泡及分层、高温蠕变等缺陷的安全性	从损伤机制、材料行为、运行条件、无损伤探伤、应力分析以及统计分析(工程可靠性模型)等方面对结构的完整性进行评定,分为三级评定 第1级:免于评定的标准 第2级:需要知道材料许用应力或现场取样测试,按相关公式进行强度校核 第3级:高级分析,对第2级评定无法进行或通不过的,或常规强度计算公式已不适用的,采用有限元计算等分析方法进行强度校核
GB 19624在用含缺陷压力容器安全评定	中国国家标准化管理委员会	对在用含缺陷压力容器、压力管道进行安全评定的方法 主要评定裂纹、未熔合、未焊透、凹坑、气孔、夹渣和咬边等缺陷的安全性	依据“合于使用”和“最弱环”原则,用于判别在用含缺陷压力容器在规定的使用工况条件下能否继续安全使用。缺陷采用归一化方法处理,主要进行断裂失效评定、塑性失效评定和疲劳失效评定。前两者有简化评定、常规评定、凹坑评定、气孔夹渣评定四种类型;后者有平面缺陷和体积缺陷两种类型的疲劳失效评定

8.4 焊接结构失效分析

焊接结构失效是指在使用过程中，由于焊接结构的尺寸、形状、组织和性能发生变化而不能完成指定的任务或丧失了原设计要求的现象，大多数情况是指由于焊接接头部位开裂或断裂引起的失效。

虽然可以考虑焊接结构构件焊接性的诸多因素，也尽可能合理评价焊接结构的完整性，但由于不可预测的影响因素较多，焊接结构失效现象仍然会发生。正确认识和充分考虑焊接结构的不足之处，熟悉其失效类型，分析已有断裂构件或试件的失效原因，反馈于设计、制造和使用过程，才能防止发生失效，保证焊接结构的可靠运行。

8.4.1 失效分析的思路

失效分析的总体思路或方法有如下几种。

① 系统方法　就是把失效类型、失效模式、断口形貌特征、服役条件、材质情况、制造工艺水平、使用和维修情况等放在一个研究系统中，从总体上加以考虑，以寻找具体失效原因的方法。

② 比较方法　将失效结构与一个没有失效而又能对应的完好结构进行比较，从中找出差异，以便确定失效的原因。

③ 历史方法　根据同样结构、同样服役条件下的已有运行情况和变化规律，来判断失效结构的引发原因，这要依赖已有失效资料的积累，运用归纳法和演绎法来进行分析。

④ 逻辑推理法　根据背景资料和失效现场的调查材料，以及材料测试获得的信息，进行分析、比较、综合、归纳和概括，做出判断和推论，得出可能的失效原因。

在焊接结构失效分析中，要结合具体失效对象，灵活选择分析方法，也可几种方法兼顾并用。抓住失效中起主要作用的因素进行解剖，深入分析断裂源、断裂机理及其导致的开裂原因。

8.4.2 失效分析的步骤和内容

（1）现场调查研究　发生失效后，尽早开始失效分析工作尤为重要，调查研究阶段要尽量从现场、设计、施工和相关记录中掌握失效事故的具体数据和信息，尽可能早地获得第一手资料。搜集资料的顺序没有固定的规律可循，原则是快速、全面、细致和耐心。

① 确定失效是在何时、何地和如何发生的；确定失效的部位、残骸碎片的相对位置，部件的畸变和损伤情况，照相记录和绘制草图。访问有关操作者和见证人，了解失效过程、失效现场及其变化情况，尤其是在当事人对事件记忆犹新的时候，尽可能迅速地得到有关失效情况的所有口头报告和相关物证。要对现场进行详细的录像或拍照，以备研究之用。

② 收集和保护失效部位的断口试样，要采用对断口部位无损伤的方法截取试样。要了解断口是否做过处理，收集和保护之前是否有外力损伤和介质腐蚀。

③ 查找失效结构的原始背景资料，包括焊接结构的设计图纸、相关标准、焊接接头的工作应力计算、焊接生产制造工艺过程、焊接接头质量检测报告、焊接结构运输和安装的记录资料。

④ 了解结构的工作历史和工况条件，如工作负载、载荷状态、工作介质、环境温度和工作时间，是否与规定的工况条件相符合。运行过程中是否出现过异常现象，是否有同类型结构发生过同样或其他类似的失效。尽可能收集构件在运行过程和失效时的监控数据或影像资料，掌握焊件的实际运行情况和实际使用时间。

（2）样品初步检验　从事故现场尽可能多地收集结构断裂残骸。对断裂残骸进行初步分析，并从中选取分析样品。

初步检验是外观检验，包括记录焊件上的特征，如污物、腐蚀产物等，失效部位形状、尺寸和位置，并画出草图或照相记录。用肉眼或放大镜初步检验失效焊件的变形程度、断口形貌和裂纹扩展方向等。根据初步分析结果，选取分析样品，所选的样品应包括一次失效试件和一次开裂源。用于确定一次开裂源的方法有：根据裂纹走向特点确定裂纹源；根据变形程度确定裂纹源；根据腐蚀程度确定裂纹源，从焊件的最薄弱处找裂纹源。

（3）无损检测分析　在失效分析中，无损检测主要用于测定焊件表面缺陷和内部缺陷，通过检测焊接缺陷的尺寸和分布，确定缺陷在失效中的作用。常用的无损检测方法有无损探伤，包括 X 射线法、超声波检验、磁粉探伤、渗透法和涡流法等。也可以调用已有的无损检测存档资料，进行对比分析。

结构工作应力对构件失效具有重要的影响，必要时可以采用无损检测方法测定构件中的应力。常用方法有小孔法和 X 射线应力测定法。还可以采用有限元数值模拟方法进行应力分析和计算等。

（4）试样断口分析　断口分析是查明断裂起源、断裂途径和断裂类型的有效手段，是断裂失效分析的重点。断口分析确定的断裂源和途径，成为金相分析和工况分析的重点。分为宏观断口分析和微观断口分析。

① 宏观分析是指用肉眼直接观察，或用放大 50 倍以下的放大镜观察，是失效分析的基础。宏观分析中，首先应确定失效的起源，接着是根据断口特征，对加载方式、应力大小、材料的相对韧性与脆性等给予说明。宏观断口分析还可以发现其他细节，如表面硬化、晶粒大小和内部缺陷，设计或制造过程中产生的应力集中、装配缺陷等，所有这些都能为查明失效原因提供证据。因此，宏观分析应当格外仔细进行。

宏观检查可以取得以下信息：内部质量，包括偏析、疏松、夹杂、气孔等；氢脆，包括白点等；软硬部位的区分及硬化层的深度；断裂的断口特征；焊接质量等。还可以显示损坏部位表面的研磨烧伤、碾碎和其他表面损伤，利用印痕技术可用来显示一些元素在试样上的分布。

② 微观分析是借助于显微镜分析、电子显微镜（SEM、TEM）观察、电子探针（EP-MA）分析、俄歇能谱（AEM）分析、X 射线衍射分析等仪器，来分析断口及其附近材料的显微结构、显微组织和微区性能的变化。对断裂的起因、扩展方式和断裂类型进行更深入的分析和判断。

（5）成分、性能及金相分析　主要包括材料的成分、性能、组织、结构及缺陷等的分析，特别是对关键部位，如断裂源和断裂途径的分析。

化学成分分析包括常规的、局部的、表面的和微区的化学分析。

金相组织检验就是检验焊件有关材料的显微组织和缺陷，具体包括：组织种类与形态、晶粒度、第二相粒子的大小及分布、晶界的析出相和宽度、夹杂物的种类、形态、大小及分布等。对与断口表面垂直的截面进行金相检验，对裂纹的扩展路径和二次裂纹分析具有重要意义。裂纹尖端的金相分析，对于研究裂纹的扩展和止裂有重要意义。金相分析在失效分析中十分重要。有些构件的失效通过金相分析可以确定失效原因，如材质问题引起的失效。

性能试验主要指力学性能试验，在焊件的断裂分析中，力学性能试验主要是检验断裂件材料的强度、延性、硬度、韧度等指标是否达到必要的数值或设计要求。硬度试验是应用最广的测试方法，它简便易行，试样制备容易，便携式硬度仪只需对试样表面进行简单的处理，就可以测出其硬度值。应当指出，小试样的试验结果不可能完全代表实际大型构件的性能，试验结果还与取样的位置有关，如轧制状态的母材金属，在平行和垂直轧制方向的性能不同。因此，应慎重选择力学性能试验，并仔细分析和用好试验结果。对于腐蚀断裂，需对腐蚀物、氧化物、沉淀物以及介质进行分析。

（6）工况条件分析　也就是进行工作条件的分析，目的是寻找失效的外因。包括对工作温度、化学介质环境、化学介质浓度、焊件承载等进行分析以及对焊件进行应力分析、断裂力学分析、温度和化学介质影响的分析等，这对于判断失效模式具有重要的意义。

（7）模拟试验　模拟试验就是再现构件的破坏过程，以验证已做出的初步判断和分析结果是否正确。对失效现象进行全面的模拟是很难实现的，通常可对其中的一个或两个重要参数进行模拟，例如，可以模拟温度、介质浓度、加载方式等。

（8）分析所有物证、得出结论和撰写报告　对调研、试验、模拟的结果进行综合分析，确定断裂原因，提出可行的防止措施，最后写出失效分析的书面报告。报告应包括：对失效构件的概述；失效时的服役条件；服役前的履历；构件加工过程；失效构件的力学、断口、金相分析结果；冶金质量评价；失效的模式、原因总结；防止类似失效的建议；研究单位、研究者、报告时间等。

焊接结构失效类型不同，其失效分析步骤和内容也不尽一致，还要考虑经济因素。也就是说，上述所列的实验步骤和内容不一定全部要进行，可以有选择性，只要能够找到失效的原因，并且得到用户或制造厂等的认可就可以。

往往焊接结构失效分析要与事故责任、责任追究和经济赔偿等管理问题紧密相关，因此，分析者一定要以科学技术知识为根本，认真负责、保持公正、实事求是地进行分析和得出可靠的结论。

8.4.3　焊接结构失效原因分析

进行焊件的失效分析时，必须从设计、材料、工艺、使用等方面进行，大量的事实表明，设计是主导，材料是基础，工艺是保证，使用是监护。这几个环节中，任何一个或几个环节的疏忽或不慎，都会造成焊接结构的失效。可以根据失效模式，分析失效的原因，提出相应的预防和改进措施。

（1）失效模式分析　在失效过程中，焊件的局部或整体的形状、尺寸、性能和组织状态发生了变化，失效模式反映了构件失效的物理和化学变化过程。分析失效模式就是利用物理、化学和力学仪器对失效部分进行观察、测试和分析，以尽可能准确地描述失效模式。

焊接结构失效是内在和外在因素共同作用的结果。内在因素是指焊接结构的母材金属、焊缝金属和热影响区的材质、状态和性能，焊接接头的外观形状，内部外部焊接缺陷等；外在因素是指焊件的制造和服役条件，如应力、环境和服役时间等。环境因素是指温度和介质两大因素。服役时间不是独立的诱发因素，但与其他因素结合，时间往往又是重要因素，时间因素总是分别归并在前两个诱发因素之中。

根据观察结果，结合有关断裂力学、材料金相和断口学、焊接冶金和工艺等知识，综合确定失效的模式，失效模式的分析是失效分析各环节的核心。焊接结构的失效分析见表 8-4。

表 8-4　焊接结构的失效分析

选　项		结构失效分析
破坏类型(失效模式)		①焊接裂纹：凝固裂纹、高温液化裂纹、高温失延裂纹、消除应力裂纹、氢致裂纹、淬硬裂纹、热应力低延裂纹、层状撕裂、应力腐蚀裂纹等。②焊缝中的气孔和杂质。③焊接接头的腐蚀及泄漏，包括点腐蚀、缝隙腐蚀、晶间腐蚀、冲蚀腐蚀、应力腐蚀等。④焊接结构的变形和应力。⑤焊接结构的延性破坏和脆性破坏。⑥焊接结构的疲劳破坏，包括高周疲劳、低周疲劳、热疲劳、冲击疲劳、腐蚀疲劳等。⑦焊接结构的磨损破坏，包括黏着腐蚀、磨料磨损、腐蚀磨损、表面疲劳磨损、汽蚀等
破坏表现形式		①裂纹；②变形；③尺寸精度不够；④泄漏破坏表现形式；⑤工艺缺陷；⑥剥离；⑦强度不足或脆化；⑧腐蚀；⑨磨损
失效原因	设计	①载荷计算错误；②局部应力计算错误；③接头形式和坡口形式设计错误；④焊件形状不连续；⑤选材失误；⑥对焊件的服役条件认识不足；⑦焊接工艺制定不合理
	材料	①母材金属的材质不良：存在冶金成分偏析和脆性；②母材金属焊接性不好：易出现裂纹、脆化、软化、硬化等；③焊接材料不合格、过期失效或焊材与母材金属匹配不当
	工艺	①焊工技术不良；②焊接参数错误：③过大或过小；④装配质量不佳，拘束度过大；⑤材料加工、储存不当；⑥不合理的焊前预热、焊后热处理、焊后加热
	使用	①操作失误，如偶然的超载；②环境条件不符合要求：温度不正常、潮湿或存在腐蚀介质；③超过设计使用寿命；④未按规定检修

（2）失效类型及其断口特征　从宏观和微观断口特征可以判断焊接结构的失效类型，表 8-5 列出了焊接结构失效类型及其所对应的断口特征。

（3）失效源的确定　失效分析的目的在于找出失效源，不同焊接方法可能出现的失效源不同，表 8-6 列出了各种焊接接头的失效源类型。

表 8-5　焊接结构失效类型及其所对应的断口特征

失效形式	特　征	宏观断口特征	微观断口
脆性失效	扩展迅速、突然断裂、无明显塑性变形；低应力发生，低温下易发生	断口平直、表面光亮、呈颗粒状、有小刻面；解理断口、放射状或人字花样	解理台阶、河流花样、舌状花样
塑性失效	明显塑性变形、壁厚减薄；有挠曲、变粗、缩颈等	锯齿形纤维状断口，呈暗灰色、切断、断口不平齐，边缘有45°角的剪切唇	韧窝花样（等轴韧窝、撕裂韧窝和剪切韧窝）；韧窝内部有夹杂物或颗粒存在
疲劳失效	无宏观塑性变形，突然发生	有疲劳源区、疲劳裂纹扩展区（海滩状或贝壳状花样，扇形或椭圆形，波浪形）、瞬时断裂区。瞬时断裂区与静载的相同	疲劳辉纹、疲劳台阶和二次裂纹
应力腐蚀失效	纯金属不明显，二元合金敏感；裂纹分叉，细小的裂纹深入内部，而表面有腐蚀迹象	裂纹源为腐蚀坑；裂纹慢速扩展区为台阶或放射状条纹；最终快速断裂区；脆性特征；有腐蚀特征和氧化现象，呈褐色或暗色	可能是沿晶的，也可能是穿晶的；“腐蚀坑”和“二次裂纹”的形貌；碳钢和低合金钢是沿晶开裂的
高温失效	具有明显的塑性变形，断口附近产生许多裂纹，呈现龟裂现象	高温氧化现象，在断口表面形成一层氧化膜	大多数的蠕变断裂是沿晶断裂，有局部的脱开及空洞现象，有高温氧化产物

表 8-6　各种焊接接头的失效源

焊接接头类型	失效源种类
电弧焊接头	气孔、热裂纹、冷裂纹、夹杂物、未熔合、未熔透、氧化、焊缝成形不良、脆化
埋弧焊接头	夹杂物、气孔、未熔合、未熔透、焊缝外形差、裂纹
电阻焊接头	夹杂物、气孔、未熔透、焊缝成形差、裂纹
摩擦焊接头	中心缺陷、约束裂纹、焊缝界面碳化物、脆性裂纹、气孔
电子束焊接头	夹杂物、气孔、未熔合
激光焊接头	夹杂物、气孔、未熔透、基体金属的开裂

8.4.4　焊接结构失效案例分析

8.4.4.1　输电铁塔的断裂分析

2005 年 1 月 30 日凌晨 4:00 左右，北方某市郊区山坡上的一个 25m 高的输电铁塔沿环焊缝完全断裂，同类型同批输电铁塔还有 100 多座正在服役，相关部门要求进行失效分析，找出失效原因，提出防止措施。

(1) 现场调查研究　由于断裂部分构件已经运回制造厂，第一现场的调研无法实现，只能在第二现场进行调研。铁塔分为上、下两部分，上部分长 15m，下部分长 10m，中间通过法兰螺栓连接在一起，断裂焊缝距顶部受力点的距离约 25m，如图 8-12 所示，断裂照片如图 8-13 所示。根据天气记录，断裂当日夜晚的气温在零下 30℃左右，有 5～6 级大风。

(2) 制造工艺过程　铁塔上部分长 15m，由 12mm 厚的钢板卷成的圆筒，由 3 个筒节通过两条环焊缝焊接而成；下部分长 15m，由 14mm 厚的钢板卷成的圆筒，由 2 个筒节通过一条环焊缝焊接而成。铁塔顶部外直径 0.5m，底部外直径 0.8m，由于铁塔直径较小，三条环焊缝焊前均开 V 形坡口，在外部焊接，焊条手工焊打底，埋弧自动焊盖面。铁塔材料为 Q235 普通碳钢，焊条为普通酸性焊条 E4303，埋弧焊焊丝为 H08A 材料，均符合工艺规范要求。

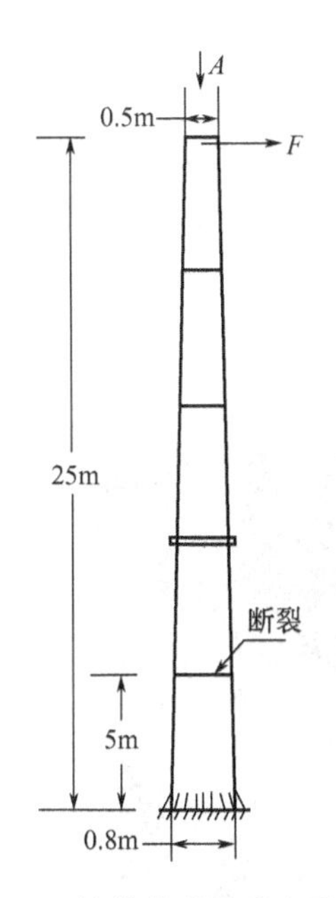

图 8-12　铁塔外形及受力示意图

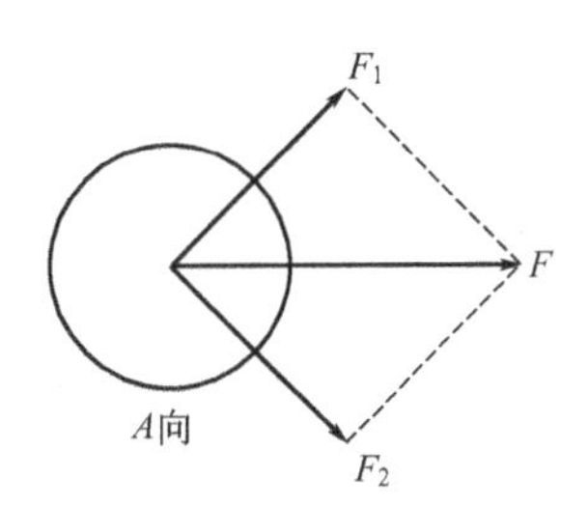

图 8-13　铁塔沿环焊缝断裂

为了防止大气腐蚀，焊接好的整根铁塔要进行镀锌处理，其过程如下：将铁塔放于盐酸溶液中除锈，用清水冲洗干燥后，把其放在 450℃左右的镀锌液中镀锌 10min。由于制造场地限制，镀锌后铁塔用冷水急冷降温。

使用过程中，在铁塔顶部成 90°夹角的两个方向上承受有拉力 F_1 和 F_2，两力之合力 F 为 30～40kN 的拉力。

(3) 断裂原因分析　通过对断口分析和制造工艺过程的了解，初步分析了其断裂原因有以下几个方面。

① 焊接缺陷的存在是断裂的根本原因　从断口上可以明显地看到大量的焊接缺陷存在，如图 8-14 中焊缝气孔，手工焊焊缝与埋弧焊焊缝中间有层间未熔合；图 8-15 中焊缝夹渣，手工打底焊的坡口未熔合，气割坡口的痕迹还清晰可见。这些缺陷的存在使焊缝的有效面积减小，焊缝的承受载荷能力降低。

图 8-14　焊缝中的气孔和层间未熔合

图 8-15　焊缝中的夹渣和坡口未熔合

② 酸洗过程是断裂的前提条件　为了防止大气腐蚀，焊接好的整根铁塔要进行镀锌处理，为了除去表面锈蚀物，镀锌前要进行酸洗除锈，所用溶液为盐酸。由于焊接缺陷的存在，盐酸进入缺陷后很难用清水冲洗干净，随后的镀锌层把盐酸封闭起来，不能挥发掉，因此盐酸溶液不断侵蚀焊缝，尤其在焊接残余应力和工作应力作用下，出现应力腐蚀现象，加速缺陷的扩展，使焊缝在实际应用中有效面积减少，如图 8-16 和图 8-17 所示，焊缝断口处有明显的腐蚀痕迹，而内部较亮处为镀锌层。

图 8-16　酸洗造成的应力腐蚀

图 8-17　坡口未熔合的应力腐蚀

③ 冷水急冷降温是断裂的早期诱因　由于制造场地限制，镀锌后铁塔人为地用冷水急冷降温，温度场分布不均匀，可能使未熔合类缺陷产生裂纹，裂纹尖端应力集中增加，焊缝金属的抗断裂性能降低。

④ 气候恶劣是断裂的外部因素　零下 30℃的低温使焊缝断裂部位的脆性有所增加，5～6 级大风给铁塔施加了额外的载荷，加剧了断裂的形成。由于上述原因，在铁塔断裂之前，焊缝腐蚀缺陷已经贯穿整个周长，局部缺陷深度几乎达到 1/2 壁厚，一旦遇到较强的外力作用（大风）及温度影响（低温），断裂就不可避免地发生。

（4）断裂失效类型　焊接制造工艺出现偏差，焊工在上岗之前没有经过严格的上岗培训，焊工没有按照工艺条件进行施焊，焊缝存在大量的缺陷，尤其是未熔合、未焊透类的面状缺陷，这属于焊接缺陷引起的失效断裂。

除锈盐酸被密封于焊接缺陷中，对焊缝形成长久的侵蚀，并与工作应力一起造成应力腐蚀现象，有效工作截面不断减少，难以承受工作载荷和额外载荷的应力，发生断裂。终断裂时的断口表明为脆性断裂。

由于宏观断口分析已经很清楚地找到失效断裂的原因，因此没有再进行微观断口和材料性能变化的分析。

8.4.4.2　钢制桥梁的疲劳断裂

1975 年 5 月，横跨美国密西西比河的公路钢制大桥，一条主梁的 110m 主跨中出现了开裂，如图 8-18 所示。

公路钢桥主跨的疲劳破坏裂纹完全穿透梁的下翼板（板厚 64mm），并沿腹板（板厚 13mm）向上延伸约 760mm 的距离，而梁的总高度为 3500mm。在靠近下翼缘板的腹板裂纹附近焊有一块与横梁连接的角接板和垂直筋板，裂纹沿角接板-筋板焊缝延伸。翼缘板和腹板用 ASTMA441 钢制造，角接板用 A36 钢制造。对材料进行的化学分析和拉伸试验表明，所用材料均符合 ASTM（美国材料实验师协会）要求。

却贝 V 形冲击试验的 21J 对应的延性-脆性转变温度约为 10℃，本事故显然未达到该桥所处地理位置应有的韧度要求。1975 年 2 月，该地区气温曾低达－30℃。经验证，腹板韧性较好并能满足现行规程中关于 21J 延性-脆性转变温度为－9.5℃的规定。根据却贝冲击试验和紧凑拉伸试验，腹板在断裂温度（估计为－18℃）下的 K_{IC} 大约为2450MPa・$mm^{1/2}$。

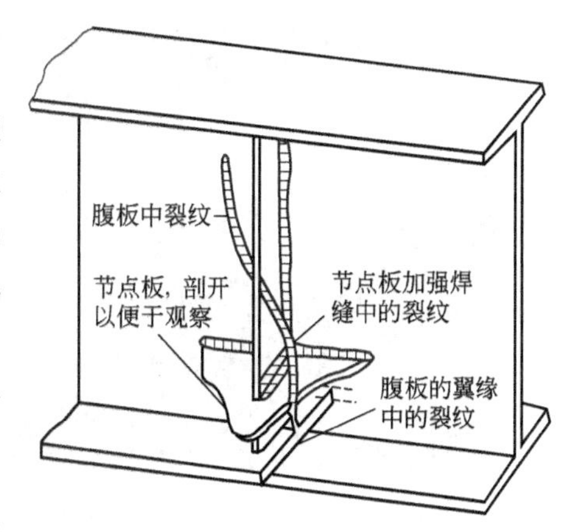

图 8-18　公路钢桥主跨的疲劳破坏

通过试验可以看到开裂的几个阶段和不同的断裂类型（疲劳和解理）。在连接板到横向筋板的焊缝中，疲劳裂纹是从一个大的未熔合处开始的，这个未熔合是焊接时在靠近衬垫部位产生的。这个坡口焊缝与横向筋板-腹板焊缝相交，为疲劳失效提供了一条进入公路桥主梁腹板的通道。当疲劳裂纹差不多穿过腹板后，即在腹板部分和受拉翼缘板处诱发快速脆性断裂。由于横跨裂纹的连接板的作用，阻止了钢梁的完全断裂。随后的交变载荷促使裂纹进一步扩展，造成腹板的宏观裂纹扩展。

该桥上每天通过 1500 辆卡车，在发现裂纹时已通过了 330 万辆卡车。应力计算表明，裂纹的动态驱动力很小，但却足以造成未熔合部位裂纹的扩展。当有 300 万次循环施加到桥梁上时（即历时 7 年），焊缝缺陷和工作应力的联合作用就会使连接板-筋板焊缝开裂并穿透腹板约 9.5mm。根据腹板中交叉焊缝处已知存在的较高的残余应力，该 9.5mm 的裂纹已有相当高的应力（$K_{施加}=2450MPa \cdot mm^{1/2}$），足以促成裂纹失稳并扩展。因为翼缘板的韧性比腹板低，经过腹板快速扩展的裂纹很快导致了翼缘板的失效。

修复时要在腹板和连接板上钻止裂孔，还应改变局部结构，避免连接板-筋板焊缝过于靠近横向筋板-腹板焊缝。这样万一横向筋板-连接板焊缝有裂纹时，可以避免向腹板扩展。留出的间隙还可以减小局部拘束度。此外还发现，与弯曲应力垂直的带垫板的坡口焊缝不能满足性能要求，这类坡口易于形成超过临界尺寸的未熔合。

8.4.4.3　热电站水冷壁的高温失效

图 8-19（a）显示了某火电站水冷壁管长期过热形成的爆裂口，这是由于在高温、高压长时间的作用下，导致管道的抗蠕变性能下降，抗氧化性能下降，管道内部的氧化加剧以及在水流的冲击作用下，氧化皮脱落并堆积，产生局部过热造成的。如图 8-19（b）所示是某火电厂蒸汽管道在长时间运行，焊接接头部位在高温条件下运行 1 万小时发生开裂。这是由于在高温下长时间的运行下，管道的焊接接头虽然承受较小的应力，但是随着时间的延长，其内部发生了缓慢的变形-蠕变，导致蒸汽管道的材料性能弱化，焊接接头的热影响区出现微裂纹等缺陷，最后导致在这个区域发生断裂。因此，高温环境下的焊接接头，即使在低于其设计强度的使用条件，也容易发生断裂事故，目前所知的大部分高温断裂事故都是由于在高温、高压条件下长期运行，材料发生了蠕变变形，且受热部位易出现微裂纹等缺陷，使得材料性能急剧恶化、抗蠕变变形能力下降所造成的。

(a) 水冷壁管长期过热爆口　　(b) 焊接接头热影响区高温开裂

图 8-19　高温环境下焊接接头失效事例

习题与思考题

1. 现代焊接结构设计制造过程中，为什么要进行可靠性分析？
2. 了解可靠性、安全性、完整性和“合于使用”的概念，分析它们在实际工作中的作用和相互之间的关系。
3. 阐述焊接结构构件“焊接性分析”的重要性和意义，焊接性包括哪几个方面？简述影响因素和相互之间的关联性。
4. 阐述影响焊接接头强度的主要因素，分析它们之间的关联性。
5. 阐述焊接变形和残余应力的影响因素，分析它们之间的关联性。
6. 阐述焊接结构完整性管理的作用和意义，焊接结构完整性计划包括哪些主要任务？
7. 阐述含缺陷焊接结构评定原理和程序，分析讨论五种主要评定方法的异同点。
8. 阐述焊接结构失效分析的步骤和内容。
9. 收集有关焊接结构的失效事故案例，简述其失效原因和分析过程。

参 考 文 献

[1] 田锡唐．焊接结构．北京：机械工业出版社，1996.
[2] 霍立兴．焊接结构工程强度．北京：机械工业出版社，1995.
[3] 方洪渊，董俊慧，王文先等．焊接结构学．北京：机械工业出版社，2008.
[4] 中国机械工程学会焊接学会．焊接手册．第2版．第3卷．焊接结构．北京：机械工业出版社，2005.
[5] 陈祝年．焊接工程师手册．北京：机械工业出版社，2002.
[6] 焦馥杰．焊接结构分析基础．上海：上海科学技术文献出版社，1991.
[7] 章应霖．焊接结构工程．北京：中国电力出版社，1995.
[8] [德] 拉达伊 D. 焊接热效应．北京：机械工业出版社，1997.
[9] 宋天民．焊接残余应力的产生与消除．北京：中国石化出版社，2005.
[10] 奥凯尔勃洛姆．焊接变形与应力．北京：机械工业出版社，1958.
[11] 张文钺．金属熔焊原理及工艺（上册）．北京：机械工业出版社，1980.
[12] [俄] 雷卡林 HH. 焊接热过程计算．北京：中国工业出版社，1957.
[13] 汪建华．焊接数值模拟技术及其应用．上海：上海交通大学出版社，2003.
[14] 孟庆国，方洪渊，徐文立等．双丝焊热源模型．机械工程学报，2005，41（4）：110-113.
[15] 范成磊，方洪渊，陶军等．随焊冲击碾压控制焊接应力变形防止热裂纹机理．清华大学学报：自然科学版，2005，45（2）：159-162.
[16] 方洪渊，王霄腾，范成磊等. LF6铝合金薄板平面内环焊缝焊接应力与变形的数值模拟. 焊接学报，2004，25（4）：73-76.
[17] 刘雪松，徐文立，方洪渊等．LY12CZ铝合金焊件在热循环作用下的尺寸不稳定性．焊接学报，2004，25（3）：82-84.
[18] [俄] 尼古拉也夫 ГА. 焊接结构学．北京：中国工业出版社，1961.
[19] 杨愉平．反应变法防止高强铝合金薄板焊接热裂纹的研究 [博士学位论文]．哈尔滨：哈尔滨工业大学，1995.
[20] 霍立兴．焊接结构的断裂行为及评定．北京：机械工业出版社，2000.
[21] BS 7910—2005.
[22] SINTAP—1999.
[23] AWS D1. 1/D1. 1M-200. 钢结构焊接规范.
[24] API 1104-2010，管线及相关设施焊接规范.
[25] 贾安东．焊接结构及生产设计．天津：天津大学出版社，1989.
[26] Smith R W. 疲劳裂纹扩展三十年来进展．顾海澄译．西安：西安交通大学出版社，1988.
[27] 徐灏．疲劳强度．北京：高等教育出版社，1988.
[28] 格尔内 T R. 焊接结构的疲劳．周殿群译．北京：机械工业出版社，1988.
[29] 贾安东．焊接结构与生产．北京：机械工业出版社，2007.
[30] IIW/IIS/-SST-1157—90.
[31] GB/T 19624—2004. 在用含缺陷压力容器安全评定.
[32] 涂善东，轩福贞，王卫泽．高温蠕变与断裂评价的若干关键问题．金属学报，2009，45（7）：781-787.
[33] 杨富，李为民，任永宁．超临界、超超临界锅炉用钢．电力设备，2004，5（10）：41-46.
[34] 傅恒志．未来航空发动机材料面临的挑战与发展趋向．航空材料学报，1999，18（4）：52-61.
[35] 徐自立．高温金属材料的性能、强度设计及工程应用．北京：化学工业出版社，2006.
[36] Harry Kraus. Creep Analysis. New York，USA，1980.
[37] 涂善东．高温结构完整性原理．北京：科学出版社，2003.
[38] GB/T 2039—1997. 中华人民共和国国家标准金属拉伸蠕变及持久试验方法.
[39] 唐雪松，郑建龙，蒋持平．连续损伤理论与应用．北京：人民交通出版社，2006.
[40] ASME E1457—1998. 03.
[41] 巩建鸣．高温下焊接接头结构完整性的研究——高温局部变形测量技术及损伤与断裂的分析 [博士学位论文]. 南京：南京化工大学，1999.

[42] Procedure R5，Issue2，1997.
[43] 陈祝年．焊接设计简明手册．北京：机械工业出版社，1999.
[44] 曾乐．现代焊接技术手册．上海：上海科学技术出版社，1993.
[45] 钱在中．焊接技术手册．山西：山西科学技术出版社，1999.
[46] 王国凡等．钢结构焊接制造．北京：化学工业出版社，2004.
[47] [日] 增渊兴一．焊接结构分析．北京：机械工业出版社，1985.
[48] 勃劳杰 O W. 焊件设计．张伟昌等译．北京：中国农业机械出版社，1976.
[49] [德] 拉达伊 D. 焊接结构疲劳强度．郑朝云等译．北京：机械工业出版社，1994.
[50] 张建勋等．现代焊接生产与管理．北京：机械工业出版社，2006.
[51] 邓洪军等．焊接结构生产．北京：机械工业出版社，2004.
[52] 游敏等．连接结构分析．武汉：华中科技大学出版社，2004.
[53] 黄正闫等．焊接结构生产．北京：机械工业出版社，1991.
[54] 熊腊森等．焊接工程技术．北京：机械工业出版社，2002.
[55] 孟广喆．焊接结构强度和断裂．北京：机械工业出版社，1986.
[56] 戴为志等．建筑钢结构焊接技术——“鸟巢”焊接工程实践．北京：化学工业出版社，2008.
[57] 戴为志．“鸟巢”焊接攻关纪实．北京：化学工业出版社，2010.
[58] 张彦华．焊接力学与完整性评定．北京：机械工业出版社，2006.
[59] 刘混举等．工程可靠性设计方法．北京：机械工业出版社，2002.
[60] 贡金鑫等．工程结构可靠性设计原理．北京：机械工业出版社，2007.
[61] 张文钺等．焊接工艺与失效分析．北京：机械工业出版社，1988.
[62] 方洪渊等．焊接结构学．北京：机械工业出版社，2008.
[63] 张彦华．焊接力学与完整性评定．北京：机械工业出版社，2006.
[64] 刘混举等．工程可靠性设计方法．北京：机械工业出版社，2002.